Handbuch zum
Dampffaß- und Apparatebau

von

G. Hönnicke
Ingenieur

Mit 213 Textabbildungen
und 114 Zahlentafeln

Berlin
Verlag von Julius Springer
1924

ISBN-13:978-3-642-89879-2   e-ISBN-13:978-3-642-91736-3

DOI: 10.1007/978-3-642-91736-3

Vorwort.

Das „Hilfsbuch für den Apparatebau" von Baurat E. Hausbrand will vornehmlich Angaben über Wandstärken, Gewichte usw. schnell an die Hand geben. Dieses Ziel ist auch bei der vorliegenden Arbeit, die in erster Linie gleichfalls der Praxis dienen will, nicht vernachlässigt, vielmehr in mancher Hinsicht noch eingehender verfolgt. Da dem Konstrukteur von Dampffässern und Apparaten vor allem die Lösung der meist schwierigeren physikalischen, chemischen, biologischen Aufgaben usw. obliegt, wenigstens aber diese Aufgaben wichtige Mitarbeit von ihm verlangen, so ist es notwendig, ihn dadurch zu entlasten, daß ihm die hauptsächlichen Hilfsmittel für den mechanischen Aufbau und die Kalkulation der Apparate so bequem wie irgend möglich dargeboten werden.

Die für den Dampffaß- und Apparate-Aufbau erforderlichen Berechnungs- und Konstruktions-Unterlagen finden sich bis jetzt nur — verstreut — in Zeitschriften, den Dampffaß-Vorschriften und in Büchern über Dampfkesselbau und allgemeinen Maschinenbau. Die Unterlagen in geschlossener Zusammenfassung bereitzustellen, soll durch die vorliegende Arbeit, die sich zunächst in der Hauptsache auf die Gefäßwandungen beschränkt, angebahnt werden. Daß in dieser Beziehung bisher eine Lücke bestand, bestätigt neuerdings der Aufsatz: „Eigenartige Zerstörungen an Gefäßen und Kesselteilen" (Gesundheits-Ingenieur, Heft 7 vom 16. Februar 1924) von Grellert, der auf Grund von Nachprüfungen verschiedener Beschädigungen an Apparaten und ähnlichen Konstruktionen zu der Ansicht gelangt, daß gelegentlich die rechnerische Behandlung zu wünschen übrig lasse. Das mag sich z. T. wohl auch durch das Fehlen einheitlicher Unterlagen auf dem Konstruktionstisch erklären. Nicht nur im Dampffaßbau, sondern auch im allgemeinen Apparatebau und bei nicht prüfungspflichtigen Apparaten ist es aber wegen der Sicherheit und Wirtschaftlichkeit der Konstruktion unerläßlich, alle einer entsprechenden Beanspruchung ausgesetzten Teile und namentlich die Gefäßwandungen zu berechnen.

An Berechnungen, Zahlentafeln und Abbildungen findet das Bekannte sich hier vor. Von den DIN-Rohrnormalien, Entwurf

September 1923, wurden die den Dampffaß- und Apparatebau hauptsächlich interessierenden vier ersten Druckstufen (bis 8 Atm. für Dampf, bis 10 Atm. für Wasser) aufgenommen. Im Anhange ist die Schülesche Dampftabelle abgedruckt, um sie für die Berechnung von Kupferwandungen usw. stets sofort zur Hand zu haben. An mehreren Stellen konnten neue Vorschläge und Hinweise gebracht werden. — Alle nicht mit Quellenangabe versehenen Sondertabellen wurden neu berechnet. Mit Rücksicht auf die große Tabellenzahl bildet das Inhaltsverzeichnis im wesentlichen ein Verzeichnis der Tabellen, um deren rasches Aufschlagen zum Gebrauch bei Konstruktion und Kalkulation zu ermöglichen. Ein Sachverzeichnis ist beigegeben.

Das Gebiet des Dampffaß- und Apparatebaus ist so überaus vielseitig, daß es nicht von vornherein umfassend behandelt werden kann. Der Rahmen der Arbeit ist daher zunächst möglichst eng gezogen worden, und es wird dankbar begrüßt werden, wenn Anregungen der Fachgenossen die den Anforderungen der Teilgebiete entsprechende Weiterverfolgung des gesteckten Zieles unterstützen.

Cassel, August 1924.

G. Hönnicke.

Inhaltsverzeichnis.

Berichtigungen.

S. 55, Z. 11 von oben ist statt: „Formel (10)“ zu setzen: „Formel (9c)“;

S. 72, Z. 4 von oben ist statt: „$\varphi = 0{,}70$“ zu setzen: „$\varphi = 0{,}75$“;

S. 129, Z. 10 von unten ist statt: „gegenüber erhitztem Wasserdampf“
zu setzen: „gegenüber überhitztem Wasserdampf“.

A. Allgemeines.

1. Einleitung.

Im Sinne der gesetzlichen „Vorschriften betreffend die Einrichtung und den Betrieb von Dampffässern, Trocken- und Schlichtzylindern" (§ 1) hat man unter Dampffässern zu verstehen:

„Gefäße, deren Beschickung der mittelbaren oder unmittelbaren Einwirkung von anderweitig erzeugtem, gespanntem Wasserdampf oder von gespannten Gasen oder Dämpfen, die im Beschickungsraum infolge chemischer Vorgänge oder durch Erhitzung entstehen, ausgesetzt sind, sofern im Beschickungsraum oder in den ihn umgebenden Hohlwandungen ein höherer als der atmosphärische Druck herrscht oder entstehen kann."

Alle Dampffässer sind abnahme- und überwachungspflichtig, d. h. sie müssen vor der Inbetriebsetzung einer Abnahmeprüfung und während des Betriebes regelmäßig wiederkehrenden Überwachungsprüfungen unterworfen werden. Alle Prüfungen erfolgen durch den zuständigen Sachverständigen (in der Regel beim Dampfkesselüberwachungsverein). Dieser erteilt auch die Erlaubnis zur Inbetriebsetzung eines Dampffasses, für die eine Genehmigung oder Anzeige bei der Ortsbehörde nicht erforderlich ist. An die Ortsbehörden sind nur die etwa in Frage kommenden Genehmigungsanträge und Anzeigen gemäß der Reichs-Gewerbeordnung (§ 16, Anwohnerschutz) zu richten.

Dampffässer sind außerdem nach den in den gesetzlichen Vorschriften gegebenen Bestimmungen zu bauen, auszurüsten und zu betreiben.

Vom Geltungsbereich der Vorschriften befreit sind gemäß § 2 derselben:

1. Gefäße, deren Beschickung aus Gasen oder Dämpfen besteht (z. B. Dampfüberhitzer, Trockenplatten, Trocken- und Schlichtzylinder, Glättwalzen, Röhren-Lufterhitzer usw.);

2. offene Gefäße mit Dampfmantel, deren Beschickung nicht flüssig ist;

3. Wasservorwärmer, sowie Heizkessel und Heizkörper der Heizungen;

4. Dampffässer unter 50 Liter Inhalt und solche, bei denen das Produkt aus dem Inhalt des Beschickungsraumes in Litern und der in ihm zu erzeugenden Betriebsspannung in Atm. Überdruck weniger als 300 beträgt (bei offenen doppelwandigen Kochgefäßen ist der Inhalt und der Betriebsdruck des Dampfraumes maßgebend);

5. Dampffässer, die mit der Atmosphäre durch ein offenes, nicht verschließbares Rohr oder durch ein Standrohr mit Wasser- oder Quecksilberfüllung in Verbindung stehen, so daß die Spannung im Beschickungsraum — bei offenen Kochgefäßen im Dampfmantel — $1/_2$ Atm. Überdruck nicht übersteigt.

Die Apparate zu 5 unterliegen einer Abnahmeprüfung im Betriebe, bei der festzustellen ist, ob die angegebene Spannung nicht überschritten werden kann.

Für Standrohre gemäß 5 (mit Kreisquerschnitt der Rohre) soll der lichte Durchmesser betragen bei einer (wasserberührten) Heizfläche:

bis zu 1 qm	mindestens 25 mm	bis zu 7,5 qm	mindestens 55 mm
,, ,, 2 ,,	,, 30 ,,	,, ,, 8,5 ,,	,, 60 ,,
,, ,, 3 ,,	,, 35 ,,	,, ,, 10 ,,	,, 65 ,,
,, ,, 4 ,,	,, 40 ,,	,, ,, 11,5 ,,	,, 70 ,,
,, ,, 5 ,,	,, 45 ,,	,, ,, 13 ,,	,, 75 ,,
,, ,, 6 ,,	,, 50 ,,	über 13 ,,	,, 80 ,,

Bei ovalem oder rechteckigem Rohrquerschnitt ist der den vorstehenden Durchmessern entsprechende Mindestquerschnitt zu wählen. In den Rohrbiegungen muß der Querschnitt eher etwas größer und darf niemals kleiner sein als in den geraden Rohrstrecken.

Einen Teil der Dampffässer nennt man herkömmlicherweise Autoklaven: ,,Dampffässer, deren Beschickung infolge chemischer Vorgänge im Beschickungsraum und anderweit zugeführter Wärme einem Überdruck von mehr als 15 Atm. unterliegt.'' Häufig wird die wenig glückliche Bezeichnung ,,Autoklaven'' auch für andere Dampffässer benutzt; das ist jedoch als irreführend zu verwerfen, weil für Autoklaven mehrere besondere Vorschriften bestehen.

Apparate im weiteren Sinne sind sämtliche nichthauswirtschaftlichen Gefäße zum Wärmen, Kochen, Trocknen, Kühlen, Kondensieren und zur sonstigen physikalischen oder zur chemischen Behandlung von Stoffen ohne Rücksicht auf die Höhe des Druckes, ferner Gefäße, die Dampf, Luft, Gase unter Überdruck aufnehmen: Wasserabscheider, Dampfsammler, Windkessel usw. — Apparate im engeren Sinne sind alle Gefäße der genannten Art, die nicht als abnahme- bzw. prüfungspflichtige Dampffässer, Autoklaven, Druckgefäße usw. besonders herausgehoben sind.

Die gesetzlichen (polizeilichen) Vorschriften über Bau und Betrieb von Dampffässern sind hier nicht abgedruckt. Sie sind vollständig enthalten und mit ausführlichen Erläuterungen versehen in: H. Jaeger, Bestimmungen über Einrichtung und Betrieb der Dampffässer, Trocken- und Schlichtzylinder (Band III von H. Jaeger: Die überwachungspflichtigen Anlagen in Preußen). Carl Heymann's Verlag, Berlin.

2. Probedruck für Dampffässer.

Die Ausführung der Kaltwasserdruckprobe an Dampffässern richtet sich nach den für Dampfkessel gültigen Vorschriften. Danach erfolgt die Wasserdruckprobe:

1. bei Dampffässern für einen Betriebsdruck von $p \leqq 10$ kg/cm^2 mit $1{,}5\,p$ kg/cm^2, mindestens aber mit $p + 1$ kg/cm^2;

2. bei Dampffässern für einen Betriebsdruck von $p \geqq 10$ kg/cm² mit $p + 5$ kg/cm².

Nach den Vorschriften für Dampffässer und denen für maschinelle Einrichtung der Schiffe erfolgt ferner die Wasserdruckprobe:

3. bei Autoklaven und bei gußeisernen Flüssigkeitshebern (s. Teil C, Abschn. 10) mit $2p$ kg/cm²;

4. bei Trocken- und Schlichtzylindern, wenn die Wandung ganz oder zum Teil aus Gußeisen besteht, mit $2p$ kg/cm², mindestens aber mit 5 kg/cm², und wenn die Wandung aus anderem Baustoff besteht, mit $1{,}5\,p$ kg/cm², mindestens aber mit $p + 1$ kg/cm²;

5. bei kupfernen Dampfleitungen mit $2p$ kg/cm².

Läßt sich die Widerstandsfähigkeit von Gefäßen oder von Teilen derselben nicht durch Rechnung feststellen, so tritt an die Stelle der Druckprobe erforderlichenfalls die Festigkeitsprobe, und zwar mit einem Kaltwasserprüfungsdruck von $2p$ kg/cm².

Die Wandungen müssen während der ganzen Dauer der Untersuchung dem Probedruck widerstehen, ohne undicht zu werden oder bleibende Formänderungen aufzuweisen Die Wandungen gelten als undicht, wenn das Wasser beim Probedruck in anderer Form als in der von feinen Perlen durch die Fugen dringt.

Bei Kupferrohren, die mit einer Kolophoniumfüllung gebogen worden sind, begnüge man sich nicht mit der Kaltwasserdruckprobe. Sie gibt über die Dichtigkeit keinen sicheren Aufschluß, weil sich das Kolophonium oft nicht sofort restlos wieder ausschmilzt. Man setze die gebogenen und einbaufertigen Rohre nach dem Ausschmelzen unter Dampf (Betriebsdruck), lasse sie unter diesem mindestens $^1/_4$ Stunde stehen, klopfe mit dem Holzhammer gut ab und blase dann kräftig Dampf durch. Dadurch werden die Kolophoniumreste entfernt, und wenn die jetzt anschließende Prüfung keine Undichtigkeiten zeigt (Biegungen, namentlich bei Rohren mit Naht!), kann man die Rohre einbauen.

In den DI - Normen für Rohrleitungen[1]) sind die Betriebsdrucke in sieben Druckstufen eingeteilt, und für jede Stufe ist der zugehörige Probedruck festgelegt, s. Teil E, Abschn. 2, S. 108. Für fertig verlegte Leitungen ist eine Wasserdruckprobe nicht zulässig. Vakuum - Leitungen werden mit 1,5 kg/cm² Kaltwasserdruck geprüft; dieser Probedruck empfiehlt sich auch für Vakuumapparate.

3. Die Hauptbaustoffe der Dampffässer und Apparate.

Tabelle 1 gibt einen Überblick über die Baustoffe, die in erster Linie für die Herstellung von Dampffässern und Dampfapparaten in Betracht kommen.

---

[1]) Entwurf im „Normen-Sonderheft Rohrleitungen" der Zeitschrift „Maschinenbau" (Verein deutscher Ingenieure), September 1923.

Tabelle 1. Die Hauptbaustoffe des Dampffaß- und Apparatebaus.

Baustoff	Spezifische		Schmelz-		Bruchbelastung (Zug) in kg/cm^2	Zulässige Zugbelastung kg/cm^2
	Gewichte	Wärme	punkt $^\circ$ C	wärme WE		
Aluminium	2,6	0,2122	650	—	—	—
Blei: Weichblei . . .	} 11,3	0,0315	330	5,37 {	100—150[1]	25[1]
Hartblei . . .					220—300[1]	50[1]
Bronze: Aluminium-						
bronze . . .	7,5	—	} 900 {	—	4400	—
Phosphorbronze	9	—		—	4000	500— 700
Eisen: Flußeisen . . .	7,8	0,1138	1400	—	3300—4400	600—1200
Grauguß . . .	7,2	0,1115	1200	23,0	1200—1800	200— 300
Stahlguß . . .	7,8	—	—	—	3500—7000	400— 900
Kupfer: geglüht	} 9	0,0952	1060	30 {	2000—2300	—
hart					2200—3500	400— 550
Messing: geglüht . . .	} 8,6	0,0939	900	— {	2000—2500	—
hart					3500—4000	—
Nickel	9	0,1092	1450	4,6	(3700—4400)	(600— 700)
Zink	7	0,0956	420	28,13	1900[1]	400[1]
Zinn	7,3	0,0562	230	14,25	350—400[1]	60[1]

[1] Bis zu 30° C, bei höheren Temperaturen erhebliche Abnahme.

Das Aluminium findet gewalzt oder gezogen und gegossen für Gefäßwandungen, Formstücke, Rohre usw. Verwendung, und zwar dort, wo seine chemischen Eigenschaften und sein spezifisches Gewicht von Vorteil sind und nur eine verhältnismäßig geringe Festigkeit nötig ist. Die Verwendung von Blei, Zink und Zinn beschränkt sich im wesentlichen auf Rohre und auf Auskleidungen von Gefäßwänden und Armaturen. Bronze dient zur Herstellung von kleinen Gefäßen, Flanschringen, Formstücken und Armaturen. Gegossenes Messing wird ebenso wie Bronze benutzt; gewalztes oder gezogenes Messing liefert in der Hauptsache Profilstangen und Rohre. Die Anfertigung von Gefäßwandungen aus Messingblech ist weniger gebräuchlich. Nickel ist im allgemeinen zu teuer. wird aber gleichwohl im Apparatebau für Gefäßwände verwendet. Kochkessel zur Speisenbereitung auf Kriegsschiffen, in Krankenhäusern usw. erhalten vielfach einen Innenkessel aus Reinnickelblech. Über die Festigkeitseigenschaften des Nickels stehen einheitliche Zahlen noch nicht fest. Nach Laskus[1] nennen für „Reinnickel", d. h. die bearbeitungsfähige Legierung aus etwa 99 % Nickel und 0,1 % Magnesium:

Schnabel eine Zugfestigkeit $K_z = 5500$ bis 6500 kg/cm^2 und eine Dehnung von 15 bis 21 %; Elastizitätsgrenze 3800 kg/cm^2;

Müller (für ausgeglühtes Material) eine Zugfestigkeit $K_z = 3700$ bis 4400 kg/cm^2 und eine Dehnung von 35 bis 32 %.

[1] Gesundheits-Ingenieur, München, Jg. 1924, Heft 22.

Da mindestens das teilweise Ausglühen der Nickelbleche bei deren Verarbeitung im Apparatebau in Betracht kommt, wird man hier einstweilen die niedrigeren Festigkeitszahlen zugrunde legen müssen. Nachdem das Nickelblech hinsichtlich Steifigkeit hinter dem Eisen zurückbleibt und auch beim Eisen das k_z des Dampffaßbaues für Gefäßwandungen nur etwa $^2/_3$ des k_z der Baukonstruktionen ist, so empfiehlt es sich, die zulässige Beanspruchung zunächst nicht höher als etwa:

$$k_z = 700 \text{ kg für innengedrückte Gefäße und}$$
$$k_z = 600 \text{ kg für außengedrückte Gefäße}$$

zu wählen. — Die wichtigsten Baustoffe, namentlich für die Gefäßwandungen, sind Kupfer und Eisen.

Kupfer wird in Form von Blechen, Stangen und Rohren verarbeitet. Zu beachten ist, daß die Festigkeit des Kupfers mit zunehmender Temperatur erheblich abnimmt; sie ist nach C. von Bach:

bei 50	100	150	200	250	285	367	451	556° C
98	95	91	85	79	75	66	51	33 %

der Festigkeit bei 0° C. Nichtgehämmertes Kupfer ist weich und widerstandsschwach. Alle kupfernen Gefäßwände müssen daher hartgehämmert werden. Für viele Zwecke hat Kupfer günstige chemische Eigenschaften; der Hauptvorzug dieses Baustoffes besteht in seiner großen Bildsamkeit, welche Formen und Verbindungen gestattet, die aus anderem Material nicht oder wesentlich schwieriger herstellbar sind. Kupfer läßt sich falzen, nieten, hartlöten und schweißen.

Flußeisen ist für fast alle Teile an Dampffässern und Apparaten verwendbar, in erster Linie wegen seiner günstigen Festigkeitseigenschaften. Man kann das Flußeisen nieten, hartlöten (allerdings heute nur noch wenig gebräuchlich) und schweißen. Als Mangel ist die starke Oxydationsfähigkeit anzusehen. Gegenüber den Temperaturerhöhungen, die bei Dampffässern in Frage kommen, verhält sich dieser Baustoff günstiger als Kupfer. Mit zunehmender Erwärmung bis auf eine Höchsttemperatur von 250° C wächst sogar die Festigkeit, um dann allerdings zu sinken. Bei 500° C ist die Festigkeit nur noch etwa halb so groß wie ursprünglich. Die Streckgrenze sinkt stetig, und zwar ungefähr proportional mit der Temperaturzunahme; sie liegt bei 350° nur ungefähr halb so hoch wie ursprünglich. Überschreitung der Streckgrenze bei der Verarbeitung (Kaltrecken) und spätere längere Einwirkung hoher Wärme (über 500° C) müssen unbedingt vermieden werden, denn dabei ändert sich das Gefüge, die Kristalle vergröbern sich, und das Eisen wird spröde.

Der sog. nichtrostende Stahl von Krupp soll unter Aufrechterhaltung bzw. Erhöhung der Festigkeitseigenschaften dem Mangel der starken Oxydation begegnen und kann daher gegebenenfalls auch als Baustoff für Dampffässer in Betracht kommen. Die Lieferung erfolgt in geschmiedeten und gewalzten Stangen, Band, Draht, Blech, gepreßt, gezogen, in geschmiedeten Formstücken und in Gußstücken. Für den Apparatebau besonders geeignet ist der Stahl mit der Bezeichnung V 2 A. Gegen Salpetersäure und Ammoniak bei Anwesenheit von Wasserdampf ist er sehr widerstandsfähig, allerdings nicht überlegen bei Schwefelsäure und Salzsäure. Große Widerstandsfähigkeit zeigt er auch gegen hocherhitzte Gase und Dämpfe. In feuchter Luft ist er als vollkommen rostsicher anzusehen. Über seine Festigkeitseigenschaften unterrichtet Tabelle 2.

Tabelle 2. Nichtrostender Stahl V 2 A (Krupp).

Temperatur in °C	20	200	300	400	500
Streckgrenze in kg/cm^2	3800	3100	2600	2500	2400
Festigkeit in kg/cm^2	7940	7530	7020	6380	5830
,, ,, % der Festigkeit bei 20° . .	100	95	$88^1/_2$	$80^1/_2$	$73^1/_2$
Dehnung in %	46,4	53,5	47,0	40,5	22,4
Kontraktion in %	54	55	54	50	47

V 2 A muß wegen seiner großen Zähigkeit mit geringerer Schnittgeschwindigkeit bearbeitet werden. Im übrigen entspricht die Bearbeitungsfähigkeit etwa den Chromnickelstahlen. Die Behandlung der nichtrostenden Stahle in der Wärme muß nach besonderen Vorschriften erfolgen, um die Festigkeitseigenschaften zu erhalten.

Gußeisen darf nach der Dampffaßverordnung als Baustoff für die Wandungen von Dampffässern nur da benutzt werden, wo der Betrieb es unbedingt erfordert und durch seine Verwendung Gefahren nicht hervorgerufen werden. Zu Formstücken und Armaturen wird Gußeisen ausgiebig benutzt. Anschlußstutzen bis zu 250 mm l. W. und 10 Atm. (die nicht als „Wandungsteile" angesehen werden), sowie Einzelteile, die (obgleich Wandungsteile) wegen ihrer geringen Flächenausdehnung keiner starken Beanspruchung durch den Gefäßdruck ausgesetzt sind, dürfen aus Gußeisen hergestellt werden. Vielfache Anwendung findet dieser Baustoff bei den Apparaten, die nicht den Vorschriften der Dampffaßverordnung unterliegen. Hier bewährt sich neben der Möglichkeit der Ausführung verwickelterer Formen oft die dem Schmiedeeisen gegenüber geringere Abrostung des Gußeisens, die namentlich bei unverletzter Gußhaut beachtlich ist.

Stahlguß dient zur Herstellung solcher Dampffaß-Wandungsteile, für die einerseits Gußeisen unzulässig und andererseits die Anfertigung aus Schmiedeeisen durch die verwickelte Form erschwert ist oder zuviel Abfall liefern würde. Auf gleichmäßigen und dichten Guß hat man bei den Lieferungen zu achten. Um ihn zu ermöglichen, muß die Konstruktion schroffe Materialanhäufungen möglichst vermeiden. Siemens-

Martin-Stahlguß läßt sich im allgemeinen nicht stemmen, so daß wie bei Gußeisen Stemmunterlagen notwendig sind. Weicher ist Bessemer-Stahlguß; gute Abgüsse daraus kommen hinsichtlich Bearbeitungsfähigkeit und Stemmfähigkeit dem Schmiedeeisen sehr nahe.

Überzüge zum Schutz gegen Oxydation oder Korrosion der Gefäßwände u. dgl. finden im Apparatebau breite Anwendung: Verzinnung, Verzinkung, Verbleiung, das Emaillieren, die Auskleidung mit Zement, Steinzeug usw. Auch auf rein konstruktivem Wege sucht man die gegen Anfressung weniger widerstandsfähigen Baustoffe durch widerstandsfähigere zu schützen. Hierzu gehört das Eingießen schmiedeeiserner Heizschlangen in gußeiserne Behälter nach Frederking. Ein weiteres Beispiel bildet die durch D. R. P. 313 916 von Frestadius (Stockholm) vorgeschlagene Einrichtung nach Abb. 1. Ein Außenbehälter a aus nicht säurebeständigem Metall — Eisen — dient als Festigkeitskörper zur Aufnahme des inneren Überdrucks. Ein oben offener Innenbehälter b aus säurebeständigem Stoff nimmt die Beschickung auf. Er braucht nur für den Flüssigkeitsdruck stark genug zu sein. Zum Schutz gegen die Säure-

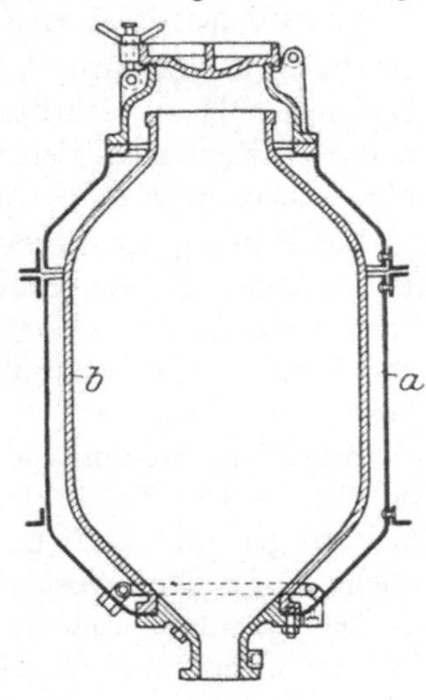

Abb. 1. Dampffaß von Frestadius.

dämpfe soll der Mantelraum gegebenenfalls bis an den oberen Rand des Innenbehälters mit einer alkalischen Flüssigkeit angefüllt werden.

4. Ausführung der Dampffässer.

Das Material zu schmiedeeisernen Dampffässern muß die Bedingungen der „Würzburger Normen" erfüllen und ist auf dem liefernden Werk durch einen anerkannten Sachverständigen zu prüfen. Das sog. Werksattest über diese Prüfung ist bei der Wasserdruckprobe vorzulegen. Es empfiehlt sich, alle wesentlichen Konstruktionsteile eines Dampffasses aus demselben Material herzustellen. Laschen müssen von Blechen gleicher Güte wie die der Mantelbleche geschnitten sein.

Nähte und sonstige Verbindungen ordne man so an, daß ihre Dichtigkeit überwacht werden kann und gegebenenfalls Nachstemmen u. dgl. möglich ist, ohne daß man durch Bauteile behindert ist. Längsnähte von aufeinanderfolgenden Schüssen versetze man möglichst um mindestens 6 Nietabstände.

Wird ein Dampffaß mittels Feuer beheizt, so dürfen Längsnähte nicht im ersten Flammenbereich (Zug) liegen. Die Feuergase sollen möglichst nicht gegen die Blechkanten von Rundnähten stoßen. Nicht genietete Verbindungen dürfen nicht von Feuergasen getroffen werden.

Größere Armaturteile sind auf kräftige, an die Wandung genietete Flanschen zu schrauben. Die Befestigungsschrauben dürfen nicht in die Kesselwandungen hineingehen. Die Annietflansche sind auf der Stirnseite und am Umfang abzudrehen.

Die Blechstärken, Nietungen usw. werden im allgemeinen nach den gesetzlichen Vorschriften für den Bau von Dampffässern bestimmt. Die in den Bauvorschriften vorgesehenen zulässigen Beanspruchungen und Sicherheitskoeffizienten gelten nur für beste Kesselarbeit. Um diese sicherzustellen, ist in erster Linie folgendes zu beachten.

Die Prüfung der Bleche usw. auf etwaige Fehler, die Zurichtung und Bearbeitung: Biegen, Bördeln und Zusammenpassen der Bleche, Einbringen der Löcher, Nieten, Stemmen usw. müssen mit größter Sorgfalt und Vorsicht ausgeführt werden. Fehlerhafte Bleche sind durch fehlerfreie zu ersetzen.

Alle Blech-Stemmkanten sind zu bearbeiten, und zwar möglichst zu hobeln. — Die Zuschärfung der Blechecken für Wechsel erfolgt vor dem Biegen und Lochen. Die Zuschärfung sei möglichst schlank und reiche hinter dem Wechselniet noch über ein Niet hinaus.

Das Zusammenrichten der Bleche, insbesondere das Anrichten der Wechsel erfordert größte Sorgfalt. Die Bleche sind in möglichst kurzen Abständen, 250 bis 300 mm, zu heften.

Durch Nietung zu verbindende Bleche, Ringe und sonstige Teile müssen überall tadellos dichtschließend aneinanderliegen. Garniturteile, die sich nicht selbst verstemmen lassen, sind durch sauber passende Stemmbleche von etwa 3 bis 5 mm Stärke zu unterlegen.

Winkelringe und Bleche für kleinere Durchmesser als 600 mm sind rotwarm zu biegen. Die Erwärmung muß gleichmäßig geschehen, die Abkühlung langsam und gleichmäßig. — Starke örtliche Erwärmungen am Dampffaß sind unter allen Umständen zu vermeiden, s. auch Teil D, Abschnitt 4 unter Schweißen.

Sämtliche Nietlöcher sind möglichst zu bohren; in Bodenkrempen und Winkelringen, sowie bei Blechen von über 4100 kg/cm² Festigkeit, endlich bei Blechen von $s > 27$ mm ist das Stanzen keinesfalls zulässig. Das Bohren erfolgt nach dem Heften durch alle mittels des Nietes zu verbindenden Stücke hindurch gleichzeitig. Alle Nietlöcher müssen vor dem Zusammennieten vom Grat befreit werden. Vorgestanzte Löcher sind soweit aufzubohren und aufzureiben, daß die das Stanzloch umgebende Zone mit geschädigter Struktur entfernt wird. Nicht genau aufeinander passende Nietlöcher sind gut passend aufzureiben. Das Aufdornen nicht genau passender Nietlöcher ist streng verboten.

Zuerst ist die Rundnaht, von der Mitte nach der Längsnaht hin, dann die Längsnaht zu nieten. Schlechte und schlecht genietete Niete sind durch fehlerfreie zu ersetzen. Um ein Strecken des Nietschaftes zu verhindern, darf der Schließdruck nicht eher aufgehoben werden, bis das Niet erkaltet ist. Die Niete dürfen nicht nur teilweise erwärmt sein, weil die Zähigkeit des Nietmaterials leidet (Abreißen der Köpfe). Man erhitze die Niete nicht zu hoch (unnötige Erhitzung der Bleche, Wärmespannungen): kurze Niete etwa kirschrot, lange bis hellrot, um den stärksten Gleitwiderstand zu erhalten. — Die Nietköpfe dürfen nicht einseitig sitzen (besonders bei Maschinennietung zu beachten), um Gleitwiderstand und Dichtigkeit nicht zu beeinträchtigen.

Die Bleche usw. dürfen nicht durch den Schellhammer eingekniffen werden. Auch durch das Stemmen darf weder an den Nietköpfen noch an den Blechkanten ein Einkneifen der Bleche erfolgen. Man verwende keine scharfkantigen, sondern nur abgerundete Stemmwerkzeuge. Der Schell-Bart ist beim Stemmen zu beseitigen.

Alle Nähte sind möglichst von innen und von außen zu verstemmen.

Anker aus Flußeisen dürfen nicht geschweißt sein. — Stehbolzen müssen tadellos passend in das Muttergewinde der Bleche eingeschraubt sein.

Die Anwendung irgendwelcher Dichtungsmittel, wie Leinwand, Kitt, Rostwasser u. dgl. ist streng verboten.

Große Sorgfalt erfordert auch das Eintreiben der Kesselböden in die Mäntel, namentlich wenn die Mantelnaht bereits fest geschlossen ist (Mäntel mit geschweißter Längsnaht). Die Böden müssen gut in die Mäntel passen.

Der runde Teil der Krempe, mit dem die Kugelwölbung in den zylindrischen Teil übergeht, ist im Betriebe unter Überdruck ohnehin der am stärksten und ungünstigsten beanspruchte Teil des ganzen Bodens, oft des ganzen Gefäßes. Treibt man die Kesselböden einseitig ein, so wird das Krempenmaterial unter Umständen schon durch die Kesselarbeit überanstrengt und es können später im Betriebe Krempenrisse auftreten.

Der Boden darf nicht so gegen den Mantel gestellt werden, daß er an einem Punkte schon in den Mantel eingreift und durch Treiben an der diametral gegenüberliegenden Stelle gewaltsam eingebracht wird. Er muß — passend unterstützt — gleichmäßig genau vor der Mantelöffnung stehen und durch vorsichtiges Treiben an vier über Kreuz liegenden Stellen gleichmäßig eingebracht werden.

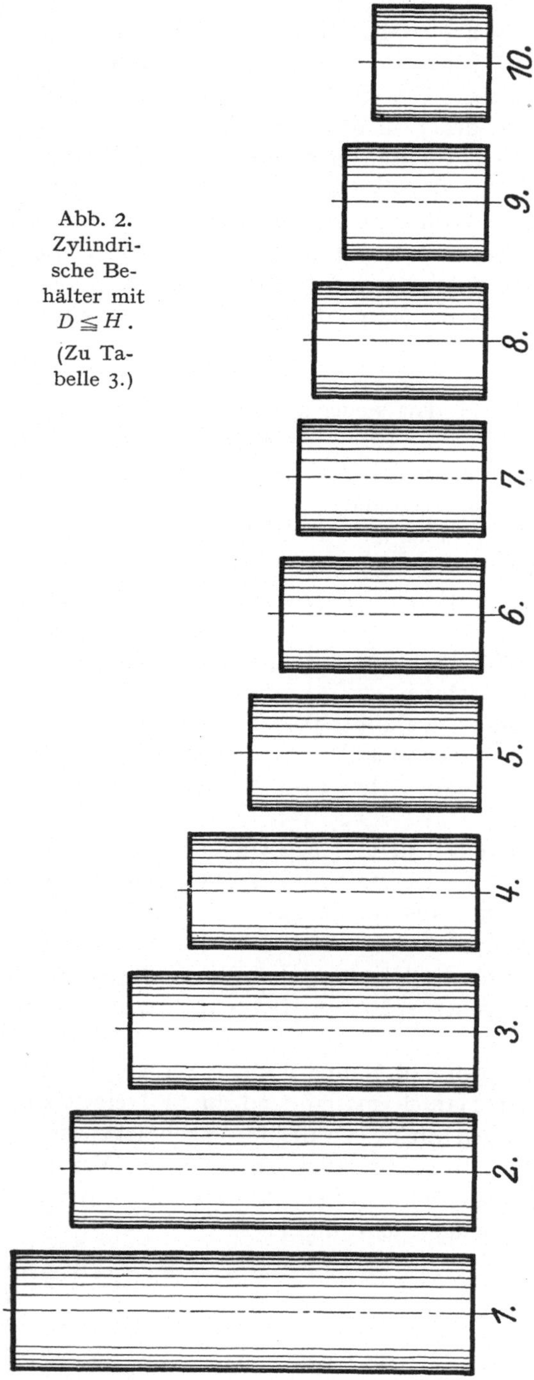

Abb. 2.
Zylindrische Behälter mit
$D \leqq H$.
(Zu Tabelle 3.)

B. Ausmaße der Gefäße.

1. Zylindrische Behälter.

Dampffässer und Apparate werden zylindrisch
ausgeführt, wenn nicht be

Tabelle 3. Formeln für
den Durchmesser zylindrischer Gefäße.

Nr.	$D \leqq H$. (Abb. 2.)		
	H	D	$D =$
1	$4\,D$	$\dfrac{H}{4}$	$0{,}683\sqrt[3]{J}$
2	$3{,}5\,D$	$\dfrac{H}{3{,}5}$	$0{,}714\sqrt[3]{J}$
3	$3\,D$	$\dfrac{H}{3}$	$0{,}752\sqrt[3]{J}$
4	$2{,}5\,D$	$\dfrac{H}{2{,}5}$	$0{,}799\sqrt[3]{J}$
5	$2\,D$	$\dfrac{H}{2}$	$0{,}860\sqrt[3]{J}$
6	$1{,}75\,D$	$\dfrac{H}{1{,}75}$	$0{,}899\sqrt[3]{J}$
7	$1{,}618\,D$	$\dfrac{H}{1{,}618}$	$0{,}924\sqrt[3]{J}$
8	$1{,}5\,D$	$\dfrac{H}{1{,}5}$	$0{,}947\sqrt[3]{J}$
9	$\dfrac{4}{\pi}D$	$\dfrac{\pi}{4}H$	$\sqrt[3]{J}$
10	D	H	$1{,}084\sqrt[3]{J}$

sondere Gründe eine andere
Form befürworten oder bedingen. Je nach dem Verwendungszweck, dem verfügbaren Platz usw. ist
das Verhältnis zwischen
Durchmesser und Höhe zu
wählen.

Abb. 2 gibt zehn Darstellungen von Zylindern,
deren Höhe H größer bis
gleich ihrem Durchmesser D

ist. In Abb. 3 sind zehn Zylinder dargestellt, bei denen $\mathfrak{D} \geqq \mathfrak{H}$ ist. Man wird in vielen Fällen nach diesen beiden maßstäblich gezeichneten Bildern die jeweils zweckmäßigste Gefäßform auswählen können und findet dann für den ge-

Tabelle 3a. Formeln für den Durchmesser zylindrischer Gefäße.

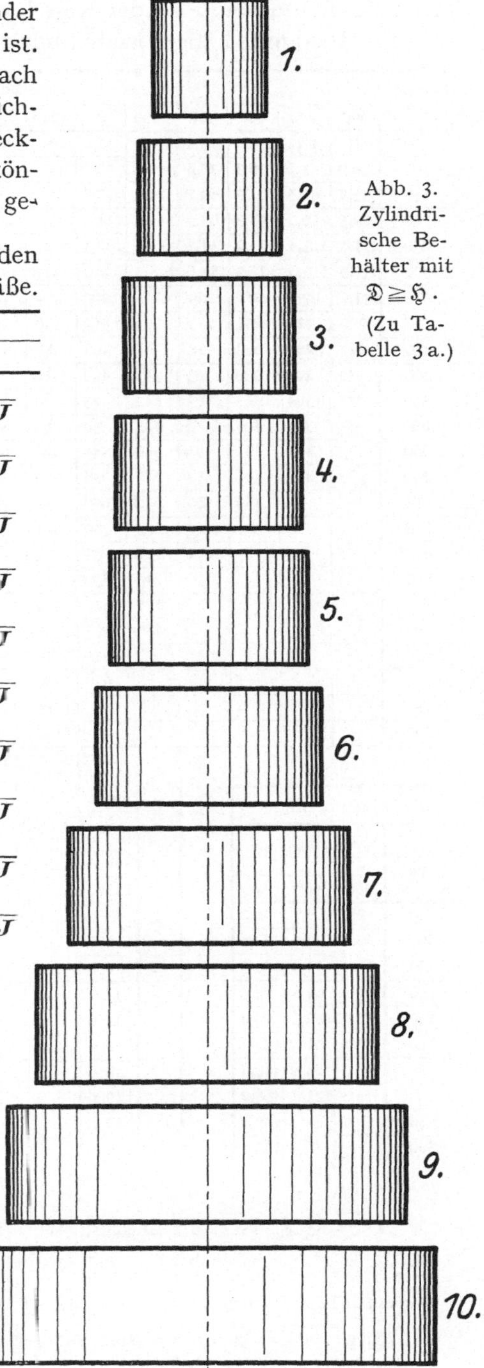

Abb. 3. Zylindrische Behälter mit $\mathfrak{D} \geqq \mathfrak{H}$. (Zu Tabelle 3a.)

Nr.	$\mathfrak{D} \geqq \mathfrak{H}$. (Abb. 3.)		
	$\mathfrak{D}$	$\mathfrak{H}$	$\mathfrak{D} =$
1	$\mathfrak{H}$	$\mathfrak{D}$	$1{,}084 \sqrt[3]{J}$
2	$1{,}25\,\mathfrak{H}$	$\dfrac{\mathfrak{D}}{1{,}25}$	$1{,}168 \sqrt[3]{J}$
3	$1{,}5\,\mathfrak{H}$	$\dfrac{\mathfrak{D}}{1{,}5}$	$1{,}241 \sqrt[3]{J}$
4	$1{,}618\,\mathfrak{H}$	$\dfrac{\mathfrak{D}}{1{,}618}$	$1{,}273 \sqrt[3]{J}$
5	$1{,}75\,\mathfrak{H}$	$\dfrac{\mathfrak{D}}{1{,}75}$	$1{,}306 \sqrt[3]{J}$
6	$2\,\mathfrak{H}$	$\dfrac{\mathfrak{D}}{2}$	$1{,}366 \sqrt[3]{J}$
7	$2{,}5\,\mathfrak{H}$	$\dfrac{\mathfrak{D}}{2{,}5}$	$1{,}471 \sqrt[3]{J}$
8	$3\,\mathfrak{H}$	$\dfrac{\mathfrak{D}}{3}$	$1{,}563 \sqrt[3]{J}$
9	$3{,}5\,\mathfrak{H}$	$\dfrac{\mathfrak{D}}{3{,}5}$	$1{,}646 \sqrt[3]{J}$
10	$4\,\mathfrak{H}$	$\dfrac{\mathfrak{D}}{4}$	$1{,}721 \sqrt[3]{J}$

gebenen Inhalt J mit Hilfe der zur gewählten Form in Tabelle 3 und 3a genannten Formel sofort ohne Proberechnungen den vorläufigen Durchmesser.

Statt $H = 1\tfrac{2}{3}D = 1{,}667\,D$ und $\mathfrak{D} = 1\tfrac{2}{3}\,\mathfrak{H}$ ist der goldene Schnitt (1,618) gewählt. Statt $H = 1\tfrac{1}{4}D$ ist $H = \dfrac{4}{\pi}D$ gewählt, weil dabei $D = \sqrt[3]{J}$

Tabelle 4. Inhalte liegender Kessel von 300—2000 mm Durchmesser und 1000 mm Länge bei Füllungen von 50—2000 mm Höhe.

Füllungs-höhe	Durchmesser														
	600	700	800	900	1000	1100	1200	1300	1400	1500	1600	1700	1800	1900	2000
50	11,3	12,2	13,1	13,9	14,7	15,4	16,1	16,8	17,5	18,1	18,7	19,3	19,9	20,4	21,0
100	30,9	33,7	36,3	38,6	40,9	42,8	45,0	46,6	48,7	50,6	52,2	53,9	55,7	57,2	58,7
150	55,3	60,5	65,3	69,7	73,9	77,8	81,6	85,2	88,5	91,9	95,1	98,3	101,3	104,2	107
200	82,5	90,7	98,3	105,3	111,8	118	123,9	129,5	134,8	140,1	145	149,9	154,6	159,1	163,2
250	111,5	123,4	134,2	144,3	153,6	162,3	170,7	178,7	186,2	193,6	200,6	207	214	221	227
300	141,3	157,5	172,2	185,6	198,2	210	221	232	242	252	261	270	279	287	295
350	171,2	192,4	211	229	245	260	274	288	301	313	325	337	348	359	369
400	200	227	251	273	293	312	330	347	363	378	393	407	421	434	447
450	227	261	292	318	343	366	387	408	427	446	464	481	498	514	529
500	252	294	330	363	393	420	446	470	493	516	537	557	577	596	614
550	271	324	368	407	442	475	506	534	561	587	612	636	659	681	702
600	283	351	404	450	492	530	565	598	629	659	689	716	743	768	793
650		373	437	492	540	584	625	664	700	734	767	798	828	857	885
700		388	466	531	587	638	685	729	770	809	846	881	915	948	980
750			489	566	632	690	744	793	839	884	925	965	1004	1040	1076
800			503	597	673	740	801	857	910	958	1005	1050	1093	1134	1174
850				622	711	788	857	919	978	1033	1086	1135	1183	1228	1272
900				636	744	832	910	980	1046	1108	1165	1220	1272	1323	1372
950					771	872	960	1039	1112	1180	1244	1305	1362	1417	1471
1000					785	907	1007	1095	1176	1251	1322	1389	1452	1512	1570
1050						935	1049	1149	1238	1321	1399	1472	1541	1607	1671
1100						950	1086	1198	1297	1389	1473	1554	1630	1701	1770
1150							1115	1242	1353	1454	1547	1634	1717	1795	1870
1200							1131	1281	1404	1515	1618	1703	1802	1887	1968
1250								1310	1451	1573	1686	1789	1886	1978	2066
1300								1327	1491	1627	1750	1863	1968	2067	2162
1350									1522	1676	1810	1933	2047	2154	2257
1400									1539	1716	1866	2000	2124	2239	2349
1450										1749	1915	2063	2197	2321	2440
1500										1767	1960	2120	2265	2401	2528
1550											1992	2171	2331	2476	2613
1600											2011	2216	2390	2548	2695
1650												2250	2443	2614	2773
1700												2270	2489	2676	2846
1750													2525	2731	2915
1800													2545	2778	2978
1850														2815	3035
1900														2835	3083
1950															3121
2000															3142

Tabellenanfang

Füllungs-höhe	Durchmesser		
	300	400	500
50	7,7	9,1	10,2
100	20,6	24,6	28,1
150	35,3	43,0	49,5
200	50	62,8	73,3
250	62,9	82,6	98,2
300	70,7	101	123
350		116.5	146,8
400		125,6	168,2
450			186,1
500			196,3

wird. $D = 1\frac{1}{4}\,\mathfrak{H}$ ist beibehalten, weil $\mathfrak{D} = \dfrac{4}{\pi}\,\mathfrak{H}$ keine Vereinfachung bringt.

Beispiele: a) Extraktionsapparat, $J = 10\,000$ l, Form 3 in Abb. 2. — $D = 0{,}752\,\sqrt[3]{10\,000} = 16{,}2$ dm $= 1620$ mm; $H = 3\,D = 4860$ mm.   b) Eindampf-

Tabelle 5. Inhalte liegender Kessel von 2100 bis 3500 mm Durchmesser und 1000 mm Länge bei Füllungen von 50 bis 2000 mm Höhe.

Füllungs-höhe	Durchmesser														
	2100	2200	2300	2400	2500	2600	2700	2800	2900	3000	3100	3200	3300	3400	3500
50	21,4	22,0	22,5	22,9	23,4	23,8	24,2	24,7	25,2	25,8	26,1	26,6	26,9	27,3	27,7
100	60,2	61,7	63,1	64,2	65,9	67,2	68,5	69,7	71,0	72,3	73,5	74,3	75,9	77	77,9
150	109,8	112,5	115,5	117,7	120,2	122,5	125,1	127,4	129,8	132,2	134,3	136,4	138,8	140,8	142,8
200	167,8	171,9	175,9	180	184	187,8	191,5	195,2	198,8	203	206	209	213	216	219
250	232	239	244	249	255	261	266	271	276	282	286	291	296	301	306
300	304	311	319	326	334	341	348	355	361	368	374	381	387	393	399
350	379	389	399	408	418	427	436	444	453	461	469	477	485	493	502
400	460	472	484	495	507	518	529	540	550	561	570	580	590	600	609
450	544	559	573	587	601	614	627	640	653	665	677	689	700	712	723
500	632	649	666	682	699	715	730	745	760	775	789	803	816	830	843
550	723	743	763	782	801	819	837	854	872	889	905	921	936	953	968
600	817	840	862	884	906	927	947	967	987	1006	1025	1044	1062	1080	1097
650	913	939	965	989	1014	1038	1061	1084	1106	1128	1150	1171	1191	1211	1231
700	1011	1040	1069	1097	1125	1152	1178	1204	1229	1254	1278	1301	1324	1347	1369
750	1110	1144	1176	1207	1238	1269	1298	1326	1353	1383	1409	1435	1461	1487	1511
800	1212	1249	1285	1320	1354	1387	1420	1451	1482	1514	1543	1572	1601	1629	1656
850	1314	1352	1395	1433	1472	1508	1544	1579	1614	1648	1680	1712	1744	1775	1805
900	1418	1463	1507	1548	1590	1631	1671	1709	1747	1783	1820	1855	1889	1924	1957
950	1522	1572	1620	1666	1712	1756	1799	1841	1882	1922	1961	2000	2038	2075	2111
1000	1627	1681	1733	1783	1834	1882	1928	1974	2019	2062	2105	2147	2188	2229	2268
1050	1732	1791	1848	1902	1957	2009	2059	2109	2157	2206	2251	2296	2341	2385	2427
1100	1837	1901	1962	2021	2080	2138	2192	2245	2297	2350	2399	2448	2496	2543	2588
1150	1942	2010	2077	2141	2205	2266	2325	2382	2439	2495	2548	2600	2652	2703	2752
1200	2046	2120	2193	2262	2329	2395	2459	2520	2581	2642	2698	2754	2810	2865	2917
1250	2149	2229	2307	2383	2454	2525	2593	2659	2724	2789	2850	2910	2969	3027	3084
1300	2251	2338	2422	2503	2580	2655	2728	2799	2868	2938	3002	3066	3130	3192	3252
1350	2353	2449	2535	2622	2704	2784	2863	2939	3013	3087	3156	3224	3292	3357	3422
1400	2453	2552	2648	2741	2829	2914	2998	3079	3157	3236	3310	3383	3455	3525	3593
1450	2551	2657	2760	2858	2952	3043	3133	3219	3303	3385	3464	3541	3618	3692	3764
1500	2647	2761	2870	2976	3075	3171	3267	3359	3448	3534	3619	3701	3782	3861	3938
1550	2741	2862	2979	3091	3197	3300	3401	3499	3592	3683	3774	3861	3948	4030	4111
1600	2832	2961	3086	3204	3319	3427	3534	3638	3737	3832	3929	4021	4111	4198	4285
1650	2920	3058	3190	3317	3437	3553	3667	3776	3881	3981	4084	4181	4276	4368	4460
1700	3004	3152	3293	3427	3555	3678	3798	3913	4024	4130	4238	4341	4442	4540	4635
1750	3085	3242	3392	3535	3671	3801	3927	4049	4166	4279	4392	4501	4605	4711	4811
1800	3160	3329	3489	3640	3784	3922	4055	4184	4308	4426	4546	4659	4741	4881	4980
1850	3232	3412	3582	3742	3895	4040	4182	4317	4448	4573	4698	4818	4935	5049	5161
1900	3296	3490	3671	3842	4003	4157	4306	4449	4586	4718	4850	4976	5098	5218	5336
1950	3354	3562	3755	3937	4108	4271	4428	4579	4723	4862	5000	5132	5261	5387	5510
2000	3403	3629	3836	4029	4210	4382	4548	4707	4858	5006	5149	5288	5423	5554	5683

apparat, $J = 2000$ l, Form 8 in Abb. 3. — $\mathfrak{D} = 1{,}563 \sqrt[3]{2000} = 19{,}69 = \sim 1970$ mm; $\mathfrak{H} = \dfrac{\mathfrak{D}}{3} = 656$ mm.

Bestimmt man bei Serien (z. B. Kochapparate für 200, 300, 400, 500 ... l) die vorläufigen Durchmesser und Höhen nach einer Formel aus Tabelle 3 und 3a, so erhält man die erreichbar größte Einheitlichkeit.

Tabelle 6. Inhalte liegender Kessel von 2100 bis 3500 mm Durchmesser und 1000 mm Länge bei Füllungen von 2050 bis 3500 mm Höhe.

Füllungs-höhe	Durchmesser														
	2100	2200	2300	2400	2500	2600	2700	2800	2900	3000	3100	3200	3300	3400	3500
2050	3442	3689	3911	4116	4308	4490	4665	4832	4991	5146	5297	5442	5584	5722	5857
2100	3464	3740	3979	4198	4402	4594	4779	4954	5123	5285	5443	5594	5743	5887	6028
2150		3779	4040	4275	4491	4695	4889	5074	5252	5420	5587	5746	5901	6052	6199
2200		3801	4092	4344	4575	4791	4996	5191	5376	5554	5728	5895	6057	6214	6369
2250			4132	4406	4654	4882	5099	5304	5499	5685	5868	6042	6212	6376	6537
2300			4155	4460	4725	4968	5197	5413	5618	5814	6005	6187	6365	6536	6704
2350				4501	4789	5048	5290	5518	5733	5940	6139	6330	6515	6694	6869
2400				4524	4843	5121	5378	5618	5845	6062	6270	6470	6664	6850	7033
2450					4885	5187	5460	5714	5952	6179	6398	6607	6809	7004	7194
2500					4909	5242	5535	5803	6055	6293	6523	6741	6952	7155	7353
2550						5285	5600	5887	6152	6403	6643	6871	7092	7304	7510
2600						5309	5657	5962	6244	6507	6759	6998	7229	7450	7664
2650							5701	6030	6329	6608	6871	7121	7361	7592	7816
2700							5726	6088	6406	6700	6978	7239	7491	7732	7965
2750								6133	6476	6786	7079	7353	7617	7868	8110
2800								6158	6534	6865	7174	7462	7737	7999	8252
2850									6580	6936	7262	7565	7853	8126	8390
2900									6605	6996	7342	7661	7963	8249	8524
2950										7043	7413	7751	8068	8367	8653
3000										7068	7474	7833	8166	8479	8778
3050											7521	7906	8257	8586	8898
3100											7548	7968	8340	8686	9012
3150												8016	8414	8778	9119
3200												8042	8477	8863	9222
3250													8526	8938	9315
3300													8553	9002	9402
3350														9052	9478
3400														9079	9543
3450															9593
3500															9621

Die gefundenen Ausmaße hat man nur noch den Normalien der Kesselböden (deren Inhalt man berücksichtigt) anzupassen.

2. Liegende Kessel.

Die Tabellen 4, 5 und 6 geben die Inhalte nicht vollgefüllter bis vollgefüllter liegender Zylinder von 300 bis 3500 mm Durchmesser für je 1 m Kessellänge an. Die Füllungshöhen sind von 50 zu 50 mm abgestuft.

Die Tabelle ist von Lucht[1]) berechnet, und zwar für den Gebrauch im Betriebe. Sie ist aber auch für die Gefäßbemessung im Dampffaß- und Apparatebau mit Vorteil verwendbar.

---

[1]) Chem. App. VII. Jg., H. 21. Leipzig: Otto Spamer 1920.

Tabelle 7. Maße des Kreisabschnittes.

Winkel φ	Bogenlänge b	Sehnenlänge s	Pfeilhöhe h	Flächeninhalt f	$(f : F =)$ n
10	0,175	0,174	0,004	0,000	0,0001
20	0,349	0,347	0,015	0,004	0,0011
30	0,524	0,517	0,034	0,012	0,0038
40	0,698	0,684	0,060	0,028	0,0088
50	0,873	0,845	0,094	0,053	0,0170
60	1,047	1,000	0,134	0,090	0,0387
70	1,222	1,147	0,181	0,141	0,0478
80	1,396	1,286	0,234	0,206	0,0654
90	1,571	1,414	0,293	0,285	0,0906
100	1,745	1,532	0,357	0,330	0,1210
110	1,920	1,638	0,426	0,420	1,1337
120	2,094	1,732	0,500	0,614	0,1955
130	2,269	1,812	0,577	0,751	0,2389
140	2,444	1,879	0,658	0,900	0,2862
150	2,618	1,932	0,741	1,059	0,3367

Tabelle 7 enthält für einen Kreis mit dem Radius $r = 1$, mit dem Kreisinhalt F und bei Winkeln φ von 10 bis 150° die Maße des Kreisabschnittes, und zwar (s. Abb. 4):

die Bogenlänge b,
die Sehnenlänge s,
die Pfeilhöhe h,
den Flächeninhalt f,
das Inhaltsverhältnis: $f : F = n$.

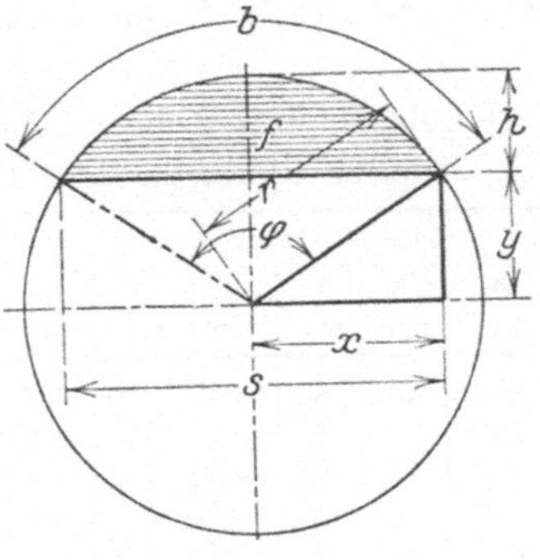

Es sind, siehe Abb. 4 (Zentriwinkel φ in Graden):

Abb. 4.

Bogenlänge $\quad b = \pi \cdot r \cdot \dfrac{\varphi}{180} = 0{,}017453\,\varphi$;

Sehnenlänge $\quad s = 2r \cdot \sin \dfrac{\varphi}{2} = 2 \cdot \sqrt{h \cdot (2r - h)}$;

Pfeilhöhe $\quad h = r \cdot \left(1 - \cos \dfrac{\varphi}{2}\right) = 2r \cdot \sin \dfrac{2\varphi}{4} = r - \dfrac{1}{2} \cdot \sqrt{4r^2 - s^2}$;

Flächeninhalt $\quad f = \dfrac{r^2}{2}\left(\pi \cdot \dfrac{\varphi}{180} - \sin \varphi\right) = \dfrac{1}{2} \cdot [r \cdot (b - s) + s \cdot h]$.

Zur Berechnung des Flächeninhalts f schlägt Bür k[1]) statt des ersten obigen Ausdrucks die Gleichung:

$$f = r^2 \cdot \arcsin \dfrac{x}{r} - x \cdot y$$

vor, worin: $x =$ halbe Sehne und $y = r - h$ sind.

---

[1]) Chem. App. VII. Jg., H. 23. 1920.

3. Gewölbte Kesselböden.

In Tabelle 8 ist der ungefähre Inhalt gewöhnlicher gewölbter Kesselböden von 300 bis 3000 mm Durchmesser angegeben. Die Inhalte beziehen sich auf den gewölbten Teil — in Abb. 5, I schraffiert —, also ohne das zylindrische Stück des Bodens.

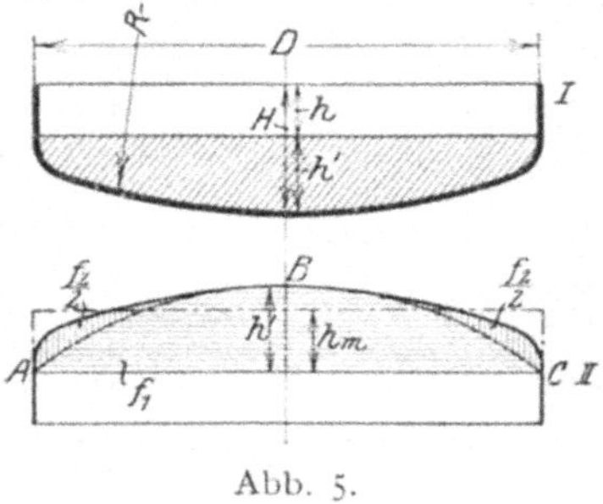

Abb. 5.

Eine einigermaßen genaue Inhaltsbestimmung wird schon dadurch verhindert, daß der Durchmesser außen gemessen wird, also auch die Wandstärke zu berücksichtigen wäre. Geliefert werden die Böden mit 6 bis 26 mm Wandstärke; Abstufung um je 1 mm.

Ferner aber stimmen die Ausführungsmaße der Lieferwerke nicht überein, wie ein Vergleich der Abmessungen h, H, R der Tabelle 8 mit denen der Tabelle 24 erkennen läßt.

Tabelle 8. Ungefährer Inhalt des gewölbten Teiles gewölbter Kesselböden (Abb. 5) ohne Berücksichtigung der Wandstärken.

Bodenabmessungen					Inhalt		Bodenabmessungen					Inhalt	
D	h	h'	H	R	h_m	J	D	h	h'	H	R	h_m	J
mm	mm	mm	mm	mm	mm	Liter	mm	mm	mm	mm	mm	mm	Liter
300	60	50	110	400	38	2,7	1700	80	205	285	2200	141	320
350	,,	55	115	425	41	4	1750	,,	210	290	,,	145	349
400	,,	65	125	450	48	6	1800	,,	,,	,,	2400	,,	369
450	,,	70	130	500	51	8	1850	,,	,,	,,	,,	,,	388
500	,,	80	140	550	58	11	1900	,,	,,	,,	2600	,,	410
550	,,	90	150	600	65	15	1950	,,	215	295	,,	148	442
600	,,	95	155	650	68	19	2000	,,	,,	,,	2800	,,	465
650	,,	100	160	700	71	23	2050	,,	,,	,,	,,	,,	480
700	,,	110	170	800	78	30	2100	,,	220	300	3000	151	523
750	,,	115	175	850	81	36	2150	,,	,,	,,	,,	,,	547
800	,,	120	180	900	85	42	2200	90	,,	310	3300	,,	573
850	,,	130	190	925	91	52	2250	,,	,,	,,	,,	,,	597
900	,,	140	200	950	98	62	2300	,,	240	330	,,	165	686
950	,,	145	205	1100	101	72	2350	,,	,,	,,	,,	,,	716
1000	,,	,,	,,	1200	,,	79	2400	,,	265	355	,,	182	822
1050	,,	155	215	,,	108	93	2450	,,	,,	,,	,,	,,	856
1100	70	145	,,	1400	101	96	2500	,,	285	375	,,	195	958
1150	,,	,,	,,	,,	,,	105	2550	,,	,,	,,	,,	,,	1000
1200	,,	150	220	1500	105	119	2600	,,	305	395	,,	208	1100
1250	,,	,,	,,	1700	,,	129	2650	,,	,,	,,	,,	,,	1148
1300	,,	160	230	,,	111	148	2700	,,	,,	,,	3500	,,	1190
1350	,,	170	240	,,	118	169	2750	,,	,,	,,	,,	,,	1238
1400	,,	180	250	,,	125	192	2800	100	315	415	,,	215	1325
1450	,,	185	255	1800	128	211	2850	,,	,,	,,	,,	,,	1372
1500	,,	195	265	,,	135	239	2900	,,	335	435	,,	228	1508
1550	,,	200	270	1900	138	260	2950	,,	,,	,,	,,	,,	1560
1600	,,	205	275	2000	141	283	3000	,,	350	450	3600	238	1680
1650	80	200	280	,,	138	295							

Legt man gemäß Abb. 5, II durch die Punkte A, B, C einen Kreis, so kann die durch diesen abgegrenzte Kreisabschnittfläche f_1 für vorliegenden Zweck nach der Annäherungsformel:

$$f_1 = \tfrac{2}{3} \cdot D \cdot h'$$

berechnet werden. Von dem Wölbungsquerschnitt des Kesselbodens bleibt links und rechts je eine Fläche $\dfrac{f_2}{2}$ übrig. Durch Ausmessen findet man, daß bei dem Boden mit $D' = 300$ mm Durchmesser: $f_2' = \sim 0{,}14\, f_1'$ und beim Boden mit $D'' = 3000$ mm: $f_2'' = \sim 0{,}02\, f_1''$ ist. Bei $D' = 300$ mm ergibt sich: $f_1' = \sim 1$ dm² und bei $D'' = 3000$ mm: $f_1'' = \sim 70$ dm²; es sind also: $f_2' = 0{,}14$ dm² und $f_2'' = 1{,}4$ dm², so daß:

$$f_2' : f_2'' = 1 : 10 = 300 : 3000 = D' : D''.$$

Mit der Annäherungsannahme, daß das Verhältnis zwischen den Flächen f_2 und den Durchmessern D konstant sei, erhält man:

$$f_2 = \frac{0{,}14}{3} \cdot D = 0{,}0467\, D.$$

Die angenäherte Größe der Gesamtfläche ist dann:

$$f = f_1 + f_2 = \tfrac{2}{3} D \cdot h' + 0{,}0467\, D.$$

Bezeichnet h_m die Höhe des Rechtecks: $D \cdot h_m$, welches der Fläche f inhaltsgleich ist, so folgt aus: $D \cdot h_m = \tfrac{2}{3} \cdot D \cdot h' + 0{,}0467\, D$ das Höhenmaß:

$$h_m = \tfrac{2}{3} \cdot h' + 0{,}0467$$

alle Maße in dm. Die Höhen h_m sind in Tabelle 8 in mm eingetragen. Die neben ihnen angegebenen Inhalte sind nach:

$$J = \frac{D^2 \cdot \pi}{4} \cdot h_m$$

berechnet. Die Wandstärken sind nicht berücksichtigt; für je 1 mm Wandstärke vermindert sich der Inhalt ungefähr:

von	300 bis 600 Durchm. um 4 %,	von	1700 bis 2000 Durchm. um 2 %,
„	650 „ 950 „ „ 3,5%,	„	2050 „ 2350 „ „ 1,5%,
„	1000 „ 1300 „ „ 3 %,	„	2400 „ 2700 „ „ 1 %,
„	1350 „ 1650 „ „ 2,5%,	„	2750 „ 3000 „ „ 0,5%.

Die Höhen h_m geben zugleich an, um wieviel der Mantel eines durch gewölbte Böden abgeschlossenen zylindrischen Kessels zu verkürzen (bei Bodenwölbung nach außen) bzw. zu verlängern (bei Wölbung nach innen) ist, um den verlangten Kesselinhalt zu erhalten.

Beispiele:

1. Der Extraktionsapparat nach Beispiel a), Seite 12 soll abgerundet 1600 mm lichten Durchmesser und zwei nach außen gewölbte Böden erhalten. Bei $D = 1600$ mm und 10 000 l Inhalt ist die Mantellänge des gerade abgeschnittenen Zylinders: $L = \sim 5000$ mm. Die endgültige Länge wird: $L' = L - 2 \cdot h_m$ $= 5000 - 2 \cdot 138 = \sim 4725$ mm.

2. Sollen die Böden (Beispiel 1) nach innen gewölbt sein, so rundet man den gefundenen Durchmesser (1620 mm) nach oben ab: $D = 1650$ mm. Damit wird: $L = 4673$ mm, mithin: $L' = L + 2 \cdot h_m = 4673 + 276 = \sim 4950$ mm.

3. Bei dem Eindampfapparat nach Beispiel b), Seite 12 wird für einen nach außen gewölbten Boden: $D = 1950$ mm. Bei 2000 l Inhalt ist: $L = \sim 670$ mm und $L' = L - h_m = 670 - 144 = \sim 525$ mm.

Inhalte gewölbter Kupferböden mit $R = D$ und $H = 0{,}134\,D$ s. Tabelle 92 auf S. 149.

Nicht nur für Apparate der Zucker- und Brauereiindustrie, sondern im Dampffaßbau überhaupt finden die sog. Diffuseurböden (Abb. 6)

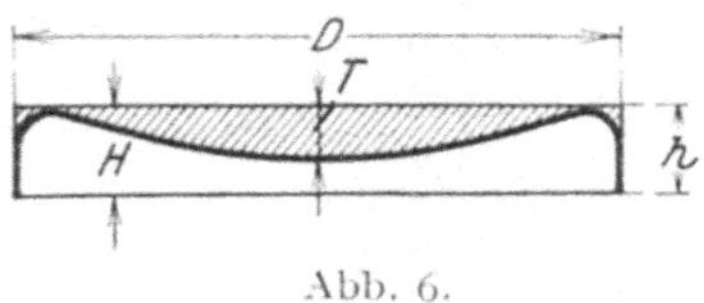
Abb. 6.

häufig Verwendung. Die Nietnaht liegt vollkommen frei außen, gleichwohl ist die Wölbung nach außen gekehrt. Die Diffuseurböden lassen sich bequem hydraulisch einnieten und eignen sich auch als zuletzt einzunietender Boden enger bzw. schlecht bekriechbarer Gefäße. Ihre Tiefe ist ungefähr: $T = \frac{1}{2}$ bis $\frac{2}{3}\,H$ (H = ganze Höhe des Bodens). Überschläglich kann man den Inhalt des in Abb. 6 schraffierten Raumes mit $^1/_5$ bis $^1/_3$ der in Tabelle 8 genannten Inhalte setzen. Abmessungen s. Tabelle 26, S. 43.

4. Die Kugel.

Tabelle 9 gibt die Kugelinhalte für lichte Durchmesser: $D = 10$ bis 99 mit den Zwischendurchmessern: $10{,}5 \div 11{,}5 \div 12{,}5 \ldots$ an.

Inhalt der Kugel (d = Kugeldurchmesser, r = Kugelradius):

$$J = \frac{\pi}{6} \cdot d^3 = 0{,}5236\,d^3 = \tfrac{4}{3}\,\pi \cdot r^3 = 4{,}1888\,r^3 \; ;$$

Inhalt des Kugelabschnittes (a = Radius der Schnittfläche, h = Abschnitthöhe):

$$J = \frac{\pi \cdot h}{6} \cdot (3\,a^2 + h^2) = \frac{\pi \cdot h^2}{3} \cdot (3\,r - h) \; ;$$

Inhalt der Kugelzone (a und b = Radien der Schnittflächen, h = Zonenhöhe):

$$J = \frac{\pi \cdot h}{6} \cdot (3\,a^2 + 3\,b^2 + h^2);$$

Inhalt des Kugelausschnittes (h = Höhe des Abschnittes):

$$J = \tfrac{2}{3} \cdot \pi \cdot r^2 \cdot h = 2{,}09439\,r^2 \cdot h;$$

Kugeloberfläche: $F = d^2 \cdot \pi = 4\,r^2 \cdot \pi = 12{,}566\,r^2;$

Kugelkalotte oder Zone: $f = 2\,r \cdot \pi \cdot h$.

Abmessungen, Oberflächen und Inhalte halbkugeliger Kupferschalen s. Tabelle 91, S. 145.

Tabelle 9. Kugelinhalte.

D	J	D	J	D	J	D	J	D	J
10	523,60	28	11 494	46	50 965	64	137 259	82	288 696
10,5	606,13	28,5	12 121	46,5	52 645	64,5	140 501	82,5	294 010
11	696,91	29	12 770	47	54 362	65	143 794	83	299 388
11,5	796,33	29,5	13 442	47,5	56 115	65,5	147 138	83,5	304 831
12	904,78	**30**	14 137	48	57 906	66	150 533	84	310 340
12,5	1 022,7	30,5	14 856	48,5	59 734	66,5	153 980	84,5	315 915
13	1 150,3	31	15 599	49	61 601	67	157 480	85	321 556
13,5	1 288,3	31,5	16 366	49,5	63 506	67,5	161 032	85,5	327 264
14	1 436,8	32	17 157	**50**	65 450	68	164 637	86	333 039
14,5	1 596,3	32,5	17 974	50,5	67 433	68,5	168 295	86,5	338 882
15	1 767,2	33	18 817	51	69 456	69	172 007	87	344 792
15,5	1 949,8	33,5	19 685	51,5	71 519	69,5	175 774	87,5	350 771
16	2 144,7	34	20 580	52	73 622	**70**	179 595	88	356 819
16,5	2 352,1	34,5	21 501	52,5	75 767	70,5	183 471	88,5	362 935
17	2 572,4	35	22 449	53	77 952	71	187 402	89	369 122
17,5	2 806,2	35,5	23 425	53,5	80 178	71,5	191 389	89,5	375 378
18	3 053,6	36	24 429	54	82 448	72	195 433	**90**	381 704
18,5	3 315,3	36,5	25 461	54,5	84 760	72,5	199 532	90,5	388 102
19	3 591,4	37	26 522	55	87 114	73	203 689	91	394 570
19,5	3 882,5	37,5	27 612	55,5	89 511	73,5	207 903	91,5	401 109
20	4 188,8	38	28 731	55	91 953	74	212 175	92	407 721
20,5	4 510,9	38,5	29 880	56,5	94 438	74,5	216 505	92,5	414 405
21	4 849,1	39	31 059	57	96 967	75	220 894	93	421 161
21,5	5 203,7	39,5	31 270	57,5	99,541	75,5	225 341	93,5	427 991
22	5 575,3	**40**	33 510	58	102 161	76	229 848	94	434 894
22,5	5 964,1	40,5	34 783	58,5	104 826	76,5	234 414	94,5	441 871
23	6 370,6	41	36 087	59	107 536	77	239 041	95	448 920
23,5	6 795,2	41,5	37 423	59,5	110 294	77,5	243 728	95,5	456 047
24	7 238,2	42	38 792	**60**	113 098	78	248 475	96	463 248
24,5	7 700,1	42,5	40 194	60,5	115 949	78,5	253 284	96,5	470 524
25	8 181,3	43	41 630	61	118 847	79	258 155	97	477 874
25,5	8 682,0	43,5	43 099	61,5	121 794	79,5	263 088	97,5	485 302
26	9 202,8	44	44 602	62	124 789	**80**	268 083	98	492 808
26,5	9 744,0	44,5	46 141	62,5	127 832	80,5	273 141	98,5	500 388
27	10 306	45	47 713	63	130 925	81	278 263	99	508 047
27,5	10 889	45,5	49 321	63,5	134 067	81,5	283 447	99,5	515 785

5. Rechteckige Behälter.

Die Abmessungen für rechteckige Behälter (Wasserbehälter usw., Abb. 7) wählt man vorteilhaft nach den Verhältniszahlen

$$L = \tfrac{3}{2}B \quad \text{und} \quad H = \tfrac{2}{3}B.$$

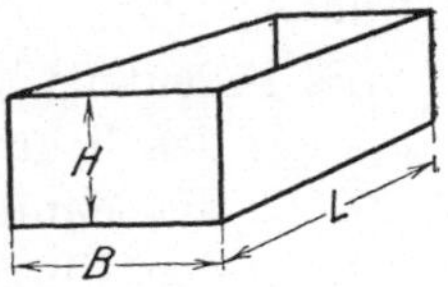

Damit ergibt sich selbst bei großen Behältern eine zweckmäßige Form. Die Ermittelung der Breite ist sehr bequem, denn $B \cdot (\tfrac{2}{3}B) \cdot (\tfrac{3}{2}B) = J$ liefert:

$$B = \sqrt[3]{J}.$$

Abb. 7.

Tabelle 10 gibt in der linken Hälfte die damit berechneten Ausmaße für einige Behälter von 1 bis 200 cbm Inhalt. In der rechten Hälfte sind die Maße für die Ausführung genannt, und zwar ohne Zuschlag für etwa zu liefernden

Tabelle 10. Ausmaße rechteckiger Behälter.

| Nach: $B=\sqrt[3]{J}$. | | | | Abgerundete Maße: | | | |
cbm	B	L	H	cbm	B	H	L
1	1000	1500	660	1	1000	750	1350
2	1260	1890	840	2	1250	1000	1600
3	1445	2170	960	3	1500	,,	2000
4	1590	2380	1050	4	,,	,,	2670
6	1820	2730	1210	6	2000	,,	3000
8	2000	3000	1330	8	,,	1250	3200
10	2150	3220	1440	10	,,	,,	4000
15	2470	3700	1650	15	2500	1500	,,
20	2710	4060	1805	20	3000	,,	4450
40	3420	5130	2290	40	3500	2000	5730
60	3920	6270	2610	60	4000	2500	6000
100	4640	7430	3100	100	4500	3000	7400
150	5310	8480	3540	150	5000	3500	8560
200	5840	8750	3880	200	6000	,,	9500

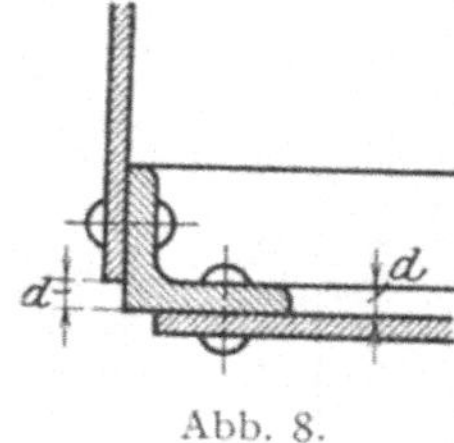

Abb. 8.

freien Raum oberhalb der Füllung. Bei der Abrundung wählt man die Breite und Höhe zuerst, und zwar möglichst als ganze oder halbe Maße der Handelsbleche, um den erreichbar geringsten Verschnitt zu erhalten. Ferner berücksichtigt man bei der Abrundung die etwaigen Raumbeschränkungen.

Die Eckwinkeleisen stehen mindestens um die Schenkelstärke (d in Abb. 8) vor; um diese Überstände vergrößern sich die Lichtmaße und der Inhalt.

C. Die Wandungen der Eisengefäße.

1. Eisenzylinder für inneren Überdruck.

Für Dampffässer verwende man möglichst Flammofen-(Siemens-Martin-)Flußeisen **FI**. Zugfestigkeit: 3400 bis 4100 kg/cm², geringste Dehnung: 25%. Prüfungsattest ist vom Hüttenwerk zu verlangen.

Es bedeuten:

D den lichten Manteldurchmesser in cm,

L die Mantellänge in cm,

p den Überdruck in kg/cm²,

K_z die Zugfestigkeit in kg/cm²

$\mathfrak{S}$ den Sicherheitsfaktor,

φ das Festigkeitsverhältnis der Naht,

s die Blechstärke in cm.

Beim geschlossenen Hohlzylinder wirken (infolge des inneren Überdrucks) im Rundschnitt $A — A$ in Abb. 9:

auf Zerreißen die Kraft:

$$P_1 = \frac{\pi \cdot D^2}{4} \cdot p,$$

der Widerstand der Wandung:

$$D \cdot \pi \cdot s \cdot \frac{K_z}{\mathfrak{S}}.$$

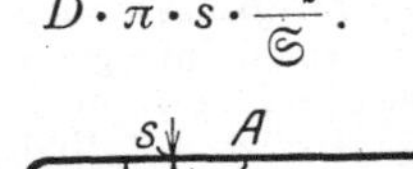

Soll keine Trennung stattfinden, so muß sein:

$$D \cdot \pi \cdot s \cdot \frac{K_z}{\mathfrak{S}} = \frac{\pi \cdot D^2}{4} \cdot p.$$

Hieraus kommt:

$$s_1 = \frac{D \cdot p \cdot \mathfrak{S}}{4\,K_z}$$

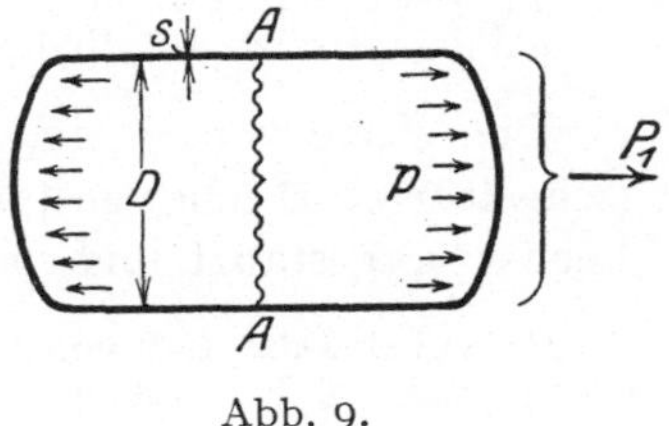

Abb. 9.

Auf Zerreißen im Längsschnitt (Abb. 10) wirkt: $P_2 = D \cdot L \cdot p$. Die Wandung widersteht mit: $2s \cdot L \cdot \dfrac{K_z}{\mathfrak{S}}$ und aus:

$2s \cdot L \cdot \dfrac{K_z}{\mathfrak{S}} = D \cdot L \cdot p$ kommt:

$$s_2 = \frac{D \cdot p \cdot \mathfrak{S}}{2 \cdot K_z}.$$

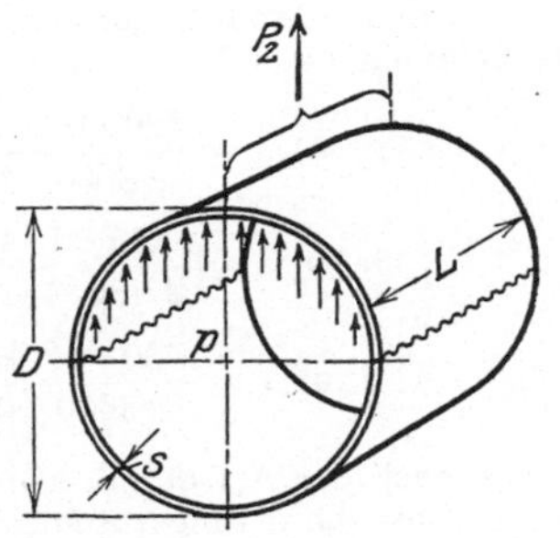

Abb. 10.

Da $s_2 = 2\,s_1$ ist, muß stets s_2 berechnet werden. Aus demselben Grunde muß man die Blech-Längsfaser nicht längs, sondern rundum laufen lassen und gegebenenfalls die Längsnaht stärker ausführen als die Rundnaht. Wegen Abrostens wird von vornherein ein Zuschlag von 0,1 cm gemacht. Für nahtlos gewalzte Mäntel (überall vollwertiger Blechquerschnitt) genügt dann:

$$s = \frac{D \cdot p \cdot \mathfrak{S}}{2 \cdot K_z} + 0,1.$$

Bei geschweißter und genieteter Längsnaht ist noch das Festigkeits- oder Güteverhältnis φ der Naht (schwächste Stelle des Mantels) zu berücksichtigen. Damit kommt:

$$\boldsymbol{s = \frac{D \cdot p \cdot \mathfrak{S}}{2 \cdot K_z \cdot \varphi} + 0{,}1.} \tag{1}$$

Für gute (überlappte) Schweißnaht kann $\varphi = 0{,}7$ und für Nietnähte (s. Vernietungen) $\varphi = 0{,}56$ bis $0{,}76$ $(0{,}85)$ gesetzt werden.

Für die Berechnungen gelten ferner folgende Werte:

a) die Zugfestigkeit

bei Schweißeisen	$K_z = 3300$ kg/cm²,
„ Flußeisen von 3400 bis 4100 kg/cm²	$K_z = 3600$ „
„ „ „ 4000 „ 4700 „	$K_z = 4000$ „
„ „ „ 4400 „ 5100 „	$K_z = 4400$ „

b) der Sicherheitsfaktor

($\mathfrak{S}_M$ für Maschinennietung, $\mathfrak{S}_H$ für Handnietung)

bei überlappter oder einfach gelaschter Naht . . . . . $\mathfrak{S}_M = 4{,}5$ $\mathfrak{S}_H = 4{,}75$

„ zweireihiger Doppellaschennaht, deren eine Lasche nur
 einreihig genietet ist . . . . $\mathfrak{S}_M = 4{,}1$ $\mathfrak{S}_H = 4{,}35$

„ sonstiger Doppellaschennaht, wenn beide Laschen min-
 destens zweireihig genietet sind . . . . $\mathfrak{S}_M = 4{,}0$ $\mathfrak{S}_H = 4{,}25$

„ gut geschweißter Naht . . . . $\mathfrak{S} = 4{,}5$

„ nahtlos gewalzten Zylindern. . . . . $\mathfrak{S} = 4$.

Die Werte von $\mathfrak{S}$ sind um 0,25 zu erhöhen, wenn die Nietlöcher (schwächerer Bleche) gestanzt sind, und um 0,1 zu erhöhen, wenn die Löcher vorgestanzt und nachgebohrt sind.

Beispiel: Dampffaß von 1300 mm Durchmesser und für 6 Atm. inneren Überdruck. Material F I; gebohrte Nietlöcher. Welche Mantelstärke ist nötig, wenn
 a) der Mantel nahtlos gewalzt,
 b) die Längsnaht überlappt geschweißt,
 c) die Längsnaht einreihig überlappt handgenietet ist?
Es kommen nach Formel (1):

$$\text{a)}\quad s = \frac{130 \cdot 6 \cdot 4}{2 \cdot 3600 \cdot 1} + 0{,}1 = 0{,}533 \text{ cm} = \text{rd. } 6 \text{ mm};$$

$$\text{b)}\quad s = \frac{130 \cdot 6 \cdot 4{,}5}{2 \cdot 3600 \cdot 0{,}7} + 0{,}1 = 0{,}798 \text{ cm} = \text{rd. } 8 \text{ mm};$$

$$\text{c)}\quad s = \frac{130 \cdot 6 \cdot 4{,}75}{2 \cdot 3600 \cdot 0{,}56} + 0{,}1 = 1{,}017 \text{ cm} = \text{rd. } 10{,}5 \text{ mm}.$$

Je nach der Art der Beschickung des Dampffasses ist erforderlichenfalls noch ein zweiter Abrostungszuschlag zu machen.

Gegenüber c) ersparen a) und b) Material; es ist aber auch die Ausführung von a) teurer als die von b) und diese teurer als die von c). Bei a) hat man immer und bei b) meistens mit wesentlich längerer Lieferzeit zu rechnen.

Die Blechdicke soll nicht geringer als 7 mm genommen werden; nur bei kleinen Dampffässern sind allenfalls dünnere Bleche zulässig[1]).

Tabelle 11 und 12 geben für Überdrucke von 1 bis 20 kg/cm² und für Durchmesser von 300 bis 3000 mm die Wandstärken bis zu 30 mm an. Es ist einreihig überlappte Längsnaht angenommen, bei günstigerem φ verringern sich also die Wandstärken.

Wir schreiben die Gleichung (1) in der Form: $s = \dfrac{m}{\varphi} + 1$; dabei möge s die Wandstärke für $\varphi = 0{,}56$ (Tabelle 11 und 12), und zwar hier in Millimetern bedeuten. Für ein abweichendes Güteverhältnis φ' der Naht ergibt sich dann die Wandstärke s' aus der Beziehung $\dfrac{m}{\varphi'} : \dfrac{m}{\varphi} = (s' - 1) : (s - 1)$. Wird das Verhältnis $\varphi : \varphi' = \psi$ gesetzt, so kommt:

$$s' = \psi \cdot (s - 1) + 1$$

oder:

$$\boldsymbol{s' = \psi \cdot s + (1 - \psi)}. \tag{1a}$$

---

[1]) Jaeger, H.: Die überwachungspflichtigen Anlagen. Bd. III.

Tabelle 11. Wandstärke (s in mm) einreihig genieteter Eisenzylinder für inneren Überdruck von 1 bis 7 Atm.

$$\mathfrak{S} = 4,5; \qquad K_z = 3600 \text{ kg/cm}^2; \qquad \varphi = 0,56.$$

Lichter Durchmesser mm	Innerer Überdruck in kg/cm²						
	1	2	3	4	5	6	7
300	1,33	1,67	2,00	2,34	2,67	3,01	3,34
350	1,39	1,78	2,17	2,56	2,95	3,34	3,73
400	1 45	1,89	2,34	2,79	3,23	3,68	4,12
450	1,50	2,00	2,51	3,01	3,51	4,01	4,52
500	1,56	2,12	2,67	3,23	3,79	4,35	4,91
550	1,61	2,23	2,84	3,46	4,07	4,68	5,30
600	1,67	2,34	3,01	3,68	4,35	5,02	5,69
650	1,73	2,45	3,18	3,90	4,63	5,35	6,08
700	1,78	2,56	3,34	4,12	4,91	5,69	6,47
750	1,84	2,67	3,51	4,35	5,19	6,02	6,86
800	1,89	2,79	3,68	4,57	5,46	6,35	7,25
850	1,95	2,90	3,85	4,79	5,74	6,69	7,64
900	2,00	3,01	4,01	5,02	6,02	7,03	8,03
950	2,06	3,12	4,18	5,24	6,30	7,36	8,42
1000	2,12	3,23	4,35	5,46	6,58	7,70	8,81
1100	2,23	3,46	4,68	5,91	7,14	8,37	9,59
1200	2,34	3,68	5,02	6,36	7,70	9,04	10,38
1300	2,45	3,90	5,35	6,80	8,25	9,71	11,16
1400	2,56	4,13	5,69	7,25	8,81	10,38	11,94
1500	2,67	4,35	6,02	7,70	9,37	11,04	12,72
1600	2,79	4,57	6,36	8,14	9,93	11,71	13,50
1700	2,90	4,79	6 69	8,59	10,49	12,38	14,28
1800	3,01	5,02	7,03	9,04	11,04	13,05	15,06
1900	3,12	5,24	7,36	9,48	11,60	13,72	15,84
2000	3,23	5,46	7,70	9,93	12,16	14,39	16,62
2100	3,34	5,69	8,03	10,38	12,72	15,06	17,42
2200	3,46	5,91	8,37	10,82	13,28	15,73	18,19
2300	3,57	6,13	8,70	11,27	13,83	16,40	18,97
2400	3,68	6,36	9,04	11,71	14,39	17,07	19,75
2500	3,79	6,58	9,37	12,16	14,95	17,74	20,53
2600	3,90	6,80	9,71	12,61	15,51	18,41	21,31
2700	4,01	7,03	10,04	13,05	16,07	19,08	22,09
2800	4,13	7,25	10,38	13,50	16,63	19,75	22,88
2900	4,24	7,47	10,71	13,95	17,18	20,42	23,66
3000	4,35	7,70	11,04	14,39	17,74	21,09	24,44

Hiermit lassen sich die Werte der Tabellen 11 und 12 auch für andere φ bequem umrechnen. Es sind (bezogen auf s für $\varphi = 0,56$!):

$$
\begin{aligned}
\text{bei } \varphi &= 0,6 & s' &= 0,93\,s + 0,07 \\
\text{,, } \varphi &= 0,65 & s' &= 0,86\,s + 0,14 \\
\text{,, } \varphi &= 0,7 & s' &= 0,80\,s + 0,20 \\
\text{,, } \varphi &= 0,75 & s' &= 0,75\,s + 0,25 \\
\text{,, } \varphi &= 0,8 & s' &= 0,70\,s + 0,30
\end{aligned}
\right\} \; s \text{ und } s' \text{ in } \mathbf{mm}!
$$

Beispiel: Welche Wandstärke braucht ein eisernes Dampffaß von 2000 mm Durchmesser bei innerem Überdruck von 10 kg/cm² und doppelreihiger Längsnaht mit $\varphi = 0,75$?

Für $\varphi = 0,56$ ist nach Tabelle 12: $s = 23,3$ mm. Für $\varphi = 0,75$ findet sich: $s' = 0,75 \cdot 23,3 + 0,25 = 17,73$ mm.

Tabelle 12. Wandstärke (s in mm) einreihig genieteter Eisenzylinder für inneren Überdruck von 8 bis 20 Atm.

$$\mathfrak{S} = 4{,}5; \qquad K_z = 3600 \text{ kg/cm}^2; \qquad \varphi = 0{,}56.$$

Lichter Durchmesser mm	Innerer Überdruck in kg/cm²						
	8	10	12	14	16	18	20
300	3,68	4,35	5,02	5,69	6,36	7,03	7,70
350	4,12	4,91	5,69	6,47	7,25	8,03	8,81
400	4,57	5,46	6,36	7,25	8,14	9,04	9,93
450	5,02	6,02	7,03	8,03	9,04	10,04	11,05
500	5,46	6,58	7,70	8,81	9,93	11,04	12,16
550	5,91	7,14	8,37	9,59	10,82	12,05	13,28
600	6,36	7,70	9,04	10,37	11,71	13,05	14,39
650	6,80	8,25	9,70	11,16	12,60	14,06	15,51
700	7,25	8,81	10,37	11,94	13,50	15,06	16,63
750	7,70	9,37	11,04	12,72	14,39	16,07	17,74
800	8,14	9,93	11,71	13,50	15,28	17,07	18,86
850	8,59	10,49	12,38	14,28	16,18	18,08	19,97
900	9,04	11,05	13,05	15,06	17,07	19,08	21,09
950	9,48	11,61	13,73	15,85	17,97	20,09	22,20
1000	9,93	12,16	14,39	16,63	18,86	21,09	23,32
1100	10,82	13,28	15,73	18,19	20,64	23,10	25,55
1200	11,71	14,39	17,07	19,75	22,43	25,11	27,79
1300	12,61	15,51	18,41	21,31	24,21	27,12	30,02
1400	13,50	16,63	19,75	22,88	26,00	29,13	—
1500	14,39	17,74	21,09	24,44	27,78	31,13	—
1600	15,29	18,86	22,27	25,76	29,25	—	—
1700	16,18	19,97	23,77	27,56	31,36	—	—
1800	17,07	21,09	25,11	29,12	—	—	—
1900	17,96	22,20	26,45	30,69	—	—	—
2000	18,86	23,32	27,79	—	—	—	—
2100	19,76	24,45	29,14	—	—	—	—
2200	20,64	25,55	30,46	—	—	—	—
2300	21,53	26,67	—	—	—	—	—
2400	22,43	27,79	—	—	—	—	—
2500	23,32	28,90	—	—	—	—	—
2600	24,22	30,02	—	—	—	—	—
2700	25,11	—	—	—	—	—	—
2800	26,00	—	—	—	—	—	—
2900	26,90	—	—	—	—	—	—
3000	27,79	—	—	—	—	—	—

2. Eisenzylinder für äußeren Überdruck.

Bei zylindrischen Wandungen mit äußerem Überdruck liegt Knickgefahr vor. Mathematisch genaue Zylindermäntel lassen sich aus Blech nicht herstellen. Innerer Überdruck wirkt (von seinem Bestreben auf Annäherung des ganzen Gefäßes an die Kugelform abgesehen) auf Vervollkommnung der Kreisform. Der äußere Überdruck vergrößert dagegen etwaige Ungenauigkeiten und wirkt auf Zerstörung der Kreisform. Dazu treten Biegungsbeanspruchungen ungünstigerer Art als bei innerem Überdruck.

Die Wandstärke außen gedrückter Gefäße muß deshalb die erreichbar größte Sicherheit gegen Einbeulen oder Einknicken bieten. Die

Bauvorschriften für Dampffässer schreiben zur Berechnung die durch C. von Bach aufgestellte Formel:

$$s = \frac{p \cdot D}{2400} \cdot \left(1 + \sqrt{1 + \frac{a \cdot L}{p \cdot (L + D)}}\right) + 0{,}2 \qquad (2)$$

vor, worin:

s = Blechstärke
D = lichter Zylinderdurchmesser
L = Länge des Zylinders (zwischen den wirksamen Versteifungen) $\Big\}$ in cm,
p = äußerer Überdruck in kg/cm^2,
a = Erfahrungszahlenwert.

Es ist zu setzen:

für liegende Zylinder $\begin{cases} a = 100 \text{ bei überlappter Längsnaht,} \\ a = 80 \text{ bei gelaschter oder geschweißter} \\ \text{Längsnaht,} \end{cases}$

für stehende Zylinder $\begin{cases} a = 70 \text{ bei überlappter Längsnaht,} \\ a = 50 \text{ bei gelaschter oder geschweißter} \\ \text{Längsnaht.} \end{cases}$

Tabelle 13 und 14 enthalten die Wandstärken außengedrückter Zylinder, und zwar durchweg für überlappte Längsnaht, bei Überdrucken von 1 bis 8 kg/cm^2. Angemessene Abrostungszuschläge mit Rücksicht auf die Beschickung des Dampffasses sind zu machen. Für Zylinder mit äußerem Überdruck verwende man keinesfalls schwächere Bleche als solche von $s = 7$ mm.

Tabelle 13. Wandstärke (s in mm) überlappt genieteter liegender Eisenzylinder für äußeren Überdruck: $a = 100$.

Lichter Durchmesser mm	Äußerer Überdruck in kg/cm²							
	1	2	3	4	5	6	7	8
a) Zylinderlänge 500 mm:								
500	3,70	4,45	5,25	5,89	6,49	7,07	7,62	8,16
600	3,96	4,92	5,77	6,52	7,22	7,90	8,55	9,16
700	4,18	5,30	6,24	7,08	7,92	8,58	9,43	10,13
800	4,42	5,65	6,70	7,67	8,55	9,44	10,27	11,10
900	4,64	5,99	7,14	8,22	9,21	10,19	11,09	12,02
1000	4,86	6,35	7,60	8,78	9,87	10,90	11,89	12,89
1100	5,06	6,65	8,00	9,26	10,47	11,58	12,72	13,78
1200	5,26	6,97	8,43	9,78	11,07	12,29	13,48	14,64
1300	5,44	7,25	8,82	10,25	11,67	12,93	14,24	15,47
1400	5,57	7,58	9,26	10,79	12,28	13,62	14,97	16,34
1500	5,81	7,81	9,63	11,28	12,83	14,29	15,75	17,15
1600	5,99	8,16	10,00	11,71	13,66	14,92	16,48	17,94
1700	6,17	8,41	10,34	12,19	14,00	15,55	17,18	18,78
1800	6,34	8,67	10,76	12,65	14,48	16,13	17,91	19,58
1900	6,51	8,98	11,09	13,13	15,02	16,77	18,56	20,36
2000	6,67	9,21	11,64	13,52	15,54	17,40	19,26	21,14

Tabelle 13 (Fortsetzung).

Lichter Durchmesser mm	Äußerer Überdruck in kg/cm²:							
	1	2	3	4	5	6	7	8
b) Zylinderlänge 1000 mm:								
500	3,92	4,79	5,68	6,33	6,97	7,60	8,21	8,76
600	4,24	5,36	6,26	7,08	7,85	8,57	9,26	9,94
700	4,53	5,79	6,84	7,76	8,68	9,50	10,30	11,06
800	4,83	6,23	7,46	8,47	9,45	10,43	11,30	12,19
900	5,12	6,66	7,94	9,17	10,22	11,27	12,27	13,25
1000	5,40	7,19	8,51	9,81	11,02	12,15	13,24	14,29
1100	5,65	7,48	9,00	10,41	11,73	12,98	14,17	15,35
1200	5,91	7,87	9,51	11,02	12,45	13,79	15,09	16,32
1300	6,15	8,24	10,00	11,61	13,16	14,61	15,99	17,32
1400	6,41	8,65	10,46	12,27	13,89	15,37	16,85	18,30
1500	6,65	8,98	11,06	12,84	14,56	16,13	17,77	19,25
1600	6,86	9,37	11,44	13,37	15,58	16,88	18,58	20,18
1700	7,09	9,69	11,90	13,92	16,02	17,64	19,41	21,11
1800	7,31	10,02	12,37	14,49	16,51	18,38	20,22	22,04
1900	7,53	10,39	12,73	15,06	17,16	19,10	21,06	22,89
2000	7,73	10,70	13,24	15,56	17,75	19,80	21,82	23,81
c) Zylinderlänge 2000 mm:								
500	4,08	5,08	5,90	6,65	7,33	7,99	8,61	9,21
600	4,46	5,64	6,62	7,50	8,31	9,08	9,81	10,52
700	4,80	6,17	7,30	8,28	9,27	10,16	10,98	11,79
800	5,16	6,69	7,96	9,10	10,15	11,20	12,14	13,08
900	5,50	7,21	8,60	9,92	11,06	12,24	13,24	14,30
1000	5,87	7,72	9,27	10,70	12,01	13,25	14,38	15,49
1100	6,17	8,21	9,87	11,42	12,85	14,23	15,48	16,72
1200	6,49	8,69	10,52	12,16	13,70	15,20	16,53	17,88
1300	6,79	9,12	11,08	12,84	14,57	16,12	17,58	19,02
1400	7,10	9,62	11,73	13,58	15,39	17,05	18,61	20,17
1500	7,41	10,06	12,30	14,34	16,22	17,93	19,65	21,25
1600	7,69	10,53	12,84	15,00	17,44	18,84	20,54	22,36
1700	7,98	10,94	13,39	15,66	17,76	19,71	21,59	23,43
1800	8,26	11,34	14,00	16,35	18,54	20,58	22,58	24,50
1900	8,53	11,79	14,49	17,00	19,30	21,42	23,55	25,55
2000	8,81	12,18	15,07	17,63	20,05	22,25	24,45	26,61
d) Zylinderlänge 3000 mm:								
500	4,14	5,17	6,02	6,77	7,47	8,14	8,77	9,40
600	4,92	5,76	6,78	7,68	8,51	9,29	10,03	10,76
700	5,07	6,34	7,49	8,50	9,51	10,41	11,28	12,11
800	5,30	6,89	8,21	9,39	10,48	11,52	12,53	13,48
900	5,68	7,45	8,89	10,32	11,44	12,62	13,71	14,78
1000	6,05	8,01	9,61	11,10	12,45	13,67	14,91	16,05
1100	6,61	8,54	10,27	11,88	13,33	14,73	16,06	17,38
1200	6,76	9,06	10,97	12,70	14,27	15,77	17,23	18,60
1300	7,11	9,56	11,55	13,57	15,17	16,79	18,33	19,84
1400	7,45	10,10	12,33	14,28	16,23	17,78	19,46	21,10
1500	7,79	10,57	12,94	15,05	17,04	18,77	20,57	22,25
1600	8,11	11,11	13,54	15,77	18,34	19,72	21,66	23,43
1700	8,43	11,58	14,18	16,54	18,72	20,70	22,73	24,68
1800	8,74	12,02	14,81	17,29	19,59	21,66	23,79	25,82
1900	9,06	12,54	15,39	18,02	20,42	22,61	24,82	26,94
2000	9,37	12,97	16,00	18,70	21,26	23,55	25,84	28,15

Tabelle 14. Wandstärke (s in mm) überlappt genieteter **stehender Eisenzylinder für äußeren Überdruck:** $a = 70$.

Lichter Durchmesser mm	Äußerer Überdruck in kg/cm²							
	1	2	3	4	5	6	7	8
a) Zylinderlänge 500 mm.								
500	3,46	4,21	4,85	5,44	5,99	6,51	7,04	7,54
600	3,68	4,56	5,32	6,00	6,55	7,27	7,88	8,46
700	3,89	4,88	5,68	6,50	7,24	7,99	8,67	9,36
800	4,09	5,19	6,15	7,04	7,84	8,68	9,46	10,26
900	4,24	5,50	6,54	7,55	8,45	9,36	10,23	11,09
1000	4,48	5,80	6,96	8,02	9,08	10,03	10,99	12,00
1100	4,65	6,08	7,32	8,49	9,62	10,69	11,73	12,80
1200	4,83	6,26	7,71	8,96	10,17	11,30	12,43	13,56
1300	4,99	6,62	8,05	9,40	10,72	11,95	13,14	14,34
1400	5,16	6,91	8,47	9,88	11,28	12,57	13,87	15,15
1500	5,33	7,16	8,80	10,30	11,76	13,18	14,57	15,95
1600	5,48	7,44	9,12	10,75	12,62	13,76	15,26	16,70
1700	5,64	7,68	9,49	11,17	12,82	14,37	15,94	17,47
1800	5,76	7,91	9,84	11,63	13,55	14,96	16,60	18,26
1900	5,93	8,16	10,16	12,04	13,83	15,54	17,24	18,95
2000	6,07	8,39	10,50	12,45	14,33	16,15	17,92	19,75
b) Zylinderlänge 1000 mm.								
500	3,65	4,47	5,16	5,80	6,38	6,95	7,50	8,03
600	3,92	4,90	5,71	6,46	7,18	7,82	8,46	9,10
700	4,18	5,29	6,21	7,05	7,85	8,67	9,38	10,12
800	4,43	5,71	6,72	7,69	8,59	9,46	10,29	11,15
900	4,68	6,06	7,20	8,30	9,29	10,26	11,17	12,11
1000	4,92	6,43	7,70	8,89	10,00	11,03	12,07	13,05
1100	5,14	6,77	8,13	9,42	10,63	11,79	12,91	14,00
1200	5,36	7,12	8,61	10,00	11,30	12,53	13,76	14,92
1300	5,57	7,43	9,03	10,51	11,94	13,25	14,54	15,81
1400	5,80	7,79	9,53	11,07	12,62	13,97	15,34	16,75
1500	6,01	8,10	9,93	11,60	13,17	14,68	16,19	17,60
1600	6,20	8,43	10,33	12,09	14,14	15,36	16,94	18,48
1700	6,39	8,73	10,75	12,62	14,38	16,07	17,72	19,35
1800	6,59	9,02	11,17	13,13	14,97	16,72	18,49	20,18
1900	6,77	9,34	11,54	13,63	15,57	17,39	19,23	20,99
2000	6,95	9,62	11,96	14,09	16,12	18,05	19,96	21,89
c) Zylinderlänge 2000 mm.								
500	3,78	4,66	5,39	6,06	6,68	7,28	7,84	8,40
600	4,10	5,14	6,01	6,80	7,57	8,24	8,91	9,56
700	4,40	5,60	6,59	7,46	8,33	9,18	9,96	10,69
800	4,70	6,05	7,19	8,22	9,17	10,10	10,97	11,86
900	5,00	6,50	7,75	8,93	9,98	11,02	11,98	12,95
1000	5,30	6,95	8,33	9,61	10,81	11,90	13,00	14,00
1100	5,57	7,34	8,68	10,25	11,54	12,78	13,97	15,12
1200	5,85	7,79	9,44	10,92	12,32	13,64	14,92	16,16
1300	6,11	8,17	9,93	11,52	13,05	14,48	15,87	17,21
1400	6,37	8,58	10,30	12,17	13,80	15,30	16,77	18,25
1500	6,64	8,98	11,00	12,80	14,52	16,14	17,72	19,25
1600	6,89	9,41	11,48	13,42	15,65	16,92	18,63	20,23
1700	7,13	9,87	11,90	14,04	15,91	17,73	19,51	21,23
1800	7,38	10,11	12,50	14,64	16,66	18,52	20,38	22,22
1900	7,61	10,50	12,94	15,22	17,32	19,29	21,28	23,15
2000	7,83	10,86	13,29	15,79	18,00	20,05	22,11	24,14

Tabelle 14 (Fortsetzung).

Lichter Durchmesser mm	Äußerer Überdruck in kg/cm²							
	1	2	3	4	5	6	7	8
d) Zylinderlänge 3000 mm.								
500	3,83	4,73	5,48	6,16	6,84	7,40	7,97	8,55
600	4,18	5,25	6,15	6,97	7,52	8,42	9,09	9,76
700	4,49	5,74	6,76	7,68	8,55	9,40	10,20	10,98
800	4,83	6,16	7,39	8,45	9,42	10,40	11,27	12,06
900	5,15	6,70	7,99	9,26	10,28	11,36	12,35	13,34
1000	5,48	7,19	8,63	9,94	11,19	12,30	13,45	14,48
1100	5,77	7,64	9,19	10,63	11,98	13,25	14,45	15,64
1200	6,07	8,10	9,81	11,36	12,80	14,15	15,48	16,76
1300	6,37	8,53	10,37	12,02	13,62	15,07	16,48	17,90
1400	6,67	9,00	10,99	12,76	14,45	15,97	17,50	19,02
1500	6,95	9,42	11,53	13,37	15,20	16,85	18,51	20,05
1600	7,23	9,82	12,06	14,06	16,37	17,72	19,47	21,13
1700	7,52	10,26	12,62	14,75	16,73	18,62	20,45	22,23
1800	7,78	10,67	13,18	15,42	17,49	19,46	21,37	23,24
1900	8,05	11,06	13,68	16,08	18,27	20,29	22,33	24,25
2000	8,30	11,51	14,24	16,69	19,01	21,15	23,28	25,30

Die Werte für 1 bis 5 Atm. in Tabelle 13 und 14 sind dem „Hilfsbuch für Apparatebau" von E. Hausbrand[1]) entnommen und durch die Werte für 6, 7 und 8 Atm. (Spannungen, die im Apparatebau verhältnismäßig häufig vorkommen) ergänzt worden.

3. Gewichte eiserner Zylinder.

Tabelle 15 und 16 nennen die Gewichte nahtloser Eisenzylinder von 300 bzw. 500 mm bis 2000 bzw. 2500 mm Durchmesser bei Wandstärken von 7 bis 20 mm. Das spezifische Gewicht ist rund: $\gamma = 8$ statt 7,8 bis 7,9 gewählt.

Das Gewicht eines Hohlzylinders (innerer Durchmesser D_i, Wandstärke s, mittlerer Wandungsdurchmesser $D_i + s$ und Länge L) ist:

$$G = \pi \cdot (D_i + s) \cdot L \cdot \gamma \cdot s$$
$$= (\pi \cdot \gamma \cdot s \cdot D_i + \pi \cdot \gamma \cdot s^2) \cdot L .$$

Die Produkte: $\pi \cdot \gamma \cdot s$ und $\pi \cdot \gamma \cdot s^2$ sind bei demselben Material für jede Wandstärke je eine Konstante. Kennt man sie, so wird die Gewichtsberechnung erheblich bequemer, zumal die Entnahme des Umfanges aus der Kreisumfangstabelle und damit die Interpolation wegen der Endziffer vierstelliger Durchmesser (z. B. $D_i + s = 2037$) fortfällt. Auch ist Rechenfehlern besser vorgebeugt.

---

[1]) Berlin: Julius Springer.

Tabelle 15. Gewicht (in kg) nahtloser Eisenzylinder von je 1,0 m Länge und **300** bis **2000** mm Durchmesser mit $s = 7$ bis 13 mm.

Lichter Durchmesser mm	Wandstärke s in mm						
	7	8	9	10	11	12	13
300	54,0	61,9	69,9	77,9	86,0	94,1	102,3
350	62,8	72,0	81,2	90,5	99,8	109,2	118,6
400	71,6	82,0	92,5	103,0	113,6	124,3	134,9
450	80,4	92,1	103,8	115,6	127,4	139,3	151,3
500	89,1	102,1	115,1	128,2	141,3	154,4	167,6
550	98,0	112,2	126,4	14,07	155,1	169,5	183,9
600	106,8	122,2	137,8	153,3	168,9	184,6	200,3
650	115,6	132,3	149,1	165,9	182,7	199,7	216,6
700	124,4	142,4	160,4	178,4	196,6	214,7	232,9
750	133,2	152,4	171,7	191,0	210,4	229,8	249,3
800	142,0	162,5	183,0	203,6	224,2	244,9	265,6
850	150,8	172,5	194,3	216,1	238,0	260,0	282,0
900	159,6	182,6	205,6	228,7	251,9	275,1	298,3
950	168,4	192,6	216,9	241,3	265,7	290,1	314,6
1000	177,2	202,7	228,2	253,8	279,5	305,2	331,0
1050	186,0	212,7	239,5	266,4	293,3	320,3	347,3
1100	194,8	222,8	250,9	279,0	307,1	335,4	363,6
1150	203,6	232,8	262,2	291,6	321,0	350,5	380,0
1200	212,4	242,9	273,5	304,1	334,8	365,5	396,3
1250	221,2	252,9	284,8	316,7	348,6	380,6	412,6
1300	230,0	263,0	296,1	329,3	362,4	395,7	429,0
1350	238,7	273,0	307,4	341,8	376,3	410,8	445,3
1400	247,5	283,1	318,7	354,4	390,1	425,8	461,7
1450	256,3	293,1	330,0	366,9	403,9	440,9	478,0
1500	265,1	303,2	341,3	379,5	417,7	456,0	494,3
1550	273,9	313,3	352,6	392,1	431,6	471,1	510,7
1600	282,7	323,3	363,9	404,7	445,4	486,2	527,0
1650	291,5	333,4	375,3	417,2	459,2	501,2	543,3
1700	300,3	343,4	386,6	429,8	473,0	516,3	559,7
1750	309,1	353,5	397,9	442,4	486,8	531,4	576,0
1800	317,9	363,5	409,2	454,9	500,7	546,5	592,3
1850	326,7	373,6	420,5	467,5	514,5	561,6	608,7
1900	335,5	383,6	431,8	480,1	528,3	576,6	625,0
1950	344,3	393,7	443,1	492,6	542,1	591,7	641,3
2000	353,1	403,7	454,4	505,2	555,9	606,8	657,7

Setzt man:

$$\left. \begin{aligned} \pi \cdot \gamma \cdot s &= k_1 \\ \pi \cdot \gamma \cdot s^2 &= k_2 \end{aligned} \right\} \quad \text{und} \quad \left\{ \begin{aligned} 100\, k_1 &= \alpha, \\ 10\, k_2 &= \beta, \end{aligned} \right.$$

so ist das Gewicht des Hohlzylinders in kg:

$$G = (\alpha \cdot D_i + \beta) \cdot L, \tag{3a}$$

worin D_i und L in Metern einzusetzen sind.

In Tabelle 17 sind α und β für $s = 1$ bis 50 mm und $\gamma = 8$, also Schmiedeeisen und Stahl, berechnet. Man kann diese Tabellenwerte auch für Gußeisen ($\gamma = 7$ bis 7,2) bei solchen Stücken verwenden, bei denen man gegenüber dem genau rechnerischen oder Konstruktionsgewicht wegen Klopfens der Form, Schablonenformerei usw. ein entsprechendes Mehrgewicht zu erwarten hat.

Tabelle 16. Gewicht (in kg) nahtloser Eisenzylinder von je 1,0 m Länge und **500** bis **2500** mm Durchmesser mit $s = 14$ bis 20 mm.

Lichter Durchmesser mm	Wandstärke s in mm						
	14	15	16	17	18	19	20
500	180,9	194,1	207,5	220,9	234,3	247,8	261,4
550	198,4	213,0	227,6	242,3	256,9	271,7	286,5
600	216,0	231,8	247,7	263,6	279,6	295,6	311,6
650	233,6	250,7	267,8	285,0	302,2	319,5	336,8
700	251,2	269,5	287,9	306,3	324,8	343,3	361,9
750	268,8	288,4	308,0	327,7	347,4	367,2	387,0
800	286,4	307,2	328,1	349,1	370,0	391,1	412,2
850	304,0	326,1	348,2	370,4	392,6	415,0	437,3
900	321,6	344,9	368,3	391,8	415,3	438,8	462,4
950	339,2	363,8	388,5	413,2	437,9	462,7	487,6
1000	356,8	382,6	408,6	434,5	460,5	486,6	512,7
1050	374,4	401,5	428,7	455,9	483,1	510,5	537,8
1100	392,0	420,3	448,8	477,2	505,7	534,4	563,0
1150	409,6	439,2	468,9	498,6	528,4	558,2	588,1
1200	427,2	458,0	489,0	520,0	551,0	582,1	613,2
1250	444,8	476,9	509,1	541,3	573,6	606,0	638,4
1300	462,3	495,7	529,2	562,7	596,2	629,9	663,5
1350	479,9	514,6	549,3	584,1	618,8	653,7	688,6
1400	497,5	533,4	569,4	605,4	641,5	677,6	713,8
1450	515,1	552,3	589,5	626,8	664,1	701,5	738,9
1500	532,7	571,1	609,6	648,2	686,7	725,4	764,0
1550	550,3	590,0	629,7	669,5	709,3	749,2	789,2
1600	567,9	608,8	649,8	690,9	731,9	773,1	814,3
1650	585,5	627,7	669,9	712,2	754,6	797,0	839,4
1700	603,1	646,5	690,0	733,6	777,2	820,9	864,6
1750	620,7	665,4	710,1	755,0	799,8	844,7	889,7
1800	638,3	684,2	730,2	776,3	822,4	868,6	914,8
1850	655,9	703,1	750,3	797,7	845,0	892,5	940,0
1900	673,5	721,9	770,4	819,1	867,7	916,4	965,1
1950	691,1	740,8	790,5	840,4	890,3	940,2	990,2
2000	708,6	759,6	810,7	861,8	912,9	964,1	1015,4
2100	743,8	797,3	850,9	904,5	958,1	1011,9	1065,6
2200	779,0	835,0	891,1	947,2	1003,4	1059,6	1115,9
2300	814,2	872,7	931,3	990,0	1048,6	1107,4	1166,2
2400	849,4	910,4	971,5	1032,7	1093,9	1155,1	1216,4
2500	884,6	948,1	1011,7	1075,4	1139,1	1202,9	1266,7

Wenn der mittlere Wandungsdurchmesser D_m gegeben ist, wird aus Formel (3 a):

$$G = \alpha \cdot D_m \cdot L \qquad (3\,\text{b})$$

und bei gegebenem Außendurchmesser D_a kommt:

$$G = (\alpha \cdot D_a - \beta) \cdot L \qquad (3\,\text{c})$$

Man kann also stets denjenigen Durchmesser benutzen, der das rundeste Maß hat.

Beispiel: Was wiegt ein Eisenzylinder von 2000 mm lichtem Durchmesser, 37 mm Wandstärke und 1700 mm Länge?

Für $s = 37$ sind nach Tabelle 17: $\alpha = 929,1$ und $\beta = 34,41$. Es wird: $G = (930 \cdot 2 + 35) \cdot 1,7 = \sim 3222$ kg.

Tabelle 17. Werte α und β zur Gewichtsberechnung nahtloser Eisenzylinder von der Wandstärke s in mm. — $\gamma = 8$. — Durchmesser D und Länge L in Metern in die Formeln einsetzen!

s mm	α	β	s mm	α	β	s mm	α	β
1	25,13	0,025	15	376,99	5,655	33	829,38	27,37
1,5	37,70	0,057	16	402,12	6,434	34	854,51	29,05
2	50,27	0,101	17	427,26	7,263	35	879,65	30,79
2,5	62,83	0,157	18	452,39	8,143	36	904,78	32,57
3	75,40	0,226	19	477,52	9,073	37	929,91	34,41
3,5	89,96	0,308	20	502,65	10,05	38	955,04	36,29
4	100,53	0,402	21	527,79	11,08	39	980,18	38,23
4,5	113,10	0,509	22	552,92	12,16	40	1005,31	40,21
5	125,66	0,628	23	578,05	13,30	41	1030,44	42,25
6	150,80	0,905	24	603,19	14,48	42	1055,57	44,33
7	175,93	1,232	25	628,32	15,71	43	1080,71	46,47
8	201,06	1,609	26	653,45	16,99	44	1100,58	48,66
9	226,19	2,036	27	678,58	18,32	45	1130,97	50,89
10	251,33	2,513	28	703,72	19,70	46	1156,10	53,18
11	276,46	3,041	29	728,85	21,14	47	1181,24	55,52
12	301,59	3,619	30	753,98	22,62	48	1206,37	57,91
13	326,73	4,247	31	779,11	24,15	49	1231,50	60,35
14	351,86	4,926	32	804,25	25,74	50	1256,64	62,83

4. Flußeiserne gewölbte Böden für inneren Überdruck.

Für die Berechnung voller gewölbter Böden (ohne Verankerung) gegenüber innerem Überdruck gilt die Formel:

$$s = \frac{R \cdot p}{2\,k_z}. \qquad (4)$$

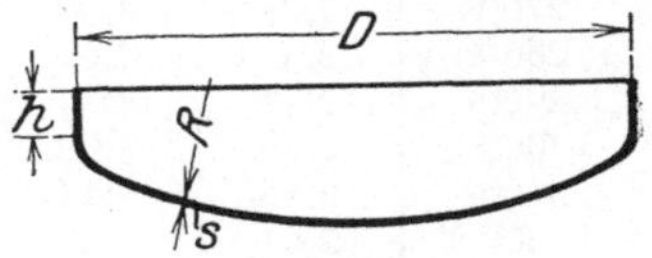

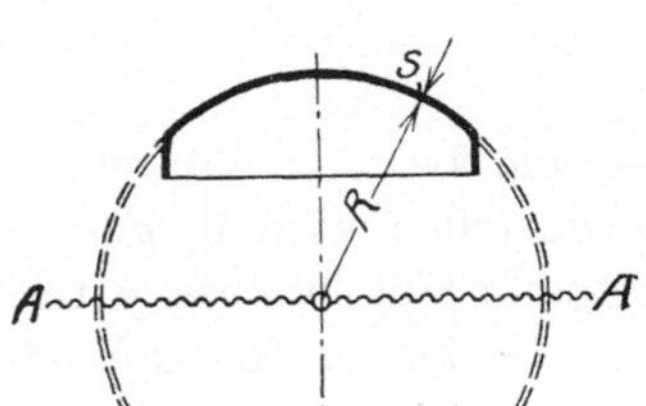

Abb. 11.

Hierin bedeuten:

s die Wandstärke
R den inneren Wölbungs- } in cm,
radius (Abb. 11)

p den Betriebsdruck }
k_z die zulässige Bean- } in kg/cm².
spruchung

Die Formel entsteht aus folgender Überlegung.

Ergänzt man nach Abb. 12 den Boden zur Hohlkugel, so wirken in der Ebene AB (in der die Kreisringfläche genügend genau $= 2\,R \cdot \pi \cdot s$ ist):

Abb. 12.

1. die vom Innendruck erzeugte Kraft $= R^2 \cdot \pi \cdot p$,
2. der Widerstand der Kreisringfläche $= 2\,R \cdot \pi \cdot s \cdot K_z$.

Aus der Gleichsetzung von 1. und 2. folgt: $s = \dfrac{R \cdot p}{2\,K_z}$. Anstatt

Tabelle 18. Wandstärke (s in mm) voller gewölbter Flußeisenböden für inneren Überdruck von 1 bis 7 Atm.; $k_z = 600$ kg/cm^2.

Wölbungs-halbmesser R mm	Innerer Überdruck in kg/cm^2						
	1	2	3	4	5	6	7
300	0,25	0,50	0,75	1,00	1,25	1,5	1,75
400	0,33	0,67	1,00	1,33	1,67	2,0	2,33
500	0,42	0,83	1,25	1,67	2,08	2,5	2,92
600	0,50	1,00	1,50	2,00	2,50	3,0	3,50
700	0,58	1,17	1,75	2,33	2,92	3,5	4,08
800	0,67	1,33	2,00	2,67	3,33	4,0	4,67
900	0,75	1,50	2,25	3,00	3,75	4,5	5,25
1000	0,83	1,67	2,50	3,33	4,17	5,0	5,83
1100	0,92	1,83	2,75	3,67	4,58	5,5	6,42
1200	1,00	2,00	3,00	4,00	5,00	6,0	7,00
1300	1,08	2,17	3,25	4,33	5,42	6,5	7,58
1400	1,17	2,33	3,50	4,67	5,83	7,0	8,17
1500	1,25	2,50	3,75	5,00	6,25	7,5	8,75
1600	1,33	2,67	4,00	5,33	6,67	8,0	9,33
1700	1,42	2,83	4,25	5,67	7,08	8,5	9,92
1800	1,50	3,00	4,50	6,00	7,50	9,0	10,50
1900	1,58	3,17	4,75	6,33	7,92	9,5	11,08
2000	1,67	3,33	5,00	6,67	8,33	10,0	11,67
2100	1,75	3,50	5,25	7,00	8,75	10,5	12,25
2200	1,83	3,67	5,50	7,33	9,17	11,0	12,83
2300	1,92	3,83	5,75	7,67	9,58	11,5	13,42
2400	2,00	4,00	6,00	8,00	10,00	12,0	14,00
2500	2,08	4,17	6,25	8,33	10,42	12,5	14,58
2600	2,17	4,33	6,50	8,67	10,83	13,0	14,17
2700	2,25	4,50	6,75	9,00	11,25	13,5	14,75
2800	2,33	4,67	7,00	9,33	11,67	14,0	15,33
2900	2,42	4,83	7,25	9,67	12,08	14,5	15,92
3000	2,50	5,00	7,50	10,00	12,50	15,0	16,50
3100	2,58	5,17	7,75	13,33	12,92	15,5	17,08
3200	2,67	5,33	8,00	10,67	13,33	16,0	17,67
3300	2,75	5,50	8,25	11,00	13,75	16,5	18,25
3400	2,83	5,67	8,50	11,33	14,17	17,0	18,83
3500	2,92	5,83	8,75	11,67	14,58	17,5	19,42

— wie bei den Mänteln — den Sicherheitsgrad $\mathfrak{S}$ in die Gleichung einzustellen, wird die Festigkeit K_z durch die zulässige Beanspruchung k_z ersetzt. Für letztere gelten:

k_z bis zu 500 kg/cm^2 bei Schweißeisen,

k_z bis zu 600 kg/cm^2 bei Flußeisen.

Dabei ergibt sich $\mathfrak{S} = \dfrac{K_z}{k_z}$ für Schweißeisen zu 6,6 und für Fluß-eisen zu 6, also höher als bei den Mänteln.

In Tabelle 18 und 19 sind die Wandstärken voller gewölbter Fluß-eisenböden für inneren Überdruck zusammengestellt, berechnet nach Formel (4) mit $k_z = 600$ kg/cm^2 (Sicherheitsgrad $\mathfrak{S} = 6$). Abrostungs-zuschläge, die mit Rücksicht auf die Beschickung des Dampffasses nötig werden, sind den Tabellenwerten zuzuschlagen. Böden mit Mann-

Tabelle 19. Wandstärke (s in mm) voller gewölbter Flußeisenböden für inneren Überdruck von 8 bis 20 Atm; $k_z = 600$ kg/cm².

Wölbungs-halbmesser R mm	Innerer Überdruck in kg/cm²						
	8	10	12	14	16	18	20
300	2,00	2,50	3	3,50	4,00	4,5	5,00
400	2,67	3,33	4	4,67	5,33	6,0	6,67
500	3,33	4,17	5	5,83	6,67	7,5	8,33
600	4,00	5,00	6	7,00	8,00	9,0	10,00
700	4,67	5,83	7	8,17	9,33	10,5	11,67
800	5,33	6,67	8	9,33	10,67	12,0	13,33
900	6,00	7,50	9	10,50	12,00	13,5	15,00
1000	6,67	8,33	10	11,67	13,33	15,0	16,67
1100	7,33	9,17	11	12,83	14,67	16,5	18,33
1200	8,00	10,00	12	14,00	16,00	18,0	20,00
1300	8,67	10,83	13	15,17	17,33	19,5	21,67
1400	9,33	11,67	14	16,33	18,67	21,0	23,33
1500	10,00	12,50	15	17,50	20,00	22,5	25,00
1600	10,67	13,33	16	18,67	21,33	24,0	26,67
1700	11,33	14,17	17	19,83	22,67	25,5	28,33
1800	12,00	15,00	18	21,00	24,00	27,0	30,00
1900	12,67	15,83	19	22,17	25,33	28,5	—
2000	13,33	16,67	20	23,33	26,67	30,0	—
2100	14,00	17,50	21	24,50	28,00	—	—
2200	14,67	18,33	22	25,67	29,33	—	—
2300	15,33	19,17	23	26,83	30,67	—	—
2400	16,00	20,00	24	28,00	—	—	—
2500	16,67	20,83	25	29,17	—	—	—
2600	17,33	21,67	26	30,33	—	—	—
2700	18,00	22,50	27	—	—	—	—
2800	18,67	23,33	28	—	—	—	—
2900	19,33	24,17	29	—	—	—	—
3000	20,00	25,00	30	—	—	—	—
3100	20,67	25,83	—	—	—	—	—
3200	21,33	26,67	—	—	—	—	—
3300	22,00	27,50	—	—	—	—	—
3400	22,67	28,33	—	—	—	—	—
3500	23,33	29,17	—	—	—	—	—

loch erhalten ferner einen Sonderzuschlag von mindestens 2 mm; im Schiffskesselbau sind 3 mm üblich. Diffuseurböden wähle man 1 mm stärker als gewöhnliche gewölbte Böden.

Beispiel: Der Diffuseurboden eines Dampffasses habe eine berechnete Stärke von 10 mm, erhalte ein Mannloch und 2 mm Abrostungssonderzuschlag. Er ist auszuführen mit:

10 + 1 (Diffuseurboden) + 2 (Mannloch) + 2 (Abrostung) = 15 mm Mindeststärke.

Häufig wird der Grundsatz befolgt, die Böden nicht schwächer als den Zylindermantel zu machen. Materialvergeudung ist aber natürlich auch nicht am Platze, zumal die maschinell hergestellten Böden das teuerste Material am Dampffaß darstellen. Jedenfalls ist der erwähnte Grundsatz nicht folgerichtig, weil die Mantel-Blechstärke vom φ der Längsnaht abhängt. Ein Dampffaß mit hochwertigerer Längsnaht würde dabei schwächere Böden bekommen als ein Dampffaß mit geringwertigerer Längsnaht. Der Grundsatz würde dem nahtlos gewalzten Mantel im Beispiel auf S. 22 Böden von 6 mm Stärke und dem einreihig hand-genieteten Mantel Böden von 10 bis 11 mm Stärke zusprechen! Man berechne jedesmal die Bodenstärke oder entnehme sie den Tabellen 18

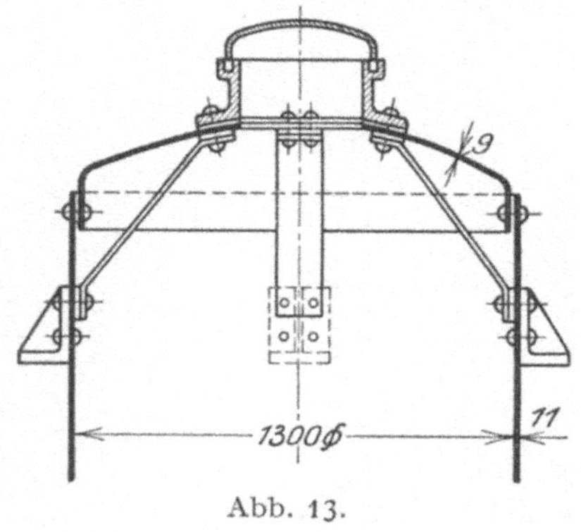

Abb. 13.

und 19 und bestimme ihr Maß für die Ausführung nach den beson-deren Erfordernissen.

Wo es zulässig und in einfacher Weise möglich ist, kann man bei genieteten Dampffässern Böden mit Mannloch verankern. Abb. 13 zeigt ein Beispiel, bei welchem vier Flacheisenanker verwendet sind. Eine gute Verankerung gewährt einen besseren Schutz gegen zu hohe Beanspruchung des Bodens als die Zugabe zur Boden-Blechstärke.

Die schwächste Stelle der innen gedrückten gewölbten Böden ist der runde Teil der Krempe, das ist der Übergang vom kugelförmigen in den zylinderischen Bodenteil. Besonders gefährdet ist die Kreislinie durch $A — A$ in Abb. 14, mit welcher die Wölbung der Bodenmitte in den Krempen- oder Umbugradius übergeht. Der innere Überdruck wirkt auf Annäherung der Gefäßform an die Kugel oder das Ellipsoid; er will daher die Wölbung vertiefen (den Radius R verkleinern) und die Krempenrundung strecken (den Radius r

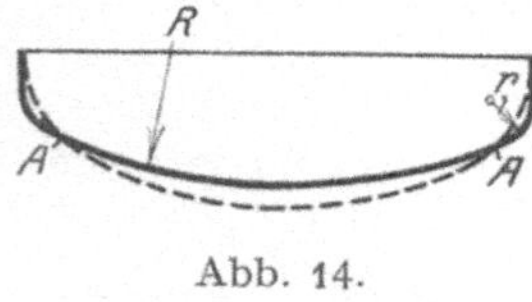

Abb. 14.

vergrößern). Erhebliche Biegungsspannungen im Kreise durch $A—A$ sind die Folge. Die Beanspruchung wird aber um so günstiger, je kleiner R und je größer r von vornherein sind.

Die gewöhnlichen, d. h. bis jetzt gebräuchlichen gewölbten Böden (Tabelle 8, 18, 19, 22, 23, 24) haben keine sehr günstige Form. Besser entsprechen den Anforderungen schon neuere Bodenformen, von denen als Beispiel in Tabelle 25, S. 43, Kesselböden der Rheinstahl-werke genannt sind.

Der Wölbungshalbmesser R ist bei gewöhnlichen Böden größer als der Bodendurchmesser D, und zwar ohne daß ein bestimmtes Verhältnis zwischen R und D eingehalten wird. Bei den erwähnten neueren Böden ist stets $R = D$, wie es bei Kupferböden (s. dort) seit langem üblich ist. Der Umbugradius r ist gegenüber gewöhnlichen Böden bedeutend vergrößert, aber noch nicht in ein bestimmtes Verhältnis zu D — etwa $r = 0,1\ D$ — gebracht, was unerläßlich erscheint. Streng genommen wäre bei der Wahl von r auch die Wandstärke s zu berücksichtigen. Wegen der praktischen Ausführung: erhebliche Vermehrung der Preßwerkzeuge, würde das aber zu weit führen.

Die neueren Bestrebungen sind auf die Arbeiten von Diegel[1]), die eine Fortsetzung der Versuche von C. von Bach bilden, zurückzuführen. Diegel hat seine Versuche an ganz geschweißten Behältern angestellt und gefunden, daß bei Gaskesseln von großem Durchmesser, welche nach den Vorschriften für Dampfkessel und Dampffässer berechnet sind, die vom Betriebsdruck in und nahe der Bodenkrempe hervorgerufene Materialspannung etwa 1800 kg/cm² beträgt. Diese Beanspruchung ist um so mehr zu hoch, als sie der Proportionalitätsgrenze (für Flußeisen: 1800 bzw. 2000 kg/cm² und mehr) wie auch der Streck- und Quetschgrenze (2500 kg/cm²) zu nahe liegt.

Diegel erachtet eine durch den Betriebsdruck verursachte Spannung von 1200 kg/cm² als gerade noch zulässig, wenn der Probedruck nicht höher ist als der $1\,^1/_2$fache Betriebsdruck, damit Anbrüche des Materials infolge der Druckprobe verhindert werden.

Die im Bodenumfang (Krempe) zuzulassende Spannung mit k_w ($= 1200$ kg/cm²) bezeichnend, stellt Diegel die Näherungsformel auf:

$$s = \frac{p \cdot R}{2\,k_w} \cdot \left[1 + \left(0{,}18 + \frac{D_i^2}{550^2} \right) \cdot \sqrt{\frac{D_i - 2\,r}{0{,}03\,D_i + r}} \right], \qquad (5)$$

worin D_i den inneren Bodendurchmesser bedeutet.

Bei einem gewöhnlichen Kesselboden vom äußeren Durchmesser $D = 1300$ mm, Wölbungsradius $R = 1600$ mm (Tabelle 24) und Umbugradius $r = 55$ mm kommt daraus für $p = 6$ kg/cm², wenn man D statt D_i einsetzt:

$$1. \quad s = \frac{6 \cdot 160}{2 \cdot 1200} \cdot \left[1 + \left(0{,}18 + \frac{130^2}{550^2} \right) \cdot \sqrt{\frac{130 - 2 \cdot 5{,}5}{0{,}03 \cdot 130 + 5{,}5}} \right]$$

$$= 0{,}4 \cdot 1{,}837 = 0{,}7348 \text{ cm}.$$

Gewählt werde: $s = 8$ mm, so daß $D_i = 1284$ mm wird. Nachrechnung hiermit liefert:

$$2. \qquad s = 0{,}4 \cdot 1{,}8305 = 0{,}7322 \text{ cm}.$$

Der Wert zu 1. ist größer; man wird wegen der Geringfügigkeit der Differenz stets mit dem äußeren Durchmesser D rechnen.

Die bei Dampffässern übliche Berechnung liefert für den Boden von 1300 mm Durchmesser: nach Tabelle 18, S. 32 ($k_z = 600$ kg/cm²) $s = 8{,}0$ mm und nach Hausbrand: Hilfsbuch f. d. App. 1919, S. 13 ($k_z = 650$ kg/cm²) $s = 7{,}38$ mm. Beide Werte (nach Formel 4) sind höher als die nach Formel (5). Allerdings entspricht das in letzterer

---

[1]) Forschungsarbeiten auf dem Gebiete des Ingenieurwesens. Jg. 1920, Heft 2, S. 36 ff.

Tabelle 20. Vergleich von Wandstärken innengedrückter Kesselböden.

$D=$	500	1000	1500	1500	1800	2000	2000	2500	3000	3500
$R=$	500	1000	1500	1500	1800	2000	2000	2500	3000	3500
$r=$	$0{,}1\,D$	$0{,}1\,D$	$0{,}1\,D$	$0{,}05\,D$	$0{,}05\,D$	$0{,}1\,D$	$0{,}05\,D$	$0{,}1\,D$	$0{,}1\,D$	$0{,}1\,D$
1	2	3	4	5	6	7	8	9	10	11
kg/cm²	Wandstärke s in mm									
6	**2,50**	**5,00**	—	**7,50**	9,00	—	10,00	12,50	15,00	17,50
	1,84	*3,83*	*6,13*	*6,47*	*8,75*	*8,89*	*9,70*	*12,27*	*16,42*	*21,49*
8	**3,33**	**6,67**	—	**10,00**	12,00	—	13,33	16,67	20,00	23,33
	2,45	*5,10*	*8,17*	*8,63*	*11,66*	*11,85*	*12,94*	*16,35*	*21,88*	*28,65*
10	**4,17**	**8,33**	—	**12,50**	15,00	—	16,67	20,83	25,00	29,17
	3,06	*6,38*	*10,21*	*10,79*	*14,58*	*14,81*	*16,17*	*20,44*	*27,35*	*35,81*
12	**5,00**	**10,00**	—	**15,00**	18,00	—	20,00	25,00	30,00	35,00
	3,67	*7,66*	*12,25*	*12,94*	*17,50*	*17,78*	*19,41*	*24,53*	*32,83*	*42,97*
14	**5,83**	**11,67**	—	**17,50**	21,00	—	23,33	29,17	35,00	40,83
	4,29	*8,93*	*14,30*	*15,10*	*20,41*	*20,74*	*22,64*	*28,62*	*38,30*	*50,13*
16	**6,67**	**13,33**	—	**20,00**	24,00	—	26,67	33,33	40,00	46,67
	4,90	*10,21*	*16,34*	*17,26*	*23,33*	*23,70*	*25,88*	*32,71*	*43,77*	*57,30*
18	**7,50**	**15,00**	—	**22,50**	27,00	—	30,00	37,50	45,00	52,50
	5,51	*11,48*	*18,38*	*19,42*	*26,24*	*26,67*	*29,11*	*36,80*	*49,24*	*64,46*
20	**8,33**	**16,67**	—	**25,00**	30,00	—	33,33	41,67	50,00	58,33
	6,12	*12,76*	*20,42*	*21,67*	*29,16*	*29,63*	*32,35*	*40,89*	*54,71*	*71,62*

(Spalte 1: Innerer Überdruck)

verwendete $k_w = 1200$ kg/cm² den tatsächlichen Verhältnissen eines gekrempten Bodens während die beiden k_z für Formel (4) der Beanspruchung einer Kugelschale entsprechen.

In Tabelle 20 ist s für eine Anzahl Durchmesser und innere Überdrucke nach Gleichung (4) und (5) berechnet, und zwar mit folgenden Annahmen:

1. In den Spalten 2 bis 5 und 7 bis 11 ist überall $R = D$; hier sind also keine gewöhnlichen Kesselböden gewählt. Nur Spalte 6 betrifft einen gewöhnlichen Boden ($D = 1500$, $R = 1800$ mm) nach Tabelle 24.

2. Außer in den Spalten 5, 6, 8 ist überall $r = 0{,}1\,D$. In Spalte 5, 6, 8 ist $r = 0{,}05\,D$, was bei dem gewöhnlichen Boden der Spalte 6 gerade etwa zutrifft.

Setzt man in den Wurzelausdruck der Gleichung (5) den Umbugradius r als $f(D)$ ein, so wird der Ausdruck für jedes r konstant, und zwar für $r = 0{,}1\,D$:

$$\sqrt{\frac{D - 2r}{0{,}03\,D + r}} = \sqrt{\frac{D - 0{,}2\,D}{0{,}03\,D + 0{,}1\,D}} = 2{,}48 = \alpha\,.$$

Formel (5) wandelt sich dann in:

$$s = \frac{p \cdot R}{2\,k_w} \cdot \left[1 + \left(0{,}18 + \frac{D^2}{550^2}\right) \cdot \alpha\right]. \tag{5a}$$

Bei $r = 0{,}05\,D$ ist: $\alpha = 3{,}712$. Mit abnehmendem r wächst s nach Maßgabe von α.

Die oben zu 1. gestellte Bedingung: $R = D$ gestattet es, in Gleichung (5) bzw. (5 a) den Durchmesser D durch R zu ersetzen. Für

$$k_w = 1200 \ \text{kg/cm}^2 \quad \text{und} \quad R = D$$

wird dann:

$$s = p \cdot R \cdot \left(\frac{\alpha \cdot R^2 + 437\,536}{726\,000\,000}\right) \tag{5 b}$$

In Tabelle 20 sind die nach der Grundformel (5) von Diegel bzw. nach (5 a) und (5 b) berechneten s kursiv gedruckt. Bis zu $D = 1500$ mm sind in Spalte 2 bis 5 auch bei $r = 0,05$ D die Werte nach Formel (4) beachtlich größer. Der gewöhnliche Boden von 1500 mm Durchmesser hat gerade etwa $r = 0,05$ $D = 75$ mm; berücksichtigt man seinen tatsächlichen Wölbungsradius: $R = 1800$ mm, Spalte 6, so nähern sich die Werte nach Formel (4) und (5) soweit, daß sie praktisch gleich sind. Bei $D = 2000$ mm sind diese Werte mit $R = D$ schon dann etwa gleich, wenn $r = 0,05$ D ist. Bei $D = 2500$ mm sind die s nach Formel (4) und (5) mit $r = 0,1$ D (und $R = D$) praktisch gleich. Von da ab werden die Werte nach Formel (5) größer.

Der Unterschied zwischen den Kursivzahlen in Spalte 4 und 5 ist geringer als der in Spalte 7 und 8: mit zunehmendem Durchmesser wächst gemäß Gleichung (5) die Bedeutung des Umbugradius r. Die Annäherung der Kursivzahlen in Spalte 4 und 5 an die zugehörigen Werte nach Formel 4 in Spalte 5 ist geringer als die der Werte in Spalte 6: Gleichung (5) schreibt dem Wölbungsradius R größere Bedeutung als dem Umbugradius r zu. In der Tat sind die Vertiefung des kugeligen Bodenteiles und die Ausbauchung des Gefäßmantels die Ursachen der hohen Rand- oder Krempenspannungen.

Tabelle 20 läßt es einerseits zweckmäßig erscheinen, bei allen Durchmessern über 1500 mm Kontrollrechnung nach Gleichung (5) von Diegel vorzunehmen, und läßt andererseits die Notwendigkeit der Verbesserung und Vereinheitlichung der Abmessungen der Kesselböden erkennen. Alle Angaben beziehen sich auf volle Böden.

Für die durch den Ausschnitt geschwächten Mannlochböden schlägt Diegel auf Grund seiner Versuche einen Faktor f vor, dessen Größe aus der Lichtweite m des Mannloches oder dgl. sich wie folgt näherungsweise bestimmt:

$$f = 1 + \frac{m^2}{D^2 - m^2} . \tag{6}$$

Danach hätte der obige Boden von 1300 mm Durchmesser bei einer Einfüllöffnung von beispielsweise 522 mm lichtem Durchmesser:

$$s_m = f \cdot s = \left(1 + \frac{52,2^2}{130^2 - 52,2^2}\right) \cdot 0,735 = 1,4112 \ \text{cm} ,$$

das ist mindestens 14 mm Wandstärke, zu erhalten. Bei geschweißten Gefäßen erscheint ein so starker Boden als notwendig, bei genieteten dagegen wird man — zuverlässige Ausschnittversteifung vorausgesetzt — mit der bisher üblichen Bestimmungsweise auskommen. Sie würde bei einem Zuschlag von 2 oder 3 mm wegen Mannloches: $s_m = 10$ oder 11 mm ergeben. Kann der Boden zweckmäßig verankert werden, so genügt $s_m = 8$ mm wie beim vollen Boden. Abrostungszuschläge wegen der Beschickung sind in allen Fällen zu machen.

5. Gewölbte Flußeisenböden für äußeren Überdruck.

Wie bei außengedrückten zylindrischen Mänteln liegt auch bei gewölbten Böden für äußeren Überdruck die Gefahr des Einknickens oder Einbeulens der Wandung vor. Auch außengedrückte Böden sind um so widerstandsfähiger, je kleiner im Verhältnis zum Durchmesser der Wölbungshalbmesser des kugeligen Bodenteiles und je größer der Umbugradius der Krempe ist.

Bedeuten:

R den Wölbungshalbmesser des Bodens ⎱
s die Wandstärke des Bodens   ⎰ in **mm** und

p_0 denjenigen äußeren Überdruck in kg/cm², bei dem die Einbeulung zu erwarten ist,

so tritt bei diesem Druck die Einbeulungsspannung:

$$\sigma_0 = \frac{p_0 \cdot R}{200 \cdot s}$$

auf.

Nach Versuchen von C. von Bach[1]) läßt sich diese Spannung mittels der Gleichung:

$$\sigma_0 = A - B \cdot \sqrt{\frac{R}{s}}$$

bestimmen, wenn darin

a) für geglühte Flußeisenböden aus einem Stück:

$$A = 26 \quad \text{und} \quad B = 1{,}15\,;$$

b) für Flußeisenböden aus einzelnen Segmenten mit Überlappungsnietung:

$$A = 24{,}5 \quad \text{und} \quad B = 1{,}15$$

gesetzt werden.

Beispiel: Bei einem Wölbungshalbmesser $R = 1000$ mm und einer Wandstärke $s = 10$ mm eines gewölbten Flußeisenbodens aus einem Stück ergibt sich:

$$\sigma_0 = 14{,}5 \text{ kg/mm}^2 \quad \text{und daraus:} \quad p_0 = 29 \text{ kg/cm}^2.$$

Die Einbeulung wäre also bei 29 Atm. zu erwarten.

Um die Einbeulung mit Sicherheit zu verhindern, wird in der der Formel (4) entsprechenden Gleichung:

$$s = \frac{p \cdot R}{200 \cdot k} \tag{7}$$

---

[1]) Z. V. d. I. 1902, S. 333 ff.

Tabelle 21. Höchstwerte von k für gewölbte Flußeisenböden mit äußerem Überdruck.

Über-druck p	Flußeisenböden aus einem Stück k	überlappten Segmenten k	Über-druck p	Flußeisenböden aus einem Stück k	überlappten Segmenten k	Über-druck p	Flußeisenböden aus einem Stück k	überlappten Segmenten k
1	1,7	1,7	10	5,6	5,1	19	6,5	6,1
2	2,7	2,5	11	5,8	5,3	20	6,5	6,2
3	3,4	3,1	12	5,9	5,4	21	6,5	6,2
4	3,9	3,6	13	6,0	5,5	22	6,5	6,3
5	4,3	4,0	14	6,1	5,6	23	6,5	6,4
6	4,6	4,3	15	6,2	5,7	24	6,5	6,4
7	4,9	4,6	16	6,3	5,8	25 und mehr	6,5	6,5
8	5,2	4,8	17	6,4	5,9			
9	5,4	5,0	18	6,5	6,0			

Tabelle 22. Wandstärke (s in mm) voller gewölbter Flußeisenböden aus einem Stück für äußeren Überdruck von 1 bis 7 Atm.

Wölbungs-halbmesser R mm	Äußerer Überdruck in kg/cm²						
	1	2	3	4	5	6	7
300	0,88	1,11	1,32	1,54	1,74	1,96	2,14
400	1,18	1,48	1,76	2,05	2,33	2,61	2,86
500	1,47	1,85	2,21	2,56	2,91	3,26	3,57
600	1,76	2,22	2,65	3,08	3,49	3,91	4,29
700	2,06	2,59	3,09	3,59	4,07	4,57	5,00
800	2,35	2,96	3,53	4,10	4,65	5,22	5,71
900	2,65	3,33	3,97	4,62	5,23	5,87	6,43
1000	2,94	3,70	4,41	5,13	5,81	6,52	7,14
1100	3,24	4,07	4,85	5,64	6,40	7,17	7,85
1200	3,52	4,44	5,29	6,15	6,98	7,83	8,57
1300	3,82	4,81	5,74	6,67	7,56	8,48	9,28
1400	4,12	5,19	6,18	7,18	8,14	9,13	10,00
1500	4,41	5,56	6,62	7,69	8,72	9,78	10,71
1600	4,71	5,93	7,06	8,20	9,30	10,44	11,42
1700	5,00	6,30	7,50	8,72	9,88	11,09	12,14
1800	5,29	6,67	7,94	9,23	10,47	11,74	12,85
1900	5,59	7,04	8,38	9,74	11,05	12,39	13,58
2000	5,88	7,41	8,82	10,26	11,63	13,04	14,29
2100	6,18	7,78	9,27	10,77	12,21	13,70	15,00
2200	6,47	8,15	9,71	11,28	12,79	14,35	15,71
2300	6,76	8,52	10,15	11,80	12,37	15,00	16,42
2400	7,06	8,89	10,59	12,31	13,95	15,65	17,14
2500	7,35	9,26	11,03	12,82	14,54	16,30	17,85
2600	7,65	9,63	11,47	13,33	15,12	16,96	18,57
2700	7,94	10,00	11,91	13,85	15,70	17,61	19,28
2800	8,24	10,37	12,35	14,36	16,28	18,26	20,00
2900	8,52	10,74	12,80	14,87	16,86	18,91	20,71
3000	8,82	11,11	13,24	15,38	17,44	19,57	21,42
3100	9,12	11,48	13,68	15,90	18,02	20,22	22,13
3200	9,41	11,85	14,12	16,41	18,60	20,87	22,85
3300	9,71	12,22	14,56	16,93	19,19	21,52	23,57
3400	10,00	12,59	15,00	17,44	19,77	22,17	24,29
3500	10,29	12,96	15,44	17,96	20,35	22,83	25,00

Tabelle 23. Wandstärke (s in mm) gewölbter Flußeisenböden aus einem Stück für äußeren Überdruck von 8 bis 14 Atm.

Wölbungs-halbmesser R mm	Äußerer Überdruck in kg/cm²						
	8	9	10	11	12	13	14
300	2,31	2,50	2,68	2,84	3,05	3,25	3,44
400	3,08	3,33	3,57	3,79	4,07	4,33	4,59
500	3,85	4,17	4,46	4,74	5,08	5,42	5,74
600	4,62	5,00	5,36	5,69	6,10	6,50	6,89
700	5,38	5,83	6,25	6,64	7,12	7,58	8,03
800	6,15	6,67	7,14	7,58	8,14	8,67	9,18
900	6,92	7,50	8,04	8,53	9,15	9,75	10,33
1000	7,69	8,33	8,93	9,48	10,17	10,83	11,48
1100	8,46	9,16	9,82	10,43	11,19	11,92	12,62
1200	9,23	10,00	10,71	11,38	12,20	13,00	13,77
1300	10,00	10,83	11,61	12,32	13,22	14,08	14,92
1400	10,77	11,67	12,50	13,27	14,24	15,17	16,07
1500	11,54	12,50	13,39	14,22	15,25	16,25	17,21
1600	12,30	13,33	14,29	15,17	16,27	17,33	18,36
1700	13,07	14,16	15,18	16,12	17,29	18,42	19,51
1800	13,84	15,00	16,07	17,07	18,30	19,50	20,66
1900	14,61	15,83	16,97	18,01	19,32	20,58	21,80
2000	15,38	16,67	17,86	18,96	20,34	21,67	22,95
2100	16,15	17,50	18,75	19,91	21,36	22,75	24,10
2200	16,92	18,33	19,64	20,86	22,37	23,83	25,25
2300	17,69	19,17	20,54	21,80	23,39	24,92	26,39
2400	18,46	20,00	21,43	22,75	24,41	26,00	27,54
2500	19,23	20,83	22,32	23,71	25,42	27,08	28,69
2600	20,00	21,66	23,21	24,65	26,44	28,17	29,84
2700	20,76	22,50	24,11	25,60	27,46	29,25	30,98
2800	21,53	23,33	25,01	26,54	28,47	30,33	—
2900	22,30	24,16	25,89	27,50	29,49	—	—
3000	23,08	25,00	26,79	28,44	30,51	—	—
3100	23,85	25,83	27,68	29,39	—	—	—
3200	24,61	26,67	28,57	30,34	—	—	—
3300	25,38	27,50	29,47	—	—	—	—
3400	26,15	28,33	30,36	—	—	—	—
3500	26,92	29,17	—	—	—	—	—

mit $k = 0,4\,\sigma_0$ gerechnet und außerdem festgesetzt, daß diese zulässige Beanspruchung bei geglühtem Flußeisen jedenfalls nur $k \leqq 6,5$ kg/mm² sein darf. Im vorstehenden Beispiel fände sich $k = 0,4 \cdot \sigma_0 = 5,8$ kg/mm²

Zur Berechnung von k kommt:

$$k = 0,4 \cdot \left[A - \frac{4\,B}{p} \cdot \left(\sqrt{5\,A \cdot p + 100\,B^2} - 10\,B \right) \right].$$

Die Formel liefert die in Tabelle 21 genannten Werte[1]).

Die sich mit den k der Tabelle 21 ergebenden Wandstärken der Böden aus einem Stück sind in Tabelle 22 und 23 angegeben. Es empfiehlt sich, eine Beanspruchung von 600 kg/cm² nicht zu überschreiten; man rechne also Flußeisenböden aus einem Stück von 13 Atm. aufwärts und

---

[1]) Heinrich, O. in H. Dubbel: Taschenbuch für den Maschinenbau. Berlin: Julius Springer.

Flußeisenböden aus überlappt miteinander vernieteten Segmenten von 18 Atm. aufwärts nur mit $k = 6,0$ kg/mm².

Zuschläge wie bei Böden für inneren Überdruck! Im Apparatebau lassen sich meistens sehr zweckmäßige Verankerungen anbringen. Als solche wirkt z. B. ein Zwischenflansch zwischen den beiden Böden eines Dampfhemdes (s. Abb. 15), der dazu dient, den Entleerungshahn des Innenraumes anzubringen.

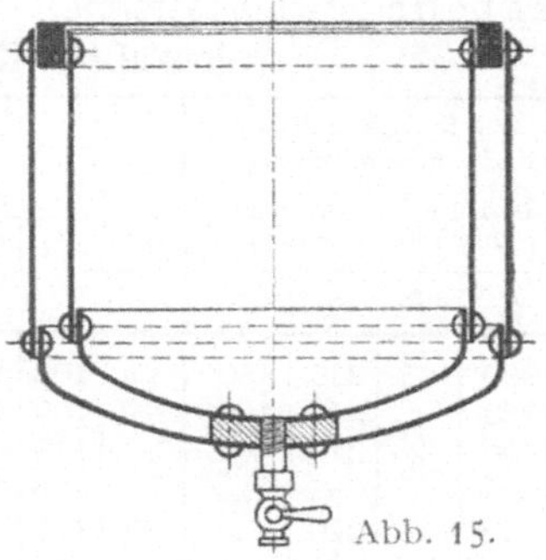

Abb. 15.

6. Maße und Gewichte gewölbter Böden.

Tabelle 24 enthält die gewöhnlichen gewölbten Kesselböden nach Abb. 16. Sie ist aus der Liste der Mannesmannröhrenwerke (Abteilung vorm. Schulz-Knaudt, Huckingen) ausgezogen. Die Maße der Tabelle 8 dagegen sind der Liste der Firma Krüger & Staerk, Berlin, entnommen. Ein Vergleich zeigt, daß in Tabelle 24 bis zu 100 mm größere Wölbungsradien erscheinen. Zur Festigkeitsberechnung wähle man daher die Abmessungen nach Tabelle 24.

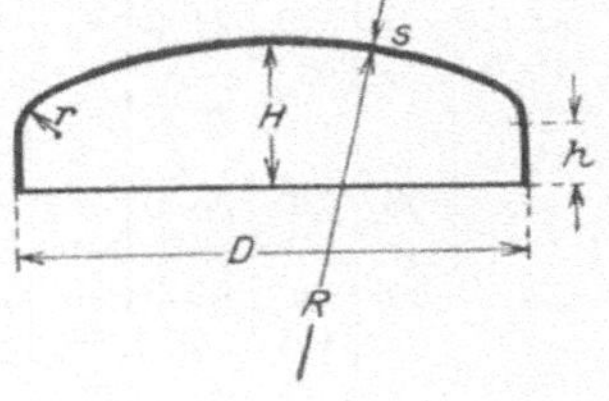

Abb. 16.

Tabelle 24. Abmessungen und Gewichte gewöhnlicher gewölbter Kesselböden aus Flußeisen.

[1] h ist bei 6—8 mm Stärke 25 mm niedriger!				Wandstärke s der Böden in mm										
				6[1]	8[1]	10	12	14	16	18	20	22	24	26
D	h	H	R	Gewichte in kg:										
300	65	110	400	8	11	13	17	20	24	—	—	—	—	—
350	,,	115	500	10	13	16	21	24	29	—	—	—	—	—
400	,,	120	550	12	16	20	25	29	35	—	—	—	—	—
450	,,	125	600	14	19	24	30	35	41	—	—	—	—	—
500	,,	135	650	17	22	28	35	41	48	—	—	—	—	—
550	,,	,,	700	20	26	32	40	48	55	—	—	—	—	—
600	,,	150	750	23	30	38	47	55	66	—	—	—	—	—
650	,,	175	800	26	34	43	54	63	75	84	97	107	117	127
700	,,	,,	850	29	39	48	60	70	84	94	109	120	130	141
750	,,	,,	900	33	43	54	67	78	93	105	121	133	145	157
800	70	185	950	36	48	60	76	89	104	117	134	147	161	174
850	,,	,,	1000	40	54	68	85	99	117	131	151	167	182	197
900	,,	200	1100	45	60	75	93	109	128	144	167	182	200	216
950	,,	205	1200	49	66	82	102	118	141	158	181	200	217	235
1000	,,	,,	1300	54	72	90	111	130	152	172	197	217	237	257
1050	,,	215	1400	59	78	98	121	141	166	187	212	234	255	286
1100	,,	220	,,	66	88	110	132	154	180	203	231	254	277	300
1150	,,	225	1450	71	95	119	143	167	195	218	249	273	299	324

Tabelle 24 (Fortsetzung).   Abmessungen und Gewichte gewöhnlicher gewölbter Kesselböden aus Flußeisen.

[1] *h* ist bei 6—8 mm Stärke 25 mm niedriger! Gewichte der ungeraden *s* durch Interpolation				Wandstärke *s* der Böden in mm:										
				6[1]	8[1]	10	12	14	16	18	20	22	24	26
D	h	H	R	Gewichte in kg:										
1200	75	230	1500	76	102	128	153	179	208	234	267	293	320	347
1250	,,	240	1600	—	109	137	164	191	224	253	286	316	344	372
1300	,,	245	,,	—	119	149	179	209	247	277	313	345	376	408
1350	,,	255	1700	—	128	160	192	224	262	294	335	367	401	435
1400	,,	270	,,	—	137	171	205	239	279	314	355	390	426	462
1450	80	280	,,	—	145	182	218	254	298	335	377	415	453	490
1500	,,	,,	1800	—	—	193	232	271	327	367	403	443	483	525
1550	,,	,,	,,	—	—	206	246	287	346	388	427	469	510	555
1600	,,	290	2000	—	—	218	261	305	365	411	452	498	545	590
1650	,,	295	,,	—	—	233	280	328	386	435	476	525	570	620
1700	,,	300	2200	—	—	246	295	344	405	456	505	555	600	650
1750	,,	,,	,,	—	—	—	311	363	426	479	530	580	625	690
1800	,,	310	2400	—	—	—	336	392	461	520	570	625	685	740
1850	85	,,	,,	—	—	—	352	412	485	545	600	655	715	775
1900	,,	315	2600	—	—	—	371	443	505	570	625	690	750	815
1950	,,	,,	,,	—	—	—	—	453	530	600	660	725	790	860
2000	90	320	2800	—	—	—	—	471	555	625	685	755	825	890
2100	,,	325	3300	—	—	—	—	515	590	665	740	815	885	960
2200	90	330	3300	—	—	—	—	—	655	740	820	900	980	1065
2300	,,	345	,,	—	—	—	—	—	710	800	885	975	1060	1150
2400	,,	375	,,	—	—	—	—	—	765	860	960	1055	1150	1245
2500	,,	395	,,	—	—	—	—	—	830	935	1035	1140	1250	1360
2600	,,	410	,,	—	—	—	—	—	895	1010	1115	1230	1350	1465
2700	,,	415	3500	—	—	—	—	—	960	1080	1200	1320	1490	1580
2800	,,	435	,,	—	—	—	—	—	1060	1190	1320	1455	1595	1725
2900	,,	455	,,	—	—	—	—	—	1135	1275	1415	1555	1710	1850
3000	,,	480	,,	—	—	—	—	—	1210	1360	1510	1660	1830	1975
3100	100	490	3800	—	—	—	—	—	1270	1430	1585	1745	1905	2060
3200	,,	495	,,	—	—	—	—	—	1370	1535	1710	1880	2050	2210
3300	,,	500	,,	—	—	—	—	—	1425	1600	1780	1960	2140	2320
3400	,,	525	,,	—	—	—	—	—	1500	1690	1880	2060	2250	2440
3500	,,	500	4500	—	—	—	—	—	1575	1775	1970	2170	2360	2560

Die Gewichte der ungeraden Wandstärken erhält man genügend genau durch geradlinige Interpolation. Auch zwischen 2000 und 3000 mm Durchmesser werden die Durchmesser 2050, 2150 ... auf Anforderung hergestellt, kommen aber seltener zur Anwendung; über 3000 mm Durchmesser werden nur auf volle 100 mm abgerundete Durchmesser geliefert.

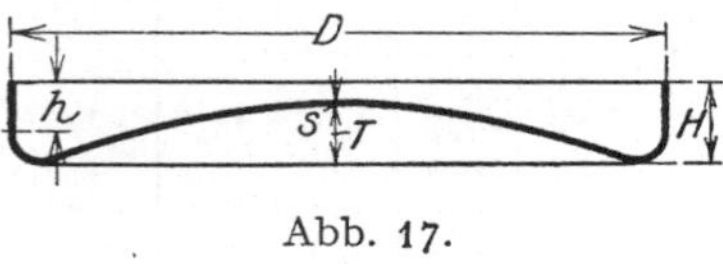

Abb. 17.

Tabelle 25 enthält die neueren Kesselbodenformen der Rheinstahlwerke. Vgl. dazu Abschnitt 4, letzter Teil.

Tabelle 26 nennt die Hauptabmessungen der Diffuseurböden (Abb. 17) von Schulz-Knaudt, Huckingen. Die Gewichte derselben sind

Tabelle 25. Kesselböden mit kleinem Wölbungs- und großem Umbugradius (Rheinstahlwerke).

					Abmessungen der Böden in mm							
$D =$	900	1000	1100	1200	1300	1400	1500	1600	1700	1800	1900	2000
$R =$	900	1000	1100	1200	1300	1400	1500	1600	1700	1800	1900	2000
$r =$	130	130	150	150	150	150	150	150	150	150	150	150
h von	100	100	100	100	100	100	100	100	100	100	100	100
h bis	160	160	160	180	180	180	180	180	180	180	180	180
s von	15	15	16	16	16	16	16	16	16	16	16	16
s bis	30	32	32	35	35	35	40	40	40	40	40	40
h	Gewicht in kg je Boden von 1 mm Stärke ungefähr											
100	9,5	11,1	12,9	15,0	16,9	19,1	21,4	24,0	26,5	29,0	32,0	35,0
110	9,8	11,4	13,3	15,3	17,4	19,5	21,9	24,4	27,0	29,6	32,5	35,5
120	10,1	11,8	13,7	15,7	17,8	20,0	22,4	25,0	27,5	30,2	33,0	36,1
130	10,4	12,2	14,1	16,1	18,4	20,5	22,9	25,4	28,0	30,8	33,6	36,7
140	10,8	12,5	14,5	16,5	18,7	20,9	23,4	25,9	28,6	31,4	34,3	37,3
150	11,1	12,9	14,9	16,9	19,1	21,4	23,9	26,4	29,1	32,0	34,9	37,9
160	11,5	13,3	15,3	17,3	19,6	21,9	24,4	27,0	29,7	32,6	35,5	38,6
170	—	—	—	17,8	20,0	22,4	24,9	27,5	30,2	33,1	36,1	39,3
180	—	—	—	18,4	20,5	22,9	25,4	28,0	30,8	33,7	36,7	39,9

Tabelle 26. Abmessungen (in mm) flußeiserner Diffuseurböden
(Braupfannenböden) aus einem Stück. Wandstärken von 6 bis 26 mm.

D	h	H	T	D	h	H	T	D	h	H	T
350	65	100	50	1250	70	135	75	2150	90	155	100
400	,,	,,	,,	1300	75	140	80	2200	,,	,,	,,
450	,,	110	,,	1350	,,	,,	,,	2250	,,	,,	,,
500	,,	,,	,,	1400	,,	,,	,,	2300	,,	,,	,,
550	,,	120	55	1450	,,	,,	,,	2350	,,	,,	,,
600	,,	,,	,,	1500	80	145	85	2400	,,	,,	,,
650	,,	,,	,,	1550	,,	,,	,,	2450	,,	160	110
700	,,	,,	60	1600	,,	,,	,,	2500	,,	,,	,,
750	,,	,,	,,	1650	,,	,,	,,	2550	,,	,,	,,
800	70	130	,,	1700	,,	,,	90	2600	,,	,,	,,
850	,,	,,	,,	1750	,,	,,	,,	2650	,,	,,	,,
900	,,	,,	65	1800	,,	,,	,,	2700	,,	,,	,,
950	,,	,,	,,	1850	85	150	,,	2750	,,	,,	,,
1000	,,	135	70	1900	,,	,,	,,	2800	,,	,,	,,
1050	,,	,,	,,	1950	,,	,,	,,	2850	,,	,,	,,
1100	,,	,,	,,	2000	90	155	100	2900	,,	,,	,,
1150	,,	,,	75	2050	,,	,,	,,	2950	,,	,,	,,
1200	,,	,,	,,	2100	,,	,,	,,	3000	,,	,,	,,

bei den niedrigen Wandstärken $\sim 10\%$, den mittleren $\sim 9\%$ und den
hohen $\sim 8\%$ geringer als die der gewöhnlichen gewölbten Böden gleichen
Durchmessers.

Bei beiden Bodenarten gilt: Für $s = 6$ bis 8 mm ist der gerade Teil
der Krempe h und damit auch das Maß H um 25 mm niedriger als bei
$s \geqq 9$. Bei für doppelreihige Nietnaht erhöhtem h vergrößert sich das

Gewicht um 10%. Wo die Gewichte in Tabelle 24 nicht angegeben sind, gelten die betreffenden Böden als abnormal. Wenn sie geliefert werden, erfordern sie also einen Mehrpreis.

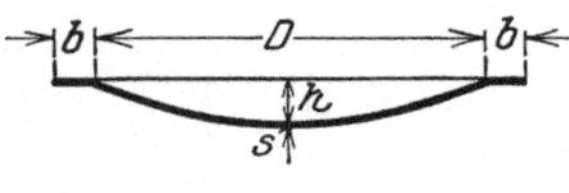

Abb. 18.

Abb. 18 zeigt die sog. Tellerböden. Sie werden in allen verlangten Abmessungen maschinell gepreßt geliefert. Die Ausführung mit Wölbungen wie bei den gewöhnlichen gewölbten Kesselböden (Tabelle 24) und mit einer Randbreite von $b \leqq 150$ mm gilt als normal. Abweichende Ausführung erfordert besondere Preisvereinbarung.

Tabelle 27. Maße und Gewichte maschinell umgezogener ebener Flußeisenböden.

¹) h ist bei s=6 bis 8 mm 25 mm niedriger				Wandstärke s in mm										
				6¹)	8¹)	10	12	14	16	18	20	22	24	26
D	h	H	r	Gewichte in kg										
300	65	90	25	7	10	12	16	19	23	—	—	—	—	—
350	,,	,,	,,	9	12	15	20	23	28	—	—	—	—	—
400	,,	,,	,,	11	15	19	24	28	35	—	—	—	—	—
450	,,	95	30	14	18	23	29	33	39	—	—	—	—	—
500	,,	,,	,,	16	21	27	34	39	46	—	—	—	—	—
550	,,	105	40	18	25	31	39	45	53	—	—	—	—	—
600	,,	,,	,,	21	29	36	45	52	63	—	—	—	—	—
650	,,	,,	,,	24	32	41	51	60	71	80	93	102	111	120
700	,,	,,	,,	28	37	46	57	67	79	89	103	114	124	134
750	,,	,,	,,	31	41	51	64	75	88	100	114	126	138	150
800	70	110	,,	34	46	57	71	83	98	110	128	140	153	166
850	,,	,,	,,	39	52	65	81	95	111	126	144	160	174	188
900	,,	,,	,,	43	58	72	88	103	124	139	159	175	191	207
950	,,	,,	,,	48	64	79	98	114	136	152	173	191	208	226
1000	,,	,,	,,	52	69	86	107	125	146	166	188	208	227	246
1050	,,	,,	,,	57	75	94	116	136	160	180	206	226	246	266
1100	,,	115	45	63	83	104	125	146	172	194	221	243	267	289
1150	,,	,,	,,	68	90	113	136	159	185	208	237	263	286	310
1200	75	,,	40	73	98	122	146	172	200	226	258	283	308	335
1250	,,	,,	,,	—	105	131	157	184	224	252	274	303	331	357
1300	,,	,,	,,	—	112	140	168	196	240	270	294	325	355	384
1350	,,	120	45	—	123	153	184	215	261	294	320	352	384	416
1400	,,	,,	,,	—	130	163	196	229	278	313	340	374	409	443
1450	80	125	,,	—	139	174	209	244	297	333	363	400	436	472
1500	,,	,,	,,	—	—	185	222	259	315	353	385	423	462	500
1550	,,	,,	,,	—	—	196	236	275	332	372	409	440	489	530
1600	,,	,,	,,	—	—	207	249	291	350	394	431	475	520	560
1650	,,	,,	,,	—	—	224	268	313	369	417	455	500	545	590
1700	,,	,,	,,	—	—	236	283	321	389	438	480	530	575	620
1750	,,	130	50	—	—	—	300	350	412	462	500	555	605	655
1800	,,	,,	,,	—	—	—	314	366	430	484	530	585	640	690
1850	85	,,	45	—	—	—	339	397	462	520	575	635	695	750
1900	,,	,,	,,	—	—	—	354	413	488	550	605	670	730	785
1950	,,	,,	,,	—	—	—	—	438	510	575	630	695	755	820
2000	90	,,	40	—	—	—	—	455	535	600	660	730	795	865
2100	,,	,,	,,	—	—	—	—	495	585	655	725	795	865	935
2200	,,	,,	,,	—	—	—	—	550	630	710	785	865	945	1030

Tabelle 27 (Fortsetzung).   Maße und Gewichte ebener Flußeisenböden.

Gewichte der ungeraden s durch Interpolation			Wandstärke s in mm										
			6	8	10	12	14	16	18	20	22	24	26
D	h	H	r					Gewichte in kg					
2300	90	130	40	—	—	—	—	—	685	765	855	940	1025	1110
2400	,,	,,	,,	—	—	—	—	—	740	830	920	1015	1110	1200
2500	,,	,,	,,	—	—	—	—	—	800	900	1000	1100	1215	1320
2600	,,	,,	,,	—	—	—	—	—	860	965	1075	1180	1300	1405
2700	,,	,,	,	—	—	—	—	—	950	1070	1190	1305	1425	1540
2800	,,	,,	,,	—	—	—	—	—	1035	1165	1295	1425	1555	1690
2900	,,	,,	,,	—	—	—	—	—	1105	1240	1380	1520	1660	1800
3000	,,	,,	,,	—	—	—	—	—	1150	1300	1440	1595	1730	1875

7. Ebene Kesselböden aus Flußeisen.

Für die Festigkeitsberechnung der ebenen gekrempten Kesselböden
wird der Umbugradius r der Krempe benutzt. Tabelle 27 enthält die
Abmessungen und Gewichte der ebenen Böden. Nach ihr ist ($H - h = r$)
der kleinste vorkommende — innere — Krempenradius 25 mm; es
folgen 30, 40, 45 und 50 mm. Für die Berechnung der Wandstärken
in Tabelle 28 sind benutzt: $r = 25$ mm für $D = 300$ und 400 mm,
$r = 30$ mm für $D = 500$ und 600 mm, $r = 40$ mm für alle übrigen
Durchmesser. Möglichst großes r wäre der Widerstandsfähigkeit wegen
erwünscht; die Verwendung der Böden als
Rohrplatten u. dgl. fordert dagegen einen möglichst großen ebenen Bodenteil.

Hinsichtlich der Höhe h bei $s = 6$ bis
8 mm, des Mehrgewichtes bei h für zweireihige
Nietnaht usw. gilt dasselbe wie bei gewöhn-

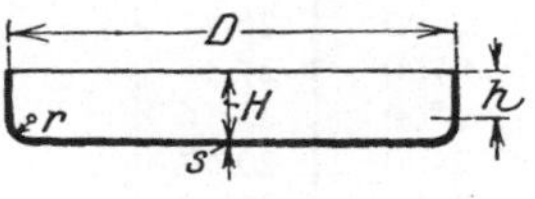

Abb. 19.

lichen gewölbten Böden. Auch die ebenen Kesselböden werden normal
bis 3500 mm Durchmesser hergestellt.

Zur Festigkeitsberechnung der ebenen Böden dient die durch
C. von Bach aufgestellte Formel:

$$s = \sqrt{\frac{3}{8} \cdot \frac{p}{K_z} \cdot \left[D_i - r \cdot \left(1 + \frac{2\,r}{D_i}\right)\right]}, \tag{8}$$

worin (s. Abb. 19):

s = Wandstärke des Bodens
r = Krempen- oder Umbugsradius $\Big\}$ in cm,
D_i = innerer Durchmesser des Bodens
p = größter Betriebsdruck $\Big\}$ in kg/cm².
K_z = Zugfestigkeit des Materials

Für Dampffaßböden aus Flußeisen mit $K_z = 3600$ kg/cm² wird:

$$s = \frac{1}{98} \cdot \left[D_i - r \cdot \left(1 + \frac{2\,r}{D_i}\right)\right] \cdot \sqrt{p}. \tag{8a}$$

Tabelle 28. Wandstärke (s in mm) ebener Flußeisenböden für 1 bis 12 Atm. Überdruck.

Lichter Durchmesser mm	Überdruck in kg/cm²							
	1	2	3	4	5	6	7	8
300	2,76	3,89	4,77	5,52	6,18	6,76	7,31	7,81
400	3,79	5,34	6,56	7,58	8,49	9,29	10,04	10,73
500	4,86	6,85	8,41	9,72	10,89	11,91	12,88	13,75
600	5,78	8,15	10,00	11,56	12,95	14,16	15,32	16,36
700	6,68	9,42	11,56	13,36	14,96	16,37	17,70	18,93
800	7,71	10,87	13,34	15,42	17,27	18,89	20,43	21,82
900	8,73	12,31	15,10	17,46	19,56	21,39	23,13	24,71
1000	9,76	13,76	16,88	19,52	21,86	23,91	25,86	27,62
1100	10,68	15,07	18,50	21,36	23,95	26,22	28,36	30,22
1200	11,80	16,64	20,41	23,60	26,43	28,67	31,27	—
1300	12,82	18,05	21,14	25,64	28,67	31,40	—	—
1400	13,85	19,47	23,90	27,70	30,95	—	—	—
1500	14,88	21,00	25,76	29,76	—	—	—	—
1600	15,90	22,42	27,51	31,80	—	—	—	—
1700	16,92	23,83	29,24					
1800	17,95	25,26	31,05					
1900	18,97	26,77	—					
2000	19,98	28,19	—					
2100	21,01	29,62	—					
2200	22,03	32,51	—					
2300	23,05	—	—					
2400	24,07	—	—					
2500	25,09	—	—					
2600	26,11	—	—					
2700	27,14	—	—					
2800	28,16	—	—					
2900	29,17	—	—					
3000	30,19	—	—					

Tabelle 28 (Fortsetzung).

Lichter Durchmesser mm	Überdruck in kg/cm²			
	9	10	11	12
300	8,28	8,72	9,16	9,55
400	11,37	11,98	12,58	13,11
500	14,58	15,36	16,14	16,82
600	17,34	18,26	19,19	20,00
700	20,04	21,11	22,18	23,11
800	23,13	24,36	25,60	26,68
900	26,19	27,59	28,98	30,21
1000	29,28	30,84	32,40	—
1100	32,04	—	—	—

Zur Berechnung soll der innere Durchmesser benutzt werden, die Böden werden aber gleichfalls im äußeren Durchmesser mit runden Maßen geliefert und man kann diesen ohne weiteres in die Rechnung einstellen[1]. Durch Wiederauflösung der runden Klammer wird die Formel (8a) für die Ausrechnung handlicher:

$$s = \left(\frac{D^2 - r \cdot D - 2\,r^2}{98 \cdot D} \right) \cdot \sqrt{p}\,. \tag{8b}$$

Die Wandstärken flacher Flußeisenböden für 1 bis 12 Atm. Überdruck sind in Tabelle 28 soweit zusammengestellt, bis sich Blechstärken von 30 mm ergeben. Die Werte zeigen, daß man ohne zwingende Gründe ebene Böden (ohne Verankerung) nicht verwenden soll; der Materialaufwand ist unverhältnismäßig hoch.

---

[1] Vgl. die Festigkeitsberechnung gewölbter Böden nach Diegel.

8. Verankerte ebene Platten, Doppelplatten, Rohrplatten aus Flußeisen.

Bei ebenen Wänden für Dampffässer, die durch Rundanker versteift sind, ist zu unterscheiden zwischen
a) regelmäßig verteilten Ankern,
b) unregelmäßig verteilten Ankern.

a) Regelmäßig verteilte Anker (Abb. 20):
Es sind:

$s =$ Blechstärke
$a =$ Abstand der Anker innerhalb einer Reihe $\Big\}$ in cm;
$b =$ Abstand der Ankerreihen
$p =$ größtem Betriebsdruck in kg/cm²;
$c =$ einem Festwert, und zwar:

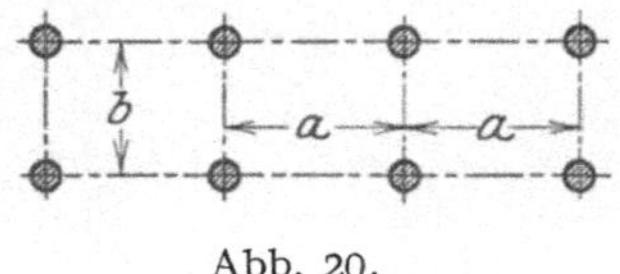

$c = 0{,}017$ bei von Heizgasen und Wasser berührten Platten mit eingeschraubten und vernieteten Ankern;
$= 0{,}015$ wenn solche Platten nicht von Heizgasen berührt werden;
$= 0{,}0155$ bei von Heizgasen und Wasser berührten Platten, deren Anker eingeschraubt und außen mit Muttern oder gedrehten Köpfen versehen sind;

Abb. 20.

$= 0{,}0135$ wenn solche Platten nicht von Heizgasen berührt werden;
$= 0{,}014$ bei durch Ankerrohre versteiften Platten;

oder bei Platten, deren Anker mit Muttern und Verstärkungsscheiben versehen sind:

$c = 0{,}013$ wenn der Durchmesser der äußeren Verstärkungsscheibe $= \frac{2}{5}$ Ankerentfernung, die Schraubendicke $= \frac{2}{3}$ Plattendicke;
$= 0{,}012$ wenn der Scheibendurchmesser $= \frac{3}{5}$ Ankerentfernung, die Scheibendicke $= \frac{5}{6}$ Plattendicke;
$= 0{,}011$ wenn der Scheibendurchmesser $= \frac{4}{5}$ Ankerentfernung, die Scheibendicke $=$ Plattendicke und wenn die Scheibe mit der Platte vernietet ist.

Dabei ist für Flußeisenplatten zu wählen:

$$s = c \cdot \sqrt{p \cdot (a^2 + b^2)}. \tag{9a}$$

Der Festwert c gilt für regelmäßig verteilte und für unregelmäßig verteilte Anker in Dampffässern, ferner auch für Doppelplatten, ebene Wände offener Gefäße usw.

b) Unregelmäßig verteilte Anker (Abb 21):

Die obigen Bezeichnungen gelten; an die Stelle von a und b treten: e' und e'' als Abstände der Anker. Es wird:

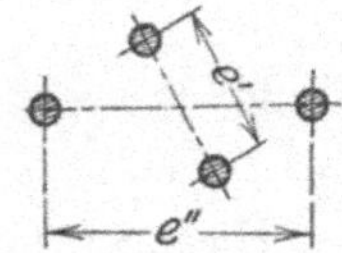

$$s = c \cdot \frac{e' + e''}{2} \cdot \sqrt{p}. \tag{9b}$$

Abb. 21.

Am Umfange befestigte rechteckige Platten (Abb. 22):

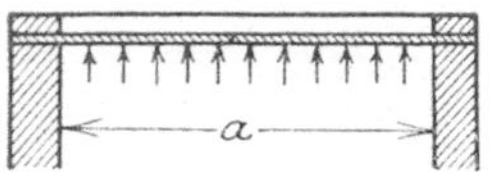
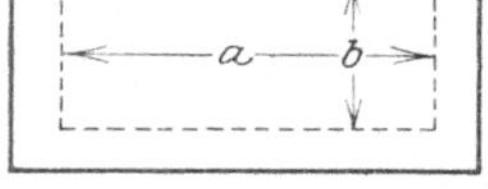

Abb. 22.

s und p wie oben;

a = größere Seite ⎱ des unter Überdruck
b = kleinere Seite ⎰ stehenden Rechtecks in cm;

k_z = zulässige Zugbeanspruchung des Bleches in kg/cm² (= bis $^1/_4$ der rechnungsmäßigen Zugfestigkeit).

Nach den Bauvorschriften für Dampffässer ist:

$$s = 0{,}53\,b \cdot \sqrt{\dfrac{p}{k_z \cdot \left[1 + \left(\dfrac{b}{a}\right)^2\right]}}\,. \qquad (9\,\mathrm{c})$$

Durch Blechanker versteifte ebene Kesselböden werden berechnet, indem man durch die Mittellinie der betreffenden Nietreihe der Versteifung und den Umfang des ebenen Bodenteiles einen

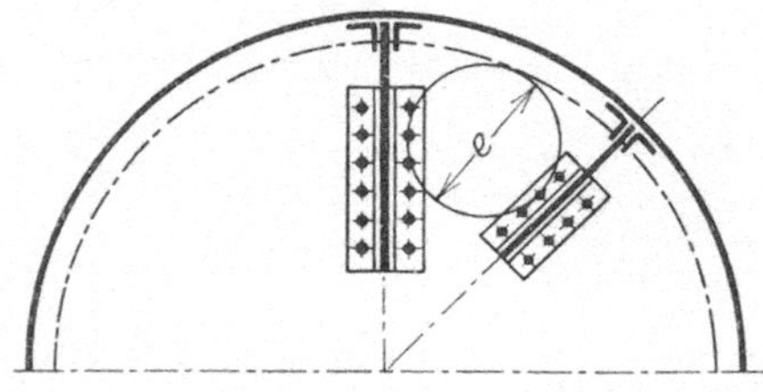
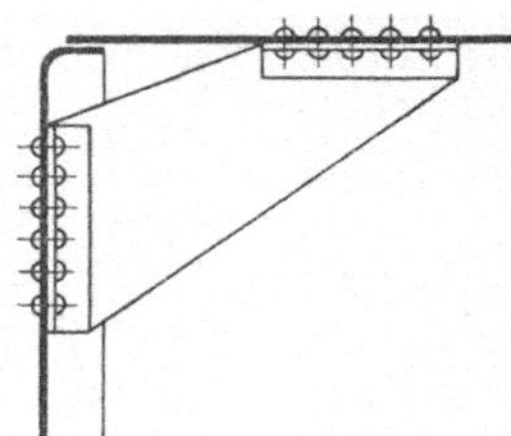

Abb. 23.

Kreis legt (Abb. 23), dessen Durchmesser mit e bezeichnet sei. Dann gilt die Formel:

$$s = 0{,}017\,e \cdot \sqrt{p}\,. \qquad (10)$$

Sog. **Doppelplatten** zu Trockenzwecken u. dgl. nach Abb. 24 werden am Rande mittels dicht genieteten Flacheisens zusammen-gehalten und in Abständen e durch Stehbolzen oder Niete mit zwischen-gelegten Distanzstücken verankert.

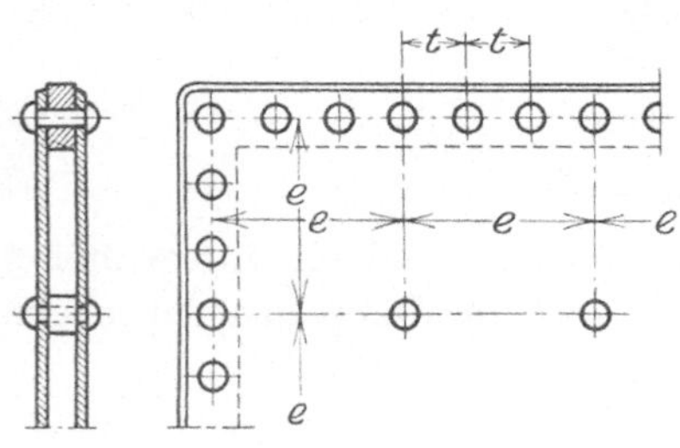

Abb. 24.

Formel (9a) liefert bei $a = b = e$ hier: $s = 1{,}4142 \cdot c \cdot e \cdot \sqrt{p}$ und Formel (9b), wenn $e' = e'' = e$ ist: $s = c \cdot e \cdot \sqrt{p}$. Gleichung (9a) liefert die größeren Werte. Da die Platten nicht von Heizgasen berührt wer-den, kann man $c = 0{,}015$ setzen.

Damit kommt aus (9a) für eiserne Dampf-Doppelplatten:

$$s = 0{,}0212 \cdot e \cdot \sqrt{p}\,. \qquad (11)$$

Hiernach sind die in Tabelle 29 wiedergegebenen Blechstärken be-rechnet. Den Niet- oder Stehbolzen-(Kern-)Durchmesser berechne man

Tabelle 29. Blechstärke flußeiserner Doppelplatten für 1 bis
8 Atm. bei $e = 100$ bis 500 mm.

Abstand e in mm	Innerer Überdruck in kg/cm²							
	1	2	3	4	5	6	7	8
	Blechstärke s in mm							
100	2,12	2,99	3,67	4,24	4,74	5,19	5,61	6,00
150	3,18	4,48	5,50	7,36	7,11	7,79	8,42	8,99
200	4,24	5,98	7,34	8,48	9,48	10,39	11,22	11,99
250	5,30	7,46	9,17	10,60	11,85	12,99	14,03	14,99
300	6,36	8,97	11,00	12,72	14,22	15,58	16,83	17,99
350	7,42	10,46	12,84	14,84	16,59	18,18	19,64	20,99
400	8,48	11,96	14,67	16,96	18,96	20,78	22,44	23,98
450	9,54	13,45	16,50	18,08	21,33	23,37	25,25	26,98
500	10,60	14,95	18,34	21,20	23,70	25,97	28,05	29,98

nach Formel (26) auf S. 91. Einen größeren Niet- oder Stehbolzen-
abstand als $e = 500$ mm zu wählen, empfiehlt sich nicht.

Zwischengelegte Flacheisen oder dgl. lassen sich gelegentlich vorteilhaft zur Bildung eines Zickzackweges für den Heizdampf benutzen

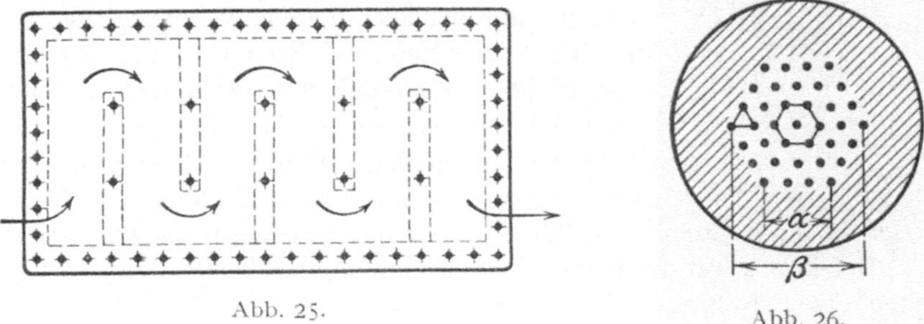

Abb. 25.   Abb. 26.

(Abb. 25), um durch Erhöhung der Dampfgeschwindigkeit die Wärme-
abgabe zu vergrößern.

Rohrplatten. Die Berechnung der Rohrwand außerhalb des
Röhrenbündels — schraffierte Fläche in Abb. 26 — erfolgt nach den
Bestimmungen für ebene Wandungen [Formeln (8), (8 a), (8 b)].

Die Rohre werden im Apparatebau meistens im gleichseitigen Dreieck
bzw. Sechseck angeordnet, siehe die entsprechenden Linien in Abb. 26. Ist
α die Anzahl der Rohre in einer Sechseckseite, β die Rohrzahl in einer
Sechseckdiagonale und $\sum$ die Summe aller Rohre im Sechseckbündel,
so sind

$$\beta = 2\alpha - 1,$$
$$\sum = 3\alpha(\alpha - 1) + 1.$$

Tabelle 30 enthält für die ersten 28 Sechseckbündel die Rohrzahlen
α, β und $\sum$.

Tabelle 30. Sechseckzahlen.

α	β	Σ	α	β	Σ	α	β	Σ	α	β	Σ
1	1	1	8	15	169	15	29	631	22	43	1387
2	3	7	9	17	217	16	31	721	23	45	1519
3	5	19	10	19	271	17	33	817	24	47	1657
4	7	37	11	21	331	18	35	919	25	49	1801
5	9	61	12	23	397	19	37	1027	26	51	1951
6	11	91	13	25	469	20	39	1141	27	53	2107
7	13	127	14	27	547	21	41	1261	28	55	2269

Die Plattenstärke innerhalb des Röhrenbündels wird wie folgt bestimmt:

a) Rohre in Flußeisenplatten, einfach aufgewalzt, dazwischen einzelne besondere Anker oder mit Gewinde eingesetzte Ankerrohre nach Formel (9 a) und (9 b), jedoch muß der Sicherheit der Rohrbefestigung wegen

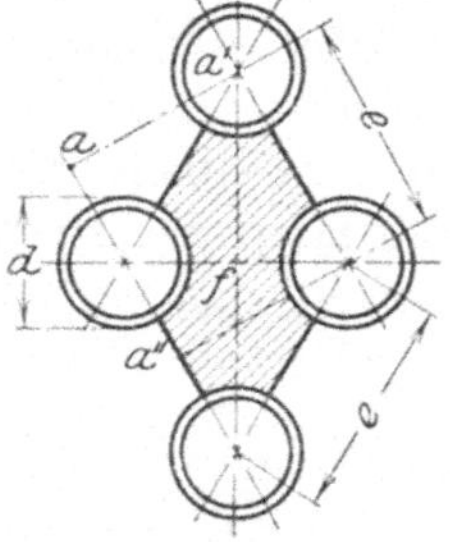

Abb. 27.

$$s \geqq \frac{d}{8} + 5 \,(\text{mm}) \tag{12}$$

sein, wenn der äußere Rohrdurchmesser $d = 38$ bis etwa 100 mm beträgt. Ferner: Mindestquerschnitt des Steges zwischen zwei Rohren $= 180$ qmm bei $d = 38$ mm, wachsend auf etwa das 2,5fache $(= 450 \text{ qmm})$ bei $d = \sim 100$ mm.

b) Nicht besonders verankerte Rohrplatten, bei denen die Rohre an beiden Enden umgebördelt oder in nach außen kegelförmig erweiterte Löcher eingewalzt sind:

Der Druck auf die Fläche f nach Abb 27, dividiert durch den Umfang **eines** Rohres darf 25 kg nicht überschreiten:

$$\sigma = \frac{p \cdot f}{\pi \cdot d} \leqq 25\,\text{kg} \,. \tag{13}$$

Bei nicht besonders verankerten Rohrplatten mit in zylindrischen Löchern glatt eingewalzten Rohren kann für 1 bis 7 Atm $\sigma = 25$ kg zugelassen werden, für höhere Spannungen nur: $\sigma = 15$ kg.

Prüfung in Zweifelsfällen nach:

$$p = 360 \cdot \left(1 - 0{,}7 \cdot \frac{d}{\varepsilon}\right) \cdot \left(\frac{s}{\varepsilon}\right)^2 \cdot k_b \,.$$

$\varepsilon =$ Seite des quadratischen Feldes (in mm), welches durch die vier Rohre gebildet wird, oder $=$ arithmetisches Mittel der Seiten des durch die vier Rohre bestimmt erscheinenden Rechtecks

$$\frac{\overline{a\,a'} + \overline{a\,a''}}{2} \text{ in Abb. 27;}$$

Tabelle 31. Stegabmessungen usw. für flußeiserne Rohrplatten.

Äußerer Rohrdurch-messer d mm	Steg			Rohr-teilung e mm	Fläche f cm²	$\dfrac{f}{\pi \cdot d}$	Bei $\sigma =$		Steg	
	q_{min} mm²	s_{min} mm	b_{min} mm				25	15	s mm	q mm²
							bis ∞ Atm			
1	2	3	4	5	6	7	8	9	10	11
20	102	7,50	14	34	6,87	1,09	22	13	10	140
25	123	8,13	16	41	9,65	1,23	20	12	10	160
30	145	8,75	17	47	12,08	1,28	19	11	10	170
35	167	9,38	18	53	14,70	1,34	18	11	11	198
40	189	10,00	19	59	17,58	1,40	17	10	12	228
45	210	10,63	20	65	20,68	1,46	17	10	12	240
50	232	11,25	21	71	24,02	1,53	16	9	13	273
55	254	11,88	22	77	27,59	1,60	15	9	13	286
60	276	12,50	23	83	31,38	1,66	14	9	14	322
65	297	13,13	23	88	33,88	1,66	14	9	15	345
70	319	13,75	24	94	38,04	1,73	14	8	15	360
75	341	14,38	24	99	40,70	1,72	14	8	16	384
80	363	15,00	25	105	45,21	1,80	13	8	16	400
85	384	15,63	25	110	48,04	1,81	13	8	17	425
90	406	16,25	25	115	50,91	1,80	13	8	18	450
95	428	16,88	26	121	55,91	1,87	13	8	18	468
100	450	17,50	26	126	58,95	1,88	13	8	19	494

$k_b =$ Biegungsbeanspruchung der Platte, zulässig bis zu $\dfrac{1}{4,5}$ der Zugfestigkeit.

Wird p zu klein oder σ zu groß, so ist Verankerung erforderlich.

Tabelle 31 nennt in Spalte 2 die Mindestquerschnitte q des Steges für Rohre von 20 bis 100 mm äußerem Durchmesser, ferner in Spalte 3 und 4 die Mindest-maße für die Stärke s $\left(\text{nach } s = \dfrac{d}{8} + 5\right)$ der Rohrplatte und die Stegbreite $b = \dfrac{q_{min}}{s_{min}}$,

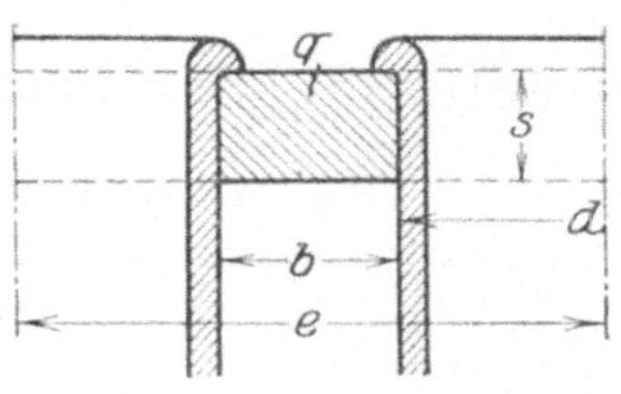

Abb. 28.

abgerundet (Abb. 28). Spalte 5 gibt die Rohrteilungen ($e = d + b$) an. Die Fläche f nach Abb. 27 ist:

$$f = \frac{e^2}{2} \cdot \sqrt{3} - \frac{\pi \cdot d^2}{4} = 0,866\, e^2 - \frac{\pi \cdot d^2}{4}.$$

Aus dem Quotienten Spalte 7 ergeben sich die Maximalüberdrucke (Spalte 8 und 9), für welche bei $\sigma = 25$ und $\sigma = 15$ die Werte von s und b in Spalte 3 und 4 ausreichen. In Spalte 10 sind für die Ausführung aufgerundete s genannt; für diese und b_{min} (Spalte 4) ergeben sich die q-Werte nach Spalte 11.

Setzt man in $\dfrac{f \cdot p}{\pi \cdot d} = \sigma$ den obigen Ausdruck für f ein, so kommt (d und e in cm):

$$e = \sqrt{\frac{1}{0,866} \cdot \left(\sigma \cdot \frac{\pi \cdot d}{p} + \frac{\pi \cdot d^2}{4}\right)}. \tag{14}$$

Diese Gleichung liefert e_{max} für bestimmte d und p, sowie $b_{max} = e_{max} - d$. Tabelle 32 nennt die Werte nach Tabelle 55 in Hausbrand: Hilfsbuch f. d. Apparatebau 1919, S. 112, ergänzt durch $p = 22$ kg/cm². Diese e und b dürfen bei nicht besonders verankerten Rohrplatten nicht überschritten werden. Im übrigen kann man natürlich die Rohre beliebig weit stellen, wenn Verankerung angebracht wird, sowie Berechnung und Ausführung nach den Formeln und Bedingungen für verankerte Platten erfolgen.

Die kursiv gedruckten Zahlen in den Spalten für 13, 15, 20 und 22 Atm der Tabelle 32 erfüllen zwar $\sigma \leqq 25$ nach Formel (13), liefern aber mit s_{min} nicht mehr das bei Formel (12) geforderte q_{min}, wie aus einem Vergleich von b mit dem in Tabelle 31 angegebenen b_{min} ersichtlich ist. Es empfiehlt sich aber, den Mindeststegquerschnitt für nach $a)$ verankerte Rohrplatten auch bei nicht besonders verankerten Rohrplatten gemäß $b)$ nicht zu unterschreiten. Darum sind bei den kursiv gedruckten e und b die Plattenstärken s ausreichend zu vergrößern.

Bei jeder Auswahl an Hand der Tabellen 31 und 32, bei der die gewählten Maße von den Tafelwerten abweichen, muß festgestellt werden, ob q genügend groß und σ genügend klein wird.

Bei Randrohren ist zu prüfen, ob ihre Belastung innerhalb der zulässigen Grenzen bleibt. Im verneinenden Falle muß ein Teil von ihnen als Ankerrohre ausgebildet oder es muß sonstige Verankerung angeordnet werden.

Tabelle 32. Größte Rohrteilung e und Stegbreite b (in mm) für Rohrbündel gemäß $\sigma = \dfrac{f \cdot p}{\pi \cdot d} = 25$.

Äußerer Rohr-durchmesser mm	Überdruck in kg/cm²									
	1		3		5		7		9	
	e	b	e	b	e	b	e	b	e	b
20	136	116	80	60	64	44	54	34	50	30
25	152	127	90	65	71	46	62	37	55	30
30	166	136	99	69	79	49	69	39	62	32
35	181	146	105	70	86	51	75	40	67	32
40	194	154	116	76	90	53	81	41	74	34
45	206	161	124	79	100	55	87	42	79	34
50	224	174	131	81	105	56	90	43	84	34
55	230	175	138	83	112	57	98	43	91	36
60	249	180	146	86	118	58	104	44	96	36
65	250	185	153	88	124	59	110	45	101	36
70	262	192	160	90	131	60	120	45	107	37
75	270	195	166	91	136	61	121	45	112	37
80	279	199	172	92	141	61	126	46	117	37
85	288	203	179	94	147	62	131	46	122	37
90	298	208	185	95	153	63	136	46	127	37
95	306	211	191	96	158	63	142	47	132	37
100	315	215	197	97	162	63	147	47	137	37

Tabelle 32 (Fortsetzung).

Äußerer Rohrdurchmesser	Überdruck in kg/cm³									
	11		13		15		20		22	
mm	e	b	e	b	e	b	e	b	e	b
20	45	25	42	22	40	20	36	16	34	14
25	51	26	47	22	46	21	41	16	41	16
30	57	27	53	23	51	21	*46*	*16*	*46*	*16*
35	62	27	59	24	56	21	*51*	*16*	*51*	*16*
40	68	28	65	25	62	22	*56*	*16*	*56*	*16*
45	74	29	70	25	67	22	*61*	*16*	*62*	*17*
50	80	30	75	25	72	22	*66*	*16*	*67*	*17*
55	85	30	80	25	77	22	*71*	*16*	*72*	*17*
60	90	30	85	25	*82*	*22*	*76*	*16*	*77*	*17*
65	95	30	90	25	*87*	*22*	*81*	*16*	*82*	*17*
70	100	30	95	25	*92*	*22*	*86*	*16*	*87*	*17*
75	105	30	100	25	*97*	*22*	*91*	*16*	*91*	*16*
80	110	30	105	25	*102*	*22*	*95*	*15*	*96*	*16*
85	115	30	110	25	*107*	*22*	*100*	*15*	*101*	*16*
90	120	30	115	25	*112*	*22*	*105*	*15*	*106*	*16*
95	125	30	*120*	*25*	*117*	*22*	*110*	*15*	*111*	*16*
100	130	30	*125*	*25*	*122*	*22*	*115*	*15*	*116*	*16*

9. Offene schmiedeeiserne Flüssigkeitsbehälter.

Bei runden Behältern wird die Mantel-Wandstärke ebenso berechnet wie bei Dampffaßmänteln. Statt der Zugfestigkeit K_z und des Sicherheitsfaktors $\mathfrak{S}$ wird die zulässige Beanspruchung eingesetzt, und zwar: $k_z = 500$ kg/cm². Das Güteverhältnis φ bleibt unberücksichtigt, statt dessen wird für Abrostung usw. ein viermal so großer Zuschlag (0,4 cm) gegeben[1]. An die Stelle des Dampfüberdruckes p tritt die Flüssigkeitshöhe h (h_1, h_2 . . . in Abb. 29), gemessen von Behälteroberkante bis Mitte der unteren Nietnaht des betreffenden Schusses.

Da 10 m Wassersäule $= 1$ kg/cm², so wird gemäß Formel (1) (wenn D in cm und h in m):

$$s = \frac{D \cdot \dfrac{h}{10}}{2\,k_z} + 0{,}4\ \text{cm}\,.$$

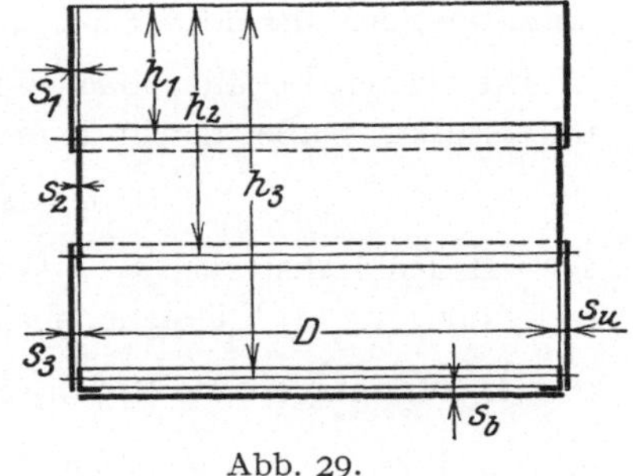

Abb. 29.

Setzt man sowohl den Durchmesser D wie auch die Höhe h in Metern ein, so kommt mit $k_z = 500$ kg/cm²:

$$s = 0{,}01\,D \cdot h + 0{,}4\ \textbf{cm}\,. \tag{15a}$$

Hiernach ist Tabelle 33 berechnet. Auf halbe Millimeter abgerundete Ausführungswandstärken sind in Kursivdruck angegeben; unter diesen

---

[1] Siehe hierzu: J. Schlußbemerkungen.

Tabelle 33. Blechstärken für offene runde Behälter.

($h =$ Behälterhöhe oder Höhenlage h_1, h_2, h_3 ... des betreffenden Schusses.)

h in m	Behälterdurchmesser in m									
	1	2	3	4	5	6	7	8	9	10
	Wandstärken in mm									
2	4,2	4,4	4,6	4,8	5,0	5,2	5,4	5,6	5,8	6,0
	4	**$4^1/_2$**	**$4^1/_2$**	**5**	**5**	**5**	**$5^1/_2$**	**$5^1/_2$**	**6**	**6**
3	4,3	4,6	4,9	5,2	5,5	5,8	6,1	6,4	6,7	7,0
	4	**$4^1/_2$**	**5**	**5**	**$5^1/_2$**	**6**	**6**	**$6^1/_2$**	**$6^1/_2$**	**7**
4	4,4	4,8	5,2	5,6	6,0	6,4	6,8	7,2	7,6	8,0
	$4^1/_2$	**5**	**5**	**$5^1/_2$**	**6**	**$6^1/_2$**	**7**	**7**	**$7^1/_2$**	**8**
5	4,5	5,0	5,5	6,0	6,5	7,0	7,5	8,0	8,5	9,0
	$4^1/_2$	**5**	**$5^1/_2$**	**6**	**$6^1/_2$**	**7**	**$7^1/_2$**	**8**	**$8^1/_2$**	**9**
6	4,6	5,2	5,8	6,4	7,0	7,6	8,2	8,8	9,4	10,0
	$4^1/_2$	**5**	**6**	**$6^1/_2$**	**7**	**$7^1/_2$**	**8**	**9**	**$9^1/_2$**	**10**
7		5,4	6,1	6,8	7,5	8,2	8,9	9,6	10,3	11,0
		$5^1/_2$	**6**	**7**	**$7^1/_2$**	**8**	**9**	**$9^1/_2$**	**$10^1/_2$**	**11**
8		5,6	6,4	7,2	8,0	8,8	9,6	10,4	11,2	12,0
		$5^1/_2$	**$6^1/_2$**	**7**	**8**	**9**	**$9^1/_2$**	**$10^1/_2$**	**11**	**12**
9			6,7	7,6	8,5	9,4	10,3	11,2	12,1	13,0
			7	**$7^1/_2$**	**$8^1/_2$**	**$9^1/_2$**	**$10^1/_2$**	**11**	**12**	**13**
10			7,0	8,0	9,0	10,0	11,0	12,0	13,0	14,0
			7	**8**	**9**	**10**	**11**	**12**	**13**	**14**

sind die Handelsblechstärken fett gedruckt. Zuschläge zu den Wandstärken sind nicht erforderlich.

Beispiel: Ein Behälter von 7 m Durchmesser habe eine Gesamthöhe von ∞ 8 m in vier je 2 m hohen Schüssen. — Es erhalten: der oberste Schuß $5^1/_2$ mm, der zweite 7 mm, der dritte 8 mm und der unterste Schuß $9^1/_2$ mm Wandstärke.

Die ebenen Behälterböden werden möglichst auf der ganzen Fläche unterstützt. Dabei macht man:

$$s_b = s_u + 0{,}1 \text{ cm};$$

$s_b =$ Bodenblechstärke, $s_u =$ Wandstärke des untersten Schusses.

Große runde Flüssigkeitsbehälter erhalten kugelförmige, konkav oder konvex eingebaute Böden. Sie werden unter Ersatz von p durch $\dfrac{h}{10}$ ebenso berechnet wie innen- oder außengedrückte Dampffaßböden. Man wählt $k_z = 300$ bis 400 kg/cm^2 und gibt in der Regel 0,4 cm Zuschlag wie bei den Wänden. Bei $R > D$ setze man $k_z = 300$ kg/cm^2 und bestimme die Bodenstärke nach:

$$s = 0{,}017\, R \cdot h + 0{,}4 \text{ cm}. \tag{15 b}$$

Bei $R = D$ sei: $k_z = 400$ kg/cm^2; dann wird:

$$s = 0{,}013\, R \cdot h + 0{,}4 \text{ cm}. \tag{15 c}$$

In (15 b) und (15 c) sind der Wölbungsradius R und die Höhe h in Metern einzusetzen.

Nach Intze wird behufs Vermeidung des Seitenschubes der Trag- oder Stützring soweit nach innen gerückt, daß er die Bodenfläche in zwei gleiche Teile teilt: Stützringdurchmesser $D' = 0{,}709\, D$ (Behälterdurchmesser).

Behälter mit ebenen Wänden werden am oberen Rande mit einem Versteifungswinkel und im Innern, wenn die Höhe $h \geqq 1{,}5$ m ist, mit Ankern ausgerüstet.

Die Seitenwände kleinerer Behälter ohne Anker lassen sich nach Formel (10) als am Umfange befestigte rechteckige Platten berechnen. Setzt man für a und b (a die größere, b die kleinere Rechteckseite) die Gesamtmaße der Wand ein, berücksichtigt also die Versteifung durch die Eckverbindungen nicht, so kann man $k_z = 400$ kg/cm² setzen und dann von Zuschlägen absehen. Statt p ist $\dfrac{h}{10}$ einzuführen. Damit wird (a, b, h in Metern):

$$ s = 0{,}84\, b \cdot \sqrt{\frac{a^2 \cdot h}{a^2 + b^2}} \ \text{cm}. \qquad (16) $$

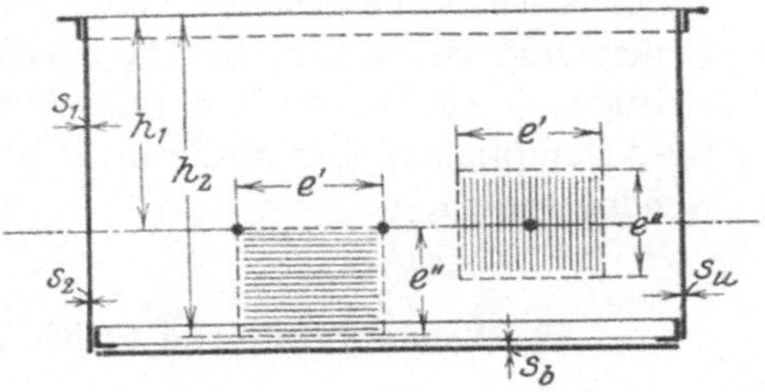

Abb. 30.

Zur Berechnung der Stärke verankerter Behälterwände eignet sich Formel (9 b), und zwar bei regelmäßig und bei unregelmäßig verteilten Ankern. An die Stelle von p tritt $\dfrac{h}{10}$; man wähle: $c = 0{,}015$. Für h, e' und e'' in Metern wird:

$$ s = \infty\, 0{,}24 \cdot (e' + e'') \cdot \sqrt{h}\ \text{cm}. \qquad (16\,\text{a}) $$

Den ebenen Boden unterstützt man den Ankerfeldern entsprechend und macht dann wie bei runden Behältern:

$$ s_b = s_u + 0{,}1\ \text{cm}. $$

Bei nur einer Ankerreihe wird diese in den Druckmittelpunkt ($h_1 = {}^2\!/_3\, h_2$, Abb. 30) gelegt; bei mehreren Reihen teilt man meistens die Höhe gleichmäßig auf. — Ein Anker erfährt die Zugbeanspruchung:

$$ P = 0{,}1\, h \cdot e' \cdot e''\ \text{kg}, $$

worin h in m und e', e'' in cm einzusetzen sind. Für den Ankerquerschnitt:

$$ q = \frac{P}{k_z}\ \text{cm}^2 $$

kann $k_z = 1000$ kg/cm² genommen werden. Durch die Wandung gesteckte Rundeisenanker müssen abgedichtet werden; Flacheisenanker, mittels Winkeleisenstücke angenietet, sind vorzuziehen.

Die Höhen h werden gemäß Abb. 30 gemessen. Für die Wandstärkenberechnung — linkes schraffiertes Feld — ist $h = h_2$, für die Berechnung der Ankerstärke — rechtes schraffiertes Feld — ist $h = h_1$.

Behälter werden fast ausschließlich einreihig und einschnittig genietet. Hierbei sind für Bleche von 3 bis 10 mm Stärke zu den Eckverbindungen etwa folgende Mindestgrößen von Winkeleisen verwendbar:

Wandstärke:	Winkeleisen:	Wandstärke:	Winkeleisen:
3 mm	$35 \times 35 \times 5$ mm	7 mm	$55 \times 55 \times 8$ mm
4 ,,	$40 \times 40 \times 5$,,	8 ,,	$60 \times 60 \times 10$,,
5 ,,	$45 \times 45 \times 6^1/_2$,,	9 ,,	$65 \times 65 \times 10$,,
6 ,,	$50 \times 50 \times 8$,,	10 ,,	$70 \times 70 \times 12$,,

Offene Behälter und nicht abnahmepflichtige Apparate werden aus Handelsblechen hergestellt. Geringen Verschnittes halber sind bei der Bemessung die Größen der Handelsblechtafeln möglichst zu berücksichtigen. Zu Wandungen und Wandungsteilen genehmigungspflichtiger Dampffässer dürfen die nicht geprüften Handelsbleche nicht verwendet werden.

10. Wandungsteile und Gefäße aus Gußeisen und Stahlguß.

Gußeiserne Teile von Dampffässern, die als Wandungsteile anzusehen sind, müssen in der Regel mindestens den Anforderungen für **Maschinenguß von hoher Festigkeit** entsprechen. Bei diesem soll betragen[1]): die **Biegefestigkeit** des Probestabes (30 mm Durchmesser, 600 mm Meßlänge und 650 mm Gußlänge) 28 kg auf 1 qmm bei einer Bruchbelastung von 495 kg, ferner die **Durchbiegung** nicht unter 7 mm.

Aus Maschinenguß von hoher Festigkeit (unter Nachweis durch Werksbescheinigung und Aufguß der Chargennummern) dürfen Dampffässer, die zum Heben von Flüssigkeiten dienen, oder gleichartige Apparate — Kondenswasserrückleiter, Montejus usw. — auch im ganzen hergestellt werden. Vorausgesetzt ist, daß der Durchmesser 600 mm und der Inhalt 400 l nicht übersteigt.

Über die zulässige Beanspruchung bestehen keine behördlichen Vorschriften. Gewöhnlicher Grauguß hat eine Zugfestigkeit von etwa $K_z = 2200$ kg/cm², Maschinenguß von hoher Festigkeit: $K_z \geqq 2800$ kg. Man rechne mit

$$k_z = k_d = k_b = 200 \text{ kg/cm}^2$$

und mache einen konstanten Zuschlag:

$$C = 0{,}4 \text{ bis } 0{,}7 \text{ cm}.$$

---

[1]) Erl. d. Min. f. Handel u. Gewerbe vom 14. August 1909, Min.-Bl. S. 362.

Nach C. von Bach ist bei einem Zylinder mit innerem Überdruck p :

$$R_a \geqq R_i \cdot \sqrt{\frac{k_z + 0,4\, p_i}{k_z - 1,3\, p_i}}\,,$$

worin R_a den äußeren und R_i den inneren Wandungshalbmesser in cm bedeuten. Da bei $k_z = 1,3\, p_i$ der Außendurchmesser $R_a = \infty$ wird, muß $1,3\, p_i < k_z$ sein. — Die Wandung wird axial, tangential und radial beansprucht; die Tangentialspannung ist die größte. Ihr Maximum tritt an der Zylinderinnenfläche auf und ist ($m = \frac{10}{3}$):

$$\max \sigma_t = \frac{p_i}{R_a^2 - R_i^2}\left(\frac{m-2}{m} \cdot R_i^2 + \frac{m+1}{m} \cdot R_a^2\right).$$

Mit zunehmender Wandstärke wächst die Spannung an der inneren Zylinderfläche immer mehr. Nur für Wandstärken, die im Verhältnis zum Radius gering sind, kann annähernd gleiche Beanspruchung angenommen werden. Für diesen Fall ergibt sich die Wandstärke s genügend genau aus:

$$s = R_i \cdot \frac{p_i}{k_z}\,.$$

Man rechne mit:

$$s = R_i \frac{p_i}{k_z} + C. \tag{17a}$$

Zylinder für äußeren Überdruck p_a mit verhältnismäßig geringer Wandstärke und ohne Einknickungsgefahr erhalten:

$$s = R_a \cdot \frac{p_a}{k_d} + C. \tag{17b}$$

Ferner wird bei Hohlkugeln:

$$s = \frac{R_i \cdot p_i}{2\, k_z} + C \tag{18a} \qquad \text{und:} \qquad s = \frac{R_a \cdot p_a}{2\, k_d} + C, \tag{18b}$$

vgl. auch „gewölbte Kesselböden".

Eine ebene Kreisscheibe, im Umfange von R aufliegend und vom Flüssigkeitsdruck p auf der Fläche $R^2 \cdot \pi$ belastet, bekommt:

$$s = R \cdot \sqrt{\mu \cdot \frac{p}{k_b}} + C \tag{19}$$

$\mu = \frac{4}{5}$ bei freiem Aufliegen, μ bis $\frac{6}{5}$ bei Annäherung an feste Einspannung, beides für Gußeisen.

Für eine rechteckige Platte, im Umfange (a lange, b kurze Seite, beides in cm) aufliegend und vom Flüssigkeitsdruck p auf der Fläche $a \cdot b$ belastet, gilt:

$$s = \frac{b}{2} \cdot \sqrt{\frac{2}{1 + \left(\frac{b}{a}\right)^2} \cdot \mu \cdot \frac{p}{k_b}} + C \tag{20a}$$

und für $a = b$ (quadratische Platte):

$$s = \frac{a}{2} \cdot \sqrt{\mu \cdot \frac{p}{k_b}} + C \qquad\qquad (20\mathrm{b})$$

$\mu = \frac{2}{3}$ bis $\frac{3}{8}$ für Gußeisen.

Bei Stahlgußgefäßen rechne man mit ($\mu = 1$):

$$k_z = k_d = 500 \ \text{kg/cm}^2,$$

$$k_b = 400 \ \text{kg/cm}^2$$

und mache ebenfalls einen konstanten Zuschlag, und zwar:

$$C = 0{,}4 \ \text{bis} \ 0{,}5 \ \text{cm}.$$

D. Die Nähte der Eisengefäße.

1. Eisennietungen.

Niete bis zu 8 mm Durchmesser (bei Behältern usw.) werden kalt geschlagen. Bei Verbindungen, welche Stöße oder Kraftrichtungswechsel erleiden, empfiehlt sich u. U. auch für stärkere Niete die Kaltnietung mit stramm passenden Nieten.

Im Dampfkessel- und Dampffaßbau werden alle Niete warm eingezogen. Die Nietlöcher sind möglichst zu bohren, und zwar zwecks raschen Einsteckens des glühenden Nietes 0,5 bis 1,0 (1,5) mm größer als das Niet. Bei gestanzten bzw. vorgestanzten und aufgebohrten Löchern ist in der Blechstärkenberechnung (s. dort) der Sicherheitsfaktor zu erhöhen. Gute Handnietung ist höchstens bis 26, allenfalls 27 mm Nietdurchmeser möglich. Maschinennietung ist im allgemeinen vorzuziehen.

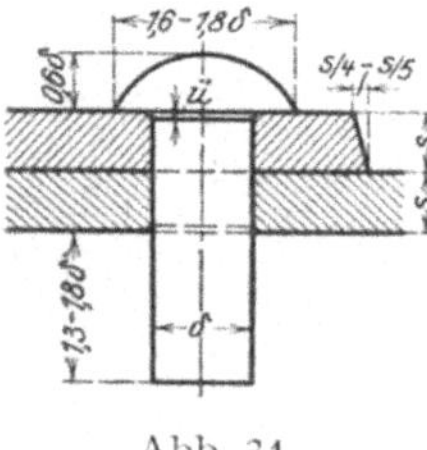

Abb. 31.

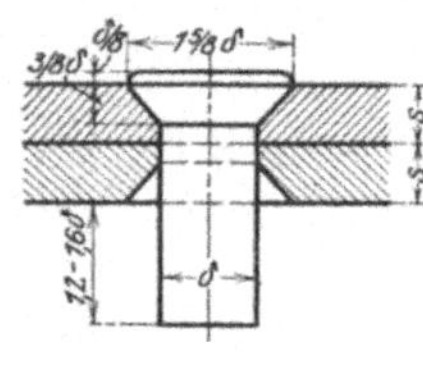

Abb. 32.

Abb. 31 zeigt ein dichtes und festes Niet mit Rundkopf. Die Höhe des konischen Überganges wird meistens mit $\ddot{u} = \dfrac{\delta}{8}$ angegeben. Damit wird $\ddot{u}$ bei starken Nieten zu groß; bei ihnen sollte man wenigstens auf $\ddot{u} = \dfrac{\delta}{16}$ heruntergehen. Je nach Nietstärke genügt: $\ddot{u} = 1$ bis 2 mm. Abb. 32 zeigt ein versenktes Niet. — Nietkopfgewichte s. Tabelle 34.

Die für den Schließkopf zuzugebende Schaftlänge richtet sich auch danach, wieviel Spiel das Niet im Loch hat. Von den annähernden An-

Tabelle 34. Gewicht G von 1000 Nietköpfen nach Abb. 31.

δ	8	9	10	11	12	13	14	15	16	17
G	4	5	7	9	12	15	19	23	28	34
δ	18	19	20	21	22	23	24	25	26	27
G	40	47	55	64	74	84	95	107	120	134
δ	28	29	30	31	32	33	34	35	36	mm
G	150	168	188	208	230	252	275	300	330	kg

gaben in Abb. 31 und 32 gelten die kleineren für Hand-, die größeren für Maschinennietung. Der Schaft sei eher ein wenig zu lang als zu kurz, um die Bleche vor dem Einkneifen zu schützen. Bei hydraulischer Nietung darf dann aber der Druck nicht zu hoch sein, damit die Nietlochwandung nicht der Gefahr der Strukturveränderung ausgesetzt wird.

Eisenbleche unter 5 mm Stärke lassen sich nicht verstemmen; die Abdichtung der Nähte erfolgt durch Zwischenlagen: Schnur, Leinwand mit Mennige usw.

Dampffaßnähte werden ohne Zuhilfenahme besonderer Dichtungsmittel ausschließlich durch Verstemmen abgedichtet. Die möglichst durch Hobeln herzustellende Abschrägung der Blechstemmkante sei etwa: $\dfrac{s}{4}$ bis $\dfrac{s}{5}$, s. Abb. 31.

Offene Behälter werden meist einreihig genietet. Man macht (Abb. 33):

den Nietdurchmesser:	die Teilung:	die Überlappung:
$\delta = \sqrt{0,5\,s} - 0,4\,(\mathrm{cm})$	$t = 3\,\delta + 0,5\,(\mathrm{cm})$	$u = 3\,\delta$

Hieraus ergeben sich die in Tabelle 35 genannten Maße für Bleche von 3 bis 10 mm Stärke.

Tabelle 35. Behälternietung.

Blechstärke s	3	4	5	6	7	8	9	10
Nietdurchmesser δ .	8	10	12	13	15	16	17	18
Teilung t	29	35	40	44	50	53	56	59
Überlappung u . .	24	30	36	39	45	48	51	54

Dampfkessel und Dampffässer werden ein- und mehrreihig überlappt und gelascht genietet. Man bestimmt die Nietdurchmesser δ nach den in Tabelle 36 zusammengestellten Formeln.

Das warm eingezogene Niet schrumpft beim Erkalten und füllt das Nietloch radial nicht mehr aus. Dagegen pressen die Nietköpfe infolge der axialen Zusammenziehung des Nietschaftes die Bleche fest aufeinander. Der so gewonnene hohe Reibungswiderstand zwischen den Blechen (Gleitwiderstand) überträgt die Kraft. Erst wenn die Bleche gleiten, treten Abscherungsbeanspruchungen auf.

Tabelle 36. Formeln zur Berechnung der Nietdurchmesser für eiserne Dampffässer.

Art der Nietung		Nach C. von Bach	Oder genügend genau
		s und δ in cm	
Überlappungs- und einfache Laschennietung (einschnittige Nietungen)		$\delta = \sqrt{0,5\,s} - 0,4$	$\delta = s + 0,8$
Doppellaschennietung (zweischnittig)	einreihig	$\delta = \sqrt{0,5\,s} - 0,5$	$\delta = s + 0,7$
	zweireihig	$\delta = \sqrt{0,5\,s} - 0,6$	$\delta = s + 0,6$
	dreireihig	$\delta = \sqrt{0,5\,s} - 0,7$	$\delta = s + 0,5$

Es sind:

s die Blechstärke

s' die Laschenstärke $\Big\}$ in cm,

δ der Nietdurchmesser

q der Nietquerschnitt (in den Zahlentafeln nicht aufgerundet) in cm²

t die Teilung

a der Abstand vom Blechrande

a' der Nietreihenabstand $\Big\}$ in cm.

u die Überlappung

b die Laschenbreite $\Big\} = \Sigma a + \Sigma a'$

n die Zahl der Nietquerschnitte je Teilung,

k_G der spezifische Mindest-Gleitwiderstand oder die höchste Belastung (in kg), welche auf 1 cm² Nietquerschnitt entfallen darf, um ein Gleiten der Bleche zu verhindern,

φ das Verhältnis des durch das Niet geschwächten Blechquerschnittes zum vollen Querschnitt $\left(\dfrac{t - \delta}{t}\right.$ Festigkeits- oder Güteverhältnis der Naht).

Es gelten dann — vgl. Abb. 33 bis 38 — für die Berechnung und Bemessung von Dampfkessel- und Dampffaßnietungen die Daten der Tabelle 37.

Bei zwei- und dreireihiger Laschennietung nimmt man als äußere Randentfernung des Nietes (vom Laschenrande) statt a nur $0,9\,a$.

Tabelle 37. Teilung, Randentfernung usw. für Dampffaßnietungen.

Art der Naht	s'	t	a	a'	n	k_G	φ
1. Einschnittig:							
a) einreihig	$^9/_8\,s$	$2\,\delta + 0,8$	$1,5\,\delta$	—	1	700 kg	0,56
b) zweireihig . . .	,,	$2,6\,\delta + 1,5$	,,	$0,6\,t$	2	650 ,,	0,70
c) dreireiheig . . .	,,	$3\,\delta + 2,2$	,,	$0,5\,t$	3	600 ,,	0,75
2. Zweischnittig:							
a) einreihig	$^2/_3\,s$	$2,6\,\delta + 1$	$1,5\,\delta$	--	2	600 kg	0,67
b) zweireihig . . .	,,	$3,5\,\delta + 1,5$	,,	$0,5\,t$	4	575 ,,	0,75
c) dreireihig	$0,8\,s$	$6\,\delta + 2$	,,	$^3/_8\,t$	10	550 ,,	0,85

In Abb. 33 bis 38 ist jeweils ein Teilungsfeld schraffiert und die Anzahl (n) der in ihm die Kraft aufnehmenden Niete durch Ausfüllung des belasteten Querschnitts ersichtlich gemacht. Bei Doppellaschennietung nimmt man auch für den Gleitwiderstand „Zweischnittigkeit" an; daher ist hier $n =$ Nietzahl $\times 2$.

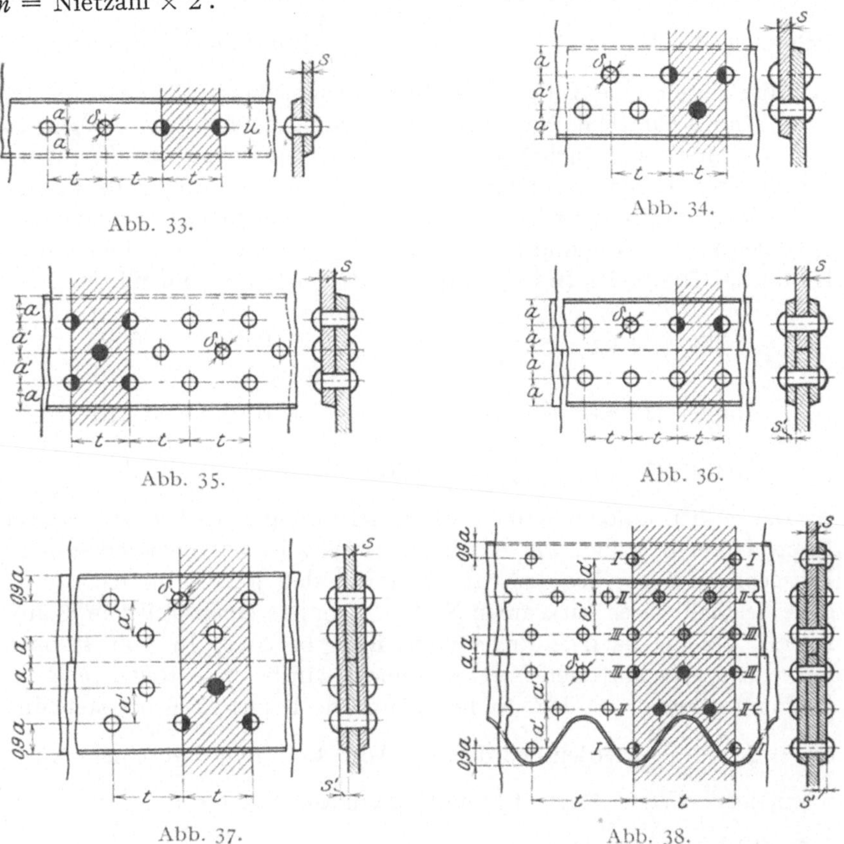

Abb. 33.

Abb. 34.

Abb. 35.

Abb. 36.

Abb. 37.

Abb. 38.

Die obigen Werte von k_G sind als spezifischer Gleitwiderstand von C. von Bach festgelegt, dessen Versuche tatsächliche Werte von 1000 bis 1500 kg ergaben. Je weiter bei mehrreihigen Nähten die betrachtete Nietreihe vom Blechrande zurückliegt, um so weniger beteiligt sie sich an der Aufnahme der Kraft. Darum nimmt k_G mit wachsender Nietreihenzahl ab. Man setzt bei drei- und mehrreihigen Nähten um so weniger Niete in die Reihe (Abb. 38), je weiter diese vom Blechrande entfernt ist. Wegen des Verstemmens darf die Nietteilung am Stemmrand nicht größer als $8\,s$ sein. Durch Ausschneiden der Ränder wird sachgemäßes Verstemmen ermöglicht.

Die Werte für φ aus Tabelle 37 gelten für nicht versenkte Niete und werden bei solchen der Blechstärkenberechnung zugrunde gelegt.

Bei allen Überlappungs-Nietverbindungen sowie bei der ein- und zweireihigen Doppellaschennietung ist die Teilung in sämtlichen Nietreihen gleich. Man stellt nur ein $\varphi = \dfrac{t - \delta}{t}$ fest, indem man annimmt, daß die durch eine Teilung zu übertragende Kraft ($\mathfrak{P}$, siehe weiter unten) durch sämtliche Nietreihen gleichmäßig hindurchgehe. Dagegen sind bei drei- und mehrreihiger Doppellaschennietung die Teilungen der äußeren Reihen meistens ungleich: vom Blechrande ab werden sie größer. Wollte man hier wegen φ ebenso vorgehen, so ergäbe sich z. B. bei $\delta = 25$ mm und $t = 170$ mm für Abb. 38, obere und untere Hälfte des Nietbildes ($n = 9$ und $n = 10$), übereinstimmend, in

$$\text{Reihe I:} \quad \varphi_I = \frac{t - \delta}{t} = \frac{17 - 2{,}5}{17} = 0{,}853 = \sim 0{,}85;$$

$$\text{Reihe II:} \quad \varphi_{II} = \frac{t - 2\delta}{t} = \frac{17 - 5}{17} = 0{,}706 = \sim 0{,}70;$$

$$\text{Reihe III:} \quad \varphi_{III} = \varphi_{II} = \sim 0{,}70 .$$

Das φ der inneren Reihen wäre viel geringer als bei zweireihiger Doppellaschennietung, was offenbar der Wirklichkeit nicht entspricht. Ein gebräuchlicher Weg ist, anzunehmen, daß jede Reihe nach Maßgabe der Zahl ihrer wirksamen Nietquerschnitte einen Teil von $\mathfrak{P}$ aufnimmt, der die nächste Reihe nicht mehr belastet. In Abb. 38 oben mit einem einschnittigen Niet in Reihe I würde diese Reihe ($n = 9$): $\frac{1}{9}\,\mathfrak{P}$ aufnehmen, so daß Reihe II nur noch mit $\frac{8}{9}\,\mathfrak{P}$ belastet und $\varphi_{II} = \frac{9}{8} \cdot \dfrac{t - 2\delta}{t}$ werden würde. In Abb. 38 unten mit einem zweischnittigen Niet in Reihe I nimmt dann diese Reihe ($n = 10$): $\frac{2}{10}\,\mathfrak{P}$ auf; Belastung für Reihe II: $\frac{8}{10}\,\mathfrak{P} = \frac{4}{5}\,\mathfrak{P}$; $\varphi_{II} = \frac{5}{4} \cdot \dfrac{t - 2\delta}{t}$. Dabei würden mit $\delta = 25$ mm und $t = 170$ mm kommen:

$$\text{Abb. 38 oben:} \quad \varphi_I = 0{,}85; \quad \varphi_{II} = 0{,}79; \quad \varphi_{III} = 1{,}27;$$
$$\text{Abb. 38 unten:} \quad \varphi_I = 0{,}85; \quad \varphi_{II} = 0{,}88; \quad \varphi_{III} = 1{,}41 .$$

Da sich verschiedene Werte ergeben, muß man sich zwecks einheitlicher Blechstärkenberechnung für das φ einer bestimmten Reihe entscheiden. Bei allen Annahmen zur Ermittelung des Güteverhältnisses wird φ_I unverändert bleiben und soll deshalb für die erste Blechstärkenberechnung gewählt werden. Nachher ist zu prüfen, welche Nietreihe am stärksten belastet ist, um danach nötigenfalls Änderungen vorzunehmen. — Siehe hierzu auch die Ermittelung des Güteverhältnisses im nächsten Abschnitt: „Nietnähte mit konstantem φ".

Bei versenkten Nieten (Abb. 32) ergibt sich ungefähr $\varphi' = 0{,}85\,\varphi$. Wenn s nicht durch Zuschläge oder dgl. schon etwa die 1,2fache Stärke der mit φ errechneten bekommt, ist bei versenkten Nieten die Berechnung mit φ' auszuführen.

Nach Festlegung aller Nahtabmessungen ist zu prüfen, ob das sich dann zeigende φ dem gewählten entspricht. Genügt es nicht, so sind andere Abmessungen oder eine andere Nahtart zu wählen.

Tabelle 38 bis 43 nennen Ausführungsabmessungen für die Vernietungen nach Abb. 33 bis 38. Im Dampfkesselbau vermeidet man

Tabelle 38. Einreihige Überlappungs- oder einfache Laschennietung.

s mm	s' mm	δ mm	q cm²	t mm	a mm	$u^{1)}$ mm	w_t kg	φ
7, 8	8, 9	15	1,76	38	23	46	1232	0,61
9, 10	10, 11	17	2,26	42	26	52	1582	0,60
11, 12	13, 14	19	2,83	46	29	58	1981	0,59
13, 14	15, 16	21	3,46	50	32	64	2422	0,58
15, 16	17, 18	23	4,15	54	35	70	2905	0,57
17, 18	19, 20	25	4,90	58	38	76	3430	0,57
19, 20	22, 23	27	5,72	62	41	82	4004	0,56

Tabelle 39. Zweireihige Überlappungs- oder einfache Laschennietung.

s mm	s' mm	δ mm	q cm²	t mm	a mm	a' mm	$u^{2)}$ mm	w_t kg	φ
8, 9, 10	9, 10, 11	17	2,26	59	26	35	87	2938	0,71
11, 12	13, 14	19	2,83	64	29	38	96	3679	0,70
13, 14	15, 16	21	3,46	70	32	42	106	4498	0,70
15, 16	17, 18	23	4,15	75	35	45	115	5395	0,70
17, 18	19, 20	25	4,90	80	38	48	124	6370	0,69
19, 20	22, 23	27	5,72	85	41	52	132	7436	0,69
21, 22, 23	24, 25, 26	29	6,60	90	44	55	143	8580	0,68
24, 25, 26	27, 28, 29	31	7,54	96	47	58	152	9802	0,68

Tabelle 40. Dreireihige Überlappungs- (oder einfache Laschen-) Nietung.

s mm	s' mm	δ mm	q cm²	t mm	a mm	a' mm	$u^{3)}$ mm	w_t kg	φ
14, 15	16, 17	23	4,15	91	35	45	160	7 470	0,74
16, 17, 18	18, 19, 20	25	4,90	97	38	48	172	8 820	0,74
19, 20	22, 23	27	5,72	103	41	51	184	10 296	0,73
21, 22, 23	24, 25, 26	29	6,60	109	44	54	196	11 880	0,73
24, 25, 26	27, 28, 29	31	7,54	115	47	57	208	13 572	0,73
27, 28, 29	30, 32, 33	33	8,55	121	50	60	220	15 390	0,73
30, 31, 32	34, 35, 36	35	9,62	127	53	63	232	17 316	0,72

Das u der Tabellen 38 bis 40 gilt nur für Überlappung. Bei einseitiger Laschennietung kommen als Laschenbreiten

zu 1) $b = 4\,a = 2\,u$;

zu 2) $b = 2 \cdot (a + a' + 0{,}9\,a) = 3{,}8\,a + 2\,a'$, vgl. Abb. 37;

zu 3) $b = 2 \cdot (a + 2\,a' + 0{,}9\,a) = 3{,}8\,a + 4\,a'$, vgl. Abb. 38.

Tabelle 41. Einreihige Doppellaschennietung.

s mm	s' mm	δ mm	q cm²	t mm	a mm	b mm	w_t kg	φ
7, 8, 9	5, 6, 6	15	1,76	49	23	92	2112	0,70
10, 11	7, 8	17	2,26	54	26	104	2712	0,69
12	8	19	2,83	59	29	116	3396	0,68
13, 14	9, 10	21	3,46	65	32	128	4152	0,68
15, 16, 17	10, 11, 12	23	4,15	70	35	140	4980	0,67
18, 19	12, 13	25	4,90	75	38	152	5880	0,67
20, 21, 22	14, 14, 15	27	5,72	80	41	164	6864	0,66

Tabelle 42. Zweireihige Doppellaschennietung.

s mm	s' mm	δ mm	q cm²	t mm	a mm	a' mm	b mm	w_t kg	φ
13, 14, 15	9, 10, 10	21	3,46	88	32	44	210	7 958	0,76
16, 17, 18	11, 12, 12	23	4,15	95	35	47	227	9 545	0,76
19, 20	13, 14	25	4,90	102	38	51	246	11 270	0,76
21, 22, 23	14, 15, 16	27	5,72	109	41	54	263	13 156	0,75
24, 25, 26	16, 17, 18	29	6,60	116	44	58	282	15 180	0,75
27, 28, 29	18, 19, 20	31	7,54	123	47	61	299	17 342	0,75

Tabelle 43. Dreireihige Doppellaschennietung.

s mm	s' mm	δ mm	q cm²	t mm	a mm	a' mm	b[1] mm	w_t[2] in kg 1	2	φ_I
20, 21, 22	16, 17, 18	25	4,90	170	38	64	400	24 255	26 950	0,85
23, 24	18, 19	27	5,72	182	41	69	432	28 314	31 460	0,85
25, 26, 27	20, 21, 22	29	6,60	194	44	74	463	32 670	36 300	0,85
28, 29, 30	22, 23, 24	31	7,54	206	47	78	491	37 323	41 470	0,85
31, 32, 33	25, 26, 26	33	8,55	218	50	82	518	42 322	47 025	0,85
34, 35, 36	27, 28, 29	35	9,62	230	53	86	545	47 619	52 910	0,85

[1]) Gilt für volle Laschenbreite (Abb. 38 unten); im Falle von Abb. 38 oben wird für die äußere Lasche: $b = 3,8\,a + 2\,a'$.

[2]) Spalte 1 gilt für Abb. 38 obere Hälfte mit $n = 9$,
    ,, 2 ,, ,, ,, 38 untere ,, ,, $n = 10$.

einfache (einseitige) Laschennietung, weil bei ihr unter innerem Überdruck ähnlich wie in Überlappungen Biegungsspannungen auftreten. Darum $s' = \frac{9}{8}\,s$! Bei Dampffässern ist aber wegen Rührwerke u. dgl. die einfache Laschennietung oft unvermeidlich.

Um nicht zu viel Nietsorten vorrätig halten zu müssen, wird δ von 2 zu 2 mm abgestuft. Die ungeraden Durchmesser sind in den Tabellen 38 bis 43 gewählt.

Nach Festlegung der Naht-Art und ihrer Abmessungen ist zu prüfen, ob der erforderliche Gleitwiderstand vorhanden, d. h. soviel Nietquerschnitt vorgesehen ist, daß jedes cm² Nietquerschnitt von dem nötigen Gesamttreibungswiderstand nicht mehr als k_G kg zu übernehmen braucht.

Gemäß Abb. 39 wirkt auf Trennung des Mantels in zwei Längshälften die Kraft:

$$P = D \cdot L \cdot p \,, \quad \text{worin} \begin{cases} D \text{ Manteldurchmesser in cm,} \\ L \text{ Mantellänge in cm und} \\ p \text{ innerer Überdruck in kg/cm}^2 \end{cases}$$

ist. P wirkt auf zwei Blechlängsschnitte: 1—1 und 2—2. Auf einen Schnitt bzw. eine Längsnaht allein entfällt also: $\frac{1}{2} P = \frac{1}{2} \cdot D \cdot L \cdot p$ und auf eine Teilung t kommt die Kraft:

$$\mathfrak{P} = \frac{D \cdot t \cdot p}{2} \,. \qquad (21)$$

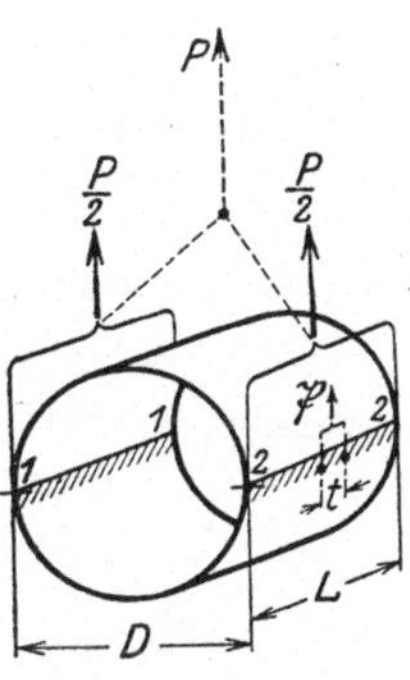

Abb. 39.

Da je Teilung n Nietquerschnitte die Kraft $\mathfrak{P}$ aufnehmen, entfällt auf jedes Niet der n^{te} Teil von $\mathfrak{P}$, und da jedes Niet $q = \dfrac{\delta^2 \cdot \pi}{4}$ cm² Querschnitt hat, kommt auf das cm² Nietquerschnitt der q^{te} Teil von $\dfrac{1}{n} \cdot P$. Von dem nötigen Gesamtgleitwiderstand hat also jedes cm² Nietquerschnitt:

$$\frac{D \cdot t \cdot p}{2\,n \cdot q} = \frac{D \cdot t \cdot p}{2\,n \cdot \dfrac{\delta^2 \cdot \pi}{4}}$$

zu übernehmen. Dieser Quotient darf nicht größer sein als k_G.

Um den Quotienten nicht jedesmal ausrechnen zu müssen, ist in Tabelle 38 bis 43 für alle Nahtarten und jedes $\delta, t \ldots$ ein Wert w_t angegeben. Er nennt den Gleitwiderstand, den jede Teilung t bei dem betreffenden vorgeschriebenen k_G leistet. In Tabelle 43 gilt das w_t der Spalte 1 für den Fall, daß die äußere Lasche nur zweireihig genietet ist ($n = 9$), und das w_t der Spalte 2 für beiderseits dreireihige Laschen ($n = 10$).

Man braucht jetzt nur $\mathfrak{P}$ auszurechnen und mit dem betreffenden w_t in den Tabellen zu vergleichen. Aus Tabelle 43 kann man dabei sofort sehen, ob man die äußere Laschenbreite gleich der inneren machen muß. Ändert man die Naht gegenüber Tabelle 38 bis 43 (indem man z. B. ein stärkeres δ bei unverändertem t wählt, um ein größeres w_t zu bekommen), so muß man natürlich den Quotienten: $\dfrac{D \cdot t \cdot p}{2 \cdot n \cdot q}$ berechnen.

Zur praktischen Sicherung des Gleitwiderstandes ist bei der Werkstattausführung der Nietung unbedingt erforderlich, daß der Schließdruck nicht eher aufgehoben wird, als bis das Niet erkaltet ist, damit letzteres sich nicht mehr wesentlich strecken kann.

Beispiel 1. Dampffaß mit lichtem Durchmesser $D = 1300$ mm und für 6 Atm. Überdruck; Maschinennietung.

Für einreihige Überlappungsnietung der Längsnaht wird die Blechstärke:

$$s = \frac{D \cdot p \cdot \mathfrak{S}}{2 \cdot K_z \cdot \varphi} + 0,1 = \frac{130 \cdot 6 \cdot 4,5}{2 \cdot 3600 \cdot 0,56} + 0,1 = 0,97 = \sim 1\ \text{cm} = 10\ \text{mm}\ .$$

Es werden nach Tabelle 38:

$$\delta = 17\ \text{mm}, \quad t = 42\ \text{mm}, \quad \varphi = 0,60 \quad \text{(günstiger als angenommen).}$$

Ferner kommt als Belastung je Teilung:

$$\mathfrak{P} = \frac{D \cdot t \cdot p}{2} = \frac{130 \cdot 4,2 \cdot 6}{2} = 1638\ \text{kg, d. i.} > w_t\,(= 1582\ \text{kg})\ .$$

Also ist $\mathfrak{P}$ zu hoch. Außer dem schon in der Berechnungsformel enthaltenen Abrostungszuschlag von 0,1 cm werde aber wegen der Beschickung noch ein weiterer Abrostungszuschlag gleicher Größe gemacht. Es wird also gewählt:

$$s = 11\ \text{mm.}$$

Jetzt werden nach Tabelle 38:

$$\delta = 19\ \text{mm}, \quad t = 46\ \text{mm}, \quad \varphi = 0,59 \quad \text{(ebenfalls günstiger),}$$

und damit kommt:

$$\mathfrak{P} = \frac{D \cdot t \cdot p}{2} = \frac{130 \cdot 4,6 \cdot 6}{2} = 1794\ \text{kg, d. i.} < w_t\,(= 1981\ \text{kg})\ .$$

Durch Erhöhung der Blechstärke wurde also zugleich ein ausreichendes $w_t > \mathfrak{P}$ gewonnen. Einreihige Überlappung genügt.

Beispiel 2. Dasselbe Dampffaß, jedoch für 12 Atm. Überdruck; Maschinennietung.

Für einreihige Überlappung der Längsnaht ergeben sich:

$$s = \frac{D \cdot p \cdot \mathfrak{S}}{2 \cdot K_z \cdot \varphi} + 0,1 = \frac{130 \cdot 12 \cdot 4,5}{2 \cdot 3600 \cdot 0,56} + 0.1 = 1,84\ \text{cm} = \sim 19\ \text{mm}$$

$$\delta = 27\ \text{mm}, \quad t = 62\ \text{mm}, \quad \varphi = 0,56 \quad \text{(wie angenommen);}$$

$$\mathfrak{P} = \frac{D \cdot t \cdot p}{2} = \frac{130 \cdot 6,2 \cdot 12}{2} = 4836\ \text{kg, d. i.} > w_t\,(= 4004\ \text{kg})\ .$$

Für zweireihige Überlappungsnaht kommen:

$$s = \frac{130 \cdot 12 \cdot 4,5}{2 \cdot 3600 \cdot 0,70} + 0,1 = 1,5\ \text{cm} = 15\ \text{mm}\ ;$$

$$\delta = 23\ \text{mm}, \quad t = 75\ \text{mm}, \quad \varphi = 0,70 \quad \text{(wie angenommen);}$$

$$\mathfrak{P} = \frac{130 \cdot 7,5 \cdot 12}{2} = 5850\ \text{kg, d. i.} > w_t = (5395\ \text{kg})\ .$$

Für dreireihige Überlappung findet man:

$$s = \frac{130 \cdot 12 \cdot 4,5}{2 \cdot 3600 \cdot 0,75} + 0,1 = 1,4\ \text{cm} = 14\ \text{mm}\ ;$$

$$\delta = 23\ \text{mm}, \quad t = 91\ \text{mm}, \quad \varphi = 0,74 \quad \text{(entspricht der Annahme genügend);}$$

$$\mathfrak{P} = \frac{130 \cdot 9,1 \cdot 12}{2} = 7098\ \text{kg, d. i.} < w_t\,(= 7470\ \text{kg})\ .$$

Das Dampffaß muß also dreireihige Naht erhalten. Gegenüber einreihiger Naht werden 5 mm Blechstärke erspart.

Beispiel 3. Ein liegendes Dampffaß von $D = 800$ mm und für 6 Atm. Überdruck im Innern erhält ein halbes Dampfhemd von $L = 1$ m Länge, in welchem 6 Atm. Überdruck wirken, wenn im Innern atmosphärische Spannung herrscht. Wegen Rührwerks soll die Längsnaht als einfache Laschennietung ausgeführt werden; Maschinennietung.

Der innere Druck würde erfordern (Formel 1):

$$s = \frac{D \cdot p \cdot \mathfrak{S}}{2 \cdot K_z \cdot \varphi} + 0,1 = \frac{80 \cdot 6 \cdot 4,5}{2 \cdot 3600 \cdot 0,56} + 0,1 = 0,535 \text{ cm} \, .$$

Dagegen verlangt der äußere Druck nach Formel 2:

$$s = \frac{p \cdot D}{2400} \cdot \left(1 + \sqrt{1 + \frac{a}{p} \cdot \frac{L}{L + D}} \right) + 0,2$$

$$= \frac{6 \cdot 80}{2400} \cdot \left(1 + \sqrt{1 + \frac{100}{6} \cdot \frac{100}{100 + 80}} \right) + 0,2 = 1,04 \text{ cm} = \sim 11 \text{ mm}$$

Die Mantellängsnaht liegt außerhalb des Dampfhemdes, wird also nur durch den inneren Druck beansprucht. Man wählt $s' = s$, weil s schon doppelt so stark ist, als es der innere Druck fordert. Daher auch kein Bedenken gegen innen versenkte Niete.

Nach Tabelle 38 werden für $s = 11$ mm: $\delta = 19$ mm und $t = 46$ mm. Ferner wird

$$\mathfrak{P} = \frac{D \cdot t \cdot p}{2} = \frac{80 \cdot 4,6 \cdot 6}{2} = 1104 \text{ kg, d. i.} < w_t \, (= 1981 \text{ kg}) \, .$$

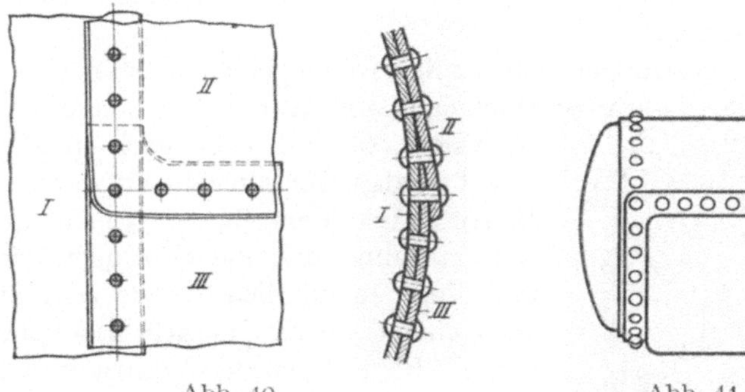

Abb. 40.   Abb. 41.

Auf richtige Anordnung der Nähte ist zu achten.

Wo drei Platten zusammenstoßen, Abb. 40, wird die Ecke einer Platte (III) ausgezogen, und zwar bis Mitte der nächsten Teilung. — Vierplattenstoß ist zu vermeiden; die Längsnähte sind entsprechend zu versetzen. — Bei einem Dreiplattenstoß mit Laschennietung wird die Längslasche ausgezogen, und zwar gegebenenfalls unter die ganze Querlasche.

Zusammenlegung der Rundnaht eines Dampfhemdes mit der Bodenrundnaht (Abb. 41) erfordert Schweißen der Längsnaht des Innenmantels, denn bei Verlaschung (Abb. 42) kann der Dampf aus dem Dampfhemd auf dem punktiert angedeuteten Wege in das Dampffaßinnere treten. Bei Verlaschung sind daher die beiden Nähte so nebeneinander zu legen, wie es in Abb. 43 gezeigt ist.

5*

Doppelböden aus maschinell gepreßten Kesselböden werden hergestellt, indem man zwischen die beiden geraden Krempen einen Ring a nietet, s. Abb. 44. Das ist fast immer gut ausführbar, da die Kessel-

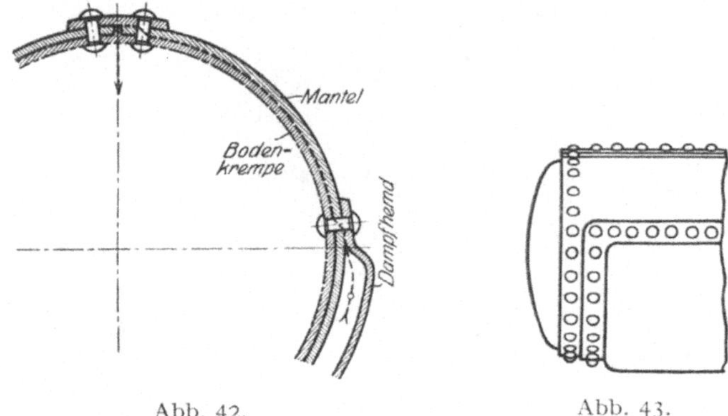

Abb. 42.   Abb. 43.

böden mit um 50 mm abgestuften Durchmessern geliefert werden: $D_2 - D_1 = 50$ mm, $b = 25$ mm. Die Dicke des Ringes a ist $= b - s_2$ (hier $= 13$ mm).

Ist man gezwungen, einen solchen Doppelboden unter einem Gefäß anzubringen, dessen Beschickungsraum A auf der konvexen Boden-

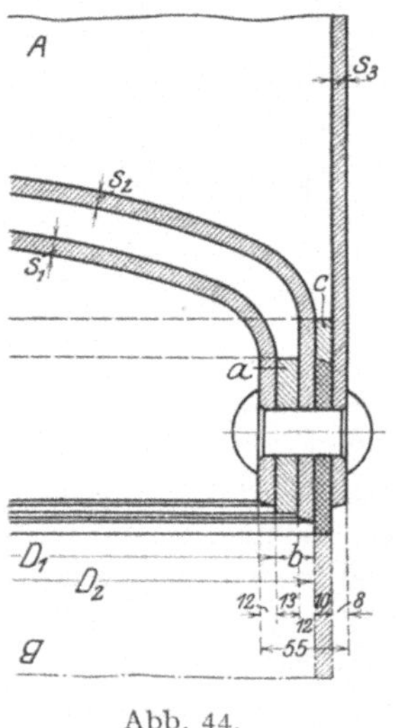

Abb. 44.

seite liegt, so muß auch noch ein Ring c eingelegt werden, weil sonst die Fuge zwischen dem Boden s_2 und dem Mantel s_3 nicht gestemmt werden kann. Man mache c nicht dicker als unbedingt erforderlich (gerade zum Stemmen ausreichend), denn je mehr Bauteile, insbesondere Ringkörper zum Vernieten zusammengesteckt werden, um so schwieriger ist die Ausführung der Naht. Solche Häufungen sind daher möglichst zu vermeiden. Liegt der Beschickungsraum B (Abb. 44 umkehren, strichpunktierte Linien) auf der konkaven Bodenseite, so sind alle Kanten stemmbar; Ring c fällt fort.

Zu lange Niete können u. U. beim Erkalten schon abreißen. Als Regel gilt deshalb, daß die Summe der zusammenzunietenden Stücke nicht größer als $4\,\delta$ sein soll.

Für die in Abb. 44 beispielsweise genannten Bodenstärken: s_1 und $s_2 = 12$ mm käme $\delta = 19$ mm in Frage. Das ganze zu vernietende Paket ist 55 mm dick, also $= \infty\ 3\,\delta$; mithin wäre nach der genannten

Regel $\delta = 19$ mm ausreichend. Vorzuziehen ist es aber, beispielsweise:

$$\tfrac{1}{2} \cdot (s_1 + s_2 + s_3) = \tfrac{32}{2} = 16 \text{ mm}$$

als zu vernietende Blechstärke anzusehen und danach $\delta = 23$ mm ($55 = \sim 2{,}4\,\delta$) zu wählen.

Wenn es sich um ein Dampffaß handelt, bei dem z. B. im Doppelmantel oder Doppelboden etwa 6 Atm. und im Beschickungsraum etwa 4 Atm. Betriebsdruck herrschen, so darf für die Festigkeitsberechnung in solchen Fällen nicht die Differenz der Drucke (also für Abb. 44: Boden s_2 nicht $6 - 4 = 2$ kg/cm²) als Belastung angenommen werden. Da es vorkommen kann, daß der eine Raum unter vollem Betriebsdruck, der andere aber unter atmosphärischem Druck steht, muß die Trennungswand für beide Drucke allein berechnet und so bemessen werden, daß sie für die ungünstigste einseitige Belastung ausreicht.

Festigkeitsnietungen werden im Apparatebau bei Hilfseinrichtungen aus Eisenkonstruktion gebraucht. Man wählt den Nietdurchmesser nach:

$$\delta = s + 1{,}0 \text{ cm},$$

$s = $ Blech-, Steg-, Schenkelstärke usw. in cm. Wenn ferner bedeuten:

P die zu übertragende Kraft in kg,
b die erforderliche Querschnittsbreite in cm,
x die erforderliche Nietzahl,
q den Nietquerschnitt in cm²,
n die Zahl der Abscherflächen (bei einschnittiger Nietung $n = 1$, bei zweischnittiger Nietung $n = 2$),
k_z die zulässige Zugbeanspruchung
k_s die zulässige Abscherungsbeanspruchung
k den zulässigen Lochlaibungsdruck (Druck auf die Projektion der Nietlochwandung) $\quad$ in kg/cm²,

so ergibt sich aus der Bedingung: $P = b \cdot s \cdot k_z$ unter Berücksichtigung der schwächenden Nietlöcher (Anzahl derselben $= a$ in jeder Nietreihe $I, II \ldots$, s. Abb. 45):

$$b' = \frac{P}{s \cdot k_z} + a \cdot \delta .$$

Die erforderliche Nietzahl ist:

$$x = \frac{P}{q \cdot n \cdot k_s}$$

und der tatsächliche Lochlaibungsdruck:

$$\mathfrak{p} = \frac{P}{s \cdot \delta \cdot x} .$$

Es muß sein: $\mathfrak{p} \leqq k$.

Höchste zulässige Zugspannung: $k_z = 1200$ kg/cm²,
höchste zulässige Scherspannung: $k_s = 1000$ kg/cm²,
höchster zulässiger Lochlaibungsdruck: $k = 2\,k_s = 2000$ kg/cm².

In der Praxis unterschreitet man diese Werte meistens erheblich. Man wähle etwa: die Nietteilung $t = 3$ bis $4\,\delta$, die Randentfernung $t' = 1{,}5$ bis $2\,\delta$, den Nietreihenabstand $e = 1{,}5$ bis $2\,t$ bzw. verteile die Niete gemäß Abb. 45 oder ähnlich; die Breite des Stabes oder Bleches wird entsprechend verjüngt. — Biegungsspannungen in der Nietung (Moment $P \cdot s$ in Abb. 45) vermeidet man durch Anwendung von Doppellaschen.

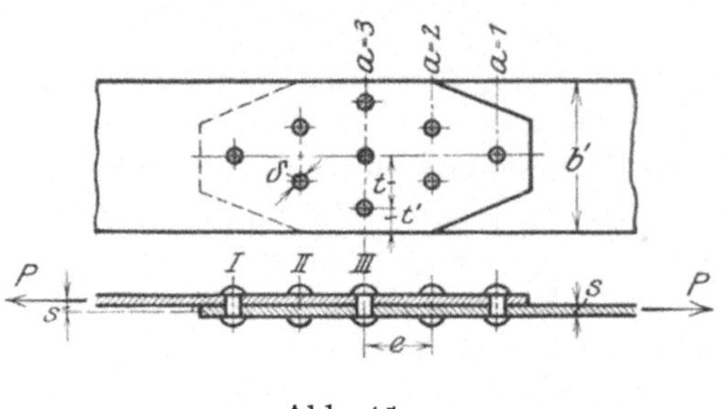

Abb. 45.

2. Nietnähte mit konstantem φ.

Die durch C. von Bach aufgestellten Grundsätze und Formeln zur Bestimmung der Abmessungen von Vernietungen haben die ursprüngliche Berechnung auf Abscherung abgelöst. Bei letzterer sollte möglichst die Bedingung erfüllt werden: Scherfestigkeit eines Nietes = Zugfestigkeit des Blechquerschnittes zwischen zwei Nieten.

Nimmt man als höchste zulässige Belastungen: $k_N = 700$ kg/cm² für die Niete auf Abscherung und $k_B = 800$ kg/cm² für das Blech auf Zug an, so wird bei einschnittigen Nähten der Blechquerschnitt $= \frac{7}{8}$ des Nietquerschnittes. Setzt man (Abb. 46): $t - \delta = x \cdot \delta$, so ist:

$$t = x \cdot \delta + \delta = \delta \cdot (x + 1) \text{ und aus: } (\delta \cdot x) \cdot s \cdot k_B = \frac{\delta^2 \cdot \pi}{4} \cdot k_N \text{ kommt:}$$

$x = \sim 0{,}7 \cdot \dfrac{\delta}{s}$. Damit wird:

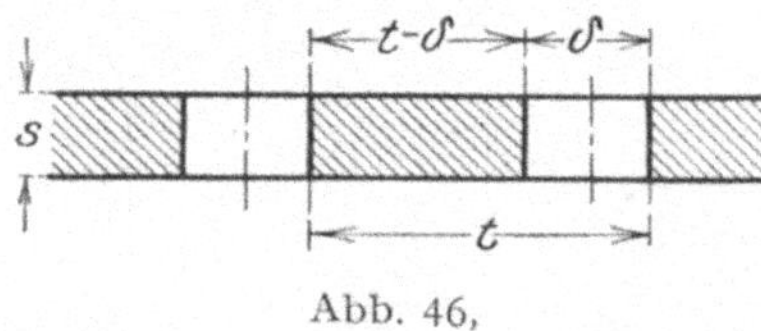

Abb. 46,

$$t = \left(0{,}7 \cdot \frac{\delta}{s} + 1 \right) \cdot \delta .$$

Diese Teilungen werden im allgemeinen zu klein. C. von Bach gelangte mit seinen Formeln (z. B. für einreihige Überlappung: $t = 2\,\delta + 0{,}8$ cm) zu günstigeren Abmessungen. Tabelle 44 gibt für $s = 3$ bis 20 mm in Spalte 3 bis 5 Teilungen nach der Abscherungsformel und in Spalte 6 bis 8 solche nach der von Bachschen Formel an. In Spalte 4 sinkt das Güteverhältnis φ bis auf 0,5, dagegen in Spalte 7 nur bis auf 0,562. Die $\dfrac{t}{s}$ in Spalte 5 liegen zwischen 13 und 2,8 und die in Spalte 7 nur zwischen 10 und 3,2. Die t und φ in Spalte 6 und 7 entsprechen den praktischen Anforderungen wesentlich besser als die in Spalte 3 und 4.

Tabelle 44. Vergleich von Teilungen für einreihige Überlappungsnaht.

Blechstärke s mm	Nietdurchm. δ mm	$t = \left(0,7 \cdot \dfrac{\delta}{s} + 1\right) \cdot \delta$			$t = 2\,\delta + 0,8$			$t = 2,5\,\delta$		
		t mm	φ	$\dfrac{t}{s} =$	t mm	φ	$\dfrac{t}{s} =$	t mm	φ	$\dfrac{t}{s} =$
1	2	3	4	5	6	7	8	9	10	11
3	11	39	0,718	13,00	30	0,634	10,00	27,5	0,60	9,16
4	12	37	0,676	9,25	32	0,625	8,00	30	,,	7,50
5	13	37	0,649	7,40	34	0,618	6,80	32,5	,,	6,50
6	14	37	0,622	6,17	36	0,612	6,00	35	,,	5,83
7	15	38	0,606	5,43	38	0,606	5,43	37,5	,,	5,36
8	16	39	0,591	4,87	40	0,601	5,00	40	,,	5,00
9	17	40	0,575	4,44	42	0,595	4,67	42,5	,,	4,73
10	18	41	0,562	4,10	44	0,591	4,40	45	,,	4,50
11	19	42	0,548	3,82	46	0,587	4,18	47,5	,,	4,32
12	20	44	0,546	3,67	48	0,583	4,00	50	,,	4,16
13	21	45	0,534	3,46	50	0,580	3,85	52,5	,,	4,03
14	22	47	0,532	3,36	52	0,577	3,71	55	,,	3,93
15	23	48	0,522	3,20	54	0,574	3,60	57,5	,,	3,83
16	24	50	0,520	3,13	56	0,572	3,50	60	,,	3,75
17	25	51	0,510	3,00	58	0,569	3,41	62,5	,,	3,68
18	26	53	0,510	2,94	60	0,566	3,33	65	,,	3,61
19	27	54	0,500	2,84	62	0,564	3,26	67,5	,,	3,55
20	28	56	0,500	2,80	64	0,562	3,20	70	,,	3,50

Man kann aber die Abmessungen noch günstiger und die Beziehung zwischen t und δ einfacher gestalten, wenn man:

$$\varphi = \text{const}$$

macht. Bei einreihiger Überlappung bewegt sich für die bei Dampffässern in Betracht kommenden Blechstärken von 7 mm ab φ etwa zwischen 0,61 bis 0,56. Dieser Nahtart sei nun das konstante Güteverhältnis: $\varphi = 0,6$ gegeben. Dann wird aus:

$$\varphi = \frac{t - \delta}{t} = 0,6 \quad \text{die Teilung:} \quad t = 2,5\,\delta\,.$$

Hiermit sind die Spalten 9 bis 11 der Tabelle 44 berechnet. Die $\dfrac{t}{s}$ in Spalte 11 wachsen jetzt nur bis 9,16 und sinken nur bis 3,5. Die Nähte ein und derselben Nahtart werden also gleichartiger. Bei $s = 4$ mm ist noch $\dfrac{t}{s} = 7,5$, also $t < 8\,s$. — Da des Verstemmens halber $t \leqq 8\,s$ sein muß, können die Nähte, deren Abmessungen in Tabelle 44 kursiv gedruckt sind, nicht verstemmt werden (Bleche unter 5 mm Stärke).

Ebenso wie bei der einreihigen Überlappung kann auch bei allen übrigen Nähten $\varphi = \text{const}$ gemacht werden. Nachstehend sind geeignet erscheinende Formeln vorgeschlagen.

Überlappungs= und einfache Laschennietung mit konstantem φ:

einreihige Nietnaht: $t = 2{,}5\,\delta$; $\varphi = 0{,}60$;   ⎫

zweireihige   ,,   : $t = 3\,\delta$; $\varphi = 0{,}667$; ⎬ $\delta = s + 0{,}8.$

dreireihige   ,,   : $t = 4\,\delta$; $\varphi = 0{,}70$;   ⎭

Doppellaschennietung mit konstantem φ:

einreihige Nietnaht: $t = 3\,\delta$; $\varphi = 0{,}667$; $\delta = s + 0{,}7$;

zweireihige   ,,   : $t = 4\,\delta$; $\varphi = 0{,}75$; $\delta = s + 0{,}6$;

dreireihige   ,,   : $t = 7\,\delta$; $\varphi = 0{,}857$; ⎫

vierreihige   ,,   : $t = 10\,\delta$; $\varphi = 0{,}90$; ⎬ $\delta = s + 0{,}5$.

Tabelle 45 gibt eine vergleichende Übersicht zwischen Werten für eine Längsnaht nach den C. von Bachschen und den vorstehenden Formeln. Die Werte gelten für ein flußeisernes Dampffaß mit 3000 mm Durchmesser, 10 kg/cm² innerem Überdruck, $K_z = 3600$ kg/cm² und

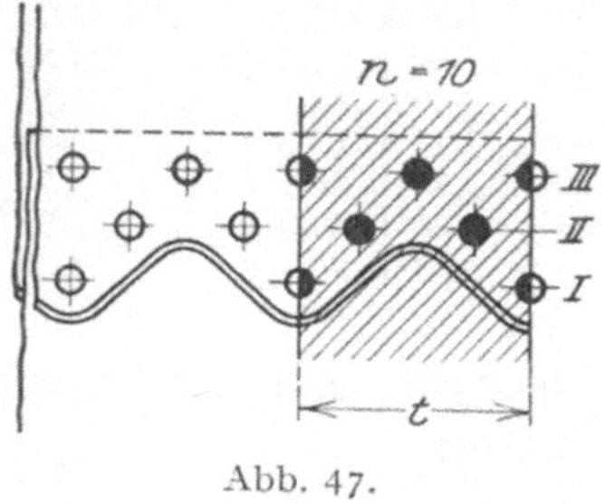

Abb. 47.

$\mathfrak{S} = 4{,}5$. Das Ergebnis ist in beiden Fällen gleich: dreireihige Doppellaschennietung ($n = 10$) ist erforderlich.

Unter Umständen verlangt $\varphi = $ const bei den gewählten Werten schon früher als bisher eine Naht mit größerer Reihenzahl. Darin liegt kein Fehler, denn wegen guten Dichthaltens im Betriebe empfiehlt es sich in der Nähe der Grenzen ohnehin oft, eine stärkere Naht zu wählen, als die Rechnung verlangt. — Rundet man bei $\varphi = $ const das t nicht (nach unten) ab, so ist eine Nachprüfung von φ und die Wahl neuer s, t, δ wegen eines vom angenommenen abweichenden φ niemals erforderlich. — Die Festigkeitsverhältnisse der Nähte werden für den Konstrukteur wesentlich übersichtlicher, wenn zu jeder Nahtart ein unveränderliches φ gehört.

Die Ermittelung des Güteverhältnisses φ ist natürlich dieselbe, ob letzteres konstant ist oder nicht. Bei mehrreihigen Nähten wird das φ der inneren Nietreihen für die Berechnung von s zunächst nicht berücksichtigt. Hierfür ist das φ der äußersten Reihe (I, Abb. 47) maßgebend; das der inneren Reihen ermittelt man jedoch, um zu wissen, in welcher Nietreihe das Blech am stärksten beansprucht wird (vgl. S. 62). Mit:

$$\mathfrak{P} = \frac{D \cdot t \cdot p}{2} \quad \text{wird:} \quad \sigma = \frac{\mathfrak{P}}{s \cdot t}$$

die spezifische Belastung des vollen Bleches. Für obiges Beispiel (Tabelle 45, letzte Spalte) findet sich:

$$\sigma = \frac{29\,400}{2{,}3 \cdot 19{,}6} = 653\ \text{kg}.$$

Tabelle 45. Vergleichsangaben für die Längsnietnaht eines Dampffasses mit $D = 3000$ mm Durchmesser, $p = 10$ Atm.[1]).

Ab-messungen	Überlappungs- und einseitige Laschennietung						Doppellaschennietung					
	Nach C. von Bach			Mit $\varphi =$ const			Nach C. von Bach			Mit $\varphi =$ const		
	ein-	zwei-	drei-	ein-	zwei-	drei-	ein-	zwei-	drei-	ein-	zwei-	drei-
	reihige Naht			reihige Naht			reihige Naht			reihige Naht		
s_1	3,5	2,8	2,6	**3,3**	**2,9**	**2,6**	2,9	**2,6**	**2,3**	**2,9**	**2,6**	**2,3**
δ_1	4,3	3,6	3,4	4,1	3,7	3,4	3,6	3,2	**2,8**	3,6	3,2	**2,8**
t_1	9,40	10,90	12,40	10,45	11,10	13,6	10,36	12,7	**18,8**	10,8	12,8	**19,6**
φ_1	0,542	0,67	0,726	0,60	0,667	0,75	0,652	0,749	**0,85**	0,667	0,75	**0,857**
φ_a	0,56	0,70	0,75	,,	,,	,,	0,67	0,75	**0,85**	,,	,,	**0,857**
s_2	**3,6**	**2,9**	**2,7**	—	—	—	**3,0**	—	—	—	—	—
δ_2	4,4	3,7	3,5	—	—	—	3,7	—	—	—	—	—
t_2	9,6	11,12	12,7	—	—	—	10,62	—	—	—	—	—
φ_2	0,542	0,667	0,724	—	—	—	0,651	—	—	—	—	—
$\mathfrak{P}$	14400	16680	19050	15675	16650	20400	15930	19050	**28200**	16200	19200	**29400**
σ_N	947	776	660	1188	774	750	741	594	**459**	797	598	**479**
k_G	600—700	550—650	500—600	600—700	550—650	500—600	500—600	475—575	450—550	500—600	475—575	450—550
n	1	2	3	1	2	3	2	4	10	2	4	10

[1]) $\varphi_1 = \dfrac{t_1 - \delta_1}{t_1}$; $\varphi_a =$ bei Berechnung von s_1 angenommenes φ; $\varphi_2 = \dfrac{t_2 - \delta_2}{t_2}$;

$\mathfrak{P} =$ auf eine Teilung entfallende Kraft $= \dfrac{D \cdot p \cdot t}{2}$ kg;

$\sigma_N =$ Gleitwiderstandsbelastung je cm² Nietquerschnitt $= \dfrac{\mathfrak{P}}{n \cdot q}$ kg ;

$k_G =$ zulässiger spezifischer Gleitwiderstand in kg.

Wenn man annimmt, daß die ganze Kraft $\mathfrak{P}$ durch den um das Nietloch verminderten Querschnitt gehe, so ist in der Nietreihe I das Blech mit:

$$\sigma_I = \frac{\mathfrak{P}}{s \cdot (t - \delta)}, \text{ im Beispiel} = 761 \text{ kg/cm}^2$$

beansprucht. Damit kommt:

$$\varphi_I = \frac{\sigma}{\sigma_I}\left(= \frac{t - \delta}{t}\right) = \frac{653}{761} = 0{,}857,$$

das ist das der Berechnung von s zugrunde gelegte φ. Würde man annehmen, daß auch in der Reihe II das volle $\mathfrak{P}$ durch den verminderten Blechquerschnitt gehe, so käme:

$$\sigma_{II} = \frac{\mathfrak{P}}{s \cdot (t - 2\,\delta)}, \text{ im Beispiel} = 913 \text{ kg/cm}^2$$

und:

$$\varphi_{II} = \frac{\sigma}{\sigma_{II}}\left(= \frac{t - 2\,\delta}{t}\right) = \frac{653}{761} = 0{,}715.$$

Dieses φ_{II} wäre zu niedrig; σ_{II} würde die höchste zulässige Beanspruchung von $\dfrac{K_z}{\mathfrak{S}} = 800 \text{ kg/cm}^2$ um mehr als 14% überschreiten. In Reihe III ergäben sich: $\sigma_{III} = \sigma_{II}$ und $\varphi_{III} = \varphi_{II}$.

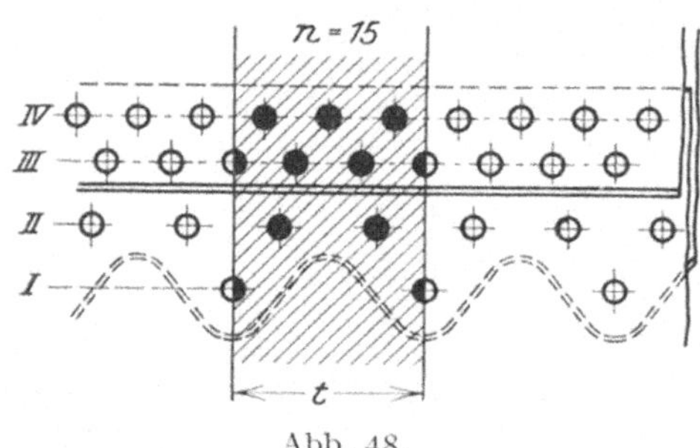

Abb. 48.

Tatsächlich haben aber die verminderten Blechquerschnitte nicht das volle $\mathfrak{P}$ aufzunehmen. Durch den Gleitwiderstand übertragen die Niete nach Maßgabe ihres Querschnittes einen Teil von $\mathfrak{P}$.

Für die Reihe II (Abb. 47) sei angenommen, daß das Niet in Reihe I mit der zulässigen spezifischen Beanspruchung k_G belastet sei. Dann wird bei einem zweischnittigen Niet in Reihe I unseres Beispiels:

$$\mathfrak{P}' = \mathfrak{P} - 2\,q \cdot 550 = 29400 - 2 \cdot 6{,}15 \cdot 550 = 22635 \text{ kg},$$

woraus:

$$\sigma_{II} = \frac{\mathfrak{P}'}{s \cdot (t - 2\,\delta)} = \frac{22635}{2{,}3 \cdot (19{,}6 - 2 \cdot 2{,}8)} = 704 \text{ kg/cm}^2$$

und:

$$\varphi_{II} = \frac{\sigma}{\sigma_{II}} = \left(\frac{\mathfrak{P}}{\mathfrak{P}'}\right) \cdot \left(\frac{t - 2\,\delta}{t}\right) = 0{,}927$$

kommen würden. Setzt man im gleichen Sinne für Reihe III (das k_G in Reihe II etwa 50 kg kleiner wählend):

$$\mathfrak{P}'' = \mathfrak{P} - 2\,q \cdot 550 - 4\,q \cdot 500 = 12485 \text{ kg},$$

so kämen:

$$\sigma_{III} = 388 \text{ kg/cm}^2 \quad \text{und:} \quad \varphi_{III} = 1{,}68.$$

Richtiger ist es jedoch, nicht mit der zulässigen spezifischen Beanspruchung (k_G), sondern mit der tatsächlichen spezifischen Belastung (σ_N, hier $= 479$ kg/cm²) zu rechnen. Dann finden sich im Beispiel:

$$\mathfrak{P}' = 25\,510 \text{ kg}; \qquad \sigma_{II} = 761 \text{ kg/cm}^2; \qquad \varphi_{II} = 0{,}857;$$
$$\mathfrak{P}'' = 12\,725 \text{ kg}; \qquad \sigma_{III} = 396 \text{ kg/cm}^2; \qquad \varphi_{III} = 1{,}65 \ .$$

Aber auch diese Bestimmungsweise trifft nicht ganz zu, denn um die von den Nieten einer Reihe aufgenommene Kraft wird das $\mathfrak{P}$ für den Blechquerschnitt derselben Reihe herabgesetzt. Man kann entweder annehmen, daß der Gleitwiderstand bis zur Mittellinie der betreffenden Nietreihe den halben Kraftanteil aufgenommen hat und daß die zweite Hälfte noch durch $t - \delta$ geht. Oder man denkt sich den ganzen Gleitwiderstand im Nietquerschnitt konzentriert. Hier soll der Einfachheit halber das letztere angenommen werden. Bedeutet v die wirkliche Nietzahl der betreffenden Reihe je Teilung, so vermindert sich $\mathfrak{P}$:

bei einschnittigen Nieten um: $v \cdot q \cdot \sigma_N$ kg/cm² ,

„ zweischnittigen „ „ $2\,v \cdot q \cdot \sigma_N$ kg/cm² .

Abb. 48 zeigt eine vierreihige Doppellaschennietung, bei der die äußere Lasche über zwei Reihen geht. Das Dampffaß des obigen Beispiels möge wegen guten Dichthaltens mit dieser Naht ($n = 15$) versehen werden sollen. Es wird:

$$s = \frac{D \cdot p \cdot \mathfrak{S}}{2\,K_z \cdot \varphi} + 0{,}1 = \frac{300 \cdot 10 \cdot 4{,}5}{2 \cdot 3600 \cdot 0{,}9} + 0{,}1 = 2{,}18 = \sim 2{,}2 \text{ cm} .$$

Mit $\delta = s + 0{,}5$ cm und $t = 10\,\delta$ kommen: $\delta = 2{,}7$ cm; $q = 5{,}72$ cm² und $t = 27$ cm. Ferner sind:

$$\mathfrak{P} = \frac{D \cdot t \cdot p}{2} = 40\,500 \text{ kg} \quad \text{und:} \quad \sigma_N = \frac{\mathfrak{P}}{n \cdot q} = \frac{40\,500}{15 \cdot 5{,}72} = 473 \text{ kg/cm}^2 .$$

Der zulässige Gleitwiderstand nimmt von der innersten Reihe (IV) nach außen (I) hin ab und die wirkliche Belastung ist dementsprechend gleichfalls abzustufen. Die Differenz zwischen zwei Nachbarreihen sei mit 5 bis 10 % des mittleren Wertes angenommen. Dann läßt sich für Laschennähte beispielsweise setzen:

dreireihig:

$$\text{in Reihe} \begin{cases} \text{I}: \sigma_N - 5\,\% \\ \text{II}: \quad\ \sigma_N \\ \text{III}: \sigma_N + 5\,\% \end{cases} \text{kg/cm}^2 ;$$

vierreihig:

$$\text{in Reihe} \begin{cases} \text{I}: \sigma_N - 10\,\% \\ \text{II}: \sigma_N - \ 5\,\% \\ \text{III}: \sigma_N + \ 5\,\% \\ \text{IV}: \sigma_N + 10\,\% \end{cases} \text{kg/cm}^2 .$$

Im Beispiel (Abb. 48) kommen damit für jedes Niet:

$$\text{in Reihe}\quad \text{I:}\ \sigma_{NI}\ = 473 - \frac{473 \cdot 10}{100} = 426\ \text{kg/cm}^2,$$

$$\text{,,}\quad\text{,,}\quad \text{II:}\ \sigma_{NII}\ = 473 - \frac{473 \cdot 5}{100} = 450\quad\text{,,}\quad,$$

$$\text{,,}\quad\text{,,}\quad \text{III:}\ \sigma_{NIII}\ = 473 + \frac{473 \cdot 5}{100} = 496\quad\text{,,}\quad,$$

$$\text{,,}\quad\text{,,}\quad \text{VI:}\ \sigma_{NIV}\ = 473 + \frac{473 \cdot 10}{100} = 520\quad\text{,,}\quad,$$

und es werden:

$$\mathfrak{P}_I\ \ = \mathfrak{P} -\ \ 1\,q \cdot \sigma_{NI}\ = 40\,500 -\ \ \ 5,72 \cdot 426 = 38\,063\ \text{kg},$$
$$\mathfrak{P}_{II} = \mathfrak{P} -\ \ 2\,q \cdot \sigma_{NII}\ = 40\,500 - 2 \cdot 5,72 \cdot 450 = 35\,352\ \text{,,}\ ,$$
$$\mathfrak{P}_{III} = \mathfrak{P} - 2 \cdot 3\,q \cdot \sigma_{NIII} = 40\,500 - 6 \cdot 5,72 \cdot 496 = 25\,478\ \text{,,}\ ,$$
$$\mathfrak{P}_{IV} = \mathfrak{P} - 2 \cdot 3\,q \cdot \sigma_{NIV} = 40\,500 - 6 \cdot 5,72 \cdot 520 = 22\,656\ \text{,,}\ .$$

Die spezifische Belastung des vollen Bleches ist: $\sigma = \dfrac{\mathfrak{P}}{s \cdot t} = \dfrac{40\,500}{2,2 \cdot 27}$ $= 682$ kg, und es ergeben sich:

$$\sigma_I = \frac{\mathfrak{P}_I}{s \cdot (t - \delta)} = \frac{38\,063}{2,2 \cdot (27 - 2,7)} = 712\ \text{kg/cm}^2;$$

$$\varphi_I = \frac{682}{712} = 0,958;$$

$$\sigma_{II} = \frac{\mathfrak{P}_{II}}{s \cdot (t - 2\,\delta)} = \frac{35\,352}{2,2 \cdot (27 - 2 \cdot 2,7)} = 744\ \text{kg/cm}^2;$$

$$\varphi_{II} = \frac{682}{744} = 0,917;$$

$$\sigma_{III} = \frac{\mathfrak{P}_{III}}{s \cdot (t - 2\,\delta)} = \frac{25\,478}{2,2 \cdot (27 - 3 \cdot 2,7)} = 613\ \text{kg/cm}^2;$$

$$\varphi_{III} = \frac{682}{613} = 1,113;$$

$$\sigma_{IV} = \frac{\mathfrak{P}_{IV}}{s \cdot (t - 2\,\delta)} = \frac{22\,656}{2,2 \cdot (27 - 3 \cdot 2,7)} = 545\ \text{kg/cm}^2;$$

$$\varphi_{IV} = \frac{682}{545} = 1,251.$$

In Nietreihe II wird das Blech am stärksten belastet. Wollte man die Nietbeanspruchung noch vermindern, so könnte man die Nietanordnung nach Abb. 49 mit $n = 19$ oder nach Abb. 50 mit $n = 21$ wählen. Hierbei finden sich für unser Beispiel:

bei $n = 19$ (Abb. 49):
$$\sigma_N = 373 \text{ kg/cm}^2.$$

$\sigma_{NI} = 336 \text{ kg/cm}^2;$
$\sigma_{NII} = 355$,, ;
$\sigma_{NIII} = 392$,, ;
$\sigma_{NIV} = 411$,, .

$\mathfrak{P}_I = 38\,518 \text{ kg},$
$\mathfrak{P}_{II} = 36\,438$,, ,
$\mathfrak{P}_{III} = 22\,563$,, ,
$\mathfrak{P}_{IV} = 21\,693$,, .

$\sigma_I = 721 \text{ kg/cm}^2;$ $\varphi_I = 0{,}946;$
$\sigma_{II} = 767$,, ; $\varphi_{II} = 0{,}889;$
$\sigma_{III} = 679$,, ; $\varphi_{III} = 1{,}004;$
$\sigma_{IV} = 653$,, ; $\varphi_{IV} = 1{,}044.$

bei $n = 21$ (Abb. 50):
$$\sigma_N = 338 \text{ kg/cm}^2.$$

$\sigma_{NI} = 305 \text{ kg/cm}^2;$
$\sigma_{NII} = 322$,, ;
$\sigma_{NIII} = 355$,, ;
$\sigma_{NIV} = 372$,, .

$\mathfrak{P}_I = 38\,755 \text{ kg},$
$\mathfrak{P}_{II} = 33\,136$,, ,
$\mathfrak{P}_{III} = 24\,260$,, ,
$\mathfrak{P}_{IV} = 23\,477$,, .

$\sigma_I = 725 \text{ kg/cm}^2;$ $\varphi_I = 0{,}941;$
$\sigma_{II} = 698$,, ; $\varphi_{II} = 0{,}977;$
$\sigma_{III} = 730$,, ; $\varphi_{III} = 0{,}934;$
$\sigma_{IV} = 706$,, ; $\varphi_{IV} = 0{,}966.$

Mit sinkender Nietbelastung wächst die Blechbelastung. Als Beanspruchung für das Blech waren: $\dfrac{K_z}{\mathfrak{S}} = 800$ kg zugelassen; diese werden nirgends erreicht, so daß

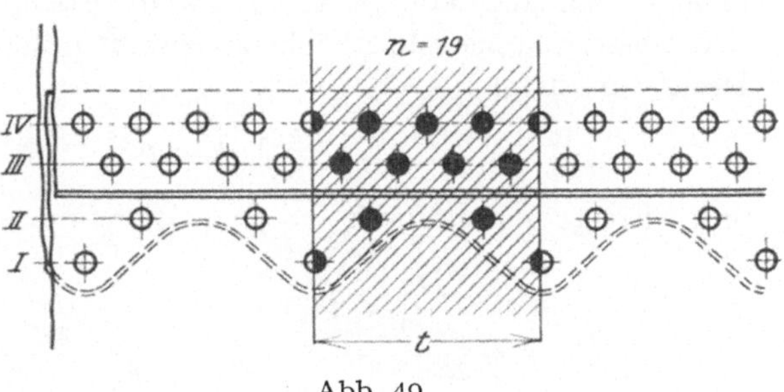

Abb. 49.

alle Nähte ausreichend sicher sind. Bei allen ist aber die Beanspruchung einer der inneren Nähte größer als die der äußersten. Die teueren Nähte nach Abb. 49 und 50 sind der nach Abb. 48 nicht überlegen. Läßt man bei letzterer die Außenlasche auch über die Nietreihe II gehen, so kommen:

bei $n = 17$ (Abb. 51):
$$\sigma_N = 417 \text{ kg/cm}^2.$$

$\sigma_{NI} = 376 \text{ kg/cm}^2;$ $\mathfrak{P}_I = 38\,349 \text{ kg};$ $\sigma_I = 717 \text{ kg/cm}^2;$ $\varphi_I = 0{,}951;$
$\sigma_{NII} = 397$,, ; $\mathfrak{P}_{II} = 31\,416$,, ; $\sigma_{II} = 661$,, ; $\varphi_{II} = 1{,}032;$
$\sigma_{NIII} = 438$,, ; $\mathfrak{P}_{III} = 25\,468$,, ; $\sigma_{III} = 673$,, ; $\varphi_{III} = 1{,}013;$
$\sigma_{NIV} = 459$,, ; $\mathfrak{P}_{IV} = 24\,747$,, ; $\sigma_{IV} = 655$,, ; $\varphi_{IV} = 1{,}041.$

Bei der Naht nach Abb. 51 ist für sämtliche Blechstärken eine Nachprüfung der φ nicht erforderlich, wenn die Abmessungen mit $\varphi = \text{const}$ bestimmt werden. Bei $\varphi = \text{const}$ ändern sich die Verhältnisse nur mit wechselndem n. Aus dem Beispiel ergibt sich, daß die Vermehrung der Nietzahl n je Teilung t nicht ohne weiteres eine Nahtverstärkung bedeutet. Einhaltung der Bedingung $\varphi =$ const gestattet die generelle Beurteilung der verschiedenen Nietanordnungen.

Es sei noch erwähnt, daß bei Doppellaschennietungen zweckmäßig die äußere und innere Lasche nicht gleich gemacht werden. Das Ver-

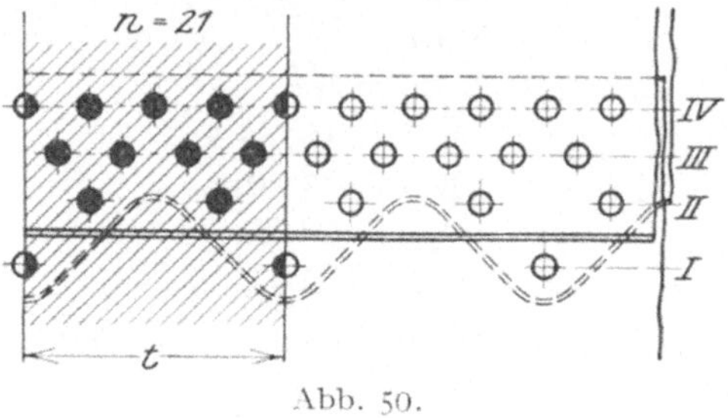

Abb. 50.

stemmen bringt jedenfalls die Gefahr einer Schädigung des Bleches längs der Stemmkante mit sich. Man sollte daher möglichst vermeiden, daß die innere und äußere Stemmkante übereinander liegen.

Wenn φ_I größer ist, als für die Berechnung von s angenommen war, könnte s nachgerechnet und vermindert werden. Im Dampffaßbau ist das nicht üblich, wohl aber kommt es im Dampfkesselbau vor, wo bei großen Großwasserraumkesseln erhebliche Gewichtsdifferenzen eintreten können. Dazu schreibt man:

$$s = \frac{D \cdot p \cdot \mathfrak{S}}{2 \cdot K_z \cdot \varphi} + 0{,}1$$

unter Ersatz von φ durch $\dfrac{t - d}{t}$ meistens um in die Form:

$$s = \frac{\dfrac{D \cdot p}{2} \cdot t}{\dfrac{K_z}{\mathfrak{S}} \cdot (t - \delta)} + 0{,}1 = \frac{\mathfrak{P}}{\dfrac{K_z}{\mathfrak{S}} \cdot (t - \delta)} + 0{,}1$$

und setzt statt $\mathfrak{P}$ dann $\mathfrak{P}_I$ ein.

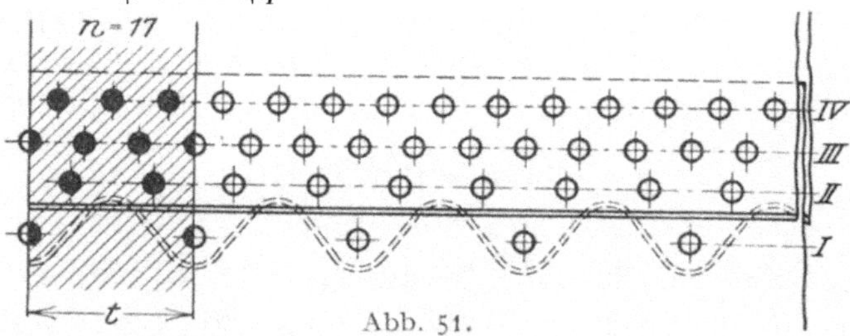

Abb. 51.

Das Güteverhältnis φ einer beliebigen Nietreihe x wird unmittelbar, das ist ohne vorherige Bestimmung von σ , gefunden aus:

$$\varphi_x = \left(\frac{\mathfrak{P}}{\mathfrak{P}_x}\right) \cdot \left(\frac{t - \nu \cdot \delta}{t}\right).$$

Tabelle 46 bis 51 nennen Abmessungen für ein- bis dreireihige Eisennietnähte mit $\varphi =$ const.

Tabelle 46. Einreihige **Überlappungs**= (und einseitige Laschen-) **nietung** mit $\varphi = \mathrm{const} = 0{,}6$.

$$\delta = s + 0{,}8 \text{ cm}; \quad t = 2{,}5\,\delta; \quad u = 2\,a; \quad w_t = 1 \cdot q \cdot 700.$$

s mm	δ mm	q cm²	t mm	a mm	u mm	w_t kg
7	15	1,76	37,5	22,5	45	1232
8	16	2,01	40	24	48	1407
9	17	2,26	42,5	25,5	51	1582
10	18	2,54	45	27	54	1778
11	19	2,84	47,5	28,5	57	1981
12	20	3,14	50	30	60	2198
13	21	3,46	52,5	31,5	63	2428
14	22	3,80	55	33	66	2660
15	23	4,15	57,5	34,5	69	2905
16	24	4,52	60	36	72	3164
17	25	4,90	62,5	37,5	75	3430
18	26	5,30	65	39	78	3710
19	27	5,72	67,5	40,5	81	4004
20	28	6,15	70	42	84	4305

Tabelle 47. Zweireihige **Überlappungs**= (und einseitige Laschen-) **nietung** mit $\varphi = \mathrm{const} = 0{,}667$.

$$\delta = s + 0{,}8 \text{ cm}; \qquad a = 1{,}5\,\delta; \qquad u = 2\,a + a'; $$
$$t = 3\,\delta; \qquad a' = 0{,}6\,t; \qquad w_t = 2\,q \cdot 650.$$

s mm	δ mm	q mm	t mm	a mm	a' mm	u mm	w_t kg
8	16	2,01	48	24	29	77	2613
9	17	2,26	51	25,5	31	82	2938
10	18	2,54	54	27	33	87	3302
11	19	2,83	57	28,5	35	92	3679
12	20	3,14	60	30	36	96	4082
13	21	3,46	63	31,5	38	101	4498
14	22	3,80	66	33	40	106	4940
15	23	4,15	69	34,5	42	111	5395
16	24	4,52	72	36	44	116	5876
17	25	4,90	75	37,5	45	120	6370
18	26	5,30	78	39	47	125	6890
19	27	5,72	81	40,5	49	130	7436
20	28	6,15	84	42	51	135	7995
21	29	6,60	87	43,5	53	140	8580
22	30	7,06	90	45	54	144	9178
23	31	7,54	93	46,5	56	149	9802
24	32	8,04	96	48	58	154	10452
25	33	8,55	99	49,5	60	159	11115
26	34	9,07	102	51	62	164	11791

Tabelle 48. Dreireihige **Überlappungs-** (und einseitige Laschen-) nietung mit $\varphi = \mathrm{const} = 0{,}70$.

$$\delta = s + 0{,}8 \text{ cm}; \qquad a = 1{,}5\,\delta; \qquad u = 2 \cdot (a + a')$$
$$t = 4\,\delta; \qquad a' = 0{,}5\,t; \qquad w_t = 3 \cdot q \cdot 600 .$$

s mm	δ mm	q cm²	t mm	a mm	a' mm	u mm	w_t kg
16	24	4,52	96	36	48	168	8138
17	25	4,90	100	37,5	50	175	8828
18	26	5,30	104	39	52	182	9580
19	27	5,72	108	40,5	54	189	10296
20	28	6,15	112	42	56	196	11070
21	29	6,60	116	43,5	58	203	11880
22	30	7,06	120	45	60	210	12708
23	31	7,54	124	46,5	62	217	13572
24	32	8,04	128	48	64	224	14472
25	33	8,55	132	49,5	66	231	15390
26	34	9,07	136	51	68	238	16326
27	35	9,62	140	52,5	70	245	17316
28	36	10,17	144	54	72	252	18306
29	37	10,75	148	55,5	74	259	19350
30	38	11,34	152	57	76	266	20412

Tabelle 49. Einreihige **Doppellaschennietung** mit $\varphi = \mathrm{const} = 0{,}667$.

$$\delta = s + 0{,}7 \text{ cm}; \qquad a = 1{,}5\,\delta; \qquad w_t = 2 \cdot q \cdot 600 .$$
$$t = 3\,\delta; \qquad u = 4\,e$$

s mm	δ mm	q cm²	t mm	a mm	u mm	w_t kg
9	16	2,01	48	24	96	2412
10	17	2,26	51	25,5	102	2712
11	18	2,54	54	27	108	3048
12	19	2,83	57	28,5	114	3396
13	20	3,14	60	30	120	3768
14	21	3,46	63	31,5	126	4152
15	22	3,80	66	33	132	4560
16	23	4,15	69	34,5	138	4980
17	24	4,52	72	36	144	5424
18	25	4,90	75	37,5	150	5880
19	26	5,30	78	39	156	6360
20	27	5,72	81	40,5	162	6864
21	28	6,15	84	42	168	7380
22	29	6,60	87	43,5	174	7920

Tabelle 50. Zweireihige **Doppellaschennietung** mit φ = const = 0,75.

$\delta = s + 0{,}6\ \text{cm};\qquad a = 1{,}5\,\delta;\qquad u = 2\cdot(1{,}9\,a + a');$

$t = 4\,\delta;\qquad\qquad a' = 0{,}5\,t;\qquad w_t = 4\,q\cdot 575\,.$

s mm	δ mm	q cm²	t mm	a mm	$0{,}9\,a$ mm	a' mm	u mm	w_t kg
13	19	2,83	76	28,5	26	38	185	6 509
14	20	3,14	80	30	27	40	194	7 222
15	21	3,46	84	31,5	29	42	205	7 958
16	22	3,80	88	33	30	44	214	8 740
17	23	4,15	92	34,5	31	46	223	9 545
18	24	4,52	96	36	33	48	234	10 396
19	25	4,90	100	37,5	34	50	243	11 270
20	26	5,30	104	39	36	52	254	12 190
21	27	5,72	108	40,5	37	54	263	13 156
22	28	6,15	112	42	38	56	272	14 145
23	29	6,60	116	43,5	40	58	285	15 180
24	30	7,06	120	45	41	60	292	16 238
25	31	7,54	124	46,5	42	62	301	17 342
26	32	8,04	128	48	44	64	312	18 492
27	33	8,55	132	49,5	45	66	321	19 665
28	34	9,07	136	51	46	68	330	20 861

Tabelle 51. Dreireihige **Doppellaschennietung** mit φ = const = 0,857.

$\delta = s + 0{,}5\ \text{cm};\qquad a = 1{,}5\,\delta;$

$t = 7\,\delta;\qquad\qquad a' = \tfrac{3}{8}\,t;\qquad u = 2\cdot(1{,}9\,a + 2\,a');$

$w_{t1} = 12\,q\cdot 550;\qquad w_{t2} = 10\,q\cdot 550.$

s mm	δ mm	q cm²	t mm	a mm	$0{,}9\,a$ mm	a' mm	u mm	w_t in kg [1]	[2]
20	25	4,90	175	37,5	34	66	407	32 340	26 950
21	26	5,30	182	39	36	69	426	34 980	29 150
22	27	5,72	189	40,5	37	71	439	37 752	31 460
23	28	6,15	196	42	38	74	456	40 590	33 825
24	29	6,60	203	43,5	40	77	475	43 560	36 300
25	30	7,06	210	45	41	79	488	46 596	38 830
26	31	7,54	217	46,5	42	82	505	49 764	41 470
27	32	8,04	224	48	44	85	524	53 064	44 220
28	33	8,55	231	49,5	45	87	537	56 430	47 025
29	34	9,07	238	51	46	90	554	59 862	49 885
30	35	9,62	245	52,5	47	92	567	63 492	52 910
31	36	10,17	252	54	49	95	586	67 122	55 935
32	37	10,75	259	55,5	50	98	603	70 950	59 125

[1] Nietzahl je Teilung: $n = 12.$ [2] Nietzahl je Teilung: $n = 10.$

3. Ausschnitte und Mannlöcher.

Ausschnitte für Beschickungs- und Entleerungstüren, Mannlöcher, Handlöcher usw. müssen am Rande verstärkt werden, um die Schwächung der Wand wieder auszugleichen.

Mannlöcher und Handlöcher sind elliptisch, und zwar erstere 300 × 400 mm, bei Platzmangel äußerst 280 × 380 mm. Die große Ellipsenachse sollte senkrecht zur Zylinderachse stehen, s. Mantelberechnung: Rundnaht nur halb so stark beansprucht wie Längsnaht. Ausführung und Abdichtung der Mannlöcher sind aber leichter, wenn die große Achse parallel zur Zylinderachse liegt.

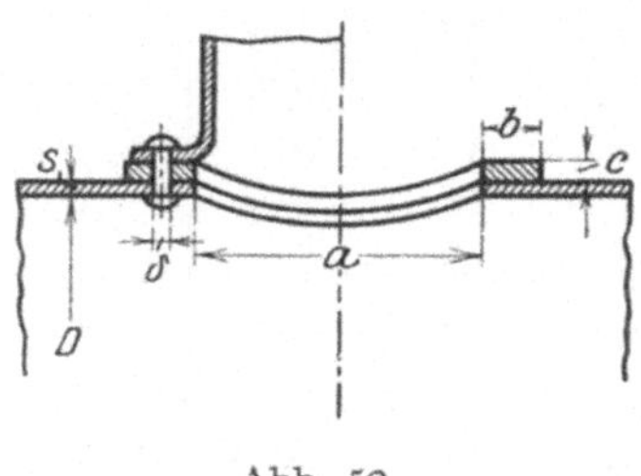

Abb. 52.

Zur Randverstärkung legt man den herausgeschnittenen Blechquerschnitt in Gestalt eines Ringes wieder auf. Nach Abb. 52 muß also sein: $2\,b \cdot c = a \cdot s$. Da s um das Güteverhältnis φ stärker ist als für den vollen Querschnitt nötig, so darf der Ring, wenn man seiner Breite die Nietstärke zuschlägt, sein:

$$b \cdot c = \frac{a \cdot s \cdot \varphi}{2}. \tag{22}$$

Die Ringbefestigungsnaht muß den erforderlichen Gleitwiderstand besitzen. Bei der Mantellängsnaht wird dieser für eine Teilung berechnet; hier wählt man den ganzen Ausschnitt und setzt wegen der nicht gleichmäßigen Kraftaufnahme durch die Niete den spezifischen Gleitwiderstand nur mit

$$k_G = 500 \text{ kg/cm}^2$$

an, hat also:

$$\frac{D \cdot a \cdot p}{2\,n \cdot \dfrac{\delta^2 \cdot \pi}{4}} = 500$$

und bekommt aus:

$$n = \frac{D \cdot a \cdot p}{1000 \cdot \dfrac{\delta^2 \cdot \pi}{4}} \tag{23}$$

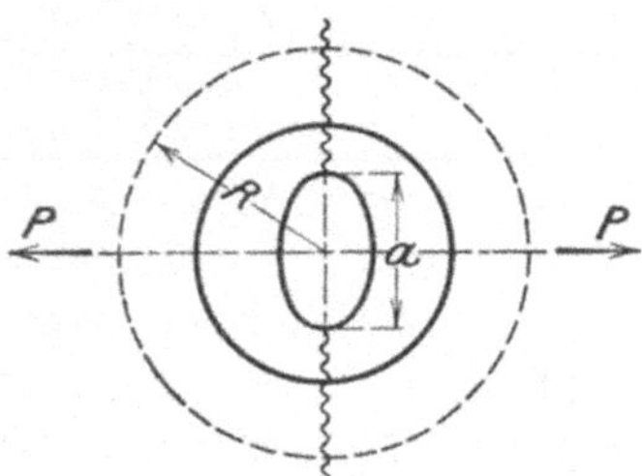

Abb. 53.

die Anzahl der für jede Ringhälfte erforderlichen Niete.

Die Verbindungsnaht zwischen Domen, Einfüllschächten oder dgl. mit dem zylindrischen Kessel (s. Abb. 52 links) macht man üblicherweise bis 9 Atm. einreihig, bei höheren Drucken zweireihig.

Für einen Ausschnitt in einem gewölbten Boden werden die Abmessungen des Verstärkungsringes aus: $b \cdot c = \tfrac{1}{2} \cdot a \cdot s$ bestimmt; darin s ohne Sonderzuschläge. Den Boden denkt man sich wieder als

Teil der mit seinem Wölbungsradius R entstehenden Kugel, s. Abb. 53.
Es ist:

$$P = R^2 \cdot \pi \cdot p \,,$$

wovon auf den Ausschnitt entfallen: $\frac{1}{2} \cdot R \cdot p \cdot a$. Zur Berechnung der
für den Gleitwiderstand der Ringnaht nötigen Niete kommen dann:

$$k_G = \frac{R \cdot a \cdot p}{2n \cdot \dfrac{\delta^2 \cdot \pi}{4}} = 500 \quad \text{und} \quad n = \frac{R \cdot a \cdot p}{1000 \cdot \dfrac{\delta^2 \cdot \pi}{4}} \,. \qquad (23\,a)$$

Mannlochverschlüsse werden von den Walzwerken in maschinell
gepreßter Ausführung geliefert. Bei gewölbten Böden wird eine Einhalsung mit ebener Dichtungsfläche
unmittelbar in den Boden gepreßt.
Für Zylindermäntel wird eine passend
gekrümmte Anschlußplatte mit an-
gepreßter ebener Dichtfläche oder
Einhalsung geliefert, die man auf
den Mantel des Dampffasses nietet.

Bei aufgenieteten Türgarnituren
aus Stahlguß (Abb. 54) genügt im

Abb. 54.

allgemeinen der kräftige Flansch, der außerdem durch eine etwa 5 mm
dicke Stemmscheibe unterlegt wird, als Ausschnittversteifung.

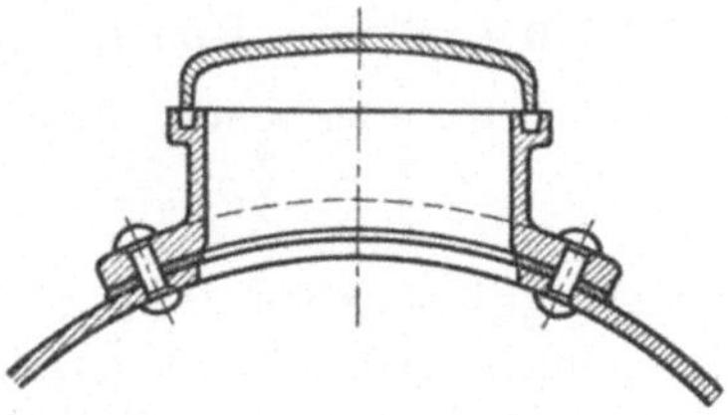

4. Schweißnähte, Schweißung.

Im Dampffaßbau würden Schweißnähte häufig sehr vorteilhaft sein
können. Ein Beispiel ist durch Abb. 41 bis 43 erläutert. Das Beschik-
kungsgut der Dampffässer führt oft zu weit stärkerer Abrostung, als
sie bei Dampfkesseln in Frage kommt. Die Bleche verstärkt man durch
entsprechende Zuschläge, aber die Nietköpfe rosten vor der Zeit ab!
In vielen Fällen empfiehlt sich daher das
sonst wegen der Verminderung von φ nicht
günstige Versenken der Niete im Dampffaß-
inneren. Die beste Lösung wäre aber die
Schweißung.

Abb. 55.

Gut ausgeführte Wassergasschweißung entspricht allen zu
stellenden Anforderungen, besonders die Überlappungsschweißung,
bei der die Blechränder wie bei einer Nietnaht übereinandergelegt, von
beiden Seiten her erhitzt und durch kräftiges Hämmern miteinander
verbunden werden. Stumpfschweißung ist weniger zuverlässig; die durch
Abb. 55 erläuterte Keilschweißung wird erst für Bleche über 40 mm
Stärke erforderlich, da bis dahin gute Überlappungsschweißung möglich ist. Das beste Material ist weiches Siemens-Martin-Flußeisen mit
3400 bis 4000 kg/cm² Bruchfestigkeit und mindestens 25% Bruch-

dehnung. Auch weicher Flußeisenformguß — 3700 bis 4400 kg/cm² Bruchfestigkeit bei mindestens 20% Bruchdehnung — läßt sich mittels Wassergases einwandfrei verschweißen. Die Schweißtemperatur liegt unter dem Schmelzpunkt des Werkstoffes.

Diegel[1]) hat durch Versuche dargetan, daß das Güteverhältnis sachgemäß ausgeführter Wassergas-Überlappungsschweißnähte $\varphi = 0,8$ ist. Im allgemeinen ist aber nach den bestehenden Vorschriften noch mit $\varphi = 0,7$ zu rechnen.

Schwache Bleche verlieren durch Abbrand mehr als starke, weshalb bei Blechen unter 10 mm rechnerischer Stärke ein Sonderzuschlag zu machen ist, und zwar nach den Bauvorschriften für Dampffässer: $0,25 \cdot (10 - s)$ und nach Diegel:

<pre>
    bei 9 bis 10 mm Blechstärke ein Zuschlag von 0,5 mm,
     „ 8 „ 9 „   „   „   „   „ 1,0 „ ,
     „ 5 „ 8 „   „   „   „   „ 1,5 „ .
</pre>

Diegel weist ferner nach, daß bei ganz geschweißten Behältern den (von innen gedrückten) gewölbten Böden besondere Aufmerksamkeit zuzuwenden ist, s. dazu Teil C, Abschnitt 4.

Elektrische Widerstandsschweißung, bei der die Schweißtemperatur ebenfalls unter der Schmelztemperatur liegt, kommt nur für Bleche von etwa 2 bis 3 mm Stärke in Betracht.

Bei der Autogenschweißung usw. mit Schmelzschweißtemperatur kann man ohne Schwierigkeit an und für sich die Festigkeit der Naht über die des Bleches bringen, indem man das Material in der Naht entsprechend anhäuft. Da aber nicht eigentlich geschweißt, sondern Material eingeschmolzen wird, so ist die Güte nur eine beschränkte. Verändertes Gefüge und eingeschlossene Unreinigkeiten machen die Naht spröde und ungleichmäßig. Mindestens sind daher für Verwendung im Dampffaßbau Abhämmern und Ausglühen erforderlich. Auch wird die in den polizeilichen Bestimmungen enthaltene Eventualvorschrift einer Sicherheitslasche hier immer einzuhalten sein. Schweißung und Verlaschung zusammen werden aber meistens recht teuer, so daß man dazu nur in Notfällen greifen wird. Ist die Schweißung unumgänglich bzw. für den Zweck des Dampffasses wertvoll, so gebe man für alle nicht untergeordneten Konstruktionsteile der Wassergasschweißung den Vorzug.

Die autogene Schweißung[2]) ist wegen ihrer bequemen Ausführung und ihrer Billigkeit sehr verbreitet. Sie ist für Eisen, Kupfer und Aluminium brauchbar, bei den beiden letzteren unter Verwendung von Flußmitteln. Zur Autogenschweißung gehören:

---

[1]) Forsch.-Arb. Ing. Heft 2, Januar 1920.
[2]) Richter: Autogene Metallbearbeitung. Hamburg: Carl Griese 1917.

1. die Arbeiten mit der Acetylen-Sauerstoff-Flamme, ca. 3000° C,
2. ,, ,, ,, ,, Wasserstoff-Sauerstoff-Flamme, ca. 2000° C,
3. ,, ,, ,, ,, Leuchtgas-Sauerstoff-Flamme, ca. 1800° C,
Vorwiegend: 1. und 2. für Eisen, Kupfer und dicke Aluminiumbleche (Acetylen),
3. für dünne Aluminiumbleche.

Eine Sauerstoffflasche faßt zirka 40 l, Pressung zirka 150 kg/cm². 1 kg Karbid liefert ungefähr 300 l Azetylen. Azetylen-Sauerstoffschweißung ist am meisten verbreitet, weil bei ihr die Flamme am schmalsten und heißesten ist. Arbeitsdruck: Azetylen etwa 0,01 bis 0,02 kg/cm², Sauerstoff etwa 0,3 bis 2,5 kg/cm². Tabelle 52 macht einige Leistungs- und Verbrauchsangaben für Azetylen-Sauerstoffschweißung von Eisenblechen.

Tabelle 52. Azetylen-Sauerstoff-Schweißung.

Blech-stärke in mm	Verbraucht		Geleistet je Stunde in m	Blech-stärke in mm	Verbraucht		Geleistet je Stunde in m
	Azetylen in l	Sauerstoff in l			Azetylen in l	Sauerstoff in l	
1	100	100	12	6	600	600	4
2	200	200	8	7	700	700	3,5
3	300	300	6	8	800	800	3
4	400	400	5	9	900	900	2,5
5	500	500	4,5	10	1000	1000	2

Das Schneiden erfolgt bei den für diesen Zweck bestehenden Sonderbrennern durch Erhitzen der Schneid- oder Bohrstelle auf Hellrotglut, zirka 1000° C, und nachfolgendes Einblasen von Sauerstoff allein, der dann das Eisen verbrennt. Schnittbreite etwa 2 bis 6 mm. Man kann Blöcke bis 1 m Dicke schneiden. Tabelle 53 nennt einige Daten über Leistung und Verbrauch für je 1 m Schnittlänge mit Wasserstoff-Sauerstoffbrenner.

Tabelle 53. Autogen-Schneiden.

Platten-dicke in mm	Verbraucht		Schneide-zeit in Minuten
	Wasserstoff in l	Sauerstoff in l	
10	100	140	5 bis 6
50	125	650	6 ,, 7
100	325	1400	8 ,, 9
200	425	3300	10 ,, 12

Will man Feinbleche von 1 mm abwärts autogen schweißen, so bördelt man die Ränder einige Millimeter um und verschweißt den Bord mit in die Naht. Besser eignet sich für diese dünnen Bleche die elektrische Widerstandsschweißung. — Bleche über 1 mm bis 5 mm (Mittelbleche), Bandeisen u. dgl. können stumpf geschweißt werden. Bei Grobblechen, Flacheisen usw. mäßiger Stärke schärfe man die Ränder einseitig unter 45° zu. — Bei starken Blechen und sonstigen Stücken muß das Zuschärfen und Schweißen von beiden Seiten erfolgen. Vgl. Abb. 56.

DieSchweißfugemußbisinsInnerste verschweißt sein.

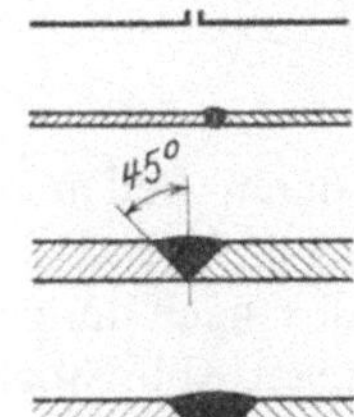

Abb. 56.

Bei längeren Nähten schließt sich infolge Zusammenziehung des eingeschmolzenen Materials im Erkalten die Fuge während der Arbeit immer mehr. Vor Beginn sind die Ränder so einzustellen, daß die Fuge

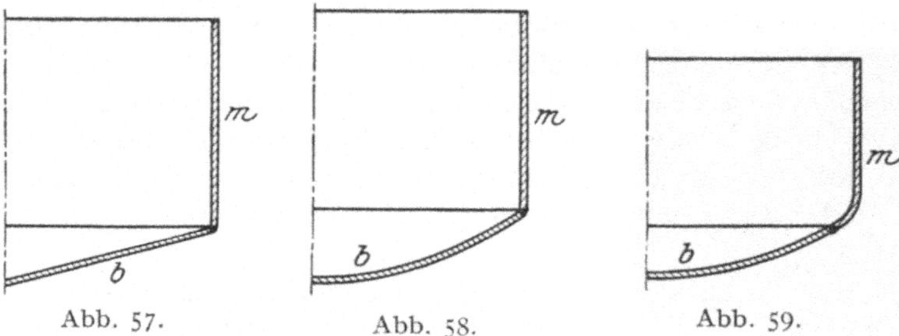

Abb. 57.   Abb. 58.   Abb. 59.

vom Nahtanfang zum Nahtende hin sich verbreitert (oft mehrere Zentimeter). — Das Arbeitsstück liegt zweckmäßig um 10 bis 30° schräg, so daß die Naht vor dem Brenner ansteigt und keine Schweißtropfen auf ungenügend erhitzte Randteile vorfließen können. Die Arbeit an einer Naht soll man nicht unterbrechen. Ist das unvermeidlich, so sind die zuletzt geschweißten 4 bis 6 cm nochmals zu schweißen; erst dann ist fortzufahren.

Die Anordnung der Schweißnaht in der Ecke zwischen einem Mantel m und

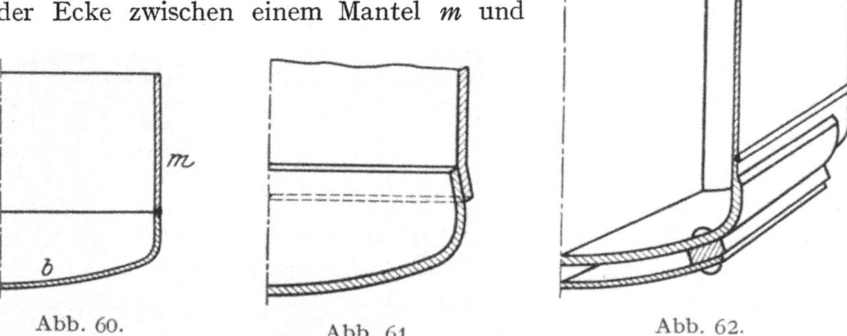

Abb. 60.   Abb. 61.   Abb. 62.

einem Boden b gemäß Abb. 57 und 58 ist nur für Gefäße mäßigen Inhalts ohne Überdruck brauchbar. Für Verschweißung des nach innen umgebördelten Mantels m mit einer Bodenscheibe b nach Abb. 59 gilt dasselbe. Für Niederdruckapparate bis 0,5 Atm. eignet sich die Nahtanordnung gemäß Abb. 60: an einen (maschinell gepreßten) Boden mit gerader Krempe wird ein glatter Zylindermantel geschweißt.

Abb. 61 zeigt die einzige für Hochdruckgefäße und Dampffässer empfehlenswerte Schweißung: die überlappte (Feuer- oder besser noch) Wassergasschweißung.

Die durch Schweißung zu verbindenden Ränder sollten unbedingt möglichst gleich sein. Bei erheblich verschiedener Stärke ist die Erwärmung ungleich und der gute Ausfall der Naht sehr unsicher. Gemäß Abb. 62 kann man häufig das Gelingen dadurch sichern, daß man den Rand des starken Stückes auf die Dicke des schwachen Stückes herunterhobelt.

Auf Biegung beanspruchte Nähte sollen im allgemeinen überhaupt nicht geschweißt werden. Wird die Schweißung ausnahmsweise zugelassen, so ist das geschweißte Stück nachträglich im ganzen auszuglühen.

Eine der bedenklichsten Maßnahmen, die in der Werkstatt getroffen werden können, ist es, an Werkstücken, die schon ganz oder teilweise genietet sind, zu schweißen, denn dadurch werden alle Verbände gefährdet.

5. Schrauben und Flansche.

Wenn

P den von allen Schrauben aufzunehmenden Gesamtdruck in kg,

P' „ auf eine Schraube entfallenden Anteil von P in kg,

$\mathfrak{d}$ „ Kerndurchmesser der Schraube in mm,

q „ Kernquerschnitt der Schraube in mm²,

k die Beanspruchung des Schraubenkerns in kg/mm²

bedeuten, so ist:

$$k = \frac{P'}{q} = \frac{P'}{\dfrac{\pi \cdot \mathfrak{d}^2}{4}} = 1{,}27 \cdot \frac{P'}{\mathfrak{d}^2}.$$

Für Anker und Stehbolzen soll k folgende Werte nicht überschreiten:

	Schweißeisen	Flußeisen
bei geschweißten Ankern	3,5 kg/mm²	—
„ ungeschweißten Ankern . . .	5,0 „	6,0 kg/mm².

Abdichtungsschrauben werden bemessen mit:

a) $\mathfrak{d} = 0{,}45 \sqrt{P'} + 5$ bei guten Schrauben, gut bearbeiteten Dichtungsflächen und weichem Dichtungsmaterial,

b) $\mathfrak{d} = 0{,}55 \sqrt{P'} + 5$ bei weniger vollkommener Erfüllung der unter a) genannten Anforderungen,

c) $\mathfrak{d} = 0{,}40 \sqrt{P'} + 5$ bei nachweislich den Würzburger Normen für Nieteisen genügendem Schraubenmaterial.

In Tabelle 54 ist die Schraubentabelle aus den Bauvorschriften für Dampffässer wiedergegeben unter Hinzufügung des Kernquerschnittes q,

Tabelle 54. Whitworthschrauben für Dampffässer.

| Bolzendurchmesser d | | Kerndurchm. b | querschn. q | Zulässige Belastung — Koeffizient | | | Gewindegänge auf 1" engl. | Gewöhnliche Mutterhöhe | Kopfhöhe | Schlüsselweite |
| | | | | 0,40 | 0,45 | 0,55 | | | | |
" engl.	mm	mm	mm²	kg				mm	mm	mm
$1/2$	12,70	9,98	78,2	155	122	82	12	13	9	24
$5/8$	15,88	12,93	131,3	393	310	208	11	16	11	27
$3/4$	19,05	15,80	196,0	729	576	386	10	19	14	33
$7/8$	21,23	18,62	272,3	1 159	916	613	9	22	16	38
1	25,40	21,34	357,6	1 669	1 318	883	8	25	18	42
$1^1/_8$	28,57	23,93	449,7	2 440	1 770	1 185	7	29	20	45
$1^1/_4$	31,75	27,10	576,8	3 053	2 412	1 614	7	32	22	50
$1^3/_8$	34,92	29,51	683,9	3 755	2 967	1 986	6	35	24	54
$1^1/_2$	38,10	32,69	839,3	4 792	3 786	2 535	6	38	27	60
$1^5/_8$	41,27	34,77	949,5	5 539	4 377	2 930	5	41	29	64
$1^3/_4$	44,45	37,95	1131,1	6 785	5 361	3 589	5	44	32	68
$1^7/_8$	47,62	40,41	1282,5	7 837	6 192	4 145	$4^1/_2$	48	34	72
2	50,80	43,59	1492,3	9 308	7 355	4 922	$4^1/_2$	51	36	76
$2^1/_4$	57,15	49,02	1887,2	12 111	9 569	6 406	4	57	40	85
$2^1/_2$	63,50	55,37	2407,9	15 857	12 528	8 387	4	64	45	94
$2^3/_4$	69,85	60,55	2879,5	19 286	15 237	10 201	$3^1/_2$	70	49	103
3	76,20	66,90	3515,1	32 947	18 923	12 667	$3^1/_2$	76	54	112

der Gangzahl, Mutter- und Kopfhöhe und der Schlüsselweite. Die zugelassene Belastung P_1 bedeutet eine mit dem Durchmesser wachsende Beanspruchung von ungefähr:

$$2 \text{ bis } 9 \quad \text{kg/mm}^2 \text{ bei Koeffizient } 0,40 ,$$
$$1,5 \text{ ,, } 5,5 \quad \text{ ,, } \quad \text{ ,, } \quad \text{ ,, } \quad 0,45 ,$$
$$1 \text{ ,, } 4 \quad \text{ ,, } \quad \text{ ,, } \quad \text{ ,, } \quad 0,55 .$$

Tabelle 55. Gewichte (in kg) eiserner Whitworth-Schrauben.

Bolzendurchmesser	$1/2''$	$5/8''$	$3/4''$	$7/8''$	$1''$	$1^1/_8''$
Es wiegen 100 mm Bolzenlänge . . .	0,103	0,156	0,244	0,323	0,413	0,514
1 Sechskantmutter[1]) . .	0,050	0,078	0,147	0,224	0,309	0,396
1 Sechskantkopf . . .	0,035	0,055	0,103	0,157	0,217	0,278

Bolzendurchmesser	$1^1/_4''$	$1^3/_8''$	$1^1/_2''$	$1^5/_8''$	$1^3/_4''$	$1^7/_8''$
Es wiegen 100 mm Bolzenlänge . .	0,625	0,748	0,931	1,077	1,237	1,407
1 Sechskantmutter[1]) . .	0,539	0,738	0,947	1,160	1,341	1,678
1 Sechskantkopf	0,378	0,517	0,663	0,813	0,940	1,175

Bolzendurchmesser	$2''$	$2^1/_4''$	$2^1/_2''$	$2^3/_4''$	$3''$	—
Es wiegen 100 mm Bolzenlänge . .	1,589	2,054	2,502	2,993	3,621	—
1 Sechskantmutter[1]) . .	1,987	2,893	3,896	5,025	7,667	—
1 Sechskantkopf	1,394	2,026	2,730	3,522	5,375	—

[1]) Einschließlich des darin steckenden Bolzenstückes. Die Summe der drei je Schraube genannten Gewichte ist also das Gewicht einer Schraube von 100 mm Länge zwischen Kopf und Mutter.

Tabelle 55 gibt die Gewichte von je 100 mm Bolzenlänge, je einer Sechskantenmutter und eines Sechskantkopfes für eiserne Whitworth-Schrauben von $^1/_2{}''$ bis $3''$ an.

Flußeiserne Schrauben sollen möglichst abgerundetes Gewinde haben. Stark beanspruchte und häufig zu lösende Muttern mache man höher, als es bei gewöhnlichen Befestigungs- oder Verbindungsschrauben (Tabelle 54) üblich ist. Härtbarer Stahl ist als Material für Dampffaß-schrauben nicht zulässig.

Sind erhebliche Biegungsbeanspruchungen zu befürchten, so sind

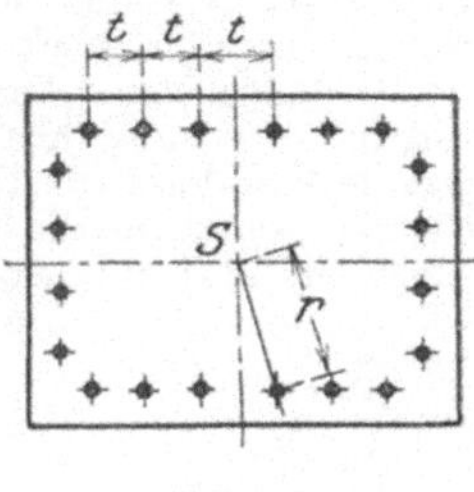

Abb. 63.

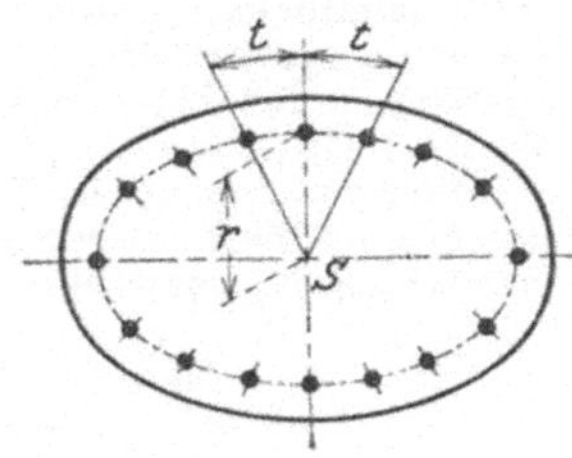

Abb. 64.

die Schrauben entsprechend stärker zu bemessen. Schrauben mit $d < {}^1/_2{}''$ sind unzulässig; schwächere Schrauben als $d = {}^5/_8{}''$ sind möglichst zu vermeiden.

Für Flanschenschrauben zur Befestigung rechteckiger oder elliptischer Platten (Abb. 63 und 64) bezeichne:

r den kleinsten Schraubenabstand vom Schwerpunkte der gedrückten Fläche und

t die Schraubenteilung in mm. Dann wird angenommen, daß die am stärksten belastete Schraube den Druck

$$P'_{\max} = \frac{P \cdot t}{2\,\pi \cdot r} \qquad (24)$$

zu übertragen hat. Hiernach ist die Schraubenstärke zu bemessen. Vorteilhaft bedient man sich dieser Gleichung in der Form:

$$t = \frac{P'_{\max}}{P} \cdot 2\,\pi \cdot r \qquad (25)$$

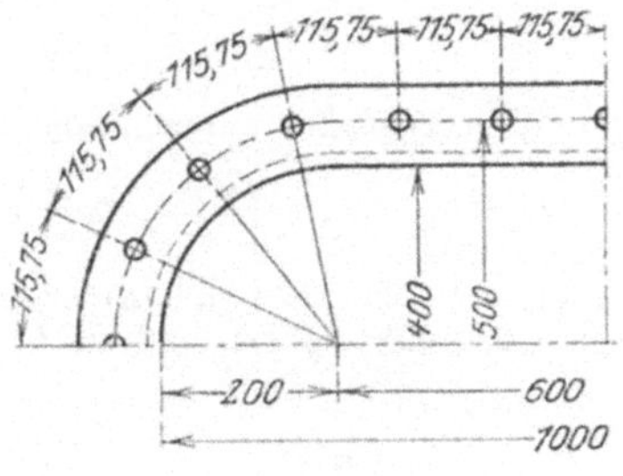

Abb. 65.

auch dazu, die Schrauben der ungleichen Druckverteilung entsprechend ungleichmäßig auf den Umfang des Deckels zu verteilen und so eine annähernd gleichmäßige Schraubenbelastung herbeizuführen. Die Deckel sollen immer möglichst große Eckabrundungen erhalten.

Beispiel: Abb. 65 zeigt einen Quadranten einer durch Deckel zu verschließenden Öffnung, die aus einem rechteckigen Mittelstück von 600×400 mm mit anschließenden halbkreisförmigen Enden besteht. Der Dampfdruck sei $p = 11$ kg/cm^2.

Es ergibt sich ein Gesamtdruck $P = 40\,224$ kg. Gewählt seien vorläufig 24 Schrauben von $1^1/_8{}''$. Auf jede Schraube würden also bei gleichmäßiger Druckverteilung $\infty\ 1676$ kg entfallen. Zulässige Belastung mit Koeffizient 0,45 ist 1770 kg.

Die Teilung findet sich bei einem Lochmittellinienabstand von 500 mm gerade
bzw. 250 mm Radius zu 115,75 mm und es wird:

$$P'_{max} = \frac{40\,224 \cdot 11,58}{2 \cdot \pi \cdot 25} = \sim 2966 \text{ kg}.$$

Statt der $1^1/_8{''}$-Schrauben wären danach solche von $1^3/_8{''}$ Stärke zu wählen:
zulässige Belastung 2967 kg. Der Gesamtdruck verlangt jetzt nur noch $\dfrac{40\,224}{2967}$
= 14 Schrauben und die neue Teilung wird 197,8 mm. Es ergibt sich also stets
ein neues größeres P'_{max}, denn t wächst und r bleibt unverändert. Man müßte
die nächste Schraube im Abstande t mit dem neuen r berechnen, um für sie ein
kleineres P'_{max} zu erhalten. Die konstruktive Lösung für Gleichung (24) bestände
also in der Abnahme der Schraubenstärke von der Deckelmitte nach den Deckel-
enden hin. Diese Lösung eignet sich aber wenig für die praktische Ausführung.
Wir schlagen gemäß Formel (25) folgenden Weg ein (Abb. 66).

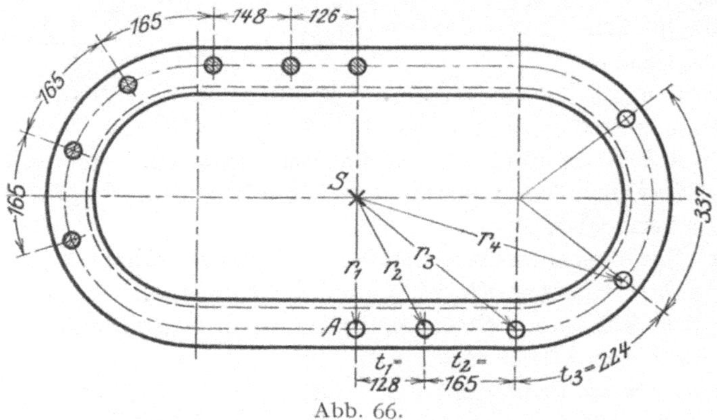

Abb. 66.

Für $1^3/_8{''}$-Schrauben findet sich:

$$t = \frac{P'_{max}}{P} \cdot 2\,\pi \cdot r = \frac{2966 \cdot 2}{40\,224} \cdot \pi \cdot r = 0,1474\,\pi \cdot r.$$

Die erste Schraube soll in der Längsmitte bei A angebracht werden. Für sie ist
$r = 250$ mm; dieses Maß sei für die nächste Schraube als:

vorläufiges $r_1 = 250$ mm gesetzt; damit kommt:

,, $t_1 = 0,1474 \cdot \pi \cdot 250 = 116$ mm (die erste Teilung).

Der 276 mm lange Strahl zur zweiten Schraube sei:

vorläufiges $r_2 = 276$ mm; es kommt:

,, $t_2 = 0,1474 \cdot \pi \cdot 276 = 128$ mm.

Also darf $t_1 = 128$ *mm* sein; die zweite Schraube rückt mehr nach rechts.
Das wirkliche r_2 wird also noch etwas länger und t_1 dürfte tatsächlich noch etwas
größer als 128 mm sein. — Es folgt der neue Strahl als:

vorläufiges $r_3 = 358$ mm und

,, $t_3 = 0,1474 \cdot \pi \cdot 358 = 165,7$ mm.

Danach darf $t_2 = 165$ *mm* sein.

Vorläufiges $r_4 = 485$ mm,

,, $t_4 = 0,1474 \cdot \pi \cdot 485 = 224,6$ mm.

Es darf sein: $t_3 = 224$ *mm*. Damit ist das Höchstmaß der Teilung für gute
Abdichtung schon überschritten; am Deckelende würden 337 mm Teilung entstehen. Allerdings würden auch nur die errechneten 14 Schrauben gebraucht werden.

Um 170 mm Teilung nicht zu überschreiten, sei nach Abb. 66, Quadrant links oben, mit 126, 148, 165, 165 ... geteilt. Es kommen 18 Schrauben von gleicher Stärke, die einen Gesamtdruck von 53 406 kg aufnehmen können und annähernd gleichmäßig belastet sind. Bei sehr starken Flanschen würde man die letzten t noch vergrößern können und mit 16 Schrauben auskommen, die 47 472 kg aufnehmen, so daß praktisch kein unnötiger Schraubenaufwand mehr vorliegt.

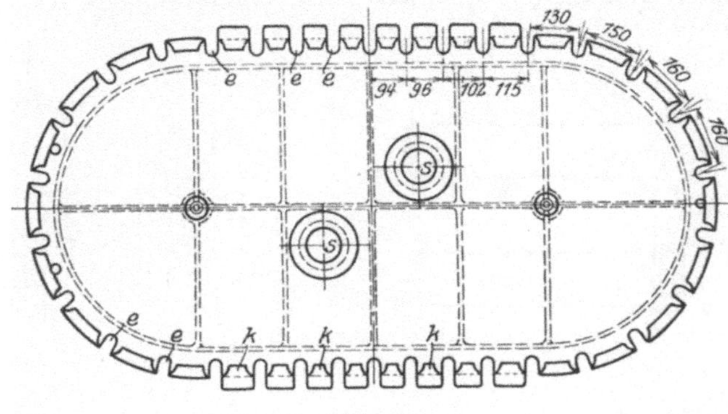

Abb. 67.

Ein Ausführungsbeispiel ist in Abb. 67 und 68 gezeigt. Zwecks Sicherung guten Abdichtens (Klappschraubenverschluß, also häufiges Öffnen und Schließen) sind möglichst enge Teilungen durch Wahl entsprechend kleiner Schrauben angestrebt. — Abb. 67 und 68 zeigen auch eine sehr einfache Verankerung der Zarge gegen Durchbiegung. Die Lappen k zwischen den Schraubenschlitzen e sind auf den geraden Längsseiten, wo sauberes Passen durch Hobeln sichergestellt werden kann, hakenförmig nach unten verlängert und umfassen den Rand der Zarge bei den Pfeilen in Abb. 68. Der Deckel selbst verankert die Zarge.

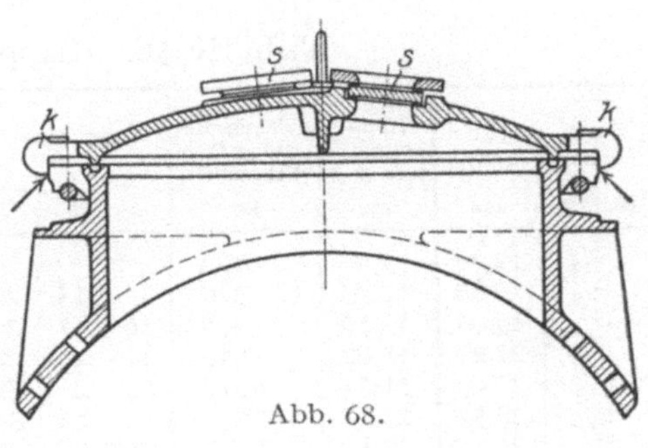

Abb. 68.

Stehbolzen sollen kein gröberes Gewinde als 9 Gang auf 1″ engl. haben. Für p in kg/cm² Überdruck mache man den Kerndurchmesser (8 fache Sicherheit):

$$\mathfrak{d} = \sqrt{\frac{10\,a \cdot p}{K_z}} \text{ in cm}, \tag{26a}$$

worin a die von einem Bolzen zu tragende Fläche in cm² ist. Mit $K_z = 3600$ kg/cm² für Flußeisen findet sich:

$$\mathfrak{d} = 0{,}0527 \cdot \sqrt{a \cdot p} \text{ cm}. \tag{26b}$$

Kupferne Stehbolzen s. S. 151.

Für Augen von Klappschrauben (Abb. 69), gepreßt oder gut geschmiedet, gibt Tabelle 56 Abmessungen und Gewichte.

Klappschrauben müssen zuverlässig gegen Abrutschen gesichert sein. Abb. 70 zeigt die Sicherung an einer gewöhnlichen Klappschraube, und zwar rechts mittels geraden Falzes und links mittels kugeligen

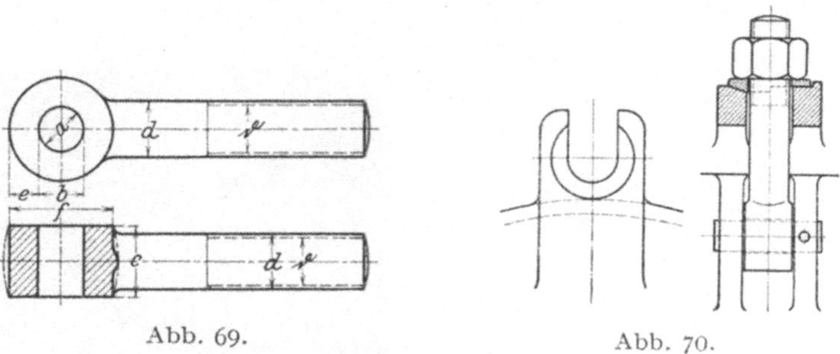

Abb. 69.   Abb. 70.

Versenks. Abb. 71 veranschaulicht einen Klappbügel mit Druckschraube. Der Bügel besteht aus Stahlguß. Am Deckel sitzt statt einer Gabel ein einfacher Stahlgußkloben mit kegelförmigem Versenk für die Schraubenspitze.

Schrauben für Gefäß-Flanschverbindungen. Um Proberechnungen zur Ermittlung der Schraubenstärke und Schraubenzahl möglichst zu vermeiden, kann man wie folgt vorgehen.

Tabelle 56. Klappschrauben.

Außendurch-messer d in		Kern-durch-messer b	Zulässige Be-lastung P_1 je Schraube[1])	Augenabmessungen in mm					Ver-größerte Mutter-höhe	Gewicht in kg von	
engl. ʺ	mm	mm	kg	a	b	c	e	f	mm	100 mm Bolzen-länge	1 Auge (leer)
$^1/_2$	12,70	9,98	122	—	—	—	—	—	—	—	—
$^5/_8$	15,88	12,93	310	14	15	22	9	33	20	0,156	0,11
$^3/_4$	19,05	15,80	576	16	17	26	10	37	23	0,244	0,17
$^7/_8$	21,23	18,62	916	17	18	28	11	40	26	0,323	0,22
1	25,40	21,34	1 318	20	21	32	13	47	30	0,413	0,34
$1^1/_8$	28,57	23,93	1 770	23	24	34	14	52	35	0,514	0,42
$1^1/_4$	31,75	27,10	2 412	25	26	38	15	56	38	0,625	0,57
$1^3/_8$	34,92	29,51	2 967	27	28	42	16	60	42	0,748	0,72
$1^1/_2$	38,10	32,69	3 786	29	30	44	18	66	45	0,931	0,91
$1^5/_8$	41,27	34,77	4 377	31	32	48	19	70	49	1,077	1,10
$1^3/_4$	44,45	37,95	5 361	34	35	52	20	75	52	1,237	1,25
$1^7/_8$	47,62	40,11	6 192	36	37	54	22	81	57	1,407	1,46
2	50,80	43,59	7 355	38	39	58	23	85	61	1,589	1,78
$2^1/_4$	57,15	49,02	9 569	42	43	64	25	93	68	2,054	2,70
$2^1/_2$	63,50	55,37	12 528	47	48	70	28	104	76	2,502	3,73
$2^3/_4$	69,85	60,55	15 237	51	52	76	30	112	84	2,993	4,86
3	76,20	66,90	18 923	56	57	82	33	123	91	3,621	6,24

[1]) $P_1 = \left(\dfrac{b - 5}{0,45}\right)^2.$

Nach Festlegung des lichten Durchmessers D und Berechnung der Wandstärke s des Dampffasses (Flußeisen mit Winkelringflanschen) kann man die vorläufige Schraubenstärke d_v (Bolzendurchmesser) mittels der Faustformel:

$$d'_v = \frac{D}{100} + s + p \qquad (27)$$

ermitteln, worin D und s in mm und p in kg/cm² einzusetzen sind, und zwar s mit dem für die Ausführung bestimmten Maß, also einschließlich aller Zuschläge. Auf Grund dieses d'_v-Wertes wählt man aus Tabelle 54 z. B. den nächst größeren Bolzendurchmesser als d_v.

Gemäß Abb. 72 ist der Lochkreisdurchmesser:

$$\mathfrak{D} = D + 2 \cdot (s + x + y) \,.$$

Der anzunietende Schenkel des Winkelringes ist mit etwa $x = 1{,}2\,s$ bis $1{,}3\,s$ stark genug, auch wenn die Niete in ihm versenkt werden. Dies empfiehlt sich oft, um die Schrauben möglichst nahe an die Gefäßwand bringen zu können. Zur Bestimmung von $\mathfrak{D}$ für Winkelringe ungleicher Flanschstärke würde $x = 1{,}3$ genügen. Der als Flansch dienende Schenkel muß aber stärker sein. Um $\mathfrak{D}$ auch für

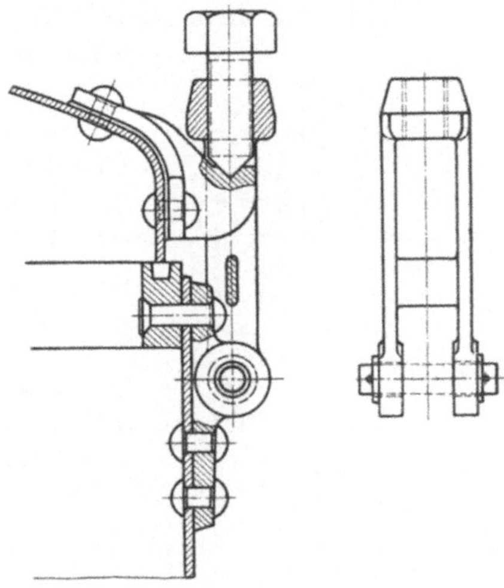

Abb. 71.

Winkelringe gleicher Flanschstärke ungefähr passend zu erhalten, sei $x = 1{,}6\,s$ in die vorstehende Gleichung für $\mathfrak{D}$ eingesetzt. Der endgültige Lochkreisdurchmesser ist dann je nach der Winkelringart entweder etwas größer oder etwas kleiner als der vorläufige.

Den Abstand y mache man so klein wie möglich, um die Beanspruchung der Schraubverbindung günstig zu gestalten. Es sei $y = 1{,}2 \cdot d_v$ gewählt. Damit ergibt sich der vorläufige Lochkreisdurchmesser: $\mathfrak{D}_v = D + 5{,}2\,s + 2{,}4\,d_v$. Abrundung der Koeffizienten auf 5 und 2,5 liefert aus: $\mathfrak{D}_v = D + 5\,s + 2{,}5\,d_v$ die Formel:

$$\mathfrak{D}_v = D + 2{,}5 \cdot (2\,s + d_v) \,. \qquad (28)$$

Die Schraubenteilung sei möglichst, wenn d der Bolzendurchmesser, $t = 4\,d$ (Abb. 73), jedenfalls ohne besonderen Grund nicht kleiner als $3{,}5\,d$, um mit gewöhnlichen Schlüsseln anziehen zu können, und nicht größer als $5\,d$, um die gute Abdichtung zu sichern. Also:

$$\frac{t}{d} = 3{,}5 \text{ bis } 5 \quad \text{(Optimum 4)} \,. \qquad (29)$$

Tabelle 57 gibt für die Faustformel (27) je acht Beispiele: a) bei gleichem Durchmesser und verschiedenen Überdrucken, b) bei gleichem Überdruck und verschiedenen Durchmessern. Bei b) 1 und b) 2 liegt die Teilung der unteren Grenze sehr nahe, aber mit der nächst größeren Schraubenstärke wird $\frac{t}{d} > 5$. Man wird mindestens je zwei Schrauben mehr vorsehen, als der Druck verlangt. Bei b) 7 und b) 8 ist wegen des reichlichen $\frac{t}{d}$ die Schraubenstärke verringert.

Wünscht man durchweg geringere Schraubenstärken, so wählt man an Hand von d'_v [Formel (27)] den nächst kleineren Bolzendurchmesser als d_v.

Die Schrauben sind nicht nur durch den Überdruck im Dampffaß belastet, sondern auch durch das zwecks Abdichtens von vornherein erforderliche Anspannen. Diese Beanspruchung kann dadurch berücksichtigt werden, daß man die Betriebsdrucklast je Schraube mittels eines Erfahrungsfaktors erhöht. Entfallen auf jede Schraube P' kg Betriebsdruck, so wählt man dann ihre Stärke für:

$$P'' = 1,2 \text{ bis } 1,25\,P'.$$

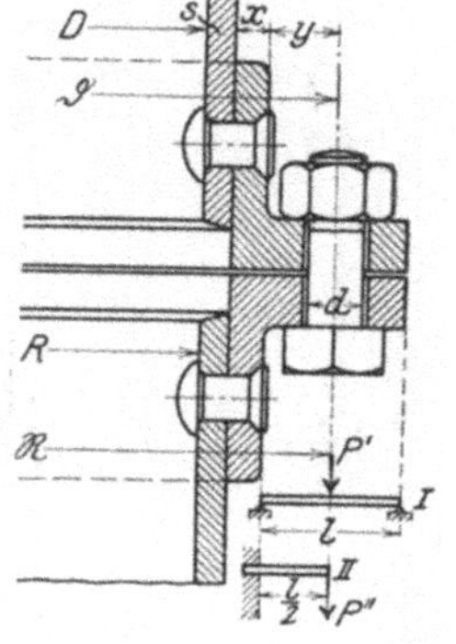

Abb. 72.

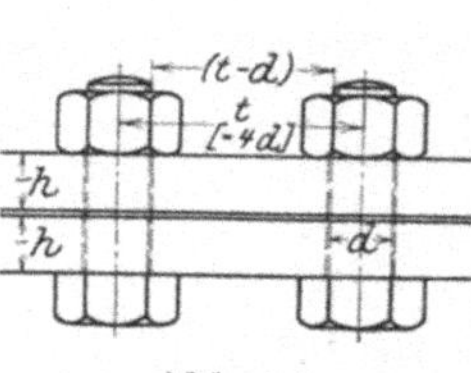

Abb. 73.

Die Bauvorschriften für Dampffässer fordern die Rechnung mit P'' nicht, weil die zulässige Belastung genügend vorsichtig gewählt ist. Wesentlicher sind: gutes Schraubenmaterial, gute Ausführung der ganzen Verschraubung und sachgemäßes Anziehen. Jedenfalls gehe man mit der Schraubenstärke nicht zu weit; je stärker die Schrauben sind, um so ungünstiger werden die Flanschabmessungen.

Die Belastung der Schrauben durch den Abdichtungsdruck kann man auch dadurch berücksichtigen, daß man die Stärke für P' wählt und die sich dabei ergebende Schraubenzahl z vergrößert. Flanschverbreiterung wird dann vermieden.

Bei gußeisernen Gefäßen läßt sich der vorläufige Bolzendurchmesser der Schrauben nach:

$$d'_v = \frac{D}{100} + \frac{s}{2} + p \tag{30}$$

wählen. Tabelle 58 enthält dieselben Beispiele für Gußeisen, die in Tabelle 57 für Schmiedeisen gegeben waren.

Gemäß Abb. 74 tritt an die Stelle des angenieteten Winkelringes die Übergangsverstärkung zum Flansch, die der Vergrößerung des ge-

Tabelle 57. Beispiele zur Faustformel für Überschlagsberechnung von Dampffaßverschraubungen.

Lfd. Nr.	D	p	s	$P^{1)}$	d'_v	d_v in	d_v in	P_1	$\frac{P}{P_1}=$	P'	$\mathfrak{D}_v$	t	$\frac{t}{d}$
	mm	kg/cm²	mm	kg	mm	mm	″ engl.	kg	z	kg	mm	mm	
a) Gleiche Durchmesser, verschiedene Überdrucke.													
1	800	2	5	10 306	**15**	15,88	$^5/_8$	310	34	304	864	79,83	4,98
2	,,	4	7	20 816	**19**	19,05	$^3/_4$	576	37	563	886	75,23	3,95
3	,,	6	9	31 531	**23**	25,40	1	1 318	24	1 314	910	119,12	4,69
4	,,	8	10	42 248	**26**	28,57	$1^1/_8$	1 770	24	1 761	922	120,70	4,22
5	,,	10	12	53 337	**30**	31,75	$1^1/_4$	2 412	23	2 319	940	128,40	4,04
6	,,	12	14	64 620	**34**	34,92	$1^3/_8$	2 967	22	2 938	958	136,80	3,92
7	,,	16	18	87 824	**42**	44,45	$1^3/_4$	5 361	17	5 167	1002	185,70	4,18
8	,,	20	21	116 932	**49**	50,80	2	7 355	16	7 309	1032	202,57	3,99
b) Gleicher Überdruck, verschiedene Durchmesser.													
1	400	6	6	7 998	**16**	15,88	$^5/_8$	310	26	308	470	56,83	3,59
						19,05	$^3/_4$	576	14	572	480	107,71	5,65
						,,	,,	,,	16	500	,,	94,25	4,94
2	600	,,	7	17 766	**19**	19,05	$^3/_4$	576	31	574	684	69,31	3,64
						21,23	$^7/_8$	916	20	889	690	108,38	5,11
						,,	,,	,,	22	808	,,	98,53	4,17
3	800	,,	9	31 531	**23**	25,40	1	1 318	24	1 314	910	119,12	4,69
4	1000	,,	10	49 026	**26**	28,57	$1^1/_8$	1 770	28	1 751	1122	125,88	4,41
5	1500	,,	13	109 734	**34**	34,92	$1^3/_8$	2 967	37	2 966	1652	140,27	4,01
6	2000	,,	17	194 958	**43**	44,45	$1^3/_4$	5 361	37	5 268	2196	186,46	4,19
7	2500	,,	20	304 020	**51**	57,15	$2^1/_4$	9 569	32	9 501	2744	269,39	4,71
						50,80	2	7 355	42	7 234	2726	203,90	4,01
8	3000	,,	23	437 220	**59**	63,50	$2^1/_2$	12 528	35	12 492	3272	293,69	4,62
						57,15	$2^1/_4$	9 569	46	9 505	3258	222,50	3,89

$$^1)\ P = \frac{(D + 2s)^2 \cdot \pi}{4} \cdot p,\ \text{da der Dampf auch den Blechrand belastet.}$$

fährlichen Querschnitts dient. Man mache: $x = 0,4\,s$ oder $0,5\,s$ und erhält:

$$\mathfrak{D}_v = D + 2,8\,s + 2,4\,d_v \tag{30a}$$

oder:

$$\mathfrak{D}_v = D + 3\,s + 2,4\,d_v.$$

Zum Auftragen der Schraubenteilung auf dem Lochkreis benutze man die Tabelle 59: „Teilung des Kreisumfanges in n Teile".

Tabelle 58. Beispiele für d_v bei gußeisernen Gefäßen.

a) Gleiche D, verschiedene p						b) Gleiche p, verschiedene D					
Nr.	D	p	s	P	d'_v	Nr.	D	p	s	P	d'_v
	mm	kg/cm²	mm	kg	mm		mm	kg/cm²	mm	kg	mm
1	800	2	8	10 053	14	1	400	6	10	7 540	15
2	,,	4	12	20 106	18	2	600	,,	13	16 965	19
3	,,	6	16	30 160	22	3	800	,,	16	30 160	22
4	,,	8	20	40 213	26	4	1000	,,	19	47 124	26
5	,,	10	24	50 266	30	5	1500	,,	26,5	106 032	35
6	,,	12	28	60 319	34	6	2000	,,	34	188 492	43
7	,,	16	36	80 425	42	7	2500	,,	41,5	294 522	52
8	,,	20	44	100 531	50	8	3000	,,	49	424 116	61

Tabelle 59. Teilung des Kreisumfanges in n Teile[1]).

$$\text{Teilungsstrecke} = \text{Sehne} = \text{Durchmesser} \cdot \sin \frac{180}{n}$$

n	$\sin \dfrac{180}{n}$	n	$\sin \dfrac{180}{n}$	n	$\sin \dfrac{180}{n}$	n	$\sin \dfrac{180}{n}$
1	0,00000	26	0,12054	51	0,06156	76	0,04132
2	1,00000	27	0,11609	52	0,06038	77	0,04079
3	0,86603	28	0,11196	53	0,05924	78	0,04027
4	0,70711	29	0,10812	54	0,05814	79	0,03976
5	0,58779	30	0,10453	55	0,05709	80	0,03926
6	0,50000	31	0,10117	56	0,05607	81	0,03878
7	0,43388	32	0,09802	57	0,05509	82	0,03830
8	0,38268	33	0,09506	58	0,05414	83	0,03784
9	0,34202	34	0,09227	59	0,05322	84	0,03739
10	0,30902	35	0,08964	60	0,05234	85	0,03695
11	0,28173	36	0,08716	61	0,05148	86	0,03652
12	0,25882	37	0,08481	62	0,05065	87	0,03610
13	0,23932	38	0,08258	63	0,04985	88	0,03569
14	0,22252	39	0,08047	64	0,04907	89	0,03529
15	0,20791	40	0,07846	65	0,04831	90	0,03490
16	0,19509	41	0,07655	66	0,04758	91	0,03452
17	0,18375	42	0,07473	67	0,04687	92	0,03414
18	0,17365	43	0,07300	68	0,04618	93	0,03377
19	0,16460	44	0,07134	69	0,04551	94	0,03341
20	0,15643	45	0,06976	70	0,04487	95	0,03306
21	0,14904	46	0,06824	71	0,04423	96	0,03272
22	0,14232	47	0,06679	72	0,04362	97	0,03238
23	0,13617	48	0,06540	73	0,04302	98	0,03205
24	0,13053	49	0,06407	74	0,04244	99	0,03173
25	0,12533	50	0,06279	75	0,04188	100	0,03141

Beispiel: Der Umfang eines Kreises mit dem Durchmesser $D = 24$ cm soll in 33 Teile geteilt werden. Die in den Zirkel zu nehmende Teilstrecke = 24 cm $\cdot 0,09506 = 2,28$ cm.

Bei den Flanschen der Dampffässer empfiehlt sich die Anbringung einseitiger schmaler Dichtungsleisten nicht. Ganz abgedrehte Flansche mit über deren ganze Breite gehender und möglichst dünner Packung eignen sich für hohe Drucke und werden durch das Anziehen der Schrauben nicht auf Biegung beansprucht. Für die höheren Betriebsdrucke empfiehlt sich die Sicherung der Packung gegen Herausfliegen.

Bei schmaler Dichtungsleiste, also höherem spezifischen Druck, ist zwar die Abdichtung leichter herbeizuführen, aber der Nachteil hoher Biegungsspannungen, die nach C. von Bach allein schon die zulässige Materialanstrengung überschreiten können, wird dadurch nicht aufgewogen. Will man diesen Nachteil vermeiden und gleichwohl den

---

[1]) Entnommen aus Schuchard & Schütte: Technisches Hilfsbuch. Berlin: Julius Springer.

spezifischen Abdichtungsdruck erhöhen, so ordne man etwa nach Abb. 75 zwei Leisten an. Der Gewinn an spezifischem Druck gegenüber einer auf der ganzen Breite angepreßten Packung beruht zwar nur auf dem Fortfall des Ringstückes 1, er kann aber erheblich sein, wenn das Ringstück 2 recht schmal gemacht wird. Die Packung selbst besteht zweckmäßig nicht aus zwei Ringen, sondern aus einem einzigen über die ganze Flanschbreite gehenden Stück, als wenn die Aussparung 1 nicht bestände. Abdichtend wirkt nur das Ringstück 3. Besondere Sicherung gegen Herausfliegen der Packung ist dabei nicht nötig, weil Ringstück 2 als Sicherung wirkt.

Zentrieransätze sollten stets so angeordnet sein, daß sie den gefährlichen Querschnitt nicht schwächen und den Seitenschub aufnehmen: in Abb. 75 außen bei *a*.

Für die Flanschdicke gilt: sie muß so groß sein, daß der Flansch sowohl die Beanspruchung durch den Betriebsdruck wie auch die durch den Abdichtungsdruck ohne Formänderung erträgt. Für die Festigkeitsberechnung der Flansche hat

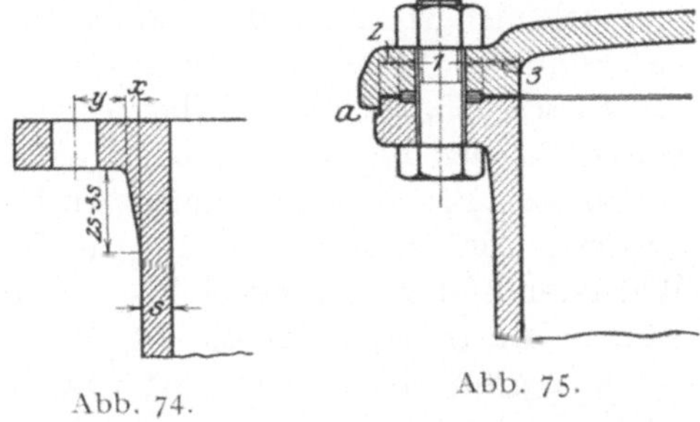

Abb. 74.

Abb. 75.

C. von Bach Näherungswege angegeben, siehe Bach, Maschinenelemente (Verlag Kröner, Leipzig), 12. Aufl., 1924, Bd. 2. Im Abschnitt über Pumpen- und Preßzylinder ist (S. 414 a. a. O.) die Formel:

$$k_b \leqq \frac{3\,\mu \cdot R_b \cdot p \cdot x}{h_b^2}.$$

gegeben. Hierbei ist die tatsächliche oder voraussichtliche (etwa unter 45° verlaufende) Bruchlinie in der Ecke zwischen Flansch und Gefäßwand zugrunde gelegt, und es bedeuten:

R_b den Radius des durch die Mitte der Bruchlinie gelegten Kreises,
h_b die Projektion der Bruchlinie auf die Zylinderachse,
x den radialen Abstand von Mitte Bruchlinie bis Schraubenkreis,
p den Flüssigkeitsdruck,
k_b die zulässige Biegungsbeanspruchung,
μ eine Berichtigungszahl: für Gußeisen hier = 0,8.

Die Formel dient in erster Linie bei tatsächlich erfolgtem Bruch zur Nachprüfung. Bei neuen Flanschen muß man diese zunächst entwerfen und die mutmaßliche Bruchlinie annehmen; erst dann kann man die Formel anwenden.

Für lose Rohrflansche ist im Abschnitt: Rohre aus Eisen und Stahl (S. 468 ff a. a. O.) die Formel:

$$h \geqq R_d \cdot \sqrt{\frac{3 \cdot p \cdot (R_1 - R_m)}{k_b \cdot (R_a - R_i - e)}}$$

entwickelt. Es bedeuten, indem $\mu = 1$ gesetzt ist:

R_d den Außenradius der Dichtungsfläche,
R_a den äußeren, R_i den inneren Radius des losen Flanschringes,
R_m den mittleren Radius der Druck-Ringfläche des Flanschringes,
R_1 den Schraubenkreisradius, e den Schraubenloch-Durchmesser,
h die Flanschdicke, p und k_b dasselbe wie oben.

Auch hier ist zuerst der Flansch zu entwerfen. Die Flanschdicke h ist Funktion von sechs verschiedenen Konstruktionsabmessungen: R_d, R_a, R_i, R_m, R_1, e, die vorher festgelegt werden müssen. Die Formel betrachtet den Flansch als einen auf Biegung beanspruchten Körper, von dessen Bruch angenommen wird, daß er in einem Durchmesser erfolge. Das entspricht den von Bachschen Versuchen über die Widerstandsfähigkeit ebener Platten, bei denen die Querschnitte der größten Anstrengung durch die Mitte der Scheibe gehen, und der darauf gegründeten Berechnung von Zylinderdeckeln usw.

Um eine Formel zu erhalten, bei der die Flanschdicke h Funktion von möglichst wenigen und vorher überschlagsweise feststellbaren Abmessungen ist, wird hier für die Berechnung der Flanschstärke ein etwas anderer Weg eingeschlagen, der den Vorteil praktisch allgemeiner Anwendbarkeit der gewonnenen Formel bietet.

Bei gußeisernen Rohren ist es üblich, die Flanschdicke: $h = 1,25\,d$ (Durchmesser der Flanschschrauben) zu wählen. Diese Bestimmungsweise erscheint, wenigstens für Gefäßflansche, nicht als geeignet; sie liefert z. B. für durch den Abdichtungsdruck auf Biegung beanspruchte und für hiervon freie Flansche dieselbe Dicke. Nachstehende Näherungsformel hat sich im praktischen Gebrauch bewährt:

$$h = \alpha \cdot \sqrt{\frac{P' \cdot (\mathfrak{R} - R)}{k_b \cdot (t - d)} \cdot \frac{t}{d}} + 1,2. \qquad (31)$$

Hierin sind:

R = innerer Gefäßhalbmesser
$\mathfrak{R}$ = Schraubenkreishalbmesser
t = Schraubenteilung $\qquad\qquad\qquad\qquad$ in cm;
d = Schrauben-(Bolzen-)Durchmesser
h = Flanschdicke o h n e die etwaige Dichtungsleiste

k_b = zulässige Biegungsbeanspruchung, und zwar:

= 600 kg/cm² für Flußeisen,
= 400 ,, ,, Stahlguß,
= 200 ,, ,, Gußeisen;

P' = Anteil des Gesamtbetriebsdruckes je Schraube in kg, also

$= \dfrac{\text{Gesamtdruck}}{\text{Schraubenzahl}} = \dfrac{P}{z}$ (zu unterscheiden von der zulässigen Belastung P_1 der Schraube; soll die Flanschstärke dieser zulässigen Belastung oder der Kraft P'', siehe S. 94, entsprechen, so setzt man P_1 oder P'' in Gleichung 31 ein);

α = 0,43 für Flansche, die n i c h t durch den Abdichtungsdruck auf Biegung beansprucht werden,

α = 0,60 für durch den Abdichtungsdruck auf Biegung beanspruchte
Flansche.

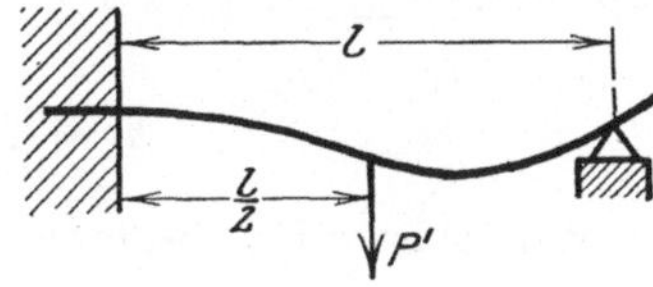

Abb. 76.

Formel (31) betrachtet ein Flansch-
stück in radialer Richtung als einen durch
P' (oder P'' oder P_1) belasteten Balken.

Bei atmosphärischer Spannung erleidet ein F l a n s c h m i t d u r c h -
g e h e n d e r P a c k u n g keine Biegungsanstrengung. Unter dem Betriebsdruck käme gegebenenfalls als Annäherungsannahme der Belastungsfall nach Abb. 76: ein Balkenende eingespannt und ein Ende
frei aufliegend, in Frage, bei dem $M_{\max} = \frac{3}{16} \cdot P' \cdot l$ sein würde. Formel (31) macht die ungünstigere Annahme des freien Aufliegens beider
Enden gemäß Abb. 72, Nebenfigur I, wobei $M_{\max} = \frac{1}{4} \cdot P' \cdot l$ ist.

Ferner wird $l = \Re - R$ und der Angriff von P' bei $\dfrac{l}{2}$ angenommen.

Als Breite des Balkens wird eine Teilung abzüglich Schraubenloch oder
angenähert: $t - d$ gesetzt. Dann lautet die Biegungsgleichung:

$$\frac{P' \cdot (\Re - R)}{4} = \frac{(t - d) \cdot h^2}{6} \cdot k_b$$

wonach:

$$h_1 = \sqrt{\frac{6 \cdot P' \cdot (\Re - R)}{4 \cdot k_b \cdot (t - d)}} = 1{,}225 \cdot \sqrt{\frac{P' \cdot (\Re - R)}{k_b \cdot (t - d)}}.$$

Mit wachsender Teilung nimmt h ab. Da die Möglichkeit der Flansch-
deformation in tangentialer Richtung mit zunehmender Teilung wächst,
soll die Abnahme von h eingeschränkt werden. Zu diesem Zwecke wird
gesetzt:

$$1{,}225 = x \cdot \sqrt{\frac{t}{d}}$$

und für $\dfrac{t}{d}$ das Optimum 4 gewählt. Damit wird aus: $1{,}225 = 2\,x$ gefunden: $x = 0{,}6125$ und:

$$h_1 = 0{,}6125 \cdot \sqrt{\frac{P' \cdot (\Re - R)}{k_b \cdot (t - d)} \cdot \frac{t}{d}}\,. \tag{32}$$

Bei Flanschen mit schmaler einseitiger Dichtungsleiste erzeugt der Abdichtungsdruck von vornherein Spannungen im ganzen Gefäßanschluß: Flansch, Annietschenkel, Nietnaht, Boden und Gefäßwand. Die Spannungsverhältnisse werden um so günstiger, je stärker die Flansche sind. Deshalb wird für diese Flansche der noch ungünstigere Belastungsfall des Freiträgers (Abb. 72, Nebenfigur II) gewählt: $M_{\max} = \tfrac{1}{2} \cdot P' \cdot l$. Damit kommt:

$$h_2 = 1{,}732 \cdot \sqrt{\frac{P' \cdot (\Re - R)}{k_b \cdot (t - d)}}\,.$$

Wie oben wird gesetzt:

$$1{,}732 = y \cdot \sqrt{\frac{t}{d}}\,,$$

also mit $\dfrac{t}{d} = 4$ gefunden: $y = 0{,}866$ und:

$$h_2 = 0{,}866 \cdot \sqrt{\frac{P' \cdot (\Re - R)}{k_b \cdot (t - d)} \cdot \frac{t}{d}}\,. \tag{33}$$

Die obigen Annahmen geben zwar nicht die verwickelten tatsächlichen Beanspruchungen wieder, erscheinen jedoch ausreichend ungünstig. Um mit Sicherheit starke Flansche zu erhalten, wird noch ein fester Zuschlag von x bzw. y cm gemacht, womit (32) und (33) die Form:

$$\left.\begin{aligned}
h_1 &= 0{,}6125 \cdot \left(\sqrt{\frac{P' \cdot (\Re - R)}{k_b \cdot (t - d)} \cdot \frac{t}{d}} + 1 \right) \\
h_2 &= 0{,}866 \cdot \left(\sqrt{\frac{P' \cdot (\Re - R)}{k_b \cdot (t - d)} \cdot \frac{t}{d}} + 1 \right)
\end{aligned}\right\} \tag{34}$$

annehmen. Um die schwächeren Flansche bis zu 25 mm Dicke stärker werden zu lassen, wird schließlich ein veränderlicher Zuschlag von: $0{,}3 \cdot (2{,}5 - h)$ gemacht, der gleichzeitig die Dicke der reichlich ausfallenden Flansche ($h > 25$ mm) etwas herabsetzt. Mit diesem Zuschlage erhalten die Gleichungen (34) die Form:

$$\left.\begin{aligned}
h_1 &= 0{,}429 \cdot \sqrt{\frac{P' \cdot (\Re - R)}{k_b \cdot (t - d)} \cdot \frac{t}{d}} + 1{,}179 \\
h_2 &= 0{,}606 \cdot \sqrt{\frac{P' \cdot (\Re - R)}{k_b \cdot (t - d)} \cdot \frac{t}{d}} + 1{,}356
\end{aligned}\right\}\,. \tag{35}$$

Tabelle 60. Flanschstärken h zu den Verschraubungen nach Tabelle 57.

| a) Lichter Gefäßdurchmesser $D = 800$ mm | | | | | | | b) Betriebsdruck $p = 6$ kg/cm² | | | | | | |
Nr.	p kg/cm²	z	d ''engl.	h cm	s cm	$\frac{h}{s} =$	Nr.	D cm	z	d ''engl.	h cm	s cm	$\frac{h}{s} =$
1	2	3	4	5	6	7	8	9	10	11	12	13	14
1	2	34	$^5/_8$	1,68	0,5	3,36	1	400	26	$^5/_8$	1,74	0,6	2,90
								,,	14	$^3/_4$	1,87	,,	3,12
								,,	16	,,	1,84	,,	3,07
2	4	37	$^3/_4$	1,91	0,7	2,64	2	600	31	$^3/_4$	1,93	0,7	2,67
								,,	20	$^7/_8$	2,05	,,	2,93
								,,	22	,,	1,98	,,	2,83
3	6	24	1	2,26	0,9	2,51	3	800	24	1	2,26	0,9	2,51
4	8	24	$1^1/_8$	2,43	1,0	2,43	4	1000	28	$1^1/_8$	2,42	1,0	2,42
5	10	23	$1^1/_4$	2,64	1,2	2,20	5	1500	37	$1^3/_8$	2,75	1,3	2,12
6	12	22	$1^3/_8$	2,85	1,4	2,03	6	2000	37	$1^3/_4$	3,37	1,7	1,98
7	16	17	$1^3/_4$	3,37	1,8	1,87	7	2500	42	2	3,78	2,0	1,89
								,,	32	$2^1/_4$	4,02	,,	2,01
8	20	16	2	3,83	2,1	1,82	8	3000	46	$2^1/_4$	4,19	2,3	1,82
								,,	35	$2^1/_2$	4,45	,,	1,93

Wegen der den gefährlichen Querschnitt verstärkenden Dichtungsleiste, und weil die auf Biegung beanspruchte Strecke: $\frac{l}{2}$ in Wirklichkeit kleiner als $\frac{\Re - R}{2}$ ist, darf bei h_2 Abrundung nach unten erfolgen. Die Gleichungen (35) können geschrieben werden:

$$\left. \begin{aligned} h_1 &= 0{,}43 \cdot \sqrt{\frac{P' \cdot (\Re - R)}{k_b \cdot (t - d)} \cdot \frac{t}{d} + 1{,}2} \\ h_2 &= 0{,}60 \cdot \sqrt{\frac{P' \cdot (\Re - R)}{k_b \cdot (t - d)} \cdot \frac{t}{d} + 1{,}2} \end{aligned} \right\} . \tag{36}$$

Setzt man in (36) die Koeffizienten des ersten Summanden $= \alpha$, so ergibt sich Formel (31).

Für die in Tabelle 57 genannten Verschraubungsbeispiele sind in Tabelle 60 die nach Formel (31) berechneten Flanschstärken zusammengestellt, s. Spalte 5 und 12.

Der anzunietende Schenkel des Verschraubungswinkelringes braucht nicht dieselbe Stärke wie der Flanschschenkel. Im ersteren treten — bei ganz durchgehender Packung — erst dann Zusatzspannungen auf, wenn der letztere Formänderungen erleidet. Winkelringe für Dampffaßverschraubungen sollten deshalb ungleiche Schenkelstärke besitzen. Für jede Schraubenstärke von $^5/_8''$ bis $2^1/_2''$ sollte ein passendes Profil vorhanden sein.

In den Spalten 7 und 14 der Tabelle 60 ist das Verhältnis $\frac{h}{s}$ angegeben; hiermit und mit der Beziehung: $a = x = \infty\, 1{,}3\ s$ sind in Tabelle 61

Tabelle 61. Winkelringprofile für den Dampffaßbau.

Nr.	d ⌿ engl.	Abmessungen in mm				Nr.	d ⌿ engl.	Abmessungen in mm			
		h	B	a	H			h	B	a	H
1	$^5/_8$	20	55	9	75	8	$1^1/_2$	36	115	18	155
2	$^3/_4$	22	65	10	85	9	$1^5/_8$	39	125	20	165
3	$^7/_8$	24	70	11	95	10	$1^3/_4$	42	135	22	180
4	1	26	80	12	105	11	$1^7/_8$	45	145	24	195
5	$1^1/_8$	28	90	13,5	115	12	2	48	155	26	205
6	$1^1/_4$	30	100	15	130	13	$2^1/_4$	51	170	28	220
7	$1^3/_8$	33	105	16,5	140	14	$2^1/_2$	54	190	30	250

Tabelle 62. Profile nahtlos gewalzter Winkelringe (der Borsigwerke) mit ungleicher Schenkelstärke.

Nr.	Abmessungen in mm				Nr.	Abmessungen in mm				Nr.	Abmessungen in mm			
	H	a	B	h		H	a	B	h		H	a	B	h
1	220	40	125	70	10	145	30	93	47	19	114	30	100	37
2	200	30	115	60	11	143	35	115	60	20	110	30	80	47
3	195	30	110	55	12	135	30	115	56	21	110	25	80	42
4	190	30	105	45	13	130	30/45	70	40	22	110	30	100	35
5	185	50	145	50	14	125	35	120	45	23	105	30	86	48
6	160	35	125	45	15	120	30	155	45	24	102	27	74	40
7	153	35	115	65	16	119	30	110	37	25	100	30	90	30
8	146	30	100	50	17	117	30	115	32	26	98	85	85	35
9	145	30	100	47	18	115	30	105	45	27	93	25	80	30

vorschlagsweise Winkelringprofile für den Dampffaßbau (s. Abb. 77) zusammengestellt. Die Maße sind abgerundet und abgestuft. Sämtliche Profile müßten in nahtlos gewalzten Ringen, die kleineren auch in Stangen bis ∾ 10 m Länge lieferbar sein, um die kleineren Ringe gegebenenfalls selbst anfertigen zu können.

In Tabelle 62 sind Profile nahtlos gewalzter Winkelringe der Borsigwerke genannt, Abb. 77. Kleinster Innendurchmesser = 475 mm, größter Innendurchmesser = 2500 mm, größter Flanschdurchmesser = 2800 mm. In Abb. 78 ist das in Stangen lieferbare Domflanscheisen der Borsigwerke: $H = 91$ mm, $a = 15$ mm, $B = 69$ mm, $h = 26$ mm (vgl. Tabelle 61, Profil Nr. 3) gezeigt. Weitere Profile s. DI-Normen „Rohrleitungen", Tabelle 75.

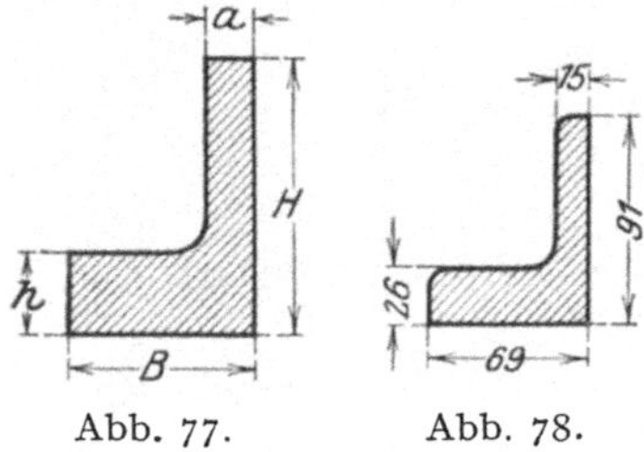

Abb. 77.   Abb. 78.

6. Bewegungs= und Preßschrauben.

Bewegungs- und Preßschrauben werden im Dampffaß- und Apparatebau für Hilfseinrichtungen verwendet.

Gewindeart: Flaches Gewinde mit quadratischem Querschnitt oder rundes Gewinde, auch Trapezgewinde.

Ist gemäß Abb. 79:

Q die in der Schraubenachse wirkende Kraft (Last, Preßdruck),
P die drehende Kraft, am Hebelarm R angreifend,
s die Gewindesteigung und r der mittlere Gewinderadius,
so muß (ohne Berücksichtigung der Reibung) sein:

$$2R \cdot \pi \cdot P = Q \cdot s,$$

also das Moment: $P \cdot R = \dfrac{Q \cdot s}{2\pi} = \sim 0,16 \cdot Q \cdot s.$

Unter Berücksichtigung der Reibung durch den Wirkungsgrad η wird:

$$P \cdot R = \frac{Q \cdot s}{2\pi \cdot \eta} = 0,16 \cdot \frac{Q \cdot s}{\eta}.$$

Bedeuten:

M_t das Drehmoment, α den Gewinde-Steigungswinkel, ϱ den Reibungswinkel, μ den Koeffizienten der gleitenden Reibung, so ist ferner:

$$M_t = P \cdot R = Q \cdot r \cdot \operatorname{tg}(\alpha + \varrho).$$

Da $\operatorname{tg}\alpha = \dfrac{s}{2r \cdot \pi}$ und $\operatorname{tg}\varrho = \mu$, so kommt:

$$\boldsymbol{M_t = Q \cdot r \cdot \frac{s + 2r \cdot \pi \cdot \mu}{2r \cdot \pi - s \cdot \mu}.} \qquad (37)$$

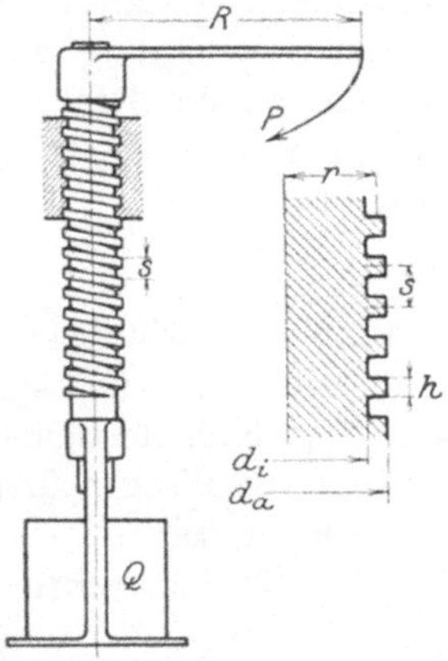

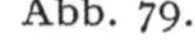
Abb. 79.

Für Schmiedeisen oder Stahl auf Gußeisen oder Bronze kann man bei ausreichender Schmierung $\mu = 0,10$ bis $0,11$ und im Mittel $\mu = 0,105$ setzen. Dabei ist $\varrho = 6°$.

Für Druck- oder Preßschrauben mit Selbsthemmung muß $\alpha < \varrho$ sein. Bei $\alpha = 5°$ und $\varrho = 6°$ ergibt sich der Wirkungsgrad aus:

$$\eta = \frac{\operatorname{tg}\alpha}{\operatorname{tg}(\alpha + \varrho)} \qquad (38)$$

zu:

$$\eta = \frac{\operatorname{tg} 5°}{\operatorname{tg} 11°} = 0,45.$$

Bei $\alpha = \varrho$ wird $\eta = 0,5$, d. h. der Wirkungsgrad kann bei Selbsthemmung 0,5 nicht überschreiten.

Bei Bewegungsschrauben ohne Selbsthemmung sind höhere Wirkungsgrade erzielbar. Das Maximum tritt bei $\alpha = 45° - \dfrac{\varrho}{2}$ ein. Mit $\varrho = 6$ wird dann $\alpha = 42°$ und $\eta = 0,8107$. Bei $\alpha = 45° - \varrho$ und $\varrho = 6$ wird $\alpha = 39°$ und $\eta = 0,8098$.

Die Steigung $(s = 2\,r \cdot \pi \cdot \mathrm{tg}\,\alpha)$ wird

für $\alpha = 42°$: $s = 0{,}90 \cdot 2\,r \cdot \pi = 5{,}655\,r = 2{,}827\,d$,

„ $\alpha = 5°$: $s = 0{,}088 \cdot 2\,r \cdot \pi = 0{,}553\,r = 0{,}276\,d$,

worin $d =$ mittlerer Gewindedurchmesser. Für die gleiche Hubhöhe kommen ~ 10 Umdrehungen bei $\alpha = 5°$ auf eine Umdrehung bei $\alpha = 42°$. Bewegungsschrauben mehrgängig.

Meistens wählt man für Preßschrauben:

$$s = 0{,}25\,d_i = 0{,}5\,r_i,$$
$$t = h = 0{,}5\,s = 0{,}125\,d_i,$$

worin d_i den Kerndurchmesser, t die Gangtiefe und h die Gangstärke bezeichnen. Damit wird $\alpha = 4{,}5°$ und bei $\varrho = 6°$ kommt $\eta = 0{,}427$.

Zur Berechnung auf **Festigkeit** genügt es bei Schrauben mit kleinem α, die Drehungsbeanspruchung dadurch zu berücksichtigen, daß man Q auf $^4/_3\,Q$ erhöht, also den Kernquerschnitt nur auf Zug bzw. Druck aus:

$$q_i = \frac{4}{3} \cdot \frac{Q}{k_z} \tag{39}$$

bestimmt. Darin setze man für Schmiedeisen: $k_z = 600$ kg/cm², für Flußstahl: $k_z = 800$ kg/cm². — Gedrückte lange Schrauben müssen auch auf Knickfestigkeit berechnet werden.

Den spezifischen Druck in den Gewindegängen wähle man nicht zu hoch; er sei:

für Schrauben aus Schmiedeeisen $k = 80$ kg/cm²,

„   „   „ Flußstahl $k = 100$ „   .

Die Zahl i der Gewindegänge in der Mutter ergibt sich aus:

$$Q = 2\,r \cdot \pi \cdot t \cdot k \cdot i$$

oder $(q_a =$ Querschnitt des Schaftes vom Außendurchmesser $d_a)$:

$$i = \frac{Q}{2\,r \cdot \pi \cdot t \cdot k} = \frac{Q}{(q_a - q_i) \cdot k}. \tag{40}$$

Höhe der Mutter $= i \cdot s$.

Mit $\alpha = \sim 4$ bis $5°$, $\varrho = 6°$ und $\mu = 0{,}105$ sind in Tabelle 63 Preßschrauben aus Schmiedeisen für $Q = 1000$ bis $40\,000$ kg berechnet.

Bei größerem Steigungswinkel als $\alpha = 6°$ sind die Schrauben auf zusammengesetzte Festigkeit zu berechnen. Die Zug- oder Druckbelastung liefert eine tatsächliche Beanspruchung:

$$\sigma = \frac{Q}{q}.$$

Das Drehmoment liefert eine Schubbeanspruchung:

$$\tau = \frac{M_t}{W_t}.$$

Tabelle 63. Schmiedeiserne Preßschrauben mit Selbsthemmung.

| Preß-druck Q | Kern- | | Gang-abmessungen | | Außen-durch-messer | q_a-q_i | Stei-gung s | Gänge auf $1''$ engl. | Mutter-höhe | Knick-sichere Länge | Wir-kungs-grad | Dreh-moment M_t |
| | quer-schnitt q_i | durch-messer d_i | t | h | d_a | | | | | | η | |
kg	cm²	mm	mm	mm	mm	cm²	mm		mm	m		mkg
1 000	2,27	17	2	2,117	21	1,19	4,233	6	45	0,40	0,41	1,65
1 500	3,46	21	2,5	2,54	26	1,85	5,08	5	52	0,50	0,40	3,05
2 000	4,52	24	3	3,175	30	2,55	6,35	4	63	0,57	0,43	4,75
2 500	5,73	27	,,	,,	33	2,82	,,	,,	71	0,64	0,40	6,35
3 000	6,61	29	3,5	3,63	36	3,57	7,26	$3^1/_2$	76	0,69	0,41	8,50
3 500	8,04	32	4	4,235	40	4,53	8,47	3	82	0,76	0,42	11,2
4 000	9,08	34	,,	,,	42	4,77	,,	,,	89	0,81	0,41	13,2
5 000	11,34	38	4,5	5,08	47	6,01	10,16	$2^1/_2$	106	0,91	0,43	18,9
6 000	13,20	41	5	,,	51	7,22	,,	,,	116	0,98	0,40	24,4
7 000	15,90	45	5,5	6,35	56	8,73	12,70	2	128	1,07	0,44	32,2
8 000	18,10	48	6	,,	60	10,17	,,	,,	120	1,15	0,42	38,4
9 000	20,42	51	,,	,,	63	10,75	,,	,,	133	1,22	0,41	44,6
10 000	22,06	53	6,5	8,465	66	12,15	16,93	$1^1/_2$	174	1,26	0,47	57,8
12 000	26,42	58	7	,,	72	14,30	,,	,,	178	1,39	0,44	74,0
14 000	31,17	63	8	,,	79	17,85	,,	,,	168	1,51	0,43	87,0
16 000	35,26	67	8,5	10,16	84	20,16	20,32	$1^1/_4$	202	1,60	0,45	116
18 000	40,72	72	9	,,	90	22,90	,,	,,	200	1,72	0,44	133
20 000	44,18	75	9,5	,,	94	25,12	,,	,,	204	1,80	0,43	151
25 000	55,42	84	10,5	12,70	105	31,17	25,40	1	254	2,01	0,45	226
30 000	66,48	92	11,5	,,	115	37,39	,,	,,	254	2,20	0,43	284
35 000	78,54	100	12,5	,,	125	44,18	,,	,,	252	2,40	0,41	347
40 000	88,25	106	,,	,,	131	46,53	,,	,,	273	2,54	0,40	406

Das (polare) Widerstandsmoment gegen Drehung ist für den vollen Kreisquerschnitt:

$$W_t = \frac{\pi}{16} \cdot d^3 = \sim 0,2\, d^3 \quad (\text{Hier}: d = d_i!) .$$

Zug oder Druck und Drehung liefern die Gesamtbeanspruchung:

$$\sigma_g = 0,35\, \sigma + 0,65 \cdot \sqrt{\sigma^2 + 4 \cdot (\alpha_0 \cdot \tau)^2} . \tag{41}$$

Hierin ist: $\alpha_0 = \dfrac{k_z}{1,3 \cdot k_t}$ bei Zug- und $= \dfrac{k_d}{1,3 \cdot k_t}$ bei Druckbelastung.

Es muß sein:

$$\sigma_g < k_z ,$$

ferner muß Knicksicherheit bestehen.

Ist: Q der Preßdruck in kg, s die Steigung in m, n die Umdrehungszahl/min, so kommen:

die Arbeitsleistung $\quad A = \dfrac{Q \cdot s \cdot n}{60} \quad$ sec/mkg ,

der Kraftbedarf $\quad N = \dfrac{Q \cdot s \cdot n}{60 \cdot 75 \cdot \eta}$ PS .

E. Eisenrohre.

1. Berechnung.

Im Entwurf der „DI-Normen für Rohrleitungen"[1]) ist das Überdruck-Spannungsgebiet von 1 bis 32 Atm. für Dampf und 1 bis 40 Atm. für Wasser in 7 Druckstufen unterteilt. Für den Dampffaß- und Apparatebau kommen hauptsächlich die ersten vier Druckstufen (Dampf: 1 bis 8 Atm., Wasser: 1 bis 10 Atm.) in Betracht. Diese sind in möglichst kurzer Zusammenfassung im Abschnitt 2 wiedergegeben.

Für die Berechnung der Rohrwandstärke benutzen die DI-Normen die Gleichung 1 (S. 21) in der Form:

$$s = \frac{p \cdot d}{2 \cdot k_z \cdot Z} + c, \qquad (42)$$

worin bedeuten:

p den Betriebsdruck in kg/cm^2,

d den Rohrdurchmesser in cm,

k_z die zulässige Beanspruchung in kg/cm^2,

Z das Güteverhältnis der Naht und

c einen festen Zuschlag.

Die zulässige Beanspruchung ist $k_z = 800$ kg/cm^2 gewählt, so daß bei 3600 kg/cm^2 Zugfestigkeit des Flußeisens der Sicherheitsgrad $\mathfrak{S} = 4{,}5$ ist. Es wird gesetzt: $Z = 1$ für nahtlose Rohre und $Z = 0{,}7$ für geschweißte Rohre. Der feste Zuschlag für Abrosten und Herstellungsungenauigkeiten ist: $c = 0{,}1$ cm.

Für Schiffs - Rohrleitungen ist vorgeschrieben[2]), daß Dampfleitungen von 10 cm innerem Durchmesser und darüber, bei denen das Produkt: Dampfdruck in kg/cm$^2 \times$ Durchmesser in cm $\geqq 100$ ist, aus Siemens-Martin-Flußeisen herzustellen sind. Rohrleitungen von mehr als 3 cm innerem Durchmesser für Dampf von mehr als 250° C dürfen nicht aus Kupfer hergestellt werden.

Bei mehr als 150 mm l. W. und mehr als 4 kg/cm^2 Betriebsdruck ist für die Wandstärke flußeiserner Schiffs-Dampfrohre die Formel:

$$s = \frac{p \cdot d}{600} + C \qquad (43)$$

vorgesehen, worin:

$s = $ Rohrwandstärke in mm,

$d = $ innerer Rohrdurchmesser in mm,

$p = $ Betriebsdruck in kg/cm^2,

---

[1]) Normen-Sonderheft Rohrleitungen (Zeitschrift „Maschinenbau" des V. d. I.), September 1923.

[2]) Germanischer Lloyd: Vorschriften für maschinelle Einrichtungen. 1922.

$$C = 2{,}0 \text{ bei } d \geqq 175 \text{ mm}$$
$$= 2{,}5 \quad ,, \quad d = 176 \text{ bis } 300 \text{ mm} \quad \left.\right\} \text{ für nahtlos gezogene}$$
$$= 3{,}0 \quad ,, \quad d > 300 \text{ mm} \qquad\qquad \text{und gewalzte Rohre,}$$
$$= 3{,}5 \text{ für genietete und überlappt geschweißte Rohre.}$$

Formel (43) liefert so große Wandstärken, daß man sie außer bei Ausführungen für Schiffe nicht benutzen wird.

Rohrflansche, soweit sie nicht genormt sind, berechne man nach Formel (31), S. 98. In Tabelle 64 sind einige den DIN entnommene Beispiele zusammengestellt, für die neben den Normstärken auch die nach Formel (31) berechneten h genannt werden. Nr. 1 bis 6 sind Gußeisenflansche mit Dichtungsleiste; Formel (31) liefert außer bei Nr. 1 höhere Werte. Nr. 7 bis 8 sind Nietflansche, Nr. 10 bis 12 Vorschweißflansche (beide D 1 W 1 bis D 8 W 10) und Nr. 13 bis 15 Stahlgußflansche der Druckstufen D 22 W 25 und D 32 W 40. In diesen drei Gruppen liefert Formel (31) geringere Flanschdicken. Die berechneten Werte passen sich der auf eine Schraube entfallenden Betriebsdruckbelastung P' an.

Zur Ermittelung der Stärke usw. der Schrauben kann man sich gegebenenfalls der Faustformeln (27) bis (30) bedienen. Die DIN haben übereinstimmend mit dem englischen Vorgange die Schraubenzahl durch 4 teilbar gewählt. Das empfiehlt sich bei Rohrflanschen jedenfalls. Bei Gefäßflanschen ist die Wahl eines günstigen $\dfrac{t}{d}$ wichtiger; wenn aber die Teilbarkeit durch 4 außerdem erreichbar ist, wähle man sie.

Tabelle 64. Flanschstärken h nach DIN und Formel (31).

Lfde. Nr.	Normenblatt DIN	Nennweite (mm)	Radien $\mathfrak{R}$ mm	Radien R mm	Belastung gesamt P kg	Belastung jeSchraube P' kg	$\dfrac{t}{d} =$	Betriebspressung kg/cm² Dampf	Betriebspressung kg/cm² Wasser	Flanschdicke h nach DIN	Flanschdicke h nach Formel (31)
1	2111	100	85	50	200	50	8,4	2	2,5	19	17
2	2112	200	140	100	1 900	240	6,9	5	6	23	24
3	,,	300	197,5	150	4 300	360	5,4	,,	,,	24	27
4	,,	400	247,5	200	7 600	480	5,1	,,	,,	26	29
5	,,	600	352,5	300	17 000	850	5,2	,,	,,	29	34
6	2113	800	472,5	400	50 300	2100	4,3	8	10	40	47
7	2150	400	247,5	200	3 400	250	5,1	2	2,5	21	17
8	2151	600	352,5	300	17 800	900	5,2	5	6	25	22
9	2152	800	472,5	400	53 400	2300	4,3	8	10	33	28
10	2154	400	247,5	200	3 200	200	5,1	2	2,5	18	17
11	2155	600	352,5	300	17 000	850	5,2	5	6	22	21
12	2156	800	472,5	400	50 300	2100	4,3	8	10	36	27
13	2121	400	275	200	31 500	2000	3,40	22	25	40	30
14	,,	500	330	250	49 100	2500	3,23	,,	,,	44	33
15	2122	400	287,5	200	50 300	3200	3,24	32	40	48	39

2. Rohrnormalien. Normung DIN-Entwurf vom September 1923.

Alle Drucke (Tabelle 65 usw.) sind Überdrucke.

Die Druckstufen für Dampf gelten auch für Luft, Gase und solche Flüssigkeiten, welche wegen ihrer physikalischen oder chemischen Eigenschaften oder aus anderen Gründen Vorsicht erheischen. Für gefährliche Dämpfe, Gase und Flüssigkeiten ist gegebenenfalls eine höhere Druckstufe zu wählen.

Die Druckstufen für Wasser gelten für Wasser unterhalb der Siedetemperatur und für andere ungefährliche Flüssigkeiten.

Der Probedruck für Vakuum-Leitungen ist: 1,5 kg/cm².

Für fertig verlegte Leitungen ist die Wasserdruckprobe nicht zulässig. Der Probedruck gilt daher nur für die Leitungsteile. Er gilt

Tabelle 65. Rohrleitungs-Druckstufen DIN.

Dampf		Wasser		Gemeinsam	
Druckstufe	Betriebsdruck kg/cm²	Druckstufe	Betriebsdruck kg/cm²	Probedruck kg/cm²	Druckstufen-bezeichnung
D 1	1	W 1	1	2	D 1 W 1
D 2	2	W 2,5	2,5	4	D 2 W 2,5
D 5	5	W 6	6	10	D 5 W 6
D 8	8	W 10	10	16	D 8 W 10
D 13	13	W 16	16	25	D 13 W 16
D 22	22	W 25	25	40	D 22 W 25
D 32	32	W 40	40	60	D 32 W 40

Abbildungen zu den Rohrnormalien (Tabelle 65 bis 79) nach DIN-Entwurf vom September 1923.

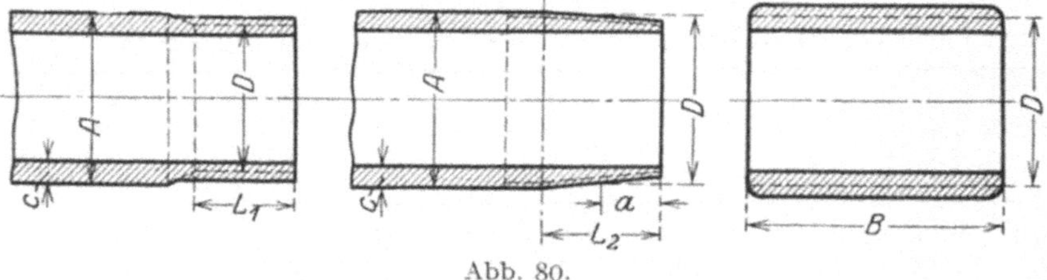

Abb. 80.

Zu Tabelle 66. Flußeisenrohre mit Gewinde.

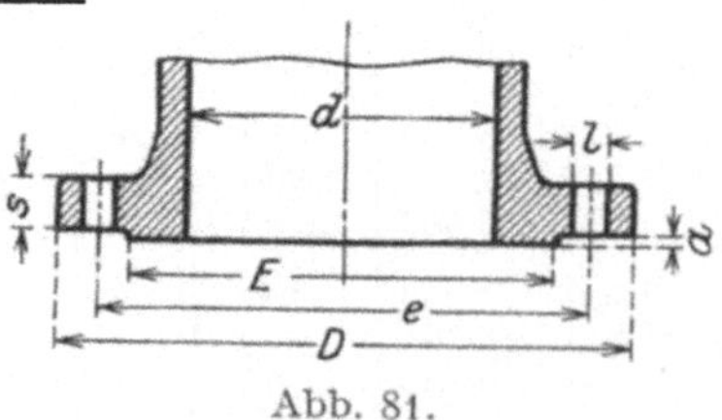

Abb. 81.

Zu Tabelle 69 und 70. Gußeisenflansche und gußeiserne Flanschenrohre.

Rohrnormalien, DIN-Entwurf.

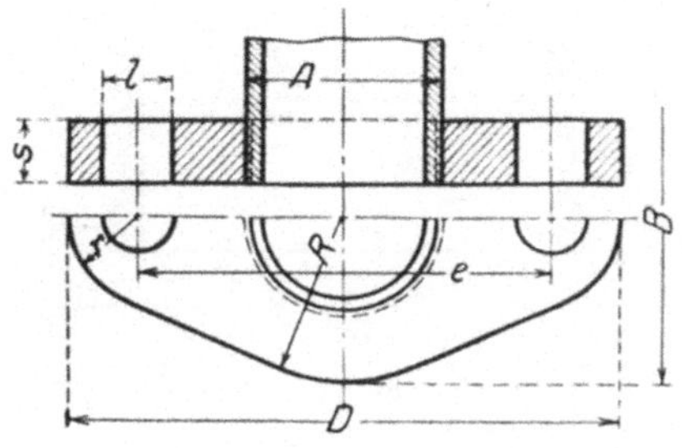

Abb. 82. Glatte ovale Flansche. Abb. 83. Ovale Flansche mit Ansatz.

Zu Tabelle 71. Ovale Gewindeflansche

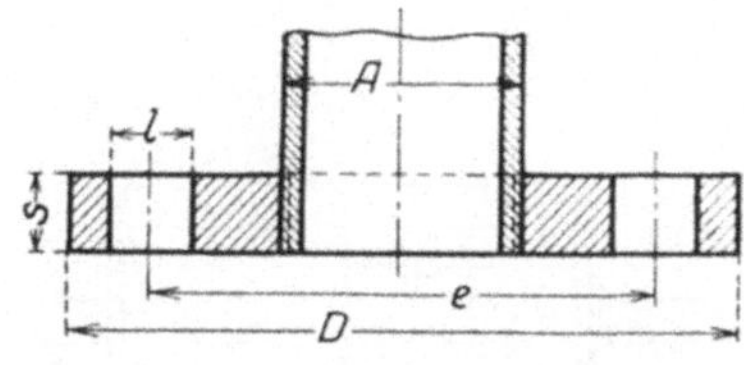

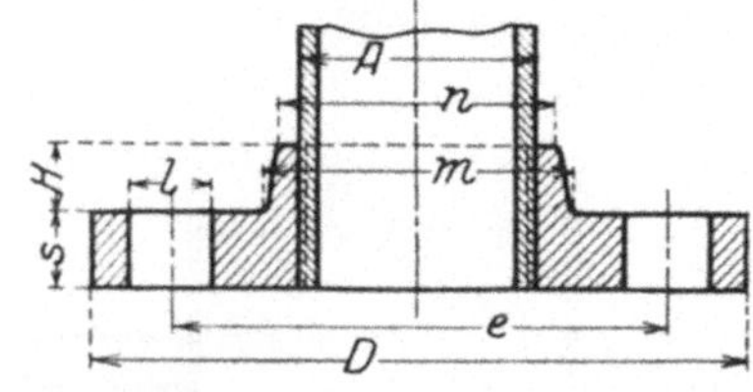

Abb. 84. Glatte runde Flansche. Abb. 85. Runde Flansche mit Ansatz.

Zu Tabelle 72. Runde Gewindeflansche.

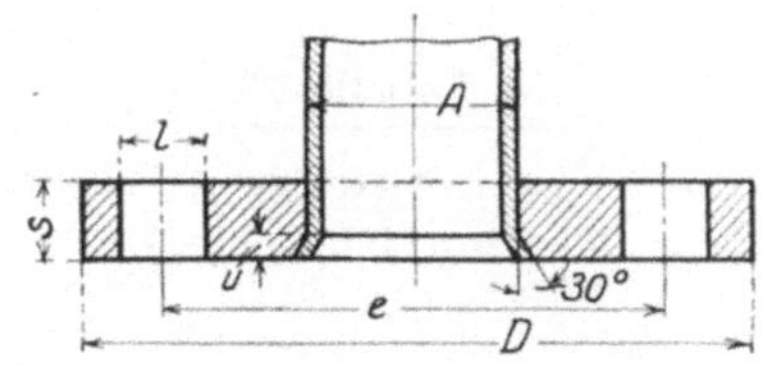

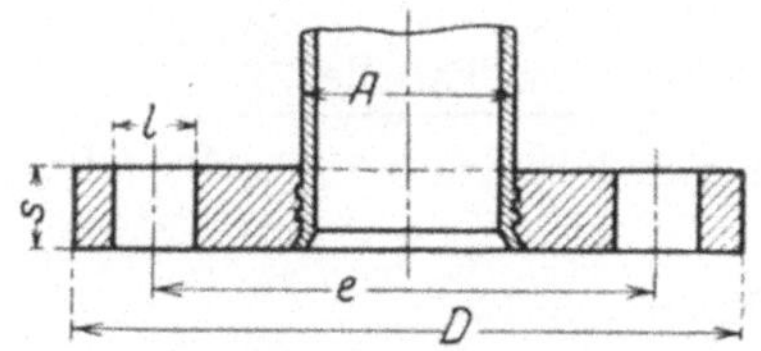

Abb. 86. Lötflansch. Abb. 87. Walzflansch.

Zu Tabelle 73. Glatte Löt- und Walzflansche.

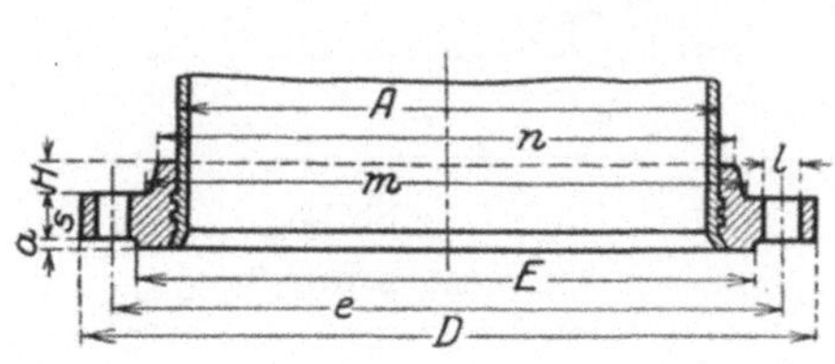

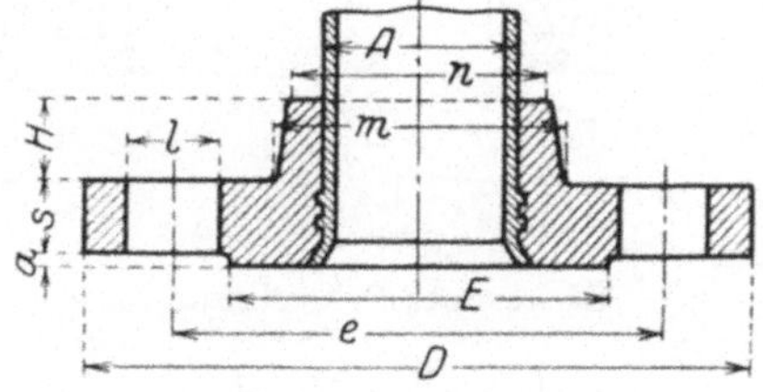

Abb. 88. DIN 2139. Abb. 89. DIN 2140.

Zu Tabelle 74. Walzflansche mit Ansatz.

Rohrnormalien, DIN-Entwurf.

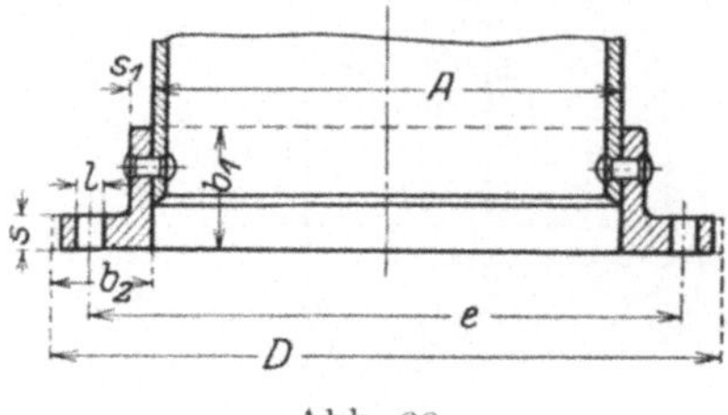

Abb. 90.

Zu Tabelle 75.

Nietflansche aus Domflanscheisen und ähnlichen Profilen.

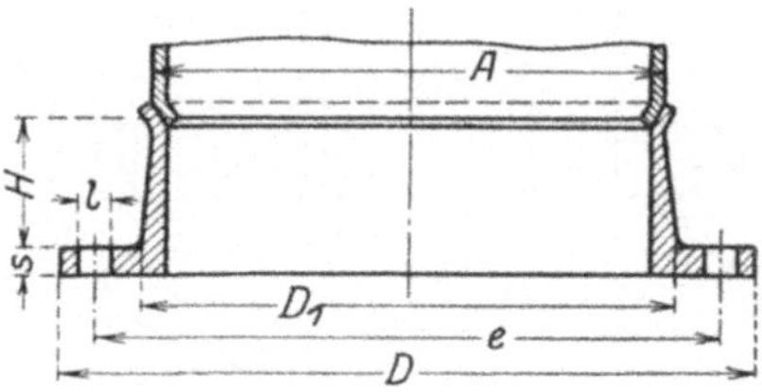

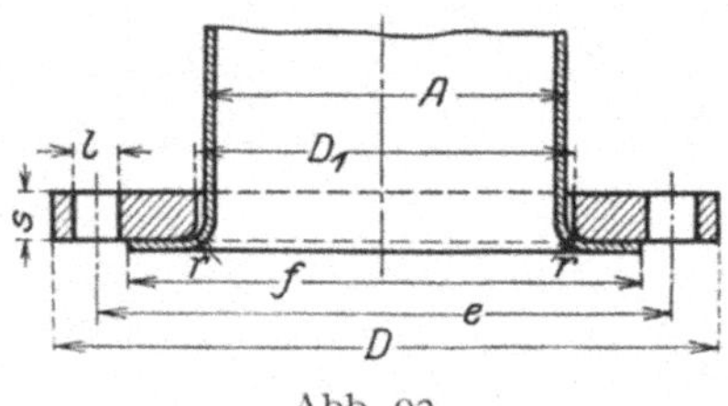

Abb. 92.

Zu Tabelle 77.

Lose Flansche für Bördelrohre.

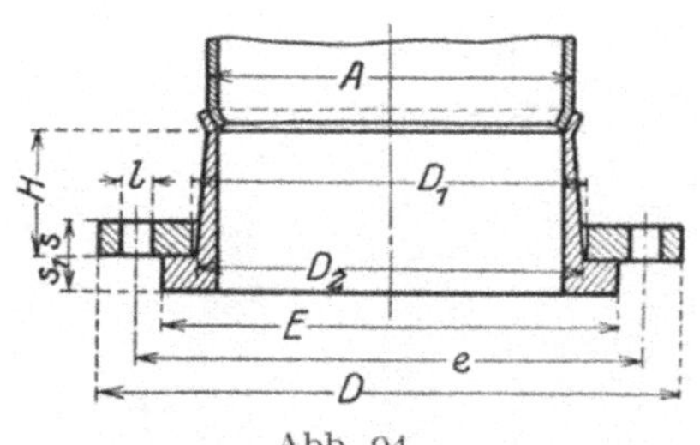

Abb. 94.

Überlappte Schweißung.

Abb. 91.

Zu Tabelle 76.

Vorschweißflansche.
(Überlappte Schweißung.)

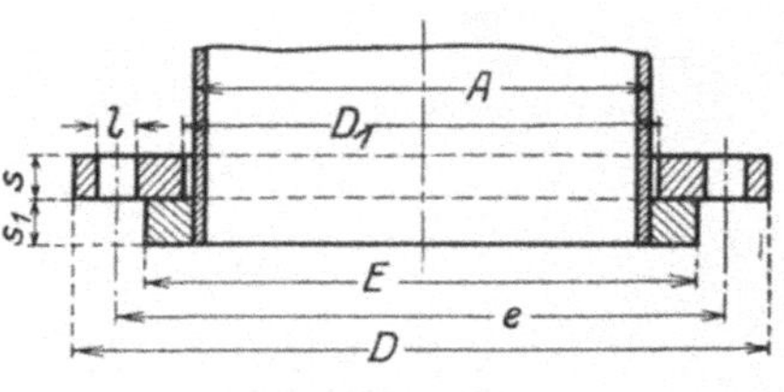

Abb. 93.

Zu Tabelle 78.

Lose Flansche mit Aufschweißbund.

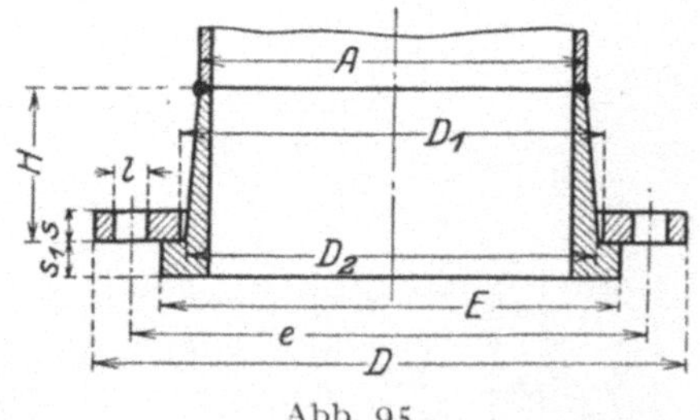

Abb. 95.

Autogene Schweißung.

Zu Tabelle 79.

Lose Flansche mit Vorschweißbund.

Tabelle 66. Flußeisenrohre mit Gewinde. (Siehe Abb. 80.)

Gasrohre   DIN 2041: D1W1 bis D22W25; nahtlos,   DIN 2051: D1W1 bis D13W16; geschweißt,
Dampfrohre DIN 2042: D1W1 bis D32W40; nahtlos,   DIN 2052: D1W1 bis D22W25; geschweißt.

Rohre			Ungefähre Wandstärken *und Gewichte*								Gewinde					Muffe
			Gasrohre				Dampfrohre						Nutzbare Gewindelänge			
Gasgewinde; handelsübliche Nennweite	Zugehörige Nennweite der Armaturen- und Formstücke	Minimaler Außendurchmesser A	DIN 2041 D1W1 bis D22W25 nahtlos c	je 1 m	DIN 2051 D1W1 bis D13W16 geschweißt stumpf c	überlappt c	DIN 2042 D1W1 bis D32W40 nahtlos c	je 1 m	DIN 2052 D1W1 bis D22W25 geschweißt stumpf c	überlappt c	Lehrdurchmesser D	Zahl der Gänge auf 1″ engl.	zylindrisch L_1	kegelig L_2	Abstand a des Lehrdurchmessers D vom Rohrende	Mindestlänge B
Zoll	mm	mm	mm	kg	mm	mm	mm	kg	mm	mm	mm		mm	mm	mm	mm
$^1/_8$	6	10	2	0,40	2	—	2,75	0,51	2,75	—	9,73	28	8	10	4	20
$^1/_4$	8	13,5	2,25	0,63	2,25	—	3	0,80	3	—	13,16	19	9	11	5	25
$^3/_8$	10	17	,,	0,84	,,	—	,,	1,05	,,	—	16,66	,,	11	13	6	30
$^1/_2$	13	21,5	2,75	1,29	2,75	—	3,5	1,41	3,5	—	20,96	14	14	16	,,	35
$^5/_8$	16	23,5	,,	1,43	,,	—	,,	1,57	,,	—	22,91	,,	,,	,,	,,	,,
$^3/_4$	20	27	,,	1,69	,,	—	,,	1,84	,,	—	26,44	,,	16	19	10	40
$(^7/_8)$	—	30,5	3	2,08	3	—	,,	2,11	,,	—	30,20	,,	,,	,,	,,	,,
1	25	34	3,25	2,52	3,25	—	4	3,02	4	—	33,25	11	19	22	,,	45
$1^1/_4$	32	42,5	,,	3,20	,,	—	,,	3,86	,,	—	41,91	,,	21	25	13	50
$1^1/_2$	40	48,5	3,5	3,95	3,5	—	4,25	4,72	4,25	—	47,80	,,	,,	,,	,,	55
$(1^3/_4)$	—	54,5	3,75	4,80	3,75	—	,,	5,37	,,	—	53,75	,,	24	28	16	60
2	50	60	,,	5,28	,,	—	,,	5,96	,,	—	59,62	,,	,,	,,	,,	,,
$2^1/_4$	60	66,5	,,	5,95	—	3,75	4,5	7,02	—	4,5	65,71	,,	27	32	18	65
$2^1/_2$	70	76	,,	6,85	—	,,	,,	8,07	—	,,	75,19	,,	,,	,,	,,	,,
$(2^3/_4)$	—	83	4	7,94	—	4	4,75	9,32	—	4,75	84,54	,,	30	35	21	70
3	80	89	,,	8,82	—	,,	,,	10,05	—	,,	87,89	,,	,,	,,	,,	,,
$(3^1/_4)$	—	95	,,	9,16	—	,,	,,	10,78	—	,,	93,98	,,	32	38	22	80
$3^1/_2$	90	102	4,25	10,45	—	4,25	5	12,18	—	5	100,33	,,	,,	,,	,,	,,
$(3^3/_4)$	—	108	,,	11,10	—	,,	,,	12,96	—	,,	106,68	,,	,,	,,	,,	,,
4	100	114	,,	11,72	—	,,	,,	15,34	—	,,	113,03	,,	36	41	25	85
$4^1/_2$	110	127	,,	13,09	—	,,	5,25	16,10	—	5,25	125,73	,,	,,	,,	,,	,,
5	125	140	4,5	15,30	—	4,5	5,5	18,62	—	5,5	138,44	,,	38	44	28	90
$5^1/_2$	140	152	,,	16,68	—	,,	,,	20,28	—	,,	151,14	,,	40	48	32	100
6	150	165	,,	18,15	—	,,	,,	22,00	—	,,	163,84	,,	42	51	35	,,

Tabelle 67. Flußeisenrohre ohne Gewinde.

Nahtlos DIN 2043
Überlappt geschweißt DIN 2053 } D1 W1 bis D32 W40.

Nennweite	Außendurchmesser	Nahtlos gewalzt DIN 2043: D 1 W 1 bis D 32 W 40	je 1 m	Überlappt geschweißt DIN 2053: D 1 W 1 bis D 32 W 40
mm	mm	c	kg	c
6	9	1,5	0,30	—
8	11	,,	0,36	—
10	13,5	1,75	0,52	—
13	17	2	0,75	—
16	21,5	,,	0,96	—
20	23,5	,,	1,09	—
25	30,5	2,5	1,76	—
32	38	,,	2,23	—
40	44,5	,,	2,64	—
50	54	,,	3,24	—
60	70	3	5,04	3
70	76	,,	5,50	,,
80	89	3,25	6,96	3,25
90	95	3,5	8,04	3,5
100	108	3,75	9,81	3,75
110	121	4	11,76	4

Nennweite	Außendurchmesser	Nahtlos gewalzt DIN 2043: D 1 W 1 bis D 32 W 40	je 1 m	Überlappt geschweißt DIN 2053 D 1 W 1 bis D22 W25	D 32 W 40 Wandstärke in mm	D 32 W 40 Gewicht je 1 m in
mm	mm	c	kg	c	c	kg
(120)	127	4	12,4	4	—	—
125	133	,,	13,0	,,	4,5	14,5
(130)	140	4,5	15,3	4,5	—	—
140	152	,,	16,7	,,	5	18,5
150	159	,,	17,5	,,	5,5	21,3
160	171	,,	18,8	,,	,,	23,0
180	191	5,5	25,6	5,5	6	27,9
200	216	6,5	34,2	6,5	7	36,8
225	241	,,	38,3	,,	7,5	43,0
250	267	7	45,8	7	8	52,1
275	292	7,5	53,6	7,5	9	64,1
300	318	8	62,4	8	9,5	73,7
(325)	343	,,	67,2	,,	10,5	87,6
350	368	,,	72,4	,,	11	98,7
(375)	394	8,5	82,3	8,5	11,5	110,5
400	420	9	92,9	9	12,5	128,0

aber nicht für Zubehör wie Wasserabscheider, Windkessel usw., die vielmehr nach den Bau- und Betriebsvorschriften für Dampffässer, Druckgefäße usw. zu behandeln sind.

Für den Dampffaß- und Apparatebau folgen hier die Druckstufen: D 1 W 1 bis D 8 W 10 vollständig. Die Flußeisenrohre finden sich für D 1 W 1 bis D 32 W 40. Die Überschlagsgewichte sind beigefügt.

Bei Bestellungen nach DI-Normen ist das Normenblatt zu nennen, z. B. unter Angabe der Nennweite:

1. „Nahtloses Gasrohr 2″ DIN 2041“;
   (Ohne Zusatz wird zylindrisches Gewinde geliefert.)
2. „Geschweißtes Dampfrohr 2″ Kegelgewinde DIN 2052“;
3. „Flanschenrohr 250 × 3000 DIN 2021“.

Bei Flußeisenrohren gibt man nicht die Nennweite an, sondern den Außendurchmesser und die Wandstärke, z. B.:

4. „Überlappt geschweißtes Rohr 318 × 8 DIN 2053.“

Beispiele für Flansche unter Angabe der Nennweite:

5. „Ovaler Gewindeflansch mit Ansatz 1″ DIN 2132“;
6. „Runder Gewindeflansch 1″ DIN 2133“;
   (Ohne Zusatz = glatter Flansch ohne Ansatz.)
7. „Walzflansch 100 DIN 2138“.

Tabelle 68. Flußeisenrohre ohne Gewinde.

Autogen geschweißt DIN 2055: D 1 W 1 bis D 5 W 3;
Wassergas geschweißt DIN 2054: D 1 W 1 „ D 32 W 40.

		Autogen geschweißt DIN 2055				Wassergas-geschweißt DIN 2054					
Nennweite	Außendurchmesser	D 1 W 1 bis D 2 W 2,5		D 5 W 6		D 5 W 6		D 8 W 10		D 13 W 16	
mm	mm	c	je 1 m kg	c	je 1 m kg	c	je 1 m kg	c	je 1 m kg	c	je 1 m kg
1	2	3	4	5	6	7	8	9	10	11	12
50	54	1,5	2,0	2	2,6						
60	70	,,	2,6	,,	3,4						
70	76	2	3,7	2,5	4,6						
80	89	,,	4,4	,,	5,5						
90	95	,,	4,7	,,	5,9						
100	108	,,	5,3	,,	6,7						
110	121	,,	6,0	,,	7,5						
(120)	127	—	—	—	—						
125	133	2,5	8,1	3	9,8						
(130)	140	—	—	—	—						
140	152	2,5	9,3	3	11,1						
150	159	,,	9,8	,,	11,8						
160	171	,,	10,5	,,	12,6						
180	191	,,	11,8	,,	14,2						
200	216	,,	13,4	,,	16,1						
225	241	,,	15,0	,,	18,0						
250	267	,,	16,6	,,	19,9						
275	292	3	21,8	3,5	25,4						
300	318	,,	23,7	,,	27,7						
(325)	343	,,	25,7	,,	30,0	6,5	55	6,5	55	6,5	55
350	368	,,	27,4	4	36,5	,,	59	,,	59	,,	59
(375)	394	,,	29,5	,,	39,3	,,	63	,,	63	,,	63
400	420	,,	31,4	,,	42	,,	68	,,	68	,,	68
450	470	,,	35,2	,,	47	7	82	7	82	7	82
500	520	,,	39,0	,,	52	,,	91	,,	91	,,	91
550	570	,,	43	,,	57	7	100	7	100		
600	620	,,	47	,,	62	,,	109	,,	109		
700	720	4	72	5	90	,,	124	,,	124		
800	820	,,	82	,,	103	,,	144	,,	144		
900	920	,,	92	6	138	7,5	173	7,5	173		
1000	1020	5	128	,,	154	8	205	8	205		
1100	1120	,,	140	—	—	8,5	239	9	253		
(1200)	1220	,,	152	—	—	9	272	9,5	290		
1250	1270	,,	159	—	—	,,	286	10	318		
(1300)	1320	,,	165	—	—	9,5	314	10,5	348		
1400	1420	,,	178	—	—	,,	338	11	391		
(1500)	1520	,,	190	—	—	10	380	—	—		
1600	1620	,,	203	—	—	,,	406	—	—		
1800	1820	6	274	—	—	11	503	—	—		
2000	2020	,,	304	—	—	12	608	—	—		

Für Spalte 7 bis 12 sind die Nennweiten: 325 bis 2000 mm und die Rohr-Außendurchmesser: 343 bis 2020 mm, siehe Spalte 1 und 2.

Für Dampf kommen in Spalte 7 bis 12 nur die Werte über der Horizontallinie in Betracht.

Wassergas-geschweißt DIN 2054

		D 22 W 25		D 32 W 40	
Nennweite	Außendurchmesser	c	je 1 m kg	c	je 1 m kg
mm	mm	c	kg	c	kg
13	14	15	16	17	18
(325)	343	7,5	64	10,5	89
350	368	8	73	11	100
(375)	394	8,5	82	11,5	111
400	420	9	93	12,5	129
450	470	11	116	—	—
500	520	11	141	—	—

Tabelle 69. Gußeisenflansche (siehe Abb. 81).

DIN 2111: D 1 W 1, D 2 W 2,5; DIN 2112: D 5 W 6.

Normblatt und Druckstufe: DIN 2111 für D 1 W 1 und D 2 W 2,5 (Nennweite 10 bis 1000); DIN 2112 für D 5 W 6 (Nennweite 10 bis 1000).

Nennweite mm	Flanschdurchm. D mm	Flanschstärke s mm	Lochkreisdurchm. e mm	Arbeitsleiste Durchm. E mm	Arbeitsleiste Höhe a mm	Schrauben Anzahl	Schrauben Stärke	Schrauben Lochdurchm. l mm
10	75	10	50			4	M 10	12
13	80	,,	55			,,	,,	,,
16	85	12	60			,,	,,	,,
20	90	,,	65	50	2	,,	,,	,,
25	100	14	75	60	,,	,,	,,	,,
32	120	,,	90	70	,,	,,	1/2″	15
40	130	16	100	80	,,	,,	,,	,,
50	140	,,	110	90	,,	,,	,,	,,
60	150	,,	120	100	,,	,,	,,	,,
70	160	,,	130	110	,,	,,	,,	,,
80	185	18	150	128	,,	,,	5/8″	18
90	195	,,	160	138	,,	,,	,,	,,
100	205	19	170	148	3	,,	,,	,,
110	215	,,	180	158	,,	8	,,	,,
(120) 125 (130)	235	21	200	178	3	8	5/8″	18
140	250	21	215	193	3	8	5/8″	18
150	260	,,	225	203	,,	,,	,,	,,
160	270	,,	235	213	,,	,,	,,	,,
180	290	23	255	233	,,	,,	,,	,,
200	315	,,	280	258	,,	,,	,,	,,
225	340	,,	305	283	,,	,,	,,	,,
250	370	,,	335	313	,,	12	,,	,,
275	395	24	360	338	4	,,	,,	,,
300	440	,,	395	367	,,	,,	3/4″	22
(325)	465	,,	420	392	,,	,,	,,	,,
350	490	,,	445	417	,,	,,	,,	,,
(375)	515	,,	470	442	,,	16	,,	,,
400	540	26	495	467	,,	,,	,,	,,
450	595	,,	550	522	,,	,,	,,	,,
500	645	28	600	572	,,	20	,,	,,
550 [1]	705	,,	655	625	,,	,,	3/4″ · 7/8″	22 · 26
600 [1]	755	29	705	675	5	,,	,, · ,,	,, · ,,
700 [1]	860	,,	810	780	,,	24	,, · ,,	,, · ,,
800 [1]	970	,,	915	880	,,	,,	7/8″ · 1″	26 · 30
900 [1]	1070	31	1015	980	,,	,,	,, · ,,	,, · ,,
1000 [1]	1170	,,	1115	1080	,,	28	,, · ,,	,, · ,,
1100	1270	,,	1215	1185	,,	,,	7/8″	26
(1200)	1370	,,	1315	1285	,,	32	,,	,,
1250	1425	33	1370	1340	,,	,,	,,	,,
(1300)	1475	,,	1420	1390	,,	,,	,,	,,
1400	1575	,,	1520	1490	,,	36	,,	,,
(1500)	1690	35	1630	1595	,,	,,	1″	30
1600	1790	37	1730	1695	,,	40	,,	,,
1800	1990	40	1930	1895	,,	44	,,	,,
2000	2190	,,	2130	2095	,,	48	,,	,,

[1] In den beiden letzten Spalten gehören bei 550 bis 1000 mm Nennweite die Zahlen links zu D 1 W 1 und D 2 W 2,5, die Zahlen rechts zu D 5 W 6.

Tabelle 70 (siehe Abb. 81).

Gußeisenflansche DIN 2113: D 8 W 10; Nennweite 10 bis 1000 mm,
Gußeis. Flanschenrohre DIN 2021: W 10; Nennweite 40 bis 700 mm.

Nennweite	Rohre				Flansche					Schrauben			Ungefähres Gewicht von	
	Äußerer Rohrdurchmesser A	Wandstärke c	Handelsübliche Länge L in m		Äußerer Durchmesser D	Stärke s	Lochkreisdurchmesser e	Dichtungsleisten					1 m Rohrlänge ohne Flansch	1 Flansch
			$a^1)$	$b^1)$				Durchmesser E	Höhe a	Anzahl	Stärke in $''$ engl.	Lochdurchmesser l		
mm	mm	mm			mm	mm	mm	mm	mm			mm	kg	kg
10	—	—	—	—	90	10	60	—	—	4	$^1/_2$	15	—	—
13	—	—	—	—	95	12	65	—	—	,,	,,	,,	—	—
16	—	—	—	—	100	,,	70	—	—	,,	,,	,,	—	—
20	—	—	—	—	105	,,	75	55	2	,,	,,	,,	—	—
25	—	—	—	—	115	14	85	65	,,	,,	,,	,,	—	—
32	—	—	—	—	130	,,	100	80	,,	,,	,,	,,	—	—
40	56	8	2	—	140	16	110	90	,,	,,	,,	,,	8,8	1,7
50	66	,,	,,	2,5	160	,,	125	103	,,	,,	$^5/_8$	18	10,5	2,2
60	77	8,5	,,	,,	170	18	135	113	,,	,,	,,	,,	13,3	2,8
70	87	,,	3	—	180	,,	145	123	,,	,,	,,	,,	15,2	3,0
80	98	9	,,	—	195	20	160	138	,,	,,	,,	,,	18,2	3,8
90	108	,,	,,	—	205	,,	170	148	,,	8	,,	,,	20,3	4,3
100	118	,,	,,	—	215	21	180	158	3	,,	,,	,,	22,2	5,0
110	128	,,	,,	—	225	,,	190	168	,,	,,	,,	,,	25,0	5,7
125	144	9,5	,,	—	245	23	210	188	,,	,,	,,	,,	29,1	6,8
140	159	,,	,,	—	260	,,	225	203	,,	,,	,,	,,	33,5	7,5
150	170	10	,,	—	285	,,	240	218	,,	,,	,,	,,	36,5	8,0
160	180	,,	,,	—	295	,,	250	228	,,	,,	,,	,,	40,0	8,6
180	201	10,5	,,	—	315	25	270	248	,,	,,	,,	,,	45,5	9,8
200	222	11	,,	4	340	,,	295	273	,,	12	,,	,,	52,8	11,0
225	248	11,5	,,	,,	370	,,	325	297	,,	,,	$^3/_4$	22	61,9	12,5
250	274	12	,,	,,	395	,,	350	322	,,	,,	,,	,,	71,6	14,2
275	300	12,5	,,	,,	420	26	375	347	4	,,	,,	,,	81,8	15,5
300	326	13	,,	,,	445	,,	400	372	,,	,,	,,	,,	92,7	16,3
(325)	352	13,5	,,	,,	475	28	430	402	,,	16	,,	,,	104,1	19,7
350	378	14	,,	,,	505	,,	460	432	,,	,,	,,	,,	116,1	22,5
(375)	403	,,	,,	,,	540	,,	490	460	,,	,,	$^7/_8$	25	124,0	24,3
400	429	14,5	,,	,,	565	30	515	485	,,	,,	,,	,,	136,9	26,0
450	480	15	,,	,,	615	32	565	535	,,	20	,,	,,	158,8	30,2
500	532	16	,,	,,	670	34	620	590	,,	,,	,,	,,	188,0	37,1
550	583	16,5	,,	,,	730	36	675	640	,,	,,	1	30	212,9	45,3
600	634	17	,,	,,	780	,,	725	690	5	,,	,,	,,	238,9	48,5
700	738	19	,,	,,	890	37	835	800	,,	24	,,	,,	311,2	59,8
800	—	—	—	—	1005	40	945	905	,,	,,	$1^1/_8$	34	—	—
900	—	—	—	—	1110	43	1050	1010	,,	28	,,	,,	—	—
1000	—	—	—	—	1225	47	1160	1115	,,	,,	$1^1/_4$	37	—	—

$^1)$ a Normlängen, b außerdem gebräuchliche Handelslängen.

8*

Tabelle 71. Ovale Gewindeflansche (siehe Abb. 82 und 83).

DIN 2131 glatt   } D 1 W 1 bis D 5 W 6.
DIN 2132 mit Ansatz

Werkstoff: Flußeisen oder Temperguß.

Nennweite		Außenrohrdurchmesser	DIN 2131 und DIN 2132						DIN 2132			Schrauben DIN 2131 und 2132		Ungef. Gewicht von 100 Stück	
Whitworth	zugehörige		Länge	Breite	Stärke	Lochabstand	Rundungshalbmesser		Höhe	Durchmesser				ohne	mit
			des Flansches							des Ansatzes		Stärke	Lochdurchm.	Ansatz	
in Zoll	in mm	A	D	B	s	e	R	r	H	m	n		l	kg	kg
1/8	6	10	64	32	8	40	16	10	10	18	16	M 10	12	15	16
1/4	8	13,5	72	36	,,	45	18	11	,,	22	20	,,	,,	19	20
3/8	10	17	75	40	10	50	20	12	,,	25	22	,,	,,	23	24
1/2	13	21,5	80	45	,,	55	22,5	13	,,	32	28	,,	,,	28	30
5/8	16	23,5	90	50	,,	60	25	15	,,	35	32	,,	,,	35	37
3/4	20	27	100	56	12	65	28	16	12	37	35	1/2″	15	40	42
(7/8)	—	30,5	—	—	—	—	—	—	—	—	—	—	—	—	—
1	25	34	112	64	14	75	32	18	14	42	40	1/2″	15	56	59
1 1/4	32	42,5	125	72	16	90	36	20	,,	55	52	,,	,,	64	67
1 1/2	40	48,5	140	80	,,	100	40	22	16	62	58	5/8″	18	108	113
(1 3/4)	—	54,5	—	—	—	—	—	—	—	—	—	—	—	—	—
2	50	60	150	90	18	110	45	24	16	75	72	5/8″	18	136	143
2 1/4	60	66,5	160	100	20	120	50	25	,,	82	78	,,	,,	172	178
(2 1/2)	70	76	170	125	,,	130	62,5	34	,,	88	85	3/4″	22	195	205
2 3/4)	—	83	—	—	—	—	—	—	—	—	—	—	—	—	—
(3	80	89	190	140	22	150	70	38	18	102	98	3/4″	22	245	257
3 1/4)	—	95	—	—	—	—	—	—	—	—	—	—	—	—	—
(3 1/2	90	102	200	150	26	160	75	40	18	115	112	3/4″	22	280	294
3 3/4)	—	108	—	—	—	—	—	—	—	—	—	—	—	—	—
4	100	114	210	160	28	170	80	42	18	128	125	3/4″	22	350	368

Kommen verschiedene Werkstoffe in Betracht, so ist der Werkstoff zu nennen, z. B.:

8. „Walzflansch 275 DIN 2139 Flußeisen";

9. „Walzflansch mit Sicherheitsnietung 200 DIN 2144 Stahlguß".

Bei verschiedenen Ausführungen sind diese zu bezeichnen, z. B. unter Angabe der Nennweite:

10. „Nietflansch aus Domflanschwinkel 400 DIN 2151";

11. „Vorschweißflansch überlappt 400 DIN 2155";

12. „Loser Flansch für Bördelrohr 200 DIN 2159";

13. „Loser Flansch mit Vorschweißbund autogen 400 DIN 2178".

Bei Benutzung der Normen ist folgendes zu beachten.

Die eingeklammerten Nennweiten sollen möglichst später in Fortfall kommen und sind daher zu vermeiden. Armaturen, Formstücke und Flansche sind hierfür nicht genormt.

Der äußere Rohrdurchmesser ist feststehend; Änderung der Wandstärke ändert den lichten Durchmesser.

Gewinderohre: Lehrdurchmesser = Durchmesser des zylindrischen Außengewindes, über die Spitzen gemessen. Die Muffe soll ohne

Tabelle 72. Runde Gewindeflansche (siehe Abb. 84 und 85).

DIN 2133 glatt: D 1 W 1 bis D 5 W 6; DIN 2134 mit Ansatz: D 1 W 1 bis D 5 W 6; DIN 2135 mit Ansatz: D 8 W 10.

| Nennweite | | DIN 2133, 2134 u. 2135 | | | | | | | DIN 2134 u. 2135 | | | Schrauben DIN 2133, 2134 u. 2135 | | | | | | Ungefähres Gewicht von 100 Stück | | |
| Whitworth in | Zugehörige Nennweite in | Äußerer Rohrdurchmesser | Des Flansches Durchmesser D | | Stärke s | | Lochkreisdurchmesser e | | Des Ansatzes Höhe | Durchmesser | | Anzahl | | Stärke | | Lochdurchmesser | | glatt | mit Ansatz | |
Zoll	mm	A	α	β	α	β	α	β	H	m	n	α	β	α	β	α	β	α kg	α kg	β kg
1/8	6	10	65	80	8	10	40	50	10	18	16	4	4	M 10	1/2″	12	15	22	23	34
1/4	8	13,5	70	85	,,	,,	45	55	,,	22	20	,,	,,	,,	,,	,,	,,	26	27	38
3/8	10	17	75	90	10	,,	50	60	,,	25	22	,,	,,	,,	,,	,,	,,	31	33	43
1/2	13	21,5	80	95	,,	12	55	65	,,	32	28	,·	,,	,,	,,	,,	,,	34	36	59
5/8	16	23,5	85	100	,,	,,	60	70	,,	35	32	,,	,,	,,	,,	,,	,,	38	41	65
3/4	20	27	90	105	12	,,	65	75	12	37	35	,,	,,	,,	,,	,,	,,	48	52	70
(7/8)	—	30,5	—	—	—	—	—	—	—	—	—	—	—	—	—	—	—	—	—	—
1	25	34	100	115	16	14	75	85	14	42	40	4	4	M 10	1/2″	12	15	94	98	100
1 1/4	32	42,5	120	130	,,	,,	90	100	,,	55	52	,,	,,	1/2″	,,	15	,,	126	130	130
1 1/2	40	48,5	130	140	,,	16	100	110	16	62	58	,,	,,	,,	,,	,,	,,	135	138	168
(1 3/4)	—	54,5	—	—	—	—	—	—	—	—	—	—	—	—	—	—	—	—	—	—
2	50	60	140	160	16	16	110	125	16	75	72	4	4	1/2″	5/8″	15	18	168	172	210
2 1/4	60	66,5	150	170	,,	18	120	135	,,	82	78	,,	,,	,,	,,	,,	,,	185	190	230
2 1/2	70	76	160	180	19	,,	130	145	,,	88	85	,,	,,	,,	,,	,,	,,	256	263	320
(2 3/4)	—	83	—	—	—	—	—	—	—	—	—	—	—	—	—	—	—	—	—	—
3	80	89	185	195	19	20	150	160	18	102	98	4	4	5/8″	5/8″	18	18	340	347	378
(3 1/4)	—	95	—	—	—	—	—	—	—	—	—	—	—	—	—	—	—	—	—	—
3 1/2	90	102	195	205	19	20	160	170	18	115	112	4	8	5/8″	5/8″	18	18	378	385	410
(3 3/4)	—	108	—	—	—	—	—	—	—	—	—	—	—	—	—	—	—	—	—	—
4	100	114	205	215	19	21	170	180	18	128	125	4	8	5/8″	5/8″	18	18	410	420	435
4 1/2	110	127	215	225	,,	,,	180	190	,,	142	138	8	,,	,,	,,	,,	,,	435	445	507
5	125	140	235	245	22	23	200	210	,,	158	155	,,	,,	,,	,,	,,	,,	607	615	650
5 1/2	140	152	250	260	,,	,,	215	225	,,	170	165	,,	,,	,,	,,	,,	,,	685	695	740
6	150	165	260	285	,,	,,	225	240	,,	182	178	,,	,,	,,	,,	,,	,,	740	760	920

Zahlen α für D 1 W 1 bis D 5 W 6; Zahlen β für D 8 W 10.
Werkstoff bei glatten Flanschen DIN 2133: Flußeisen, bei Ansatzflanschen DIN 2134, 2135: Flußeisen oder Temperguß.

Tabelle 73 (siehe Abb. 86 und 87).

Glatte (Löt-) Flansche DIN 2136: D 1 W 1 bis D 5 W 6,
„   „   „   DIN 2137: D 8 W 10 (bis D 32 W 40),
„   Walzflansche   DIN 2138: D 1 W 1 bis D 5 W 6.
Werkstoff: Flußeisen.

Nennweite	Äußerer Rohrdurchmesser = Flanschbohrung A	Flanschdurchmesser D	Flanschstärke s	Lochkreisdurchmesser e	Abfasung u	Schrauben			Ungefähres Gewicht von 100 Stück in
						Anzahl	Stärke	Lochdurchmesser l	
mm	mm	mm	mm	mm	mm			mm	kg
DIN 2136 für die Druckstufen D 1 W 1 bis D 5 W 6:									
10	13,5	75	10	50	4	4	M 10	12	30
13	17	80	„	55	„	„	„	„	35
16	21,5	85	„	60	„	„	„	„	40
DIN 2137 für die Druckstufen D 8 W 10 bis D 32 W 40:									
10	13,5	90	10	60	4	4	$^1/_2''$	15	45
13	17	95	12	65	„	„	„	„	60
16	21,5	100	„	70	„	„	„	„	65
DIN 2136 und DIN 2138 für die Druckstufen D 1 W 1 bis D 5 W 6:									
20	23,5	90	12	65	4	4	M 10	12	55
25	30,5	100	16	75	„	„	„	„	95
32	38	120	„	90	„	„	$^1/_2''$	15	125
40	44,5	130	„	100	„	„	„	„	150
50	54	140	„	110	„	„	„	„	170
60	70	150	„	120	„	„	„	„	185
70	76	160	19	130	5	„	„	„	255
80	89	185	„	150	„	„	$^5/_8''$	18	335
90	95	195	„	160	„	„	„	„	370
100	108	205	„	170	„	„	„	„	390
110	121	215	„	180	„	8	„	„	405
(120)	127	} 235	22	200	6	8	$^5/_8''$	18	{ 540
125	133								515
(130)	140								490
140	152	250	22	215	6	8	$^5/_8''$	18	545
150	159	260	„	225	„	„	„	„	585
DIN 2138 für die Druckstufen D 1 W 1 bis D 5 W 6:									
160	171	270	22	235	—	8	$^5/_8''$	18	605
180	191	290	24	255	—	„	„	„	720
200	216	315	„	280	—	„	„	„	790
225	241	340	„	305	—	„	„	„	865
250	267	370	„	335	—	12	„	„	990

merkliches Spiel auf das männliche Normalgewinde aufgeschraubt werden können. Gewindeform nach DIN 259. Das kegelige Außengewinde wird senkrecht zum Kegelmantel geschnitten.

Gußeiserne Rohre und Flansche: Flanschübergänge nach DIN 2117.

Flansche aller Art: Für die Nennweiten bis zu 25 mm sind metrische Schrauben zu verwenden. — Rohe Sechskantschrauben mit Muttern nach DIN 418. — Dichtungen: DIN 2281 usw.

Sicherheitsnietung ist für überhitzten Dampf vorgesehen.

Tabelle 74. Walzflansche mit Ansatz (siehe Abb. 88 und 89).

DIN 2139: D 1 W 1 bis D 5 W 6;   DIN 2140: D 8 W 10;
DIN 2144 (Sicherheitsnietung): D 8.

Werkstoff: Flußeisen, Stahlguß.

Nenn-weite	Flansch- bohrung, zugleich äußerer Rohr-durchm.	Flansch- durch-messer	Flansch- stärke	Loch-kreis-durch-messer	Ansatz- durchmesser		Ansatz- höhe	Dichtungs-leiste Durch-messer	Dichtungs-leiste Höhe	Schrauben Anzahl	Schrauben Stärke	Schrauben Lochdurch-messer	Ungef. Gewicht von 100 Stück
mm	A	D	s	e	m	n	H	E	a		Zoll	l	kg
DIN 2139 für die Druckstufen D 1 W 1 bis D 5 W 6 (Abb. 88):													
275	292	395	24	360	318	315	14	338	4	12	$^5/_8$	18	1245
300	318	440	,,	395	345	342	,,	367	,,	,,	$^3/_4$	22	1625
(325)	343	465	,,	420	368	365	,,	392	,,	,,	,,	,,	1730
350	368	490	,,	445	395	392	,,	417	,,	,,	,,	,,	1845
(375)	394	515	,,	470	422	418	,,	442	,,	16	,,	,,	1935
400	420	540	26	495	450	445	,,	467	,,	,,	,,	,,	2170
DIN 2140 für die Druckstufe D 8 W 10 (Abb. 89):													
20	23,5	105	12	75	40	38	12	55	2	4	$^1/_2$	15	85
25	30,5	115	14	85	48	46	14	65	,,	,,	,,	,,	110
32	38	130	,,	100	55	52	,,	80	,,	,,	,,	,,	140
40	44,5	140	16	110	62	60	16	90	,,	,,	,,	,,	180
50	54	160	,,	125	75	72	18	103	,,	,,	$^5/_8$	18	230
60	70	170	18	135	92	88	20	113	,,	,,	,,	,,	285
70	76	180	,,	145	98	95	22	123	,,	,,	,,	,,	315
80	89	195	20	160	112	108	,,	138	,,	,,	,,	,,	380
90	95	205	,,	170	118	115	,,	148	,,	8	,,	,,	415
100	108	215	21	180	134	130	24	158	3	,,	,,	,,	465
110	121	225	,,	190	148	142	,,	168	,,	,,	,,	,,	485
125	133	245	23	210	160	155	,,	188	,,	,,	,,	,,	630
140	152	260	,,	225	180	175	,,	203	,,	,,	,,	,,	665
150	159	285	,,	240	188	182	26	218	,,	,,	,,	,,	830
160	171	295	,,	250	200	195	28	228	,,	,,	,,	,,	860
180	191	315	25	270	220	215	,,	248	,,	,,	,,	,,	990
200	216	340	,,	295	248	242	30	273	,,	12	,,	,,	1085
225	241	370	,,	325	275	268	,,	297	,,	,,	$^3/_4$	22	1240
250	267	395	,,	350	302	295	32	322	,,	,,	,,	,,	1330
275	292	420	26	375	328	320	,,	347	4	,,	,,	,,	1500
300	318	445	,,	400	355	348	,,	372	,,	,,	,,	,,	1595
(325)	343	475	28	430	380	372	34	402	,,	16	,,	,,	1865
350	368	505	,,	460	408	398	,,	432	,,	,,	,,	,,	2070
(375)	394	540	,,	490	435	425	,,	460	,,	,,	$^7/_8$	25	2355
400	420	565	30	515	462	452	,,	485	,,	,,	,,	,,	2690
DIN 2144 für die Druckstufe D 8:													
200	216	340	25	295	248	242	46	273	3	12	$^5/_8$	18	1150
225	241	370	,,	325	275	268	,,	297	,,	,,	$^3/_4$	22	1315
250	267	395	,,	350	302	295	,,	322	,,	,,	,,	,,	1420
275	292	420	26	375	328	320	,,	347	4	,,	,,	,,	1625
300	318	445	,,	400	355	348	,,	372	,,	,,	,,	,,	1795
325)	343	475	28	430	380	372	54	402	,,	16	,,	,,	2100
350	368	505	,,	460	408	398	,,	432	,,	,,	,,	,,	2380
375)	394	540	,,	490	435	425	,,	460	,,	,,	$^7/_8$	25	2550
400	420	565	30	515	462	452	,,	485	,,	,,	,,	,,	2850

Tabelle 75. Nietflansche aus Domflanscheisen und ähnlichen Profilen (siehe Abb. 90).

DIN 2150: D 1 W 1, D 2 W 2,5; DIN 2151: D 5 W 6; DIN 2152: D 8 W 10.
Werkstoff: Flußeisen.

Normblatt und Druckstufen	Nennweite mm	Äußerer Rohrdurchmesser A	Verwendetes Winkeleisen bzw. Ringprofil b_1	s_1	b_2	s_2	Flanschdurchmesser bearbeitet D	Flanschstärke s	Lochkreisdurchmesser e	Schrauben Anzahl	Schrauben Stärke Zoll	Schrauben Lochdurchmesser l	Ungef. Gewicht eines unbearbeiteten Flanschringes kg
DIN 2150: D 1 W 1, D 2 W 2,5 — DIN 2151: D 5 W 6	200	216	60	12	60	18	315	16	280	8	$\frac{5}{8}$	18	11
	225	241	,,	,,	,,	,,	340	,,	305	,,	,,	,,	12
	250	267	,,	,,	,,	,,	370	,,	335	12	,,	,,	13
	275	292	,,	,,	,,	,,	395	,,	360	,,	,,	,,	14
	300	318	,,	,,	,,	,,	440	,,	395	,,	$\frac{3}{4}$	22	15
	(325)	343	,,	,,	,,	,,	465	,,	420	,,	,,	,,	16
	350	368	65	12	65	21	490	18	445	,,	,,	,,	20
	(375)	394	,,	,,	,,	,,	515	,,	470	16	,,	,,	22
	400	420	,,	,,	,,	,,	540	,,	495	,,	,,	,,	23
	450	470	,,	,,	,,	,,	595	,,	550	,,	,,	,,	25
	500	520	,,	,,	,,	,,	645	,,	600	20	,,	,,	28
	[1]) 550	570	,,	,,	,,	,,	705	,,	655	,,	$\frac{3}{4}\,\big|\,\frac{7}{8}$	$22\,\big|\,26$	30
	[1]) 600	620	90	12	80	25	755	22	705	,,	,, $\big|$,,	,, $\big|$,,	49
	[1]) 700	720	,,	,,	,,	,,	860	,,	810	24	,, $\big|$,,	,, $\big|$,,	56
	[1]) 800	820	,,	,,	,,	,,	970	,,	915	,,	$\frac{7}{8}\,\big|\,1$	$26\,\big|\,30$	63
	900	920	,,	,,	,,	,,	1070	,,	1015	,,	$\frac{7}{8}$	26	70
	1000	1020	,,	,,	,,	,,	1170	,,	1115	28	,,	,,	78
	1100	1120	105	18	85	33	1270	30	1215	,,	,,	,,	123
	(1200)	1220	,,	,,	,,	,,	1370	,,	1315	32	,,	,,	133
	1250	1270	,,	,,	,,	,,	1425	,,	1370	,,	,,	,,	138
	(1300)	1320	,,	,,	,,	,,	1475	,,	1420	,,	,,	,,	143
	1400	1420	,,	,,	,,	,,	1575	,,	1520	36	,,	,,	153
	(1500)	1520	,,	,,	,,	,,	1690	,,	1630	,,	1	30	163
	1600	1620	,,	,,	,,	,,	1790	,,	1730	40	,,	,,	173
	1800	1820	145	20	100	40	1990	36	1930	44	,,	,,	296
	2000	2020	,,	,,	,,	,,	2190	,,	2130	48	,,	,,	324
DIN 2152: D 8 W 10	200	216	65	12	65	21	340	18	295	12	$\frac{5}{8}$	18	13
	225	241	,,	,,	,,	,,	370	,,	325	,,	$\frac{3}{4}$	22	15
	250	267	,,	,,	,,	,,	395	,,	350	,,	,,	,,	16
	275	292	,,	,,	,,	,,	420	,,	375	,,	,,	,,	17
	300	318	,,	,,	,,	,,	445	,,	400	,,	,,	,,	18
	(325)	343	90	12	80	25	475	22	430	16	,,	,,	30
	350	368	,,	,,	,,	,,	505	,,	460	,,	,,	,,	32
	(375)	394	,,	,,	,,	,,	540	,,	490	,,	$\frac{7}{8}$	25	33
	400	420	,,	,,	,,	,,	565	,,	515	,,	,,	,,	35
	450	470	105	18	85	33	615	30	565	20	,,	,,	58
	500	520	,,	,,	,,	,,	670	,,	620	,,	,,	,,	63
	550	570	,,	,,	,,	,,	730	,,	675	,,	1	30	68
	600	620	,,	,,	,,	,,	780	,,	725	,,	,,	,,	73
	700	720	,,	,,	,,	,,	890	,,	835	24	,,	,,	83
	800	820	110	18	95	33	1005	,,	945	,,	$1\frac{1}{8}$	34	105

[1]) In den Doppelspalten bei 550 bis 800 mm Nennweite gehören die Zahlen links zu D 1 W 1 und D 2 W 2,5, die Zahlen rechts zu D 5 W 6.

Tabelle 76. Vorschweißflansche (s. Abb. 91) für
überlappte Schweißung DIN 2154: D 1 W 1, D 2 W 2,5; DIN 2155: D 5 W 6;
DIN 2156: D 8 W 10; autogene Schweißung DIN 2157: D 1 W 1, D 2 W 2,5;
DIN 2158: D 5 W 6. Werkstoff: Flußeisen.

Normenblatt und Druckstufen	Nennweite mm	Äußerer Rohrdurchmesser A	Flanschdurchmesser D	Flanschstärke s	Lochkreisdurchmesser e	Ansatzdurchmesser (Kleinstmaß) D_1	Ansatzhöhe	Schrauben Anzahl	Schrauben Stärke in Zoll	Schrauben Lochdurchmesser l	Ungefähres Gewicht eines Flansches kg[1]
DIN 2154 und 2157: D 1 W 1, D 2 W 2,5 — DIN 2155 und 2158: D 5 W 6	150	159	260	16	225	172	65	8	$^5/_8$	18	5
	160	171	270	,,	235	185	,,	,,	,,	,,	6
	180	191	290	,,	255	205	70	,,	,,	,,	7
	200	216	315	,,	280	232	75	,,	,,	,,	9
	225	241	340	,,	305	258	,,	,,	,,	,,	10
	250	267	370	,,	335	285	80	12	,,	,,	12
	275	292	395	,,	360	308	90	,,	,,	,,	13
	300	318	440	,,	395	335	100	,,	$^3/_4$	22	18
	(325)	343	465	18	420	358	,,	,,	,,	,,	20
	350	368	490	,,	445	385	,,	,,	,,	,,	22
	(375)	394	515	,,	470	410	,,	16	,,	,,	23
	400	420	540	,,	495	435	110	,,	,,	,,	26
	450	470	595	,,	550	485	,,	,,	,,	,,	29
	500	520	645	,,	600	535	,,	20	,,	,,	32
	[2]) 550	570	705	,,	655	585	,,	,,	$^3/_4$ | $^7/_8$	22 | 26	37
	[2]) 600	620	755	22	705	635	,,	,,	,, | ,,	,, | ,,	45
	[2]) 700	720	860	,,	810	735	115	24	,, | ,,	,, | ,,	54
	[2]) 800	820	970	,,	915	835	,,	,,	$^7/_8$ | 1	26 | 30	64
	900	920	1070	,,	1015	935	,,	,,	$^7/_8$	26	72
	1000	1020	1170	,,	1115	1035	,,	28	,,	,,	80
	1100	1120	1270	28	1215	1145	,,	,,	,,	,,	102
	(1200)	1220	1370	,,	1315	1245	,,	32	,,	,,	111
	1250	1270	1425	,,	1370	1295	,,	,,	,,	,,	117
	(1300)	1320	1475	,,	1420	1345	120	,,	,,	,,	126
	1400	1420	1575	,,	1520	1445	,,	36	,,	,,	133
	(1500)	1520	1690	,,	1630	1545	,,	,,	1	30	151
	1600	1620	1790	36	1730	1650	,,	40	,,	,,	193
	1800	1820	1990	,,	1930	1850	,,	44	,,	,,	214
	2000	2020	2190	,,	2130	2050	,,	48	,,	,,	240
DIN 2156: D 8 W 10	150	159	285	20	240	172	65	8	$^5/_8$	18	8
	160	171	295	,,	250	182	,,	,,	,,	,,	9
	180	191	315	22	270	202	70	,,	,,	,,	11
	200	216	340	,,	295	225	75	12	,,	,,	13
	225	241	370	,,	325	250	80	,,	$^3/_4$	22	15
	250	267	395	,,	350	278	90	,,	,,	,,	17
	275	292	420	,,	375	302	100	,,	,,	,,	19
	300	318	445	,,	400	328	,,	,,	,,	,,	22
	(325)	343	475	,,	430	352	,,	16	,,	,,	24
	350	368	505	,,	460	378	,,	,,	,,	,,	26
	(375)	394	540	,,	490	415	110	,,	$^7/_8$	26	30
	400	420	565	,,	515	442	,,	,,	,,	,,	33
	450	470	615	28	565	492	,,	20	,,	,,	42
	500	520	670	,,	620	542	,,	,,	,,	,,	48
	550	570	730	,,	675	592	,,	,,	1	30	55
	600	620	780	,,	725	642	,,	,,	,,	,,	60
	700	720	890	,,	835	742	120	24	,,	,,	74
	800	820	1005	36	945	845	,,	,,	$1^1/_8$	34	107

[1]) Wandstärke = äußerer Rohrdurchmesser minus Nennweite.
[2]) In den Doppelspalten bei 550 bis 800 mm Nennweite gelten die Zahlen
links für D 1 W 1, D 2 W 2,5 und die Zahlen rechts für D 5 W 6.

Tabelle 77. Lose Flansche für Bördelrohre (s. Abb. 92).

DIN 2159: D 1 W 1, D 2 W 2,5; DIN 2160: D 5 W 6
Werkstoff: Flußeisen.

In sämtlichen Doppelspalten gelten die Zahlen links für D 1 W 1, D 2 W 2,5 und die Zahlen rechts für D 5 W 6.

Normenblätter und Druckstufen: DIN 2159: D 1 W 1, D 2 W 2,5 (gesamter Bereich); DIN 2160: D 5 W 6 (Bereich 150–800).

In den Doppelspalten steht der linke Wert für D 1 W 1, D 2 W 2,5 und der rechte für D 5 W 6. („ = wie vorstehend.)

Nennweite in mm	Äußerer Rohrdurchmesser A	Flansch-durchmesser außen D	innen D_1	Flansch-stärke s	s (D 5 W 6)	Lochkreis-durchmesser e	Bord-durchmesser f	Größthalbmesser r	r (D 5 W 6)	Schrauben Anzahl	Stärke in Zoll	Zoll (D 5 W 6)	Loch-durchmesser l	l (D 5 W 6)	Gewicht je 100 Stück in kg	kg (D 5 W 6)
50	54	140	58	12		110	85	4		4	$\frac{1}{2}$		15		112	
60	70	150	75	„		120	95	„		„	„		„		120	
70	76	160	80	„		130	105	4	5	„	„		„		134	
80	89	185	95	„		150	115	„	„	„	$\frac{5}{8}$		18		175	
90	95	195	100	„		160	125	„	„	„	„		„		196	
100	108	205	112	14		170	140	„	„	„	„		„		241	
110	121	215	125	„		180	150	„	„	8	„		„		242	
125	133	235	138	„		200	165	5	„	„	„		„		287	
140	152	250	158	„		215	185	„	„	„	„		„		298	
150	159	260	165	14	16	225	195	„	„	„	„		„		335	385
160	171	270	178	„	„	235	210	„	„	„	„		„		340	390
180	191	290	198	16	18	255	230	„	„	„	„		„		425	480
200	216	315	222	„	„	280	255	„	„	„	„		„		475	535
225	241	340	250	„	„	305	280	„	„	„	„		„		510	575
250	267	370	275	„	20	335	310	„	6	12	„		„		580	725
275	292	395	300	„	„	360	335	„	„	„	„		„		625	780
300	318	440	325	„	„	395	360	„	„	„	$\frac{3}{4}$		22		825	1030
(325)	343	465	352	„	„	420	390	„	„	„	„		„		870	1085
350	368	490	375	18	22	445	415	„	„	„	„		„		1060	1290
(375)	394	515	402	„	24	470	440	„	„	16	„		„		1085	1325
400	420	540	428	„	„	495	465	„	„	„	„		„		1140	1515
450	470	595	478	20	„	550	520	„	„	„	„		„		1480	1770
500	520	645	528	22	26	600	570	„	„	20	„		„		1720	2080
550	570	705	580	„	„	655	620	„	„	„	$\frac{3}{4}$	$\frac{7}{8}$	23	26	2040	2390
600	620	755	630	„	28	705	675	„	„	„	„	„	„	„	2210	2820
700	720	860	732	24	30	810	775	6	8	24	„	„	„	„	2900	3550
800	820	970	835	26	32	915	875	„	„	„	$\frac{7}{8}$	1	26	30	3720	4470
900	920	1070	935	28		1015	975	6		„	$\frac{7}{8}$		26		4480	
1000	1020	1170	1035	„		1115	1075	8		28	„		„		5050	
1100	1120	1270	1135	30		1215	1180	„		„	„		„		5760	
(1200)	1220	1370	1235	„		1315	1280	„		32	„		„		6230	
1250	1270	1425	1285	32		1370	1335	„		„	„		„		7140	
(1300)	1320	1475	1335	„		1420	1385	„		„	„		„		7450	
1400	1420	1575	1435	„		1520	1490	„		36	„		„		7960	
(1500)	1520	1690	1535	34		1630	1590	„		„	1		30		9980	
1600	1620	1790	1635	36		1730	1690	„		40	„		„		11200	
1800	1820	1990	1835	40		1930	1890	„		44	„		„		13890	
2000	2020	2190	2035	44		2130	2090	„		48	„		„		16910	

Tabelle 78. Lose Flansche mit Aufschweißbund (s. Abb. 93).

DIN 2163 für D 1 W 1, D 2 W 2,5; Zahlen α; DIN 2164 für D 5 W 6; Zahlen β; DIN 2165 für D 8 W 10; Zahlen γ.
Werkstoff: Flußeisen.

Nenn-weite	Äußerer Rohr-durchmesser	Flansch-durchmesser D		Flansch-loch-durchmesser	Flansch-stärke s			Lochkreis-durchmesser e		Bund-durchmesser E		Bundstärke s_1			Schrauben Anzahl		Schrauben Stärke		Schrauben Loch-durchm. l		Ungefähres Gewicht von je 100 Flanschen plus je 100 Bunde in kg		
mm	A	α,β	γ	D_1	α	β	γ	α,β	γ	α,β	γ	α	β	γ	α,β	γ	α,β	γ	α,β	γ	α	β	γ
20	23,5	90	105	28	10	10	10	65	75	50	55	10	10	10	4	4	M 10	½″	12	15		52	68
25	30,5	100	115	35	,,	,,	,,	75	85	60	65	,,	,,	,,	,,	,,	½″	,,	,,	,,		63	82
32	38	120	130	42	,,	,,	12	90	100	70	80	,,	,,	,,	,,	,,	,,	,	15	,,		88	122
40	44,5	130	140	48	,,	,,	,,	100	110	80	90	,,	,,	,,	,,	,,	,,	5/8″	,,	18		101	143
50	54	140	160	58	12	12	14	110	125	90	103	12	12	12	,,	,,	,,	,,	,,	,,		138	193
60	70	150	170	75	,,	,,	,,	120	135	100	113	14	14	14	,,	,,	,,	,,	,,	,,		150	247
70	76	160	180	80	,,	,,	16	130	145	110	123	,,	,,	,,	,,	,,	5/8″	,,	18	,,		170	283
80	89	185	195	95	,,	,,	,,	150	160	128	138	,,	,,	16	,,	8	,,	,,	,,	,,		219	324
90	95	195	205	100	,,	,,	,,	160	170	138	148	16	16	,,	,,	,,	,,	,,	,,	,,		248	345
100	108	205	215	112	14	14	18	170	180	148	158	,,	,,	,,	8	,,	,,	,,	,,	,,		298	405
110	121	215	225	125	,,	,,	,,	180	190	158	168	,,	,,	,,	,,	,,	,,	,,	,,	,,		314	424
125	133	235	245	138	,,	,,	,,	200	210	178	188	,,	,,	18	,,	,,	,,	,,	,,	,,		355	502
140	152	250	260	158	,,	,,	20	215	225	193	203	,,	,,	,,	,,	,,	,,	,,	,,	,,		377	585
150	159	260	285	165	,,	16	,,	225	240	203	218	18	18	,,	,,	,,	,,	,,	,,	,,	415	465	730
160	171	270	295	178	,,	,,	,,	235	250	213	228	,,	,,	,,	,,	,,	,,	,,	,,	,,	430	475	755
180	191	290	315	198	16	18	,,	255	270	233	248	,,	,,	20	,,	,,	,,	,,	,,	,,	520	570	830
200	216	315	340	222	,,	,,	,,	280	295	258	273	,,	,,	,,	,,	12	,,	,,	,,	,,	585	640	905
225	241	340	370	250	,,	,,	,,	305	325	283	297	,,	,,	,,	,,	,,	,,	3/4″	,,	22	625	690	995
250	267	370	395	275	,,	20	22	335	350	313	322	20	20	22	12	,,	,,	,,	,,	,,	720	865	1190
275	292	395	420	300	,,	,,	,,	360	375	338	347	,,	,,	,,	,,	,,	,,	,,	,,	,,	785	940	1290
300	318	440	445	325	,,	,,	,,	395	400	367	372	22	22	24	,,	,,	3/4″	,,	22	,,	1015	1215	1400
(325)	343	465	475	352	,,	,,	24	420	430	392	402	,,	,,	,,	,,	16	,,	,,	,,	,,	1070	1290	1640
350	368	490	505	375	18	22	26	445	460	417	432	,,	,,	,,	,,	,,	,,	,,	,,	,,	1275	1510	1980
(375)	394	515	540	402	,,	24	28	470	490	442	460	,,	,,	,,	16	,,	,,	7/8″	,,	25	1320	1675	2365
400	420	540	565	428	,,	,,	,,	495	515	467	485	24	,,	,,	,,	20	,,	,,	,,	,,	1400	1765	2490
450	470	595	615	478	20	,,	,,	550	565	522	535	,,	,,	,,	20	,,	,,	,,	,,	,,	1780	2040	2720
500	520	645	670	528	22	26	30	600	620	572	590	,,	,,	,,	,,	,,	,,	,,	,,	,,	2090	2380	3350

Tabelle 79. Lose Flansche mit Vorschweißbund (s. Abb. 94 und 95) für überlappte Schweißung DIN 2171: D1W1, D2W2,5; DIN 2172: D5W6; DIN 2173: D8W10; autogene Schweißung DIN 2177: D1W1, D2W2,5; DIN 2178: D5W6. Werkstoff: Flußeisen.

In den Doppelspalten: Zahlen links für D1W1, D2W2,5 rechts für D5W6.

Normenblatt u. Druckstufen	Nennweite mm	Äußer. Rohrdurchm. A	Flansch durchm. D	Flansch loch-durchm. D_1	Flansch stärke s (links)	Flansch stärke s (rechts)	Lochkreis-durchm. e	Bund durchm. E	Bund stärke s_1	Ansatz außendurchm. D_2	Ansatz höhe H	Schrauben Anzahl	Schrauben Stärke Zoll (links)	Schrauben Stärke Zoll (rechts)	Durchm. Schraubenloch l (links)	Durchm. Schraubenloch l (rechts)	Ungl. Gewicht kg (links)	Ungl. Gewicht kg (rechts)
DIN 2171 u. 2177: D1W1, D2W2,5 — DIN 2172 u. 2178: D5W6	150	159	260	175	14	16	225	203	22	172	65	8	5/8		18		7	7,5
	160	171	270	190	,,	,,	235	213	,,	182	,,	,,	,,		,,		7,5	8
	180	191	290	210	16	18	255	233	,,	205	70	,,	,,		,,		9	10
	200	216	315	232	,,	,,	280	258	,,	228	75	,,	,,		,,		11	12
	225	241	340	262	,,	,,	305	283	,,	255	,,	,,	,,		,,		12	13
	250	267	370	288	,,	20	335	313	24	280	80	12	,,		,,		14	15
	275	292	395	312	,,	,,	360	338	,,	305	90	,,	,,		,,		15	17
	300	318	440	338	,,	,,	395	367	30	330	100	,,	3/4		22		20	22
	(325)	343	465	362	,,	,,	420	392	,,	355	,,	,,	,,		,,		23	25
	350	368	490	388	18	22	445	417	,,	380	,,	,,	,,		,,		25	28
	(375)	394	515	415	,,	24	470	442	,,	408	,,	16	,,		,,		27	29
	400	420	540	440	,,	,,	495	467	,,	432	110	,,	,,		,,		30	34
	450	470	595	490	20	,,	550	522	,,	482	,,	,,	,,		,,		36	39
	500	520	645	540	22	26	600	572	,,	532	,,	20	,,		,,		40	44
	550	570	705	590	,,	,,	655	625	,,	582	,,	,,	3/4	7/8	22	26	46	50
	600	620	755	640	,,	28	705	675	,,	632	,,	,,	,,	,,	,,	,,	52	58
	700	720	860	740	24	30	810	780	,,	732	115	24	,,	,,	,,	,,	67	74
	800	820	970	840	26	32	915	880	,,	832	,,	,,	7/8	1	26	30	80	88
	900	920	1070	940	28		1015	980	,,	932	,,	,,	7/8		26		95	
	1000	1020	1170	1040	,,		1115	1080	,,	1032	,,	28	,,		,,		105	
	1100	1120	1270	1140	30		1215	1185	,,	1132	,,	,,	,,		,,		125	
	(1200)	1220	1370	1240	,,		1315	1285	,,	1232	,,	32	,,		,,		135	
	1250	1270	1425	1290	32		1370	1340	,,	1282	,,	,,	,,		,,		150	
	(1300)	1320	1475	1340	,,		1420	1390	,,	1332	120	,,	,,		,,		160	
	1400	1420	1575	1440	,,		1520	1490	,,	1432	,,	36	,,		,,		170	
	(1500)	1520	1690	1540	34		1630	1595	,,	1532	,,	,,	1		30		200	
	1600	1620	1790	1640	36		1730	1695	,,	1632	,,	40	,,		,,		235	
	1800	1820	1990	1840	40		1930	1895	,,	1832	,,	44	,,		,,		275	
	2000	2020	2190	2040	44		2130	2095	,,	2032	,,	48	,,		,,		320	
DIN 2173: D8W10	150	159	285	175	20		240	218	18	172	65	8	5/8		18		8	
	160	171	295	190	,,		250	228	,,	185	,,	,,	,,		,,		9	
	180	191	315	210	,,		270	248	20	205	70	,,	,,		,,		11	
	200	216	340	232	,,		295	273	,,	228	75	12	,,		,,		13	
	225	241	370	262	,,		325	297	,,	255	,,	,,	3/4		22		16	
	250	267	395	288	22		350	322	22	280	80	,,	,,		,,		18	
	275	292	420	312	,,		375	347	,,	305	90	,,	,,		,,		21	
	300	318	445	338	,,		400	372	24	330	100	,,	,,		,,		25	
	(325)	343	475	362	24		430	402	26	355	,,	16	,,		,,		27	
	350	368	505	388	26		460	432	,,	380	,,	,,	,,		,,		31	
	(375)	394	540	415	28		490	460	,,	408	,,	,,	7/8		25		33	
	400	420	565	440	,,		515	485	,,	432	110	,,	,,		,,		37	
	450	470	615	490	,,		565	535	,,	482	,,	20	,,		,,		46	
	500	520	670	540	30		620	590	,,	532	,,	,,	,,		,,		52	
	550	570	730	590	,,		675	640	30	582	,,	,,	1		30		59	
	600	620	780	640	,,		725	690	,,	632	,,	,,	,,		,,		66	
	700	720	890	740	34		835	800	,,	732	115	24	,,		,,		83	
	800	820	1005	840	36		945	905	,,	835	,,	,,	1 1/8		34		111	

[1]) Wandstärke = äußerer Rohrdurchmesser minus Nennweite.

3. Anschlüsse usw. für Gefäße, Rohrbogen, Dichtungsmaterial.

Abb. 96 bis 98 zeigen Flansche zum Annieten an Gefäßwände, an denen Armaturen oder Rohre zu befestigen sind. Die Stiftschrauben sollen nicht durch die Gefäßwand hindurchgehen. Am besten gehen die Gewindelöcher nicht durch den ganzen Flansch hindurch, weil andernfalls die Stiftschrauben abgedichtet werden müssen.

Bezeichnen bei solchen Annietflanschen: d die Bohrung, δ den Außendurchmesser der Stiftschrauben, h die kleinste Flanschdicke, δ' den Nietdurchmesser, D den oberen Flanschdurchmesser, D' den Durchmesser bei Höhe h, D_1 den Schrauben- und D_2 den Nietkreis, so mache man:

$$h = 1{,}5\,\delta + 8.$$

Die Durchmesser D und D_1 bestimmen sich nach den betreffenden Normalien; man wähle ferner:

$$D' = D + 8$$

und

$$D_2 = \tfrac{1}{2} \cdot (D + d).$$

Im allgemeinen wird man abwechselnd ein Niet und eine Schraube setzen; dabei sei: $\delta' \geqq \delta + 3$. — Alles in mm.

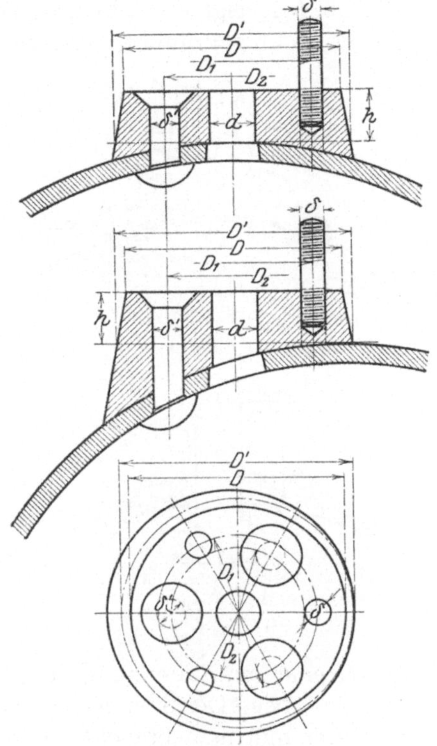

Abb. 96 bis 98.

Wird bei der Form nach Abb. 97 die am Gefäßmantel anliegende gekrümmte oder gewölbte Fläche zu schräg, so verwende man Stutzen mit schrägem Flansch, s. weiter unten. — Kleine Annietflansche könnten auch bei Dampffässern aus Gußeisen bestehen; es empfiehlt sich aber immer, die kleineren aus Flußeisen aus

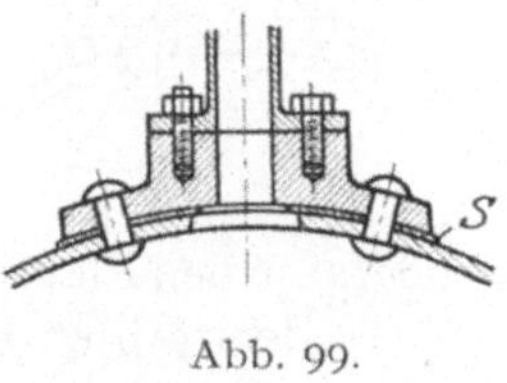

Abb. 99.

dem Vollen zu fertigen und die größeren aus Stahlguß herzustellen.

Je nach Erfordernis wählt man auch andere Flanschformen, von denen nachstehend einige Beispiele gezeigt werden.

In Abb. 99 ist ein gegossener Flansch, passend zur Gefäßwand gekrümmt, mit Stemmscheibe S aus 3 bis 5 mm Blech angenietet. Der Flansch besitzt eine Warze mit abgedrehter Stirnfläche, gegen die der Flansch des Rohres mit Stift- oder Kopf-schrauben geschraubt ist.

Abb. 100 zeigt denselben Flansch, jedoch mit Einlegeschrauben; die Stemmscheibe S aus Blech.

Abb. 101 zeigt einen Flansch gemäß Abb. 99 mit dem Unterschied, daß er nicht gekrümmt, sondern eben ist. Der starke Stemmring S

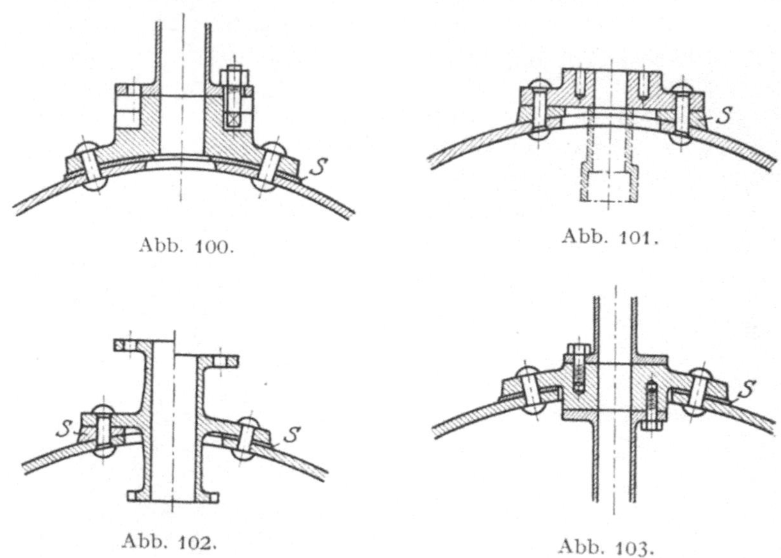

Abb. 100.   Abb. 101.

Abb. 102.   Abb. 103.

besitzt eine zur Krümmung der Gefäßwand passende Innenfläche und ist außen eben. Der Stemmring ist teurer, aber die Ausschnittversteifung ist besser und man braucht nicht für jede Krümmung ein besonderes Flanschmodell. Strichpunktiert ist ein in das Gefäß ragender Rohransatz angedeutet, der mittels Gewindemuffe ein Rohr aufnehmen kann.

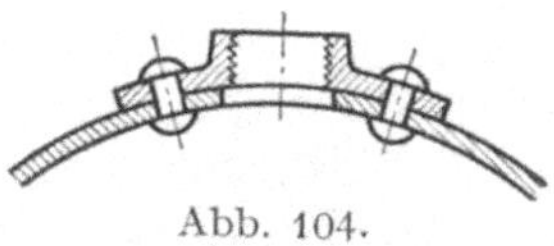

Abb. 104.

In Abb. 102 ist ein Annietflansch mit je einem Rohrfortsatz innen und außen darge-stellt. Innen werden Einlegeschrauben ver-wendet, um den Flanschdurchmesser zu verringern, außen Mutterschrau-ben. In der rechten Bildhälfte ist der Annietflansch gekrümmt (Blech-Stemmscheibe), links ist er gerade (starker Stemmring). — Alle Modelle mit geradem Flansch und untergelegtem starken Stemmring sind natür-lich auch für Kugelflächen verwendbar.

In Abb. 103 hat der gekrümmt dargestellte Annietflansch innen und außen je eine Warze für die Rohranschlüsse. Die Schraubenlöcher für die Innenseite sitzen zwischen denen für die Außenseite, um die Warzen-dicke mäßig zu halten.

Gemäß Abb. 104 kann man auch an gekrümmte Gefäßwände gewöhnliche Gasflansche nieten, muß aber das Gewinde, welches sich ver-
zieht, nachschneiden und die Stirnfläche nacharbeiten. Die Flanschen-

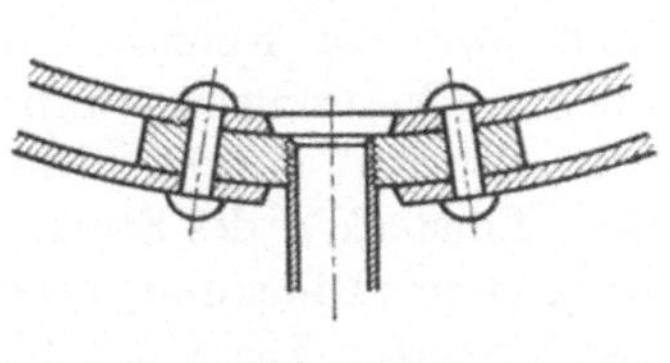

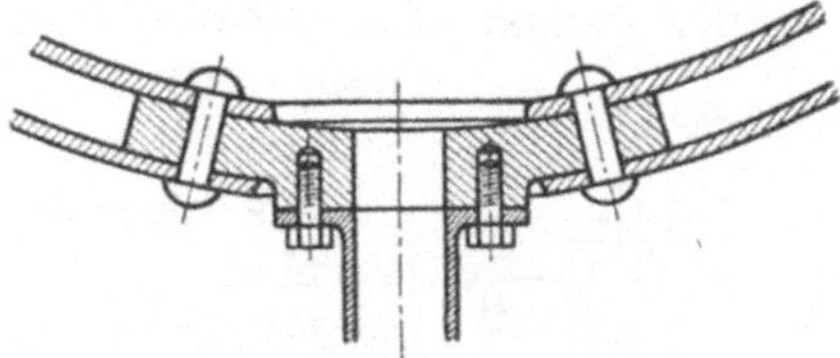

Abb. 105.   Abb. 106.

Spezialfabriken fertigen außerdem „gekümpelte
Flanschen" mit Gasgewindeansatz. Man verwende
Gasflansche möglichst nur bei Niederdruckapparaten
und vermeide sie bei Dampffässern. Für letztere sind
auch dicke gegossene Flansche mit Gasgewinde nicht
zu empfehlen.

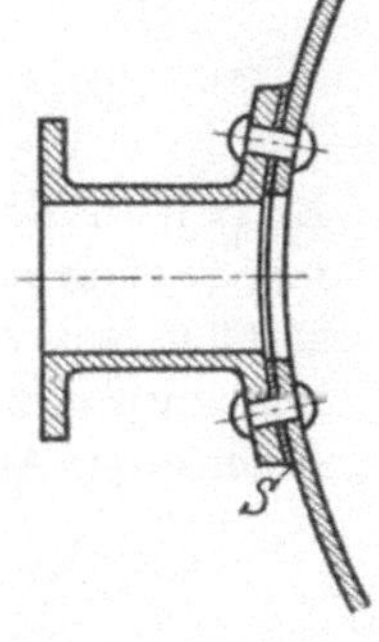

Abb. 105 zeigt einen Zwischenflansch zum Einnieten zwischen zwei (Zylindermäntel oder) gewölbte
Böden. Er dient zur Aufnahme eines Ablaufrohres,
das mittels Gewinde eingeschraubt ist und gegebenenfalls durch Muffe oder Kontrering gesichert werden
kann. Das Einschrauben des Rohres empfiehlt sich nur

Abb. 107.

dann, wenn im Gefäßinnern kein oder nur geringer Überdruck besteht.

In Abb. 106 findet sich derselbe Zwischenflansch, jedoch mit Warze
zum Gegenschrauben eines Rohrflansches. Diese Form ist auch für
größeren Überdruck im Gefäßinnern geeignet, sowie
für zylindrisch gekrümmte Wände.

Nach Abb. 107 wird ein gegossener Stutzen
mit gekrümmtem Annietflansch unter Zwischenschaltung einer Blechstemmscheibe an der Gefäßwand befestigt. Auch bei solchen Stutzen kann man
natürlich gerade Annietflansche zusammen mit einem
starken Stemmring verwenden.

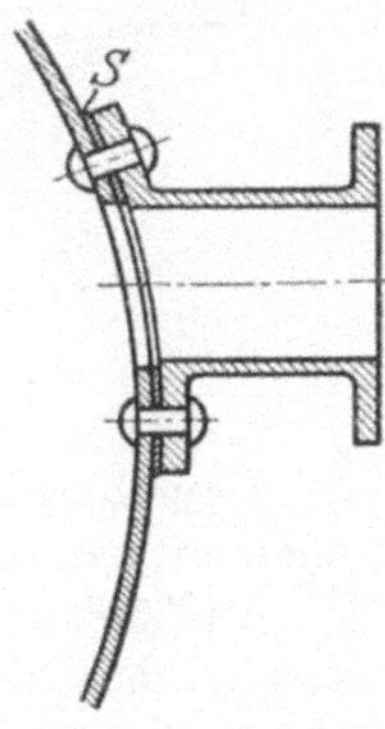

Abb. 108 zeigt denselben Stutzen wie Abb. 107,
jedoch nicht radial, sondern schräg zum Radius angenietet. Schräge Annietflansche und schräge Stutzen
werden gelegentlich (z. B. in der unteren Hälfte liegender Kessel) nötig, um Wassersäcke zu vermeiden.

Abb. 108.

Zur Durchführung von Rohren durch
Apparatwandungen benutze man möglichst die Konstruktionen nach
Abb. 101 bis 103. In manchen Fällen (geringer Druck im Gefäß) wird
die Ausführung nach Abb. 109 genügen: Auf das Rohr ein Flansch

aufgeschweißt, der sich gegen eine gewölbte Scheibe legt; bei *a* und *b* je eine Dichtungszwischenlage; außen eine konkave Scheibe und Kontrering. — Stopfbuchsen wird man bei Rohrdurchführungen zu vermeiden suchen. Ein Beispiel ist in Abb. 110 gezeigt, und zwar für den Fall, daß als Verbindung zwischen Rohr *a* und Stutzen *b* das dampfdichte Zusammenschrauben mittels Gasgewinde möglich ist und genügt. Diese Verbindung wird dann beim Einstecken des Stutzens hergestellt. Letzterer stützt sich mit Ringansatz gegen einen Ringansatz des Außenkörpers *c*. Der Flansch *b'* wird auf den Stutzen aufgeschraubt.

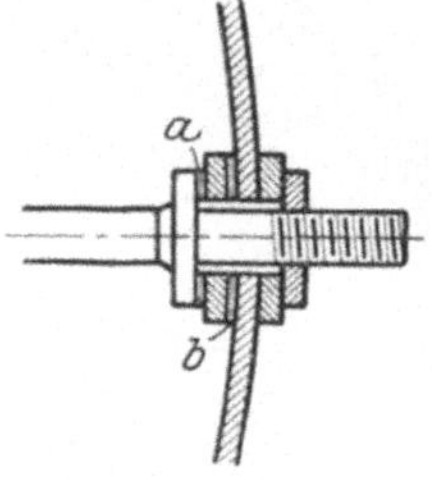

Abb. 109.

Vgl. auch Teil H, Abschnitt 3: Anschlüsse, Durchführungen usw. für Gefäßwandungen.

Bei Dampfleitungen stelle man möglichst alle Bogen aus dem Rohre selbst durch Biegen her. Eisenrohre werden dazu mit getrocknetem Sand dicht gefüllt und an den Enden durch Holzstopfen fest verschlossen. Die Biegungsradien dürfen nicht zu klein sein, um Querschnittsänderungen (Einknicken und Falten auf der Innenseite, Abplatten auf der Außenseite) zu verhindern. Bei nahtlos gewalzten und patentgeschweißten Rohren sei, wenn R der Biegungsradius der Rohrachse und d der äußere Rohrdurchmesser sind:

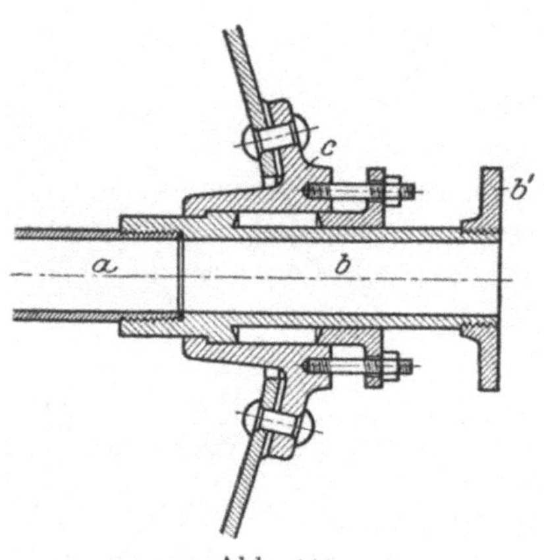

Abb. 110.

$$\text{mindestens } R = 4\,d \text{ bei Warmbiegen,}$$
$$R = 6\,d \text{ bei Kaltbiegen.}$$

Nur bei sorgfältigster Ausführung und starkwandigen Rohren kann R kleiner sein. — Für stumpfgeschweißte (Gas-)Rohre besteht bei engen Biegungen die Gefahr des Aufreißens. Man mache daher bei ihnen:

$$R \geqq 6\,d \text{ für Warmbiegen,}$$
$$R \geqq 9\,d \text{ für Kaltbiegen.}$$

Zu Dampfleitungen verwende man Gasrohre nicht, außer in Notfällen, aber auch dann nur bei mäßigen Überdrucken und Rohrweiten[1]).

Ausführung von Rohrleitungen: Die Verbindungsstellen müssen möglichst gut zugänglich sein, um ihr Dichthalten überwachen und einzelne Stücke bequem herausnehmen zu können. Zu letzterem Zweck ist die Anordnung einer ausreichenden Zahl von Flanschverbindungen erforderlich. Von 48 mm Außendurchmesser des Rohres und 8 Atm.

---

[1]) Maße und Gewichte von Gasrohr-Paßstücken siehe Anhang, Tabelle 114.

aufwärts finden am besten nur Flansche zur Verbindung der Rohrenden, sowie Flanschformstücke und Armaturen mit Flanschen Verwendung.

Als **Dichtungsmaterial** kommen im Dampffaß- und Apparatebau hauptsächlich in Frage:

a) Kitte. Mennige, Glyzerin-, Bleiglätte-, Mastixkitt usw., mit losem Hanf, Bindfaden, loser Asbestschnur zusammen aufgelegt. Anziehen, erwärmen und nachziehen! Vorwiegend für Niederdruck und unbearbeitete oder gering bearbeitete Dichtflächen.

b) Pappe, Zeichenpapier, Zelluloseringe, in (Wasser oder) Leinöl getaucht.

c) Asbest, in weichen runden oder rechteckig hart geflochtenen Schnüren oder aus Asbesttafeln geschnitten. Gegen Dämpfe gut, zur Abdichtung gegen Wasser nicht geeignet. Die hart geflochtenen Schnüre eignen sich, anfangs immer wieder mit Graphitbrei behandelt, sehr gut für häufig zu öffnende Deckelverschlüsse.

d) Gummi und Gummimischungen mit Einlagen aus Leinwand, Drahtgewebe usw.

e) Mannlochschnüre aus Gummi, Baumwolle, Leinwand, Asbest mit Talkum, Graphit usw. kombiniert.

f) Kupfer, aus Blech gefaltet, gewellt, auch mit Asbesteinlagen, Umspinnungen usw. oder massiv profiliert.

g) Blei, allein oder mit Umwickelungen, mit und ohne Kitt. Als reines Weichblei für häufig zu öffnende Verschlüsse; aber starkes Anziehen der Schrauben nötig.

h) Bronze - Dichtungslinsen für Rohre.

F. Die Wandungen der Kupfergefäße.

1. Kupferzylinder für inneren Überdruck.

Bei der Festigkeitsberechnung eiserner Dampffässer wird die (Betriebs-)Temperatur nicht berücksichtigt. Das ist aber bei Kupfer erforderlich, weil dessen Festigkeit mit zunehmender Temperatur abnimmt. Die Bauvorschriften für Dampffässer fordern deshalb allgemein, daß die Verwendung von Kupfer gegenüber erhitztem Wasserdampf von 250° C und mehr überhaupt zu vermeiden ist.

Ferner wird bei der Festigkeitsberechnung vorausgesetzt, daß alle kupfernen Gefäßwände tadellos hart gehämmert werden. Die Konstruktion muß dafür sorgen, daß das Abhämmern überall möglich ist.

Vermindert sich durch irgendeine Nachbehandlung, z. B. durch Verzinnen der gehämmerten Kupferwandung, die Wirkung des Harthämmerns teilweise wieder, so ist ein Zuschlag zur Wandstärke zu geben, der bei dünnen Blechen ~ 1 mm, bei starken $\sim 0,5$ mm betrage.

Wenn größere Festigkeit nicht besonders nachgewiesen ist, kann für Kupfer bis zu Temperaturen von 120° C eine Zugfestigkeit von 22 kg/mm² angenommen werden. Bei höheren Temperaturen ist die Festigkeit für je 20° C um 1 kg/mm² niedriger zu wählen. Hiernach darf gesetzt werden:

bis 120° C	$K = 22$ kg/mm²,		bis 200° C	$K = 18$ kg/mm²,
„ 140° C	$K = 21$ „ ,		„ 220° C	$K = 17$ „ ,
„ 160° C	$K = 20$ „ ,		„ 240° C	$K = 16$ „ ,
„ 180° C	$K = 19$ „ ,		„ 250° C	$K = 15$ „ .

Dann gilt für die Berechnung der Wandstärke von Kupferzylindern mit innerem Überdruck dieselbe Formel (1) wie für Eisenzylinder, nur mit dem Unterschiede, daß statt eines festen Abnutzungszuschlages (0,1 cm = 1 mm) der veränderliche Zuschlag: $0,2 \cdot (6 - s)$ mm zu machen ist.

Bedeuten:

s die Wandstärke des Zylinders in mm,

D den inneren Durchmesser in mm,

p den größten Betriebsdruck in kg/cm²,

K die Zugfestigkeit in kg/mm²,

$\mathfrak{S}$ den Sicherheitsgrad und

φ das Güte- oder Festigkeitsverhältnis der Naht,

so wird:

$$s = \frac{D \cdot p \cdot \mathfrak{S}}{200 \cdot K \cdot \varphi} + 0,2 \cdot (6 - s_0) \, . \tag{44a}$$

Hierin ist s_0 die Blechstärke, die sich aus dem ersten Summanden allein ergibt:

$$s_0 = \frac{D \cdot p \cdot \mathfrak{S}}{200 \cdot K \cdot \varphi} \, . \tag{44b}$$

Der veränderliche Zuschlag $= 0,2 \cdot (6 - s_0)$ wird mit wachsender Blechstärke kleiner und bei $s_0 = 6$ wird er $=$ Null. Von 6 mm ab wird für Kupfer kein Zuschlag mehr gefordert; es wird angenommen, daß wegen des hohen Preises dieses Baustoffes größere Blechstärken als 6 mm in der Praxis kaum vorkommen[1]).

Bei $s_0 > 6$ wird aber der Zuschlag nicht negativ, sondern er fällt einfach fort; es wird $s = s_0$. Verwendet man Bleche über 6 mm, so wird man immer noch einen Zuschlag machen, falls die Beschickung die Wandung angreift. Wenn andererseits das Kupfer wegen der Art der Beschickung und aus sonstigen Gründen keinerlei Abnutzung unterworfen ist, so bedarf es — bei Einverständnis des zuständigen Sachverständigen — folgerichtigerweise auch für Druckgefäße mit $s_0 < 6$ keines Zuschlages.

---

[1]) Jaeger: Einrichtung und Betrieb der Dampffässer.

Den Sicherheitsgrad wählt man üblicherweise mit $\mathfrak{S} = 4{,}5$ bis 5. Das Festigkeitsverhältnis der Naht ist:

bei einreihiger Nietung etwa . . . . $\varphi = 0{,}6$,
„ zweireihiger Nietung etwa . . . . $\varphi = 0{,}7$,
„ guter Härtlötung und Schweißung mit Sicherheitslasche . . . . $\varphi = 0{,}8$.

Zur bequemeren Rechnung läßt sich die Formel (44a) wie folgt umformen:

$$s = s_0 + 0{,}2 \cdot (6 - s_0) = 0{,}8\,s_0 + 1{,}2$$

also:

$$s = 0{,}8 \cdot \frac{D \cdot p \cdot \mathfrak{S}}{200 \cdot K \cdot \varphi} + 1{,}2.$$

Setzt man darin: $\mathfrak{S} = 5$, $K = 22$ und $\varphi = 0{,}6$ ein, so kommt für einreihige Nietnaht bis zu $s = 6$ mm **(bis 120° C)**:

$$s = \frac{0{,}8 \cdot D \cdot p \cdot 5}{200 \cdot 22 \cdot 0{,}6} + 1{,}2 = \frac{D \cdot p}{660} + 1{,}2 = \boldsymbol{0{,}001515 \cdot D \cdot p + 1{,}2}.$$

Hiernach sind in Tabelle 80 die ersten Wandstärken bis einschließlich der fettgedruckten Werte berechnet. Von da ab sind die Wandstärken ohne Zuschlag bestimmt, also nach:

$$\boldsymbol{s_0} = \frac{D \cdot p \cdot 5}{200 \cdot 22 \cdot 0{,}6} = \frac{D \cdot p}{528} = \boldsymbol{0{,}00189394 \cdot D \cdot p}.$$

Für zweireihige Nietnaht ergibt sich bei $\mathfrak{S} = 5$, $K = 22$ und $\varphi = 0{,}7$ bis zu $s = 6$ mm **(bis 120° C)**:

$$s = \frac{0{,}8 \cdot D \cdot p \cdot 5}{200 \cdot 22 \cdot 0{,}7} + 1{,}2 = \frac{D \cdot p}{770} + 1{,}2 = \boldsymbol{0{,}0012987 \cdot D \cdot p + 1{,}2}.$$

Danach sind in Tabelle 81 die ersten Wandstärken bis einschließlich der fettgedruckten Werte bestimmt; die größeren Stärken ohne Zuschlag nach:

$$\boldsymbol{s_0} = \frac{D \cdot p \cdot 5}{200 \cdot 22 \cdot 0{,}7} = \frac{D \cdot p}{616} = \boldsymbol{0{,}00162338 \cdot D \cdot p}.$$

Tabelle 80 und 81 gelten nur für Temperaturen bis zu 120° C. Für höhere Temperaturen bestehen die Formeln:

$$s = \frac{D \cdot p \cdot \mathfrak{S}}{200 \cdot \left(K - \dfrac{t - 120}{20}\right) \cdot \varphi} + 0{,}5,$$

worin $t =$ Betriebstemperatur ist und die übrigen Zeichen wie bisher gelten, sowie:

$$s = \frac{D \cdot p \cdot \mathfrak{S}}{200 \cdot \left(K - \dfrac{t - 15}{26} \cdot a\right) \cdot \varphi},$$

Tabelle 80. Wandstärke (in mm) einreihig genieteter Kupferzylinder mit innerem Überdruck für Temperaturen bis 120° C.

$$\mathfrak{S} = 5; \quad K = 22 \text{ kg/mm}^2; \quad \varphi = 0,6.$$

Durchmesser D mm	\multicolumn{10}{c}{Innerer Überdruck in kg/cm²}									
	1	2	3	4	5	6	7	8	9	10
300	1,65	2,11	2,56	3,02	3,47	3,93	4,38	4,84	5,29	**5,75**
350	1,73	2,26	2,79	3,32	3,85	4,38	4,91	**5,44**	**5,97**	6,53
400	1,81	2,41	3,02	3,62	4,23	4,84	5,44	6,06	6,82	7,58
450	1,88	2,56	3,25	3,93	4,61	5,29	**5,97**	6,82	7,67	8,52
500	1,96	2,72	3,47	4,23	4,99	**5,74**	6,63	7,58	8,52	9,47
550	2,03	2,87	3,70	4,53	5,37	6,24	7,29	8,33	9,38	10,42
600	2,11	3,02	3,93	4,84	**5,74**	6,82	7,95	9,09	10,23	11,36
650	2,18	3,17	4,15	5,14	6,14	7,39	8,62	9,85	11,08	12,31
700	2,26	3,32	4,38	5,44	6,62	7,95	9,28	10,61	11,93	13,26
750	2,34	3,47	4,61	**5,75**	7,10	8,52	9,94	11,36	12,78	14,21
800	2,41	3,62	4,84	6,06	7,57	9,09	10,61	12,12	13,64	15,15
850	2,49	3,78	5,06	6,44	8,04	9,66	11,27	12,88	14,49	16,10
900	2,56	3,93	5,29	6,82	8,51	10,23	11,93	13,64	15,34	17,05
950	2,64	4,08	5,52	7,20	8,99	10,79	12,60	14,39	16,19	17,99
1000	2,71	4,23	5,74	7,58	9,46	11,36	13,26	15,15	17,04	18,94
1050	2,79	4,38	**5,97**	7,96	9,93	11,93	13,92	15,91	17,90	19,89
1100	2,87	4,53	6,27	8,33	10,41	12,50	14,58	16,67	18,75	20,83
1150	2,94	4,68	6,53	8,71	10,88	13,07	15,25	17,42	19,60	—
1200	3,02	4,84	6,82	9,09	11,35	13,63	15,91	18,18	20,45	—
1250	3,09	4,99	7,10	9,47	11,83	14,20	16,57	19,70	—	—
1300	3,17	5,14	7,39	9,85	12,30	14,77	17,24	20,45	—	—
1350	3,24	5,29	7,67	10,23	12,77	15,34	17,90	—	—	—
1400	3,32	5,44	7,95	10,61	13,24	15,91	18,56	—	—	—
1450	3,40	5,59	8,24	10,99	13,72	16,47	19,23	—	—	—
1500	3,47	5,75	8,52	11,37	14,19	17,04	19,89	—	—	—
1550	3,55	**5,90**	8,81	11,75	14,66	17,61	20,55	—	—	—
1600	3,62	6,06	9,09	12,12	15,14	18,18	—	—	—	—
1650	3,70	6,25	9,37	12,50	15,61	18,75	—	—	—	—
1700	3,77	6,44	9,66	12,88	16,08	19,31	—	—	—	—
1750	3,85	6,63	9,94	13,26	16,56	19,88	—	—	—	—
1800	3,93	6,82	10,23	13,64	17,03	20,45	—	—	—	—
1850	4,01	7,00	10,51	14,02	17,50	—	—	—	—	—
1900	4,08	7,20	10,79	14,40	17,97	—	—	—	—	—
1950	4,15	7,39	11,08	14,78	18,45	—	—	—	—	—
2000	4,23	7,57	11,36	15,16	18,92	—	—	—	—	—
2100	4,38	7,95	11,93	15,91	19,87	—	—	—	—	—
2200	4,53	8,33	12,50	16,67	20,82	—	—	—	—	—
2300	4,68	8,71	13,07	17,43	—	—	—	—	—	—
2400	4,83	9,09	13,63	18,18	—	—	—	—	—	—
2500	4,99	9,47	14,20	18,94	—	—	—	—	—	—
2600	5,14	9,85	14,77	19,70	—	—	—	—	—	—
2700	5,28	10,23	15,34	20,46	—	—	—	—	—	—
2800	5,44	10,61	15,91	—	—	—	—	—	—	—
2900	5,59	10,99	16,47	—	—	—	—	—	—	—
3000	5,74	11,36	17,04	—	—	—	—	—	—	—

Durchmesser D mm	Überdruck p 1 Atm.
3100	**5,89**
3200	6,05

Tabelle 81. Wandstärke (in mm) zweireihig genieteter Kupfer-zylinder mit innerem Überdruck **für Temperaturen bis 120° C.**
$$\mathfrak{S} = 5;\ K = 22\ \text{kg/mm}^2;\ \varphi = 0,7.$$

Durch-messer D mm	Innerer Überdruck in kg/cm²									
	1	2	3	4	5	6	7	8	9	10
300	1,59	1,98	2,37	2,75	3,15	3,54	3,93	4,32	4,70	5,09
350	1,66	2,11	2,57	3,01	3,47	3,93	4,38	4,83	5,29	**5,74**
400	1,72	2,24	2,76	3,26	3,80	4,31	4,83	5,35	**5,87**	6,49
450	1,79	2,37	2,96	3,52	4,12	4,70	5,29	**5,87**	6,58	7,31
500	1,85	2,50	3,15	3,78	4,45	5,09	**5,74**	6,59	7,31	8,12
550	1,92	2,63	3,35	4,04	4,77	5,48	6,25	7,14	8,04	8,93
600	1,98	2,76	3,54	4,30	5,10	**5,87**	6,82	7,79	8,77	9,74
650	2,05	2,87	3,74	4,55	5,42	6,30	7,39	8,44	9,50	10,55
700	2,11	3,02	3,93	4,81	**5,75**	6,81	7,95	9,09	10,23	11,36
750	2,18	3,15	4,13	5,07	6,09	7,30	8,52	9,74	10,96	12,17
800	2,24	3,28	4,32	5,33	6,49	7,79	9,09	10,39	11,69	12,99
850	2,31	3,41	4,52	5,59	6,90	8,27	9,66	11,04	12,42	13,80
900	2,37	3,54	4,71	**5,84**	7,31	8,76	10,23	11,69	13,15	14,61
950	2,44	3,67	4,91	6,16	7,71	9,25	10,79	12,34	13,88	15,42
1000	2,50	3,80	5,10	6,49	8,12	9,74	11,36	12,98	14,61	16,23
1050	2,57	3,93	5,30	6,82	8,52	10,22	11,93	13,63	15,34	17,04
1100	2,63	4,06	5,49	7,14	8,93	10,71	12,50	14,28	16,07	17,86
1150	2,70	4,19	5,69	7,47	9,34	11,20	13,07	14,93	16,80	18,67
1200	2,76	4,32	**5,88**	7,79	9,74	11,68	13,63	15,58	17,53	19,48
1250	2,83	4,45	6,09	8,12	10,15	12,17	14,20	16,23	18,26	20,29
1300	2,89	4,58	6,33	8,44	10,55	12,66	14,77	16,88	18,99	—
1350	2,96	4,71	6,57	8,77	10,96	13,14	15,34	17,53	19,72	—
1400	3,02	4,84	6,82	9,09	11,37	13,63	15,91	18,18	20,45	—
1450	3,09	4,97	7,06	9,42	11,77	14,12	16,47	18,83	—	—
1500	3,15	5,10	7,31	9,74	12,18	14,61	17,04	19,47	—	—
1550	3,22	5,23	7,55	10,07	12,58	15,09	17,61	20,13	—	—
1600	3,28	5,36	7,80	10,39	12,99	15,58	18,18	—	—	—
1650	3,35	5,49	8,04	10,72	13,40	16,07	18,75	—	—	—
1700	3,41	5,62	8,28	11,04	13,80	16,55	19,31	—	—	—
1750	3,48	5,75	8,53	11,37	14,21	17,04	19,88	—	—	—
1800	3,54	**5,88**	8,77	11,69	14,61	17,53	20,45	—	—	—
1850	3,61	6,01	9,02	12,02	15,02	18,01	—	—	—	—
1900	3,67	6,17	9,26	12,34	15,43	18,50	—	—	—	—
1950	3,74	6,33	9,50	12,67	15,83	18,99	—	—	—	—
2000	3,80	6,49	9,75	12,99	16,24	19,48	—	—		
2100	3,93	6,82	10,23	13,64	17,05	20,45	—	—		
2200	4,06	7,14	10,72	14,29	17,86	—	—	—		
2300	4,19	7,47	11,21	14,94	18,67	—	—	—		
2400	4,32	7,79	11,69	15,59	19,49	—	—	—		
2500	4,45	8,12	12,18	16,23	20,30	—	—	—		
2600	4,58	8,44	12,66	16,88	—	—	—	—		
2700	4,71	8,77	13,15	17,53	—	—	—	—		
2800	4,84	9,09	13,64	18,18	—	—	—	—		
2900	4,97	9,42	14,12	18,83	—	—	—	—		
3000	5,10	9,74	14,61	19,48	—	—	—	—		

Durch-messer D mm	Über-druck p 1 Atm.
3100	5,23
3200	5,38
3300	5,49
3400	5,62
3500	5,75
3600	**5,88**
3700	6,01

worin a die Abnahme der Zugfestigkeit des Kupfers für je 20° C Temperaturerhöhung über 15° C bedeutet; die übrigen Zeichen wie bisher.

Die zweite Formel wurde 1914 vom „Internationalen Verband der Dampfkesselüberwachungsvereine" insbesondere für die Berechnung dünnwandiger Kupferzylinder von Trocken- und Schlichtzylindern aufgestellt[1]). Als höchster Betriebsdruck kommen etwa 4 kg/cm² in Frage. Die Zylinder sind nahtlos oder hartgelötet oder geschweißt, weshalb $\varphi = 0,8$ gesetzt werden kann. Wegen der verhältnismäßig niedrigen Dampfspannung ist $\mathfrak{S} = 3,5$ zugelassen. Diese Sicherheit erscheint für Dampffässer zu gering.

Beide Formeln sind wenig handlich und sind auch im Dampffaßbau entbehrlich. Die Bauvorschriften ermöglichen durch die Festsetzung der eingangs genannten Abstufungen von K bereits die Berechnung für höhere Temperaturen. Man braucht die verschiedenen K nicht in die Formel einzusetzen; hierunter sind (als Multiplikatoren) die Zuschläge zu den Wandstärken für jede Temperaturspanne angegeben. Bezeichnet man die s-Werte der Tabelle 80 mit A und die der Tabelle 81 mit B, so wird die Wandstärke:

$$
\begin{aligned}
&1.\text{ für Temperaturen bis }\quad 120°\text{ C} \quad & s_1 &= \quad A \text{ bzw. } = \quad B,\\
&2.\text{ ,, }\qquad\qquad \text{ von } 120 \text{ bis } 140°\text{ C} & s_2 &= 1,05\,A \quad ,, \quad = 1,05\,B,\\
&3.\text{ ,, }\qquad\qquad \text{ ,, } 140 \text{ ,, } 160°\text{ C} & s_3 &= 1,10\,A \quad ,, \quad = 1,10\,B,\\
&4.\text{ ,, }\qquad\qquad \text{ ,, } 160 \text{ ,, } 180°\text{ C} & s_4 &= 1,16\,A \quad ,, \quad = 1,16\,B,\\
&5.\text{ ,, }\qquad\qquad \text{ ,, } 180 \text{ ,, } 200°\text{ C} & s_5 &= 1,22\,A \quad ,, \quad = 1,22\,B,\\
&6.\text{ ,, }\qquad\qquad \text{ ,, } 200 \text{ ,, } 220°\text{ C} & s_6 &= 1,29\,A \quad ,, \quad = 1,29\,B,\\
&7.\text{ ,, }\qquad\qquad \text{ ,, } 220 \text{ ,, } 240°\text{ C} & s_7 &= 1,38\,A \quad ,, \quad = 1,38\,B,\\
&8.\text{ ,, }\qquad\qquad \text{ ,, } 240 \text{ ,, } 250°\text{ C} & s_8 &= 1,47\,A \quad ,, \quad = 1,47\,B.
\end{aligned}
$$

Ferner kann man die Tabellen 80 ($\varphi = 0,6$) und 81 ($\varphi = 0,7$) auch für die Wandstärke s' hartgelöteter und geschweißter Mäntel ($\varphi = 0,8$) verwenden, denn es ist:

$$
\begin{aligned}
\text{bis } 120°\text{ C} \quad & s_1' = {}^3/_4\,A & = {}^7/_8\,B,\\
\text{von } 120 \text{ ,, } 140°\text{ C} \quad & s_2' = {}^3/_4 \cdot (1,05\,A) & = {}^7/_8 \cdot (1,05\,B),\\
\text{,, } 140 \text{ ,, } 160°\text{ C} \quad & s_3' = {}^3/_4 \cdot (1,10\,A) & = {}^7/_8 \cdot (1,10\,B),\\
\text{,, } 160 \text{ ,, } 180°\text{ C} \quad & s_4' = {}^3/_4 \cdot (1,16\,A) & = {}^7/_8 \cdot (1,16\,B)\ \text{usw.}
\end{aligned}
$$

Die Koeffizienten stimmen, strenggenommen, nur für die s ohne den Zuschlag: $0,2 \cdot (6 - s_0)$; der Unterschied ist aber praktisch belanglos.

2. Kupferzylinder für äußeren Überdruck.

Die Wandstärke kupferner Zylinder für äußeren Überdruck wird mittels der für Eisenblech geltenden von Bachschen Formel, jedoch mit dem veränderlichen Zuschlag: $0,2 \cdot (6 - s)$ berechnet. Es wird also:

$$
s = \frac{p \cdot D}{2400} \cdot \left(1 + \sqrt{1 + \frac{a}{p} \cdot \frac{L}{L + D}}\right) + 0,2 \cdot (6 - s_0). \tag{45}
$$

---

[1]) Z. V. d. I. Jg. 1914, S. 1270 ff.

Tabelle 82. Wandstärke (in mm) von Kupferzylindern mit äußerem Überdruck von 1 und 2 Atm. **für Temperaturen bis 120° C,** berechnet mit: $a = 80$ bei liegenden Zylindern, $a = 50$,, stehenden ,,

Durch-messer D	Liegende Zylinder				Stehende Zylinder			
	Länge der Zylinder in mm							
mm	500	1000	1500	2000	500	1000	1500	2000
Wandstärke bei 1 Atm. äußerem Überdruck:								
300	2,01	2,09	2,13	2,14	1,87	1,93	1,95	1,96
400	2,23	2,35	2,39	2,43	2,05	2,14	2,18	2,20
500	2,44	2,60	2,67	2,71	2,22	2,35	2,41	2,44
600	2,62	2,83	2,92	2,98	2,37	2,54	2,61	2,66
700	2,80	3,05	3,17	3,24	2,52	2,72	2,81	2,89
800	2,97	3,27	3,42	3,50	2,67	2,90	3,01	3,09
900	3,13	3,47	3,64	3,75	2,80	3,07	3,20	3,28
1000	3,28	3,67	3,86	3,98	2,93	3,22	3,39	3,48
1100	3,44	3,86	4,08	4,23	3,06	3,30	3,57	3,68
1200	3,58	4,04	4,29	4,46	3,18	3,55	3,74	3,87
1300	3,72	4,23	4,50	4,68	3,30	3,69	3,91	4,05
1400	3,86	4,40	4,71	4,90	3,42	3,84	4,09	4,24
1500	3,99	4,57	4,92	5,11	3,54	3,99	4,25	4,42
1600	4,12	4,74	5,09	5,32	3,65	4,13	4,40	4,59
1700	4,25	4,90	5,28	5,53	3,75	4,27	4,57	4,77
1800	4,37	5,06	5,47	5,74	3,86	4,40	4,72	4,93
1900	4,49	5,22	5,65	**5,94**	3,97	4,53	4,87	5,09
2000	4,60	5,37	**5,83**	6,14	4,08	4,67	5,03	5,27
Wandstärke bei 2 Atm. äußerem Überdruck:								
300	2,42	2,53	2,57	2,60	2,21	2,30	2,34	2,35
400	2,75	2,92	2,99	3,03	2,48	2,63	2,68	2,71
500	3,06	3,27	3,39	3,45	2,76	2,93	3,04	3,06
600	3,35	3,64	3,77	3,84	3,00	3,23	3,34	3,40
700	3,60	3,98	4,14	4,25	3,24	3,51	3,65	3,72
800	3,89	4,29	4,50	4,63	3,47	3,77	3,95	4,05
900	4,14	4,62	4,86	5,01	3,69	4,06	4,24	4,36
1000	4,39	5,07	5,20	5,38	3,90	4,31	4,54	4,67
1100	4,62	5,22	5,53	**5,73**	4,11	4,57	4,80	4,97
1200	4,86	5,50	**5,85**	6,09	4,31	4,81	5,08	5,26
1300	5,09	**5,78**	6,19	6,49	4,49	5,05	5,35	5,53
1400	5,29	6,08	6,52	6,97	4,70	5,28	5,61	**5,83**
1500	5,51	6,39	6,98	7,36	4,89	5,52	**5,87**	6,13
1600	5,73	6,73	7,35	7,75	5,07	5,74	6,12	6,48
1700	**5,92**	7,05	7,73	8,17	5,27	**5,97**	6,46	6,82
1800	6,17	7,36	8,06	8,55	5,44	6,24	6,77	7,14
1900	6,40	7,65	8,38	8,89	5,62	6,50	7,07	7,47
2000	6,68	8,00	8,77	9,34	5,82	6,75	7,36	7,78

Tabelle 83. Wandstärke (in mm) von Kupferzylindern mit äußerem Überdruck von 3 und 4 Atm. **für Temperaturen bis 120° C,** berechnet mit: $a = 80$ bei liegenden Zylindern, $a = 50$ „ stehenden „

Durch-messer D mm	Liegende Zylinder				Stehende Zylinder			
	Länge der Zylinder in mm							
	500	1000	1500	2000	500	1000	1500	2000
				Wandstärke bei 3 Atm. äußerem Überdruck:				
300	2,76	2,89	2,94	2,97	2,51	2,61	2,66	2,68
400	3,19	3,39	3,48	3,52	2,88	3,04	3,10	3,14
500	3,59	3,87	3,99	4,06	3,23	3,44	3,54	3,59
600	3,97	4,32	4,49	4,58	3,55	3,83	3,95	4,03
700	4,34	4,76	4,97	5,09	3,87	4,20	4,36	4,46
800	3,68	5,18	5,42	**5,58**	4,18	4,56	4,75	4,87
900	5,02	5,58	**5,58**	6,08	4,47	4,91	5,13	5,28
1000	5,34	**5,98**	6,39	6,67	4,76	5,25	5,52	**5,68**
1100	5,66	6,48	6,94	7,24	5,04	5,59	**5,88**	6,08
1200	**5,96**	6,92	7,45	7,80	5,30	**5,90**	6,29	6,55
1300	6,33	7,38	7,96	8,45	5,58	6,29	6,75	7,04
1400	6,72	7,85	8,47	8,90	**5,83**	6,67	7,17	7,51
1500	7,06	8,27	8,98	9,41	6,14	7,06	7,60	7,96
1600	7,42	8,70	9,44	9,94	6,44	7,44	8,02	8,40
1700	7,76	9,13	9,92	10,43	6,76	7,81	8,43	8,85
1800	8,10	9,55	10,38	10,94	7,08	8,17	8,82	9,28
1900	8,45	9,96	10,82	11,45	7,38	8,53	9,25	9,73
2000	8,78	10,10	11,30	11,95	7,70	8,90	9,63	10,13
				Wandstärke bei 4 Atm. äußerem Überdruck:				
300	3,07	3,22	3,28	3,31	2,78	2,90	2,95	2,97
400	3,59	3,86	3,91	3,97	3,23	3,41	3,49	3,54
500	4,08	4,39	4,54	4,61	3,66	3,90	4,01	4,07
600	4,54	4,94	5,13	5,22	4,06	4,37	4,52	4,60
700	4,94	5,46	**5,69**	**5,83**	4,45	4,91	5,02	5,12
800	5,41	**5,97**	6,32	6,54	4,84	5,27	5,48	**5,63**
900	**5,82**	6,59	7,00	7,26	5,20	**5,70**	**5,95**	6,15
1000	6,28	7,20	7,68	8,00	5,57	6,15	6,52	6,75
1100	6,76	7,78	8,33	8,64	**5,91**	6,65	7,09	7,37
1200	7,24	8,34	8,96	9,34	6,32	7,16	7,62	7,92
1300	7,74	8,93	9,59	10,13	6,75	7,67	8,19	8,52
1400	8,17	9,34	10,15	10,74	7,16	8,14	8,70	9,06
1500	8,62	10,00	10,78	11,30	7,59	8,60	9,22	9,62
1600	9,08	10,50	11,35	11,98	8,00	9,13	9,75	10,17
1700	9,49	11,00	11,92	12,53	8,40	9,55	10,25	10,70
1800	9,93	11,55	12,51	13,20	8,76	10,00	10,74	11,35
1900	10,36	12,03	13,09	13,79	9,16	10,45	11,26	11,79
2000	10,76	12,52	13,63	14,40	9,55	10,87	11,72	12,28

$D =$ Durchmesser des Zylinders in mm,

$L =$ Länge des Zylinders oder Abstand der wirksamen Versteifungen in mm,

$p =$ höchster Betriebsdruck in kg/cm²,

$a =$ Zahlenwert nach Maßgabe der Lage des Zylinders und der
Ausführung der Längsnaht.

In Betracht kommen:

$a = 80$ für liegende Zylinder ⎱ mit gelaschter oder geschweißter
$a = 50$,, stehende ,, ⎰ Längsnaht.

Auch hier ist s_0 die sich aus dem ersten Summanden der Formel
ergebende Wandstärke. Der Zuschlag fällt von $s = 6$ mm ab fort.
Man wird, wie bei innengedrückten Zylindern, auch dem $s > 6$ mm
noch einen Zuschlag geben, wenn Abnutzungsgefahr besteht. Es empfiehlt sich aber bei außengedrückten Zylindern nicht, für $s < 6$ von
dem vorgeschriebenen Zuschlag abzusehen, wenn keine Abnutzung
in Frage kommt.

In Tabelle 82 und 83 sind für Durchmesser von 300 bis 2000 mm
und für äußeren Überdruck von 1 bis 4 kg/cm² die Wandstärken außengedrückter kupferner Zylinder zusammengestellt: bis einschließlich der
fettgedruckten Werte mit, von dort an ohne Zuschlag.

Die Werte der Tabellen gelten für Temperaturen bis zu 120° C.
Für höhere Temperaturen erhöht sich die Wandstärke wie bei innengedrückten Zylindern, s. die Multiplikatoren auf S. 134.

3. Gewichtsberechnung für Hohlzylinder aus Kupfer, Nickel, Messing, (Neusilber) und Aluminium.

Tabelle 84 und 85 enthalten die Gewichte nahtloser Kupferzylinder von 300 bis 2000 mm Durchmesser, 1 m Länge und mit $s = 2$ bis
18 mm. Das spezifische Gewicht des gewalzten Kupfers ist $\gamma = 8,9$; die
Gewichte sind mit $\gamma = \sim 9$ berechnet. Für Nickel mit $\gamma = 9$ sind die
Tabellen ohne weiteres verwendbar. Einheitliche Festigkeitsziffern von
Reinnickel liegen nicht vor; man wählt die Blechstärke gleich der
des Kupfers, auch wohl um ein geringes schwächer. Vergl. hierzu
Teil A, Abschnitt 3. Messing, gewalzt, als Draht oder Blech hat das
spezifische Gewicht 8,5 bis 8,7. Hohlzylinder aus Messingblech sind
also ungefähr 5% leichter, als Tabelle 84 und 85 angeben.

Die drei nachfolgenden Tabellen enthalten Werte α und β zur Gewichtsberechnung von Hohlzylindern aus Metall nach den Formeln:

$G = (\alpha \cdot D_i + \beta) \cdot L$, wenn $D_i =$ lichter Durchmesser,

$G = \alpha \cdot D_m \cdot L$,   ,, $D_m =$ mittlerer Wandungsdurchmesser,

$G = (\alpha \cdot D_a - \beta) \cdot L$, ,, $D_a =$ äußerer Durchmesser,

Tabelle 84. Gewichte nahtloser Zylinder aus Kupfer- oder Nickel-blech von 2 bis 7 mm Wandstärke, 300 bis 2000 mm Durchmesser und 1 m Länge.

Durch-messer D mm	Wandstärke in mm										
	2	2,5	3	3,5	4	4,5	5	5,5	6	6,5	7
	Gewichte in kg pro m Länge										
300	17,1	21,4	25,7	30,0	34,4	38,7	43,1	47,5	51,9	56,3	60,8
350	19,9	24,9	29,9	35,0	40,0	45,1	50,2	55,3	60,4	65,5	70,7
400	22,7	28,5	34,2	39,9	45,7	51,5	57,3	63,1	68,9	74,7	80,6
450	25,6	32,0	38,4	44,9	51,3	57,8	64,3	70,8	77,4	83,9	90,4
500	28,4	35,5	42,7	49,8	57,0	64,2	71,4	78,6	85,8	93,1	100,3
550	31,2	39,1	46,9	54,8	62,7	70,5	78,5	86,4	94,3	102,3	110,2
600	34,0	42,6	51,1	59,7	68,3	76,9	85,5	94,2	102,8	111,5	120,1
650	36,9	46,1	55,4	64,7	74,0	83,3	92,6	101,9	111,3	120,7	130,0
700	39,7	49,7	59,6	69,6	79,6	89,6	99,7	109,7	119,8	129,8	140,0
750	42,5	53,2	63,9	74,6	85,3	96,0	106,7	117,5	128,3	139,0	149,8
800	45,4	56,7	68,1	79,5	90,9	102,3	113,8	125,3	136,7	148,2	159,7
850	48,2	60,3	72,4	84,5	96,6	108,7	120,9	133,0	145,2	157,4	169,6
900	51,0	63,8	76,6	89,4	102,2	115,1	127,9	140,8	153,7	166,6	179,5
950	53,8	67,3	80,8	94,4	107,9	121,4	135,0	148,6	162,2	175,8	189,4
1000	56,7	70,9	85,1	99,3	113,5	127,8	142,1	156,4	170,7	185,0	199,3
1100	62,3	77,9	93,6	109,2	124,9	140,5	156,2	171,9	187,6	203,4	219,1
1200	68,0	85,0	102,0	119,1	136,2	153,2	170,4	187,5	204,6	221,7	238,9
1300	73,6	92,1	110,5	129,0	147,5	166,0	184,5	203,0	221,6	240,1	258,7
1400	79,3	99,1	119,0	138,9	158,8	178,7	198,6	218,6	238,5	258,5	278,5
1500	84,9	106,2	127,5	148,8	170,1	191,4	212,8	234,1	255,5	276,9	298,3
1600	90,6	113,3	136,0	158,7	181,4	204,1	226,9	249,7	272,5	295,2	318,1
1700	96,3	120,3	144,5	168,6	192,7	216,9	241,0	265,2	289,4	313,6	337,8
1800	101,9	127,4	152,9	178,5	204,0	229,6	255,2	280,8	306,4	332,0	357,6
1900	107,6	134,5	161,4	188,4	215,3	242,3	269,3	296,3	323,3	350,4	377,4
2000	113,2	141,5	169,9	198,3	226,6	255,0	283,4	311,9	340,3	368,8	397,2

Tabelle 85. Gewichte nahtloser Zylinder aus Kupfer- oder Nickel-blech von 8 bis 18 mm Wandstärke, 300 bis 2000 mm Durchmesser und 1 m Länge.

Durch-messer D mm	Wandstärke in mm										
	8	9	10	11	12	13	14	15	16	17	18
	Gewichte in kg pro m Länge										
300	69,7	78,6	87,6	96,7	105,9	115,0	124,3	132,7	143,0	152,4	161,8
350	81,0	91,4	101,8	112,3	122,8	133,4	144,1	153,8	165,6	176,4	187,3
400	92,3	104,1	115,9	127,8	139,8	151,8	163,9	174,8	188,2	200,4	212,7
450	103,6	116,8	130,1	143,4	156,8	170,2	183,7	195,9	210,8	224,5	238,2
500	114,9	129,5	144,2	158,9	173,7	188,6	203,5	216,9	233,4	248,5	263,6
550	126,2	142,2	158,3	174,5	190,7	206,9	223,3	238,0	256,1	272,5	289,1
600	137,5	155,0	172,5	190,0	207,6	225,3	243,0	259,0	278,7	296,6	314,5
650	148,8	167,7	186,6	205,6	224,6	243,7	262,8	280,1	301,3	320,6	340,0
700	160,1	180,4	200,7	221,1	241,6	262,1	282,6	301,1	323,9	344,6	365,4
750	171,5	193,1	214,9	236,7	258,5	280,5	302,4	322,2	346,5	368,7	390,9
800	182,8	205,9	229,0	252,2	275,5	298,8	322,2	343,3	369,2	392,7	416,3
850	194,1	218,6	243,2	267,8	292,5	317,2	342,0	364,3	391,8	416,7	441,8
900	205,4	231,3	257,3	283,3	309,4	335,6	361,8	385,4	414,4	440,8	467,2
950	216,7	244,0	271,4	298,9	326,4	354,0	381,6	406,4	437,0	464,8	492,7

Tabelle 85 (Fortsetzung).

Durchmesser D	Wandstärke in mm										
	8	9	10	11	12	13	14	15	16	17	18
mm	Gewichte in kg pro m Länge										
1000	228,0	256,8	285,6	314,4	343,4	372,3	401,4	427,5	459,6	488,8	518,1
1100	250,6	282,2	313,8	345,5	377,3	409,1	441,0	469,6	504,9	536,9	569,0
1200	273,2	307,6	342,1	376,6	411,2	445,9	480,6	511,7	550,1	585,0	619,9
1300	295,9	333,1	370,4	407,7	445,1	482,6	520,1	553,8	595,3	633,0	670,8
1400	318,5	358,5	398,7	438,8	479,1	519,4	559,7	595,9	640,6	681,1	721,7
1500	341,1	384,0	426,9	470,0	513,0	556,2	599,3	638,0	685,8	729,2	772,6
1600	363,7	409,4	455,2	501,0	546,9	593,0	638,9	680,2	731,1	777,2	823,5
1700	386,3	434,9	483,5	532,2	580,9	629,8	678,5	722,3	776,3	825,3	874,4
1800	409,0	460,3	511,8	563,3	614,8	666,4	718,1	764,4	821,5	873,4	925,3
1900	431,6	485,8	540,0	594,4	648,7	703,2	757,6	806,5	866,8	921,4	976,1
2000	454,2	511,2	568,3	625,5	682,7	739,9	797,2	848,6	912,0	969,5	1027,0

s. Teil C, Abschnitt 3: „Gewichte eiserner Zylinder". Tabelle 86 gilt für Kupfer, Bronze und Nickel; Tabelle 87 für Messing und Neusilber; Tabelle 88 für Aluminium. Da man bei Messing- und Aluminiumguß gleichfalls u. U. mit größerer Lieferungswandstärke, als sie durch die Konstruktion festgelegt ist, zu rechnen hat, lassen sich in solchen Fällen Tabelle 87 und 88 auch für gegossene Hohlzylinder benutzen.

Die Werte α und β für Messing und Aluminium sind mit den mittleren spezifischen Gewichten $\gamma = 8{,}6$ und $\gamma = 2{,}6$ errechnet. Zugfestigkeit von gewalztem oder geschmiedetem Aluminium etwa 15 bis 25 kg/mm², von Aluminiumguß etwa 9 bis 12 kg/mm².

Tabelle 86. Werte α und β zur Berechnung des Gewichtes in kg von Hohlzylindern (mit der Wandstärke s in mm) aus Kupfer, Bronze oder Nickel. — $\gamma = \infty 9$.

Durchmesser D und Länge L in Metern in die Formel einsetzen!

s mm	α	β	s mm	α	β	s mm	α	β
0,2	5,66	0,00113	3,4	96,13	0,327	7,5	212,06	1,590
0,4	11,31	0,00452	3,6	101,79	0,376	8	226,19	1,810
0,6	16,97	0,01018	3,8	107,44	0,408	8,5	240,33	2,043
0,8	22,62	0,01810	4	113,10	0,452	9	254,47	2,290
1	28,27	0,0283	4,2	118,75	0,499	9,5	268,61	2,551
1,2	33,93	0,0407	4,4	124,41	0,547	10	282,74	2,827
1,4	39,58	0,0554	4,6	130,06	0,598	11	311,02	3,421
1,6	45,24	0,0724	4,8	135,72	0,651	12	339,29	4,072
1,8	50,89	0,0916	5	141,37	0,707	13	367,57	4,778
2	56,55	0,1131	5,2	147,03	0,765	14	395,84	5,542
2,2	62,20	0,1369	5,4	152,68	0,824	15	421,12	6,362
2,4	67,86	0,1629	5,6	158,34	0,887	16	452,39	7,238
2,6	73,51	0,1911	5,8	163,99	0,951	17	480,66	8,171
2,8	79,17	0,2217	6	169,65	1,018	18	508,94	9,161
3	84,82	0,2545	6,5	183,78	1,195	19	537,21	10,207
3,2	90,48	0,2895	7	197,72	1,385	20	565,49	11,310

Tabelle 87. Werte α und β zur Berechnung des Gewichtes in kg von Hohlzylindern (mit der Wandstärke s in mm) aus Messing oder Neusilber. — $\gamma = \infty\, 8{,}6$.

Durchmesser D und Länge L in Metern in die Formel einsetzen!

s mm	α	β	s mm	α	β	s mm	α	β
1	27,02	0,0270	4,5	121,58	0,547	15	405,26	6,079
1,2	32,42	0,0389	5	135,09	0,675	16	432,28	6,917
1,4	37,82	0,0530	5,5	148,60	0,817	17	459,30	7,808
1,6	43,23	0,0692	6	162,11	0,973	18	486,32	8,754
1,8	48,63	0,0875	6,5	175,61	1,142	19	513,33	9,753
2	54,04	0,1081	7	189,12	1,324	20	540,35	10,807
2,2	59,44	0,1308	7,5	202,63	1,520	21	567,37	11,915
2,4	64,84	0,1556	8	216,14	1,729	22	594,39	13,077
2,6	70,25	0,1826	8,5	229,65	1,952	23	621,40	14,292
2,8	75,65	0,2118	9	243,16	2,188	24	648,42	15,562
3	81,05	0,2432	9,5	256,67	2,436	25	675,44	16,886
3,2	86,46	0,2767	10	270,18	2,702	26	702,46	18,264
3,4	91,86	0,3123	11	297,19	3,269	27	729,48	19,696
3,6	97,26	0,3501	12	324,21	3,891	28	756,49	21,182
3,8	102,67	0,4011	13	351,23	4,566	29	783,51	22,722
4	108,07	0,4323	14	378,25	5,295	30	810,53	24,316

Tabelle 88. Werte α und β zur Berechnung des Gewichtes in kg von Hohlzylindern (mit der Wandstärke s in mm) aus Aluminium. — $\gamma = 2{,}6$.

Durchmesser D und Länge L in Metern in die Formel einsetzen!

s mm	α	β	s mm	α	β	s mm	α	β
1	8,17	0,0082	4,5	36,76	0,165	15	122,52	1,838
1,2	9,80	0,0118	5	40,84	0,204	16	130,69	2,091
1,4	11,44	0,0160	5,5	44,92	0,247	17	138,86	2,361
1,6	13,07	0,0209	6	49,01	0,294	18	147,03	2,646
1,8	14,70	0,0265	6,5	53,09	0,345	19	155,19	2,949
2	16,34	0,0327	7	57,18	0,400	20	163,36	3,267
2,2	17,97	0,0395	7,5	61,26	0,459	21	171,53	3,602
2,4	19,60	0,0471	8	65,35	0,523	22	179,70	3,953
2,6	21,24	0,0552	8,5	69,43	0,590	23	187,87	4,321
2,8	22,87	0,0640	9	73,51	0,662	24	196,04	4,705
3	24,50	0,0735	9,5	77,60	0,737	25	204,20	5,105
3,2	26,14	0,0836	10	81,68	0,817	26	212,37	5,522
3,4	27,77	0,0944	11	89,85	1,062	27	220,54	5,955
3,6	29,41	0,1059	12	97,02	1,176	28	228,71	6,404
3,8	31,04	0,1180	13	106,19	1,380	29	236,88	6,869
4	32,67	0,1307	14	114,35	1,601	30	245,04	7,351

4. Die Böden kupferner Gefäße.

Ebene Böden aus Kupfer sind so wenig widerstandsfähig, daß sie praktisch nur bei solchen einfachen offenen Behältern benutzt werden können, bei denen der ganze Boden durch eine ebene Unterlage gestützt wird. Senkrechte ebene Wände würden eine ebenso geringe Widerstandsfähigkeit haben. Man biegt und poltert die Wände rechteckiger Gefäße deshalb soweit durch (Abb. 111), daß der Flüssigkeitsdruck keine Ausbauchung mehr herbeiführen kann.

Der gebräuchlichste Boden für Kupfergefäße ist der Halbkugelboden gemäß Abb. 112 und 113. Diese sog. Schalen werden entweder

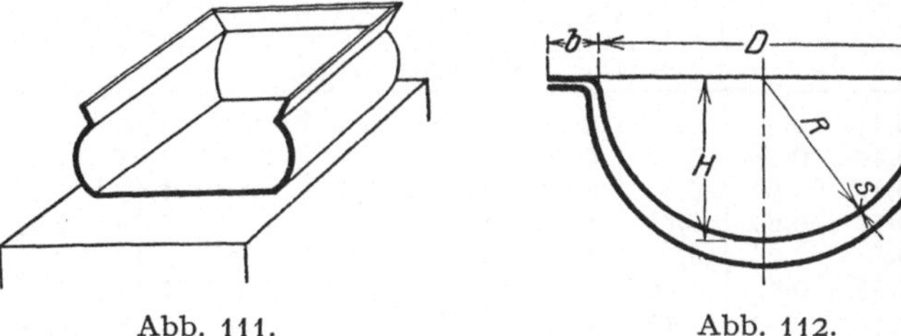

Abb. 111.
Abb. 112.

gemäß Abb. 112 mit Bord versehen und dann mittels eiserner Flanschringe verschraubt oder gemäß Abb. 113 durch Nietung verbunden. Der freie Rand a wird durch einen eingerollten Eisendraht (je nach Gefäßgröße etwa 3 bis 15 mm Durchmesser) versteift.

Kupferne Hohlkugeln für inneren Überdruck erhalten die Wandstärke:

$$s = \frac{p \cdot R}{200 \cdot k_z} \tag{46}$$

in Millimeter, wenn

p = höchster Betriebsdruck in kg/cm²,
R = innerer Radius in mm,
k_z = zulässige Beanspruchung, welche bis 200° C = 4 gesetzt werden darf.

Bei den niedrigen Blechstärken muß man das rechnerische s etwas verstärken, um die Bearbeitung des Materials zu erleichtern und in Gelenken, Auspolterungen usw. keine zu starken Verschwächungen zu erhalten. Mit wachsender Wandstärke kann die Verstärkung abnehmen und etwa bei $s = 3$ mm auf Null auslaufen. Nach dem Vorbilde bei der Zylindermantelberechnung sei ein ver-

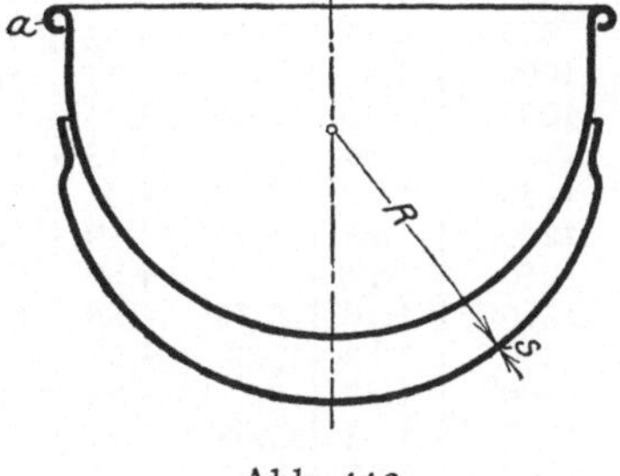

Abb. 113.

änderlicher Zuschlag = $0,1 \cdot (3 - s)$ gewählt. In Tabelle 89 sind die Wandstärken bis zu 3 mm — einschließlich der fettgedruckten Werte — nach:

$$s = \frac{p \cdot R}{200 \cdot k_z} + 0,1 \cdot (3 - s_0)$$

$$= 0,9 \cdot \frac{p \cdot R}{200 \cdot k_z} + 0,3 = 0,001125 \cdot p \cdot R + 0,3$$

Tabelle 89. Wandstärke kupferner Hohlkugeln aus einem Stück von 200 bis 300 mm lichtem Durchmesser bei einem inneren Überdruck von 1 bis 10 Atm., mit Zuschlag: $0{,}1 \cdot (3 - s)$ bis $s = 3$ mm für Temperaturen bis 200° C.

Kugel-halbmesser R mm	Innerer Überdruck in kg/cm²									
	1	2	3	4	5	6	7	8	9	10
	Wandstärke s in mm									
100	0,41	0,53	0,64	0,75	0,86	0,98	1,09	1,20	1,31	1,43
125	0,44	0,58	0,72	0,86	1,00	1,14	1,28	1,43	1,57	1,71
150	0,47	0,64	0,81	0,98	1,14	1,31	1,48	1,65	1,82	1,99
175	0,50	0,69	0,89	1,09	1,28	1,48	1,68	1,88	2,07	2,27
200	0,53	0,75	0,98	1,20	1,43	1,65	1,88	2,10	2,33	2,55
225	0,55	0,81	1,06	1,31	1,57	1,82	2,07	2,33	2,58	**2,83**
250	0,58	0,86	1,14	1,43	1,71	1,99	2,27	2,55	**2,83**	3,13
275	0,61	0,92	1,23	1,54	1,85	2,16	2,47	**2,78**	3,09	3,44
300	0,64	0,98	1,31	1,65	1,99	2,33	2,66	3,00	3,38	3,75
325	0,67	1,03	1,40	1,76	2,13	2,49	**2,86**	3,25	3,66	4,06
350	0,69	1,09	1,48	1,88	2,27	2,66	3,06	3,50	3,94	4,38
375	0,72	1,14	1,57	1,99	2,41	**2,83**	3,28	3,75	4,22	4,69
400	0,75	1,20	1,65	2,10	2,55	3,00	3,50	4,00	4,50	5,00
425	0,78	1,26	1,73	2,21	2,69	3,19	3,72	4,25	4,78	5,31
450	0,81	1,31	1,82	2,33	2,83	3,38	3,94	4,50	5,06	5,63
475	0,83	1,37	1,90	2,44	**2,97**	3,56	4,16	4,75	5,34	5,94
500	0,86	1,43	1,99	2,55	3,13	3,75	4,38	5,00	5,63	6,25
550	0,92	1,54	2,16	**2,78**	3,44	4,13	4,81	5,50	6,19	6,88
600	0,98	1,65	2,33	3,00	3,75	4,50	5,25	6,00	6,75	7,50
650	1,03	1,76	2,49	3,25	4,06	4,88	5,69	6,50	7,31	8,12
700	1,09	1,88	2,66	3,50	4,38	5,25	6,13	7,00	7,88	8,75
750	1,14	1,99	**2,84**	3,75	4,69	5,63	6,56	7,50	8,44	9,37
800	1,20	2,10	3,00	4,00	5,00	6,00	7,00	8,00	9,00	10,00
850	1,26	2,21	3,19	4,25	5,31	6,38	7,44	8,50	9,56	10,62
900	1,31	2,33	3,38	4,50	5,63	6,75	7,88	9,00	10,13	11,25
950	1,37	2,44	3,57	4,75	5,94	7,13	8,31	9,50	10,69	11,87
1000	1,43	2,55	3,73	5,00	6,25	7,50	8,75	10,00	11,25	12,50
1050	1,48	2,66	3,94	5,25	6,56	7,88	9,19	10,50	11,81	13,12
1100	1,54	2,78	4,13	5,50	6,88	8,25	9,63	11,00	12,38	13,75
1150	1,59	**2,89**	4,32	5,75	7,19	8,63	10,06	11,50	12,94	14,37
1200	1,65	3,00	4,50	6,00	7,50	9,00	10,50	12,00	13,50	15,00
1250	1,71	3,13	4,69	6,25	7,81	9,38	10,93	12,50	14,06	15,62
1300	1,76	3,25	4,88	6,50	8,13	9,75	11,38	13,00	14,63	16,25
1350	1,82	3,38	5,07	6,75	8,44	10,13	11,81	13,50	15,19	16,87
1400	1,88	3,50	5,25	7,00	8,75	10,50	12,25	14,00	15,75	17,50
1450	1,93	3,63	5,44	7,25	9,06	10,88	12,69	14,50	16,31	18,12
1500	1,99	3,75	5,63	7,50	9,38	11,25	13,13	15,00	16,88	18,75

und von 3 mm ab ohne Zuschlag nach:

$$s = \frac{p \cdot R}{200 \cdot k_z} = 0{,}00125 \, p \cdot R$$

berechnet, worin $k_z = 4$ gesetzt ist.

Die Festigkeitsberechnung voller gewölbter Kupferböden aus einem Stück für äußeren Überdruck erfolgt ebenso wie die flußeiserner

Tabelle 90. Wandstärke kupferner Hohlkugeln aus einem Stück von 200 bis 3000 mm lichtem Durchmesser bei einem äußeren Überdruck von 1 bis 10 Atm. mit einem Zuschlag: $0,1 \cdot (3 - s)$ bis $s = 3$ mm und für Temperaturen bis 200° C.

Kugel-halbmesser R mm	Äußerer Überdruck in kg/cm²									
	1	2	3	4	5	6	7	8	9	10
	Wandstärke s in mm									
100	0,65	0,69	0,75	0,81	0,89	1,01	1,13	1,25	1,37	1,48
125	0,73	0,79	0,86	0,94	1,04	1,19	1,34	1,48	1,63	1,78
150	0,82	0,89	0,98	1,07	1,19	1,37	1,54	1,72	1,90	2,08
175	0,91	0,98	1,09	1,20	1,34	1,54	1,75	1,96	2,17	2,37
200	0,99	1,08	1,20	1,33	1,48	1,72	1,96	2,19	2,43	2,67
225	1,08	1,18	1,32	1,46	1,63	1,90	2,17	2,43	2,70	**2,96**
250	1,17	1,28	1,43	1,59	1,78	2,08	2,37	2,67	**2,97**	3,29
275	1,25	1,38	1,54	1,71	1,93	2,25	2,58	**2,91**	3,26	3,62
300	1,34	1,47	1,65	1,84	2,08	2,43	2,79	3,16	3,55	3,95
325	1,42	1,57	1,77	1,97	2,22	2,61	**2,99**	3,42	3,85	4,28
350	1,51	1,67	1,88	2,10	2,37	2,79	3,22	3,68	4,14	4,61
375	1,60	1,77	1,99	2,23	2,52	**2,96**	3,45	3,95	4,44	4,93
400	1,68	1,87	2,11	2,36	2,67	3,16	3,68	4,21	4,74	5,26
425	1,77	1,96	2,22	2,49	2,82	3,36	3,91	4,47	5,03	5,59
450	1,86	2,06	2,33	2,61	**2,96**	3,55	4,14	4,74	5,33	5,92
475	1,94	2,16	2,45	2,74	3,13	3,75	4,37	5,00	5,62	6,25
500	2,03	2,26	2,55	**2,87**	3,29	3,95	4,61	5,26	5,92	6,58
550	2,20	2,45	**2,78**	3,14	3,62	4,34	5,07	5,79	6,51	7,24
600	2,38	2,65	3,00	3,43	3,95	4,74	5,53	6,32	7,11	7,90
650	2,55	**2,84**	3,25	3,71	4,28	5,13	5,99	6,84	7,70	8,55
700	2,72	3,04	3,50	4,00	4,61	5,53	6,45	7,37	8,29	9,21
750	**2,90**	3,26	3,75	8,29	4,93	5,92	6,91	7,90	8,89	9,87
800	3,08	3,48	4,00	4,57	5,26	6,32	7,37	8,42	9,47	10,53
850	3,27	3,70	4,25	4,86	5,59	6,71	7,83	8,95	10,07	11,18
900	3,46	3,91	4,50	5,14	5,92	7,11	8,29	9,47	10,66	11,84
950	3,65	4,13	4,75	5,43	6,25	7,50	8,75	10,00	11,25	12,50
1000	3,85	4,35	5,00	5,71	6,58	7,90	9,21	10,53	11,84	13,16
1050	4,04	4,57	5,25	6,00	6,91	8,29	9,67	11,05	12,43	13,82
1100	4,23	4,78	5,50	6,29	7,24	8,68	10,13	11,58	13,03	14,47
1150	4,42	5,00	5,75	6,57	7,57	9,08	10,59	12,11	13,62	15,13
1200	4,62	5,22	6,00	6,86	7,90	9,47	11,05	12,63	14,21	15,79
1250	4,81	5,43	6,25	7,14	8,23	9,87	11,51	13,16	14,80	16,45
1300	5,00	5,65	6,50	7,43	8,55	10,26	11,97	13,68	15,39	17,11
1350	5,19	5,87	6,75	7,71	8,88	10,66	12,43	14,21	15,99	17,76
1400	5,38	6,09	7,00	8,00	9,21	11,05	12,90	14,74	16,58	18,42
1450	5,58	6,30	7,25	8,29	9,54	11,45	13,36	15,26	17,17	19,08
1500	5,77	6,52	7,50	8,57	9,87	11,84	13,82	15,79	17,76	19,74

Böden mit dem Unterschiede, daß in die Formel zur Ermittlung der Anstrengung (σ_0) bei der Einbeulungsspannung (p_0):

$$\sigma_0 = A - B \cdot \sqrt{\frac{R}{s}}$$

für Kugelböden aus stark gehämmertem Kupfer zu setzen sind:

$$A = 25,5 \quad \text{und} \quad B = 1,2.$$

Beispiel: Bei einem Halbmesser $R = 1000$ mm und einer Wandstärke $s = 10$ mm ergibt sich: $\sigma_0 = 13,5$ kg/mm² und der mutmaßliche Einbeulungsdruck:

$$p_0 = \frac{200 \cdot s \cdot \sigma_0}{R} = 27 \text{ kg/cm}^2.$$

Zur sicheren Verhinderung der Einbeulung wird in:

$$s = \frac{R \cdot p}{200 \cdot k} \tag{47}$$

mit $k = 0,4\,\sigma_0$ gerechnet; außerdem darf bei gehämmertem Kupfer diese zulässige Belastung nicht größer als 4 kg/mm² sein, sofern die Temperatur 200° C nicht überschreitet.

Es ergeben sich aus (s. S. 40):

$$k = 0,4 \cdot \left[A - \frac{4\,B}{p} \cdot \left(\sqrt{5\,Ap + 100\,B^2} - 10\,B \right) \right]$$

für die zulässige Beanspruchung folgende Höchstwerte:

bei	1	2	3	4	5 und mehr Atm.
$k =$	1,5	2,5	3,2	3,7	4 kg/mm².

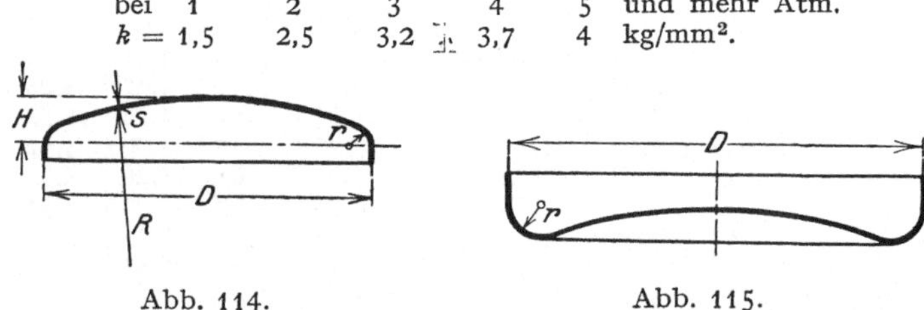

Abb. 114.   Abb. 115.

Um unmittelbare Ausführungsmaße zu erhalten, sind die Wandstärken in Tabelle 90 statt mit den vorstehenden Höchstwerten nur mit:

$k =$	1,3	2,3	3,0	3,5	kg/cm²
bei	1	2	3	4	Atm.

und mit $k = 3,8$ kg/cm² bei 5 und mehr Atm. berechnet. Ferner ist bis $s = 3$ mm wieder der Zuschlag: $0,1 \cdot (3 - s)$ gegeben.

Bezeichnet man die Werte in den Tabellen 89 und 90 mit A, so wird:

bei Temperaturen bis 200° C	$s = A$,
„ „ von 200 bis 220° C	$s = 1,05\,A$,
„ „ „ 220 „ 240° C	$s = 1,10\,A$,
„ „ „ 240 „ 250° C	$s = 1,16\,A$.

Sofern nicht besondere Gründe: starke Abnutzung, Verzinnen usw. oder erhebliche Verschwächungen durch Ausschnitte usw. einen Sonderzuschlag fordern, können die Tabellenwerte (unter passender Abrundung) unmittelbar für die Ausführung verwendet werden.

Gebräuchlich sind ferner die Bodenformen nach Abb. 114 und 115, dem gewöhnlichen gewölbten Boden und dem Diffuseurboden aus Flußeisen entsprechend. Tellerböden werden in Kupfer meist so ausgeführt, daß sich an den gewölbten Bodenteil erst eine runde Krempe

Tabelle 91. Abmessungen, Oberflächen, Inhalt und Gewicht bei 1 mm Dicke von kupfernen Schalen nach Abb. 112.

Schalen-Abmessungen				Oberflächen		Inhalt	Ge-wicht
D	H	b	R	O	o	J	G
300	100	50	162,5	0,102	0,054	4,06	1,40
	150	,,	150	0,140	,,	7,07	1,75
350	100	50	213,1	0,127	0,056	5,23	1,64
	175	,,	175	0,192	,,	11,2	2,23
400	100	55	250	0,157	0,079	6,8	2,13
	200	,,	200	0,257	,,	16,76	2,97
450	150	55	244	0,261	0,087	13,5	3,12
	225	,,	225	0,318	,,	23,86	3,65
500	150	60	284	0,267	0,106	16,5	3,36
	250	,,	250	0,392	,,	32,75	4,48
550	150	60	327	0,308	0,115	19,5	3,81
	275	,,	275	0,475	,,	43,56	5,31
600	200	60	325	0,408	0,125	32,5	4,80
	300	,,	300	0,565	,,	56,51	6,21
650	200	60	364	0,458	0,134	37	5,33
	325	,,	325	0,663	,,	71,89	7,17
700	200	65	406	0,504	0,157	41	5,95
	350	,,	350	0,769	,,	89,79	8,33
750	150	65	544	0,510	0,167	34	6,10
	250	,,	406	0,634	,,	63	6,31
	375	,,	375	0,883	,,	110,5	9,45
800	200	70	500	0,600	0,192	54	7,11
	300	,,	416	0,720	,,	89	8,19
	400	,,	400	1,005	,,	134	10,77
850	200	70	551	0,69	0,202	61	8,01
	350	,,	433	0,94	,,	121	10 26
	425	,,	425	1,13	,,	160,8	11,97
900	200	75	607	0,75	0,230	67,8	8,82
	375	,,	457	1,19	,,	146	12,76
	450	,,	450	1,27	,,	180,9	13,5
950	200	75	701	1,00	0,242	75	11,16
	375	,,	488	1,21	,,	159	13,05
	475	,,	475	1,42	,,	224,5	14,94
1000	200	80	725	0,81	0,271	82,7	9,73
	300	,,	567	1,07	,,	132	12,06
	400	,,	513	1,28	,,	190	13,96
	500	,,	500	1,57	,,	261,8	16,56
1050	200	80	789	0,99	0,290	90,7	11,52
	300	,,	556	1,15	,,	144	11,96
	450	,,	531	1,49	,,	241	16,42
	525	,,	525	1,73	,,	303	18,18
1100	200	80	859	1,07	0,296	98,7	12,33
	350	,,	607	1,32	,,	189	14,58

Schalen-Abmessungen				Oberflächen		Inhalt	Ge-wicht
D	H	b	R	O	o	J	G
1100	475	80	557	1,65	0,296	280	17,55
	550	,,	550	1,90	,,	348,5	19,8
1150	200	85	924	1,16	0,330	108	13,32
	350	,,	646	1,41	,,	203	14,56
	500	,,	581	1,82	,,	324	19,35
	575	,,	375	2,08	,,	398	21,69
1200	200	85	1000	1,25	0,344	117	14,31
	300	,,	750	1,41	,,	189	15,75
	400	,,	650	1,63	,,	267	17,73
	500	,,	610	1,91	,,	348	20,25
	600	,,	600	2,26	,,	452	23,49
1250	200	90	1079	1,36	0,379	127	15,75
	300	,,	803	1,50	,,	198	16,92
	425	,,	673	1,79	,,	300	19,50
	550	,,	630	2,16	,,	423	22,85
	625	,,	625	2,45	,,	511	25,47
1300	200	90	1156	1,45	0,393	137	17,46
	300	,,	854	1,61	,,	213	18,00
	450	,,	695	1,95	,,	401	20,97
	575	,,	657	2,35	,,	479	24,57
	650	,,	650	2,65	,,	575	27,45
1350	200	90	1240	1,55	0,407	148	17,64
	300	,,	910	1,71	,,	229	19,08
	400	,,	770	1,93	,,	320	21,06
	500	,,	705	2,20	,,	421	23,22
	600	,,	680	2,54	,,	543	26,28
	675	,,	675	2,86	,,	644	29,43
1400	200	90	1325	1,66	0,421	158	18,73
	300	,,	967	1,82	,,	245	20,17
	400	,,	812	2,03	,,	332	22,06
	550	,,	720	2,48	,,	508	25,74
	625	,,	702	2,76	,,	595	28,24
	700	,,	700	3,08	,,	718	31,50
1450	200	90	1414	1,77	0,435	169	19,85
	300	,,	1026	1,93	,,	261	21,30
	400	,,	857	2,17	,,	360	22,95
	525	,,	763	2,51	,,	507	26,01
	650	,,	722	3,01	,,	706	30,51
	725	,,	725	3,30	,,	798	33,66
1500	200	90	1506	1,89	0,449	182	21,01
	300	,,	1087	2,04	,,	279	22,40
	400	,,	903	2,26	,,	383	23,76
	550	,,	776	2,70	,,	674	27,72
	675	,,	768	3,17	,,	747	31,95
	750	,,	750	3,53	,,	883	35,55
1550	200	95	1601	2,00	0,492	193	22,24
	300	,,	1150	2,16	,,	297	23,87

Tabelle 91 (Fortsetzung). Abmessungen usw. kupferner Schalen.

Schalen-Abmessungen				Oberflächen		Inhalt	Ge-wicht
D	H	b	R	O	o	J	G
1550	400	95	950	2,38	0,492	410	25,85
	500	,,	850	2,64	,,	536	27,18
	600	,,	800	3,12	,,	678	31,50
	700	,,	780	3,39	,,	836	33,90
	775	,,	775	3,77	,,	975	38,34
1600	200	95	1700	2,13	0,506	200	23,68
	300	,,	1216	2,29	,,	316	25,16
	400	,,	1000	2,52	,,	437	27,23
	500	,,	890	2,79	,,	568	29,68
	600	,,	833	3,14	,,	720	32,85
	700	,,	807	3,54	,,	838	36,40
	800	,,	800	4,02	,,	1072	40,77
1650	200	95	1800	2,25	0,521	217	24,94
	300	,,	1283	2,41	,,	334	26,38
	400	,,	1050	2,62	,,	461	28,27
	500	,,	930	2,92	,,	600	30,96
	600	,,	867	3,26	,,	753	34,02
	700	,,	836	3,67	,,	944	37,71
	825	,,	825	4,27	,,	1176	43,11
1700	200	95	1900	2,38	0,536	231	26,10
	300	,,	1350	2,54	,,	353	27,67
	400	,,	1100	2,75	,,	486	30,57
	500	,,	972	3,04	,,	632	32,22
	600	,,	902	3,39	,,	793	35,28
	700	,,	867	3,80	,,	973	39,06
	850	,,	850	4,53	,,	1286	45,63
1750	200	95	2010	2,51	0,551	288	27,50
	300	,,	1423	2,68	,,	375	29,08
	400	,,	1155	2,90	,,	518	31,06
	500	,,	1016	3,17	,,	666	33,48
	600	,,	939	3,51	,,	836	36,45
	700	,,	897	3,92	,,	1020	40,23
	875	,,	875	4,81	,,	1403	48,27
1800	200	95	2130	2,66	0,566	311	28,99
	300	,,	1503	2,82	,,	396	30,47
	400	,,	1215	3,05	,,	543	32,54
	500	,,	1060	3,32	,,	681	34,92
	600	,,	975	3,67	,,	876	38,16
	700	,,	928	4,08	,,	1141	41,85
	800	,,	907	4,53	,,	1287	45,86
	900	,,	900	5,09	,,	1527	50,84
1850	200	95	2240	2,81	0,580	373	30,51
	300	,,	1577	2,96	,,	418	31,86
	400	,,	1270	3,17	,,	572	33,75
	500	,,	1105	3,46	,,	736	36,36
	600	,,	1013	3,80	,,	917	39,42
	700	,,	961	4,24	,,	1118	43,28
	800	,,	934	4,68	,,	1302	47,34
	925	,,	925	5,37	,,	1658	53,55

Schalen-Abmessungen				Oberflächen		Inhalt	Ge-wicht
D	H	b	R	O	o	J	G
1900	200	95	2260	2,83	0,595	287	30,78
	300	,,	1657	3,00	,,	439	32,35
	400	,,	1330	3,33	,,	601	35,32
	500	,,	1152	3,60	,,	772	37,71
	600	,,	1052	3,96	,,	960	40,95
	700	,,	994	4,36	,,	1168	44,59
	800	,,	964	5,15	,,	1339	51,70
	950	,,	950	5,67	,,	1796	56,43
1950	200	95	2380	2,98	0,644	303	32,58
	300	,,	1737	3,27	,,	462	35,19
	400	,,	1390	3,49	,,	631	37,20
	500	,,	1201	3,75	,,	811	39,06
	600	,,	1092	4,11	,,	1008	42,30
	700	,,	1032	4,52	,,	1228	45,99
	800	,,	994	5,38	,,	1397	54,18
	975	,,	975	5,97	,,	1941	59,49
2000	200	100	2600	3,25	0,660	318	35,19
	300	,,	1819	3,42	,,	465	36,72
	400	,,	1450	3,64	,,	662	38,70
	500	,,	1250	3,92	,,	850	40,59
	600	,,	1133	4,27	,,	1056	43,74
	700	,,	1064	4,67	,,	1279	47,34
	800	,,	1024	5,12	,,	1526	52,02
	900	,,	1005	5,68	,,	1797	57,06
	1000	,,	1000	6,28	,,	2095	60,46
2050	300	100	1903	3,58	0,676	509	38,34
	400	,,	1515	3,80	,,	695	40,25
	500	,,	1300	4,08	,,	890	42,03
	600	,,	1175	4,42	,,	1122	45,09
	700	,,	1100	4,83	,,	1334	48,78
	800	,,	1057	5,30	,,	1589	53,75
	1025	,,	1023	6,60	,,	2150	65,52
2100	300	100	1990	3,70	0,692	533	39,51
	400	,,	1580	3,96	,,	724	41,85
	500	,,	1352	4,18	,,	930	42,93
	600	,,	1220	4,58	,,	1149	46,53
	700	,,	1138	4,99	,,	1388	50,22
	800	,,	1090	5,46	,,	1552	55,35
	1050	,,	1050	6,92	,,	2314	68,49
2150	300	100	2070	3,89	0,707	561	41,40
	400	,,	1640	4,11	,,	781	43,30
	500	,,	1405	4,40	,,	981	44,91
	600	,,	1262	4,74	,,	1200	47,97
	700	,,	1175	5,15	,,	1447	51,65
	800	,,	1119	5,60	,,	1721	57,34
	1075	,,	1075	7,26	,,	2460	71,73
2200	300	100	2170	4,07	0,722	585	43,11
	400	,,	1715	4,31	,,	794	45,30
	500	,,	1460	4,58	,,	1015	47,70

Tabelle 91 (Fortsetzung). Abmessungen usw. kupferner Schalen.

Schalen-Abmessungen				Oberflächen		Inhalt	Ge-wicht	Schalen-Abmessungen				Oberflächen		Inhalt	Ge-wicht
D	H	b	R	O	o	J	G	D	H	b	R	O	o	J	G
2200	600	100	1308	4,93	0,722	1256	50,85	2500	900	110	1318	7,44	0,902	2586	75,06
	700	,,	1214	5,33	,,	1510	54,45		1250	,,	1250	9,81	,,	3905	96,39
	800	,,	1156	5,81	,,	1788	58,77	2550	300	110	2875	5,40	0,919	760	56,88
	1100	,,	1100	7,50	,,	2660	74,88		400	,,	2244	5,53	,,	1054	58,95
2250	300	105	2263	4,25	0,776	611	45,27		500	,,	1875	5,88	,,	1341	61,25
	400	,,	1785	4,48	,,	829	47,27		600	,,	1654	6,22	,,	1640	64,26
	500	,,	1514	4,71	,,	1060	48,32		700	,,	1515	6,62	,,	1960	67,86
	600	,,	1354	5,05	,,	1303	52,47		800	,,	1416	7,10	,,	2204	72,18
	700	,,	1254	5,46	,,	1568	56,07		900	,,	1353	7,63	,,	2662	77,95
	800	,,	1191	5,93	,,	1856	60,30		1275	,,	1275	10,20	,,	4141	100,08
	1125	,,	1125	7,95	,,	2842	78,57	2600	300	115	2970	5,57	0,981	800	58,95
2300	300	105	2357	4,43	0,794	637	46,98		400	,,	2315	5,81	,,	1096	62,01
	400	,,	1855	4,66	,,	864	50,07		500	,,	1940	6,09	,,	1394	63,63
	500	,,	1572	4,93	,,	1102	51,48		600	,,	1709	5,44	,,	1705	66,78
	600	,,	1402	5,28	,,	1357	54,63		700	,,	1558	6,85	,,	2057	70,47
	700	,,	1294	5,68	,,	1630	58,23		800	,,	1456	7,31	,,	2400	74,61
	800	,,	1227	6,15	,,	1926	62,46		900	,,	1389	7,85	,,	2770	79,47
	1150	,,	1150	8,30	,,	3000	81,81		1300	,,	1300	10,61	,,	4390	104,31
2350	300	105	2450	4,60	0,810	662	48,69	2650	300	115	3173	5,96	0,999	899	60,75
	400	,,	1925	4,83	,,	897	50,76		400	,,	2395	6,01	,,	1134	63,00
	500	,,	1630	5,11	,,	1140	53,28		500	,,	2006	6,29	,,	1441	65,61
	600	,,	1450	5,46	,,	1424	56,43		600	,,	1768	6,66	,,	1762	68,94
	700	,,	1336	5,87	,,	1696	60,12		700	,,	1604	7,06	,,	2100	72,54
	800	,,	1264	6,34	,,	2000	64,35		800	,,	1497	7,54	,,	2467	76,86
	900	,,	1216	6,87	,,	2332	69,12		900	,,	1425	7,07	,,	2854	81,63
	1175	,,	1175	6,67	,,	3240	85,32		1325	,,	1325	11,08	,,	4480	108,00
2400	200	105	3700	4,62	0,828	447	49,05	2700	300	120	3190	6,00	1,063	885	63,54
	300	,,	2550	4,79	,,	692	50,56		400	,,	2480	6,22	,,	1178	65,64
	400	,,	2000	5,24	,,	939	54,63		500	,,	2075	6,51	,,	1496	68,15
	500	,,	1690	5,30	,,	1197	55,17		600	,,	1820	6,95	,,	1828	72,00
	600	,,	1500	5,65	,,	1483	58,25		700	,,	1652	7,25	,,	2184	73,88
	700	,,	1380	6,06	,,	1762	61,83		800	,,	1540	7,72	,,	2554	79,02
	800	,,	1300	6,53	,,	2078	66,06		900	,,	1452	8,26	,,	2963	83,88
	900	,,	1250	7,07	,,	2417	70,92		1350	,,	1350	11,45	,,	4920	112,59
	1200	,,	1200	9,05	,,	3456	88,92	2750	300	120	3303	6,20	1,081	905	65,52
2450	300	110	2650	4,99	0,885	721	52,96		400	,,	2565	6,43	,,	1222	67,59
	400	,,	2075	5,20	,,	977	54,77		500	,,	2140	6,72	,,	1551	70,20
	500	,,	1750	5,49	,,	1245	57,35		600	,,	1882	7,03	,,	1894	73,00
	600	,,	1550	5,84	,,	1515	60,57		700	,,	1718	7,44	,,	2254	76,68
	700	,,	1422	6,25	,,	1820	64,26		800	,,	1598	7,91	,,	2644	81,00
	800	,,	1338	6,72	,,	2152	68,49		900	,,	1514	8,44	,,	3053	85,68
	900	,,	1283	7,25	,,	2502	73,17		1375	,,	1375	8,87	,,	5180	116,55
	1225	,,	1225	9,43	,,	3690	92,88	2800	200	120	5000	6,18	1,100	592	66,42
2500	300	110	2757	5,17	0,902	750	54,63		300	,,	3420	6,43	,,	938	67,77
	400	,,	2155	5,40	,,	1014	56,70		400	,,	2630	6,65	,,	1241	69,75
	500	,,	1812	5,63	,,	1291	59,23		500	,,	2210	6,94	,,	1606	72,36
	600	,,	1602	6,03	,,	1584	62,37		600	,,	1938	7,28	,,	1960	75,41
	700	,,	1466	6,44	,,	1894	66,06		700	,,	1750	7,69	,,	2335	79,11
	800	,,	1377	6,90	,,	2230	74,20		800	,,	1625	8,16	,,	2728	83,34

10*

Tabelle 91 (Fortsetzung). Abmessungen usw. kupferner Schalen.

Schalen-Abmessungen				Oberflächen		Inhalt	Gewicht	Schalen-Abmessungen				Oberflächen		Inhalt	Gewicht
D	H	b	R	O	o	J	G	D	H	b	R	O	o	J	G
2800	900	120	1538	8,70	1,100	3150	87,30	2950	300	120	3775	7,11	1,158	1037	74,11
	1400	,,	1400	12,31	,,	5488	110,69		400	,,	2920	7,33	,,	1398	76,39
2850	300	120	3550	6,68	1,120	971	70,20		500	,,	2426	7,62	,,	1771	79,00
	400	,,	2738	6,87	,,	1310	71,91		600	,,	2117	7,94	,,	2137	81,90
	500	,,	2281	7,16	,,	1660	74,52		700	,,	1904	8,35	,,	2541	85,50
	600	,,	1992	7,50	,,	2026	77,58		800	,,	1760	8,82	,,	2866	89,82
	700	,,	1798	7,91	,,	2439	81,27		900	,,	1659	9,37	,,	3417	94,77
	800	,,	1669	8,38	,,	2777	85,50		1475	,,	1475	13,63	,,	6300	134,37
	900	,,	1578	8,88	,,	3250	90,00	3000	300	120	3900	7,34	1,176	1075	76,64
	1425	,,	1425	12,75	,,	5800	124,80		400	,,	3012	7,55	,,	1448	78,53
2900	300	120	3654	6,88	1,139	1004	72,17		500	,,	2500	7,85	,,	1834	81,23
	400	,,	2829	7,10	,,	1354	74,15		600	,,	2175	8,20	,,	2235	84,38
	500	,,	2352	7,38	,,	1716	76,67		700	,,	1957	8,60	,,	2650	87,93
	600	,,	2052	7,72	,,	2090	79,74		800	,,	1806	9,07	,,	3092	91,16
	700	,,	1855	8,14	,,	2486	83,43		900	,,	1670	9,61	,,	3558	97,02
	800	,,	1714	8,60	,,	2906	87,66		1000	,,	1625	10,20	,,	4053	102,33
	900	,,	1618	9,13	,,	3350	94,43		1500	,,	1500	14,13	,,	6750	137,70
	1450	,,	1450	13,20	,,	6096	129,06								

und dann der Bord anschließt, siehe Abb. 116. Unter der Voraussetzung, daß der Krempenradius r groß genug ist, also ein genügend allmählicher Übergang von der Kugelwölbung in den zylindrischen Teil stattfindet, gelten die Werte der Tabellen 89 und 90 auch für diese aus einem Stück bestehenden Böden.

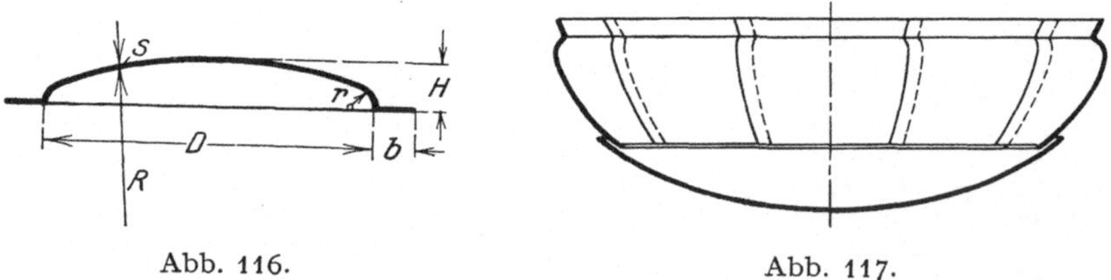

Abb. 116. Abb. 117.

Böden, die aus mehreren Stücken zusammengesetzt sind, werden in den verschiedensten Formen und Ausführungen hergestellt. Abb. 117 zeigt ein Beispiel. Bis zu etwa 13 mm Blechstärke kann man die Nähte durch Schweißung, Hartlötung oder Nietung herstellen; darüber hinaus kommt nur die Nietverbindung in Betracht.

Halbkugelböden (Schalen) nach Abb. 112 und 113 erhalten infolge der starken Vertiefung stets eine ungleiche Wandstärke. Bei der Wahl der Tiefe muß darauf Rücksicht genommen werden; man mache möglichst:

$$H \leqq 0,5\,D - b.$$

Tabelle 92. Hauptabmessungen, Inhalte und Gewichte (bei 1 mm Dicke) gewölbter Kupferböden mit $R = D$ und $H = 0,134\,D$ (Abb. 114 und 116).

D und R mm	Tiefe H mm	Bord-breite b mm	Inhalt J l	Gewicht G kg	D und R mm	Tiefe H mm	Bord-breite b mm	Inhalt J l	Gewicht G kg
400	54	65	2,82	2,068	1600	214	90	180,1	23,71
425	58	,,	3,36	2,26	1650	221	,,	197,6	25,07
450	60	,,	4,02	2,47	1700	228	,,	216,1	26,47
475	64	,,	4,70	2,70	1750	235	,,	235,7	27,90
500	67	70	5,50	3,01	1800	241	,,	256,6	29,38
525	70	,,	6,27	3,27	1850	248	,,	278,5	30,88
550	74	,,	7,21	3,52	1900	255	,,	301,7	32,43
575	77	,,	8,37	3,78	1950	262	,,	326,1	34,03
600	80	,,	9,51	4,05	2000	268	97	352,0	36,00
625	83	,,	10,84	4,32	2050	275	,,	379,0	37,63
650	87	,,	12,07	4,62	2100	281	,,	407,4	39,34
675	90	,,	13,58	4,92	2150	288	,,	437,4	41,08
700	93	,,	15,09	5,24	2200	295	,,	468,4	42,87
750	100	,,	17,56	5,88	2250	302	,,	501,1	44,35
800	106	,,	22,52	6,56	2300	309	,,	535,2	46,55
850	113	80	27,01	7,58	2350	316	,,	571,0	48,09
900	121	,,	32,12	8,33	2400	322	,,	607,9	50,39
950	128	,,	37,70	9,15	2450	329	,,	647,1	51,99
1000	134	,,	44,30	10,01	2500	335	103	687,2	55,00
1050	141	,,	50,90	10,90	2550	342	,,	740,5	57,20
1100	147	,,	58,61	11,85	2600	348	,,	773,0	59,30
1150	154	,,	66,92	12,79	2650	355	,,	818,8	61,44
1200	160	,,	76,03	13,80	2700	363	,,	865,9	63,62
1250	167	,,	84,93	14,86	2750	370	110	914,9	66,26
1300	175	,,	96,67	15,94	2800	376	,,	965,8	68,52
1350	182	,,	109,24	17,04	2850	383	,,	1018,4	70,80
1400	188	,,	120,73	18,20	2900	388	,,	1072,7	73,16
1450	195	,,	134,2	19,70	2950	395	,,	1129,4	75,02
1500	202	90	148,5	21,10	3000	402	,,	1188,0	77,94
1550	209	,,	163,9	22,21					

Bei Böden mit einer Tiefe $H = 0,1\,D$ und mit einem Radius $R = 1,3\,D$ ist der Inhalt um 9% geringer, das Gewicht um 3% geringer.

Böden nach Abb. 114 und 116, die keinem oder nur unbedeutendem Druck ausgesetzt sind, werden gewöhnlich mit:

$$H = 0,1 \cdot D \quad \text{und} \quad R = 1,3\,D$$

ausgeführt. Für größeren Druck dagegen (vgl. gewölbte Flußeisenböden) macht man:

$$R = D, \quad \text{wobei} \quad H = 0,134\,D$$

wird.

Die Tabellen 91 und 92 sind aus Hausbrand: Hilfsbuch für den Apparatebau[1]) entnommen. Tabelle 91 nennt die Daten von tiefen Schalen (Halbkugelböden) gemäß Abb. 112, und zwar ist:

---

[1]) 3. Aufl. Berlin: Julius Springer.

D = oberer Durchmesser im Gelenk beim Übergang zum Bord,
H = innere Höhe oder Schalentiefe,
b = Breite des Bordes,
R = Kugelhalbmesser, alles in mm,
O = Oberfläche des Kugelteiles der Schale,
o = Oberfläche des Bordes, beides in m²,
J = Inhalt der Schale in Litern,
G = Gewicht in kg bei 1 mm Wandstärke.

Tabelle 92 nennt die Hauptabmessungen, den Inhalt und das Gewicht bei 1 mm Wandstärke für solche Böden nach Abb. 114 und 116, die für größeren Druck bestimmt sind, also $R = D$ und $H = 0{,}134\,D$ besitzen.

5. Verankerte ebene Platten, Doppelplatten und Rohrplatten aus Kupfer.

Die Bauvorschriften für Dampffässer verlangen für Kupferplatten, die durch Stehbolzen oder Anker unterstützt sind, folgende Wandstärken:

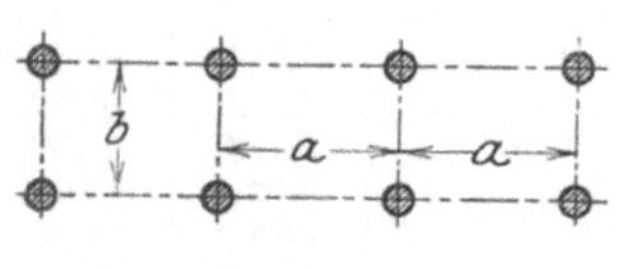

Abb. 118.

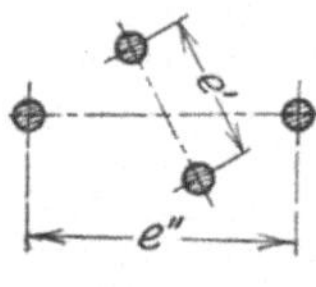

Abb. 119.

a) bei regelmäßig verteilten Verankerungen (Abb. 118):

$$s = 5{,}83\,c \cdot \sqrt{\frac{p}{K} \cdot (a^2 + b^2)}, \qquad (48\,\mathrm{a})$$

b) bei unregelmäßig verteilten Verankerungen (Abb. 119):

$$s = 5{,}83\,c \cdot \frac{e' + e''}{2} \cdot \sqrt{\frac{p}{K}}. \qquad (48\,\mathrm{b})$$

Die Werte für c sind je nach Art des Falles der Zusammenstellung für verankerte Flußeisenplatten — S. 47 — zu entnehmen. Die Zugfestigkeit K des Kupfers ist je nach der Höhe der Temperatur mit 22, 21, 20 … kg/mm² (S. 130) einzusetzen.

Bei Doppelplatten, Abb. 120, wird in Formel (48 a): $a = b = e$. Damit kommt:

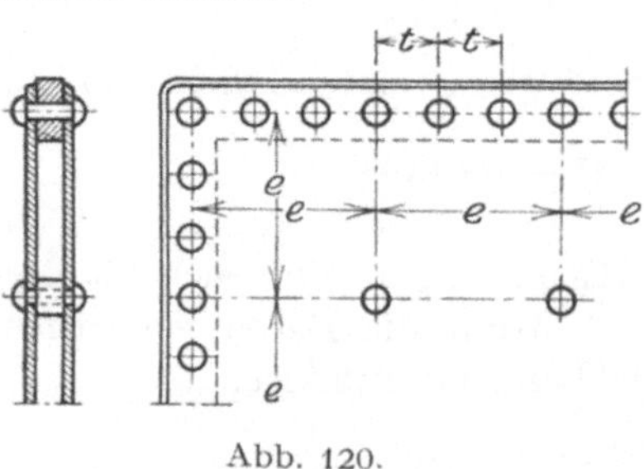

Abb. 120.

$$s = 5{,}83 \cdot c \cdot \sqrt{2\,e^2 \cdot \frac{p}{K}}$$

$$= 8{,}2458\,c \cdot e \cdot \sqrt{\frac{p}{K}}.$$

Aus Formel (48 b) wird mit: $e' = e'' = e$:

$$s = 5{,}83\,c \cdot e \cdot \sqrt{\frac{p}{K}}.$$

Tabelle 93. Blechstärke **kupferner Doppelplatten** für 1 bis 8 Atm. bei $e = 75$ bis 300 mm Ankerabstand.

Abstand e	Innerer Überdruck in kg/cm²							
	1	2	3	4	5	6	7	8
mm	Blechstärke s in mm							
75	1,98	2,80	3,43	3,96	4,42	4,84	5,23	5,59
100	2,64	3,73	4,57	5,27	5,90	6,46	6,98	7,46
125	3,30	4,66	5,71	6,59	7,37	8,07	8,72	9,32
150	3,96	5,59	6,85	7,91	8,84	9,69	10,47	11,19
175	4,62	6,53	7,99	9,23	10,32	11,30	12,21	13,05
200	5,27	7,46	9,13	10,55	11,79	12,92	13,95	14,92
225	5,93	8,39	10,28	11,87	13,27	14,53	15,70	16,78
250	6,59	9,32	11,42	13,18	14,74	16,15	17,44	18,65
275	7,25	10,26	12,56	14,50	16,22	17,76	19,19	20,51
300	7,91	11,19	13,70	15,82	17,69	19,38	20,93	22,37

Formel (48 a) liefert die größeren Werte und sei zur Berechnung von Doppelplatten benutzt. Da letztere nicht von Heizgasen bestrichen werden, kann man $c = 0,015$ wählen. Setzt man ferner $K = 22$ kg/cm², so kommt:

$$s = 0,02637 \cdot e \cdot \sqrt{p} \tag{49}$$

für Temperaturen bis zu 120° C. Der Niet- oder **Stehbolzen**-(Kern-) Durchmesser wird für Kupfer bei 7 facher Sicherheit:

$$\mathfrak{d} = 0,3 \cdot \sqrt{\frac{a \cdot p}{K}}, \tag{50}$$

worin:

$a =$ von einem Bolzen zu tragende Fläche in mm²,

$p =$ Betriebsdruck in kg/cm²,

$K = 22$ kg/mm² bis zu 120° C.

Der Abstand e sei nicht größer als 300 mm. — Eiserne Stehbolzen s. S. 91.

Nach Formel (49) sind die Wandstärken kupferner Doppelplatten in Tabelle 93 berechnet. Bezeichnet man deren Werte mit A, so wird:

für Temperaturen bis	120° C		$s = A$,
,,	,,	von 120 bis 140° C	$s = 1,024\,A$,
,,	,,	,, 140 ,, 160° C	$s = 1,048\,A$,
,,	,,	,, 160 ,, 180° C	$s = 1,076\,A$,
,,	,,	,, 180 ,, 200° C	$s = 1,106\,A$,
,,	,,	,, 200 ,, 220° C	$s = 1,138\,A$,
,,	,,	,, 220 ,, 240° C	$s = 1,173\,A$,
,,	,	,, 240 ,, 250° C	$s = 1,212\,A$.

Bei **Rohrplatten** sind die **außerhalb** des Rohrbündels liegenden Teile nach den Formeln (48 a) und (48 b) zu berechnen, falls die Größe der dem Dampfdruck ausgesetzten Fläche die Verankerung erfordert. Für die **innerhalb** des Rohrbündels liegenden Plattenteile muß bei Kupfer:

$$s \geqq \frac{d}{8} + 10. \tag{51}$$

Tabelle 94. Stegabmessungen usw. für kupferne Rohrplatten (vgl. Abb. 121).

Äußerer Rohrdurch- messer d mm	Steg q_{min} mm²	Steg s_{min} mm	Steg b_{min} mm	Rohr- teilung e mm	Fläche f cm²	$\dfrac{f}{\pi \cdot d}$	Bei $\sigma =$ 25 für ∽ Atm.	Bei $\sigma =$ 15 für ∽ Atm.	Steg s mm	Steg q mm²
1	2	3	4	5	6	7	8	9	10	11
20	180	12,50	15	35	7,55	1,20	20	12	13	195
25	225	13,13	18	43	11,10	1,41	17	10	14	252
30	270	13,75	20	50	14,58	1,54	16	9	14	280
35	315	14,38	22	57	18,52	1,69	14	8	15	330
40	360	15,00	24	64	22,91	1,82	13	8	15	360
45	430	15,63	28	73	30,25	2,13	11	7	16	448
50	500	16,25	31	81	37,26	2,37	10	6	17	527
55	570	16,88	34	89	44,92	2,60	9	5	17	578
60	640	17,50	37	97	53,21	2,83	8	5	18	666
65	710	18,13	40	105	62,29	3,08	8	4	19	760
70	780	18,75	42	112	70,15	3,19	7	4	19	798
75	850	19,38	44	119	78,46	3,34	7	4	20	880

sein, wenn der äußere Rohrdurchmesser $d = 38$ bis etwa rund 75 mm beträgt. Ferner: Mindestquerschnitt des Steges zwischen zwei Rohren $= 340$ mm² für $d = 38$ mm, zunehmend auf etwa das 2,5 fache

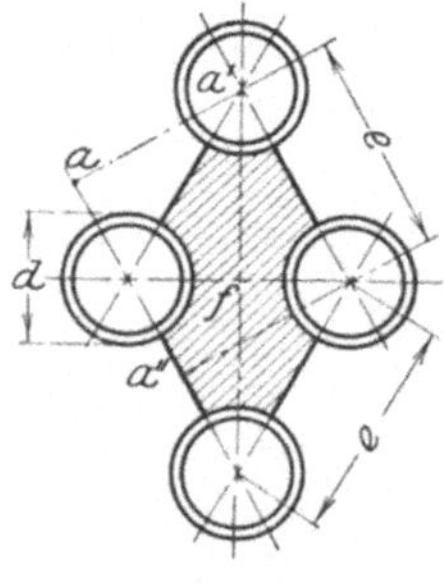

Abb. 121.

$= 850$ mm² für $d =$ rund 75 mm.

Sechseckzahlen s. Tabelle 30, S. 50.

Für · nicht besonders verankerte Rohrplatten, bei denen aber die Rohre an beiden Enden umgebördelt (Abb. 121) oder in nach außen kegelförmig erweiterte Löcher ein- gewalzt sind, gilt wieder für die Fläche f (Abb. 122):

$$\sigma = \frac{p \cdot f}{\pi \cdot d} \leqq 25 \text{ kg} . \qquad (52)$$

Sind die Rohre in zylindrische Löcher glatt ein- gewalzt, so wird für 1 bis 7 Atm. noch $\sigma = 25$ kg zugelassen, für alle höheren Spannungen nur: $\sigma = 15$ kg. Prüfung in Zweifelsfällen s. S. 50.

In Tabelle 94 finden sich in Spalte 2 die Mindestquerschnitte q des Steges für Rohre von 20 bis 75 mm äußerem Durchmesser, in Spalte 3 die Mindeststärke der Rohrplatte, in Spalte 4 die Mindestbreite des Steges, in Spalte 5 die Rohr-

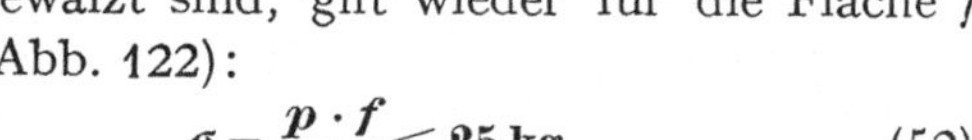

Abb. 122.

teilungen: $e = d + b_{min}$ und in Spalte 6 die zu- gehörigen Flächen f. Aus den in Spalte 7 genannten Quotienten er- geben sich nach:

$$p \cdot \frac{f}{\pi \cdot d} = 25 \text{ bezw.} = 15$$

Tabelle 95. Größte Rohrteilung (e) und Stegbreite (b) nach

$$\sigma = \frac{f \cdot p}{\pi \cdot d} = 25 \quad \text{(kupferne Rohrplatten).}$$

Äußerer Rohrdurchmesser d mm	Überdruck in kg/cm²									
	1		3		5		7		9	
	e	b	e	b	e	b	e	b	e	b
20	136	116	80	60	64	44	54	34	50	30
25	152	127	90	65	71	46	62	37	55	30
30	166	136	99	69	79	49	69	39	62	32
35	181	146	105	70	86	51	75	40	67	32
40	194	154	116	76	90	53	81	41	74	34
45	206	161	124	79	100	55	87	42	79	34
50	224	174	131	81	105	56	90	43	84	34
55	230	175	138	83	112	57	98	43	91	36
60	249	180	146	86	118	58	104	44	96	36
65	250	185	153	88	124	59	110	45	101	36
70	262	192	160	90	131	60	120	45	107	37
75	270	195	166	91	136	61	121	45	112	37

Äußerer Rohrdurchmesser d mm	Überdruck in kg/cm²									
	11		13		15		17		20	
	e	b	e	b	e	b	e	b	e	b
20	45	25	42	22	40	20	37	17	36	16
25	51	26	47	22	46	21	43	18	41	16
30	57	27	53	23	51	21	49	19	46	16
35	62	27	59	24	56	21	54	19	51	16
40	68	28	65	25	62	22	59	19	56	16
45	74	29	70	25	67	22	65	20	61	16
50	80	30	75	25	72	22	70	20	66	16
55	85	30	80	25	77	22	75	20	71	16
60	90	30	85	25	82	22	80	20	76	16
65	95	30	90	25	87	22	85	20	81	16
70	100	30	95	25	92	22	90	20	86	16
75	105	30	100	25	97	22	95	20	91	16

die Höchstdrucke — Spalte 8 und 9 —, für welche die Werte von s und b in Spalte 3 und 4 bei $\sigma = 25$ und $\sigma = 15$ ausreichen. Für die Ausführung aufgerundete s sind in Spalte 10 genannt. Diese s und $b_{\min}$ (Spalte 4) liefern die q-Werte in Spalte 11.

In Formel (14) (S. 51):

$$e = \sqrt{\frac{1}{0{,}866} \cdot \left(\sigma \cdot \frac{\pi \cdot d}{p} + \frac{\pi d^2}{4}\right)}$$

ist e lediglich Funktion von d und p, infolgedessen gelten die größten Rohrteilungen und größten Stegbreiten nach Tabelle 32 auch für Kupfer. Gleichwohl sind diese Werte bis zu $d = 75$ mm in Tabelle 95 wiederholt, weil die Gruppe der $e_{\max}$, die zwar die Bedingung $\sigma \leqq 25$ noch erfüllen, deren b aber mit $s_{\min}$ (Tabelle 94) zusammen nicht mehr

das erforderliche q_{min} liefern, sich ändert. Sämtlichen Werten für
22 Atm. fehlt das nötige q_{min}; diese Spalte ist deshalb fortgelassen
und statt ihrer die für 17 Atm. eingeschaltet. Alle Zahlen, bei denen
zur Erlangung des bei Formel (51) verlangten q_{min} die Plattenstärke s
zu erhöhen ist, sind kursiv gedruckt.

G. Die Nähte der Kupfergefäße.

1. Falz- und Weichlotnähte.

Bleche von etwa 0,75 bis 2,5 mm Stärke werden für geringe Drucke
(im wesentlichen Flüssigkeitsdruck) durch Falz verbunden. Abb. 123
zeigt einen Zylindermantel mit Falz-Rundnaht: Doppelfalz. Auf dieselbe Weise ist in Abb. 124 ein Boden am Mantel befestigt. Boden-
befestigung mittels einfachen Falzes zeigt Abb. 125. Zur Verstärkung
ist in Abb. 126 ein Bandeisenring a beigelegt.

Unerläßlich ist, daß die beiden Falzhälften gut zusammenpassen.
Damit allein erlangen die Nähte aber noch nicht Dichtigkeit und volle
Festigkeit. Hierzu ist die Weichlötung (das sog. Einbrennen) erforderlich, wie in den Abbildungen durch die
schwarzen Querschnitte ange-
geben. Soll das Einbrennen tadellos ausfallen, muß man alle aneinanderliegenden Falzflächen vor
dem Zusammenstecken verzinnen. Dann werden die Nähte
vollkommen dicht und fast so
fest wie das Blech.

Ist ein Gefäß nicht mehr von
innen zugänglich, so läßt sich die
Decke nach Abb. 127 befestigen.

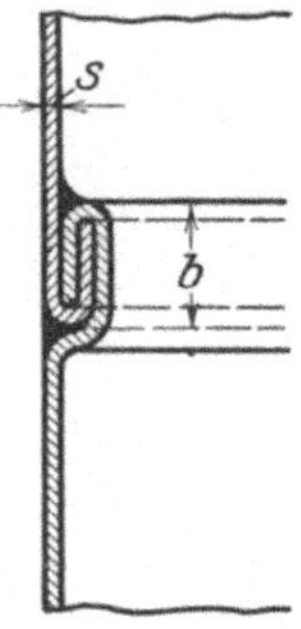
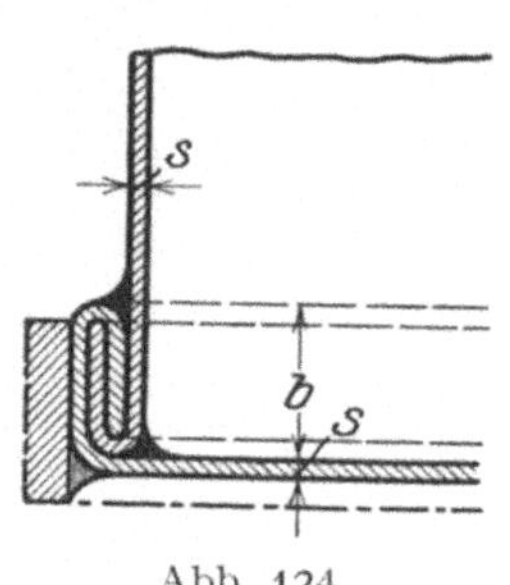

Abb. 124.

Die Decke wird einfach in den Mantel eingeschoben, die Dreiecksfuge an
der runden Krempe wird eingebrannt. Die beiden aneinanderliegenden
Flächen (Höhe b) sind unbedingt vorher zu verzinnen. Eine zweite
Ausführung ist die mittels einfachen Falzes nach Abb. 128; diese ist
u. U. sogar vorzuziehen, weil die Festigkeit nicht nur auf der Lötung
beruht. Beide Ausführungen eignen sich nur für schwachen Druck und
kleine Durchmesser.

Man bevorzuge den Doppelfalz, der gegen recht erhebliche Drucke
fest und dicht ist. Zum Schutz des Bodens kann — wie in Abb. 124
strichpunktiert angedeutet — von außen ein Bandeisenring, kleiner
Winkelring od. dgl. umgelegt werden. Natürlich läßt sich der einfache

Falz — Abb. 125, 126, 128 — auch bei dickeren Blechen als 2,5 mm, und zwar etwa bis 4 mm ausführen.

Für alle Falzverbindungen sollte möglichst die Mantellängsnaht hart gelötet oder geschweißt sein. Ein- oder umgelegte Eisen werden zweck-

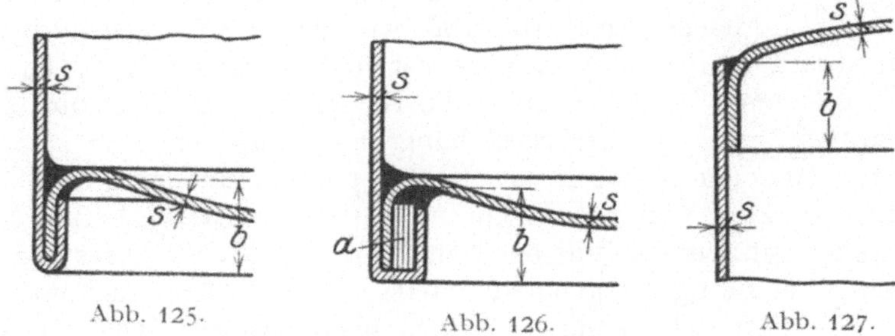

Abb. 125.   Abb. 126.   Abb. 127.

mäßig stets verzinnt; nur bei den Drahteinlagen zur Versteifung freier Ränder (a in Abb. 113) ist das nicht üblich.

Die Falzbreite b sei:

bei $s =$	0,75	1	1,25	1,5	1,75	2	2,25	2,5 mm,
etwa $b =$	7	11	13	14	16	17	19	21

Über die Festigkeit von Weichlotnähten macht Hausbrand[1]) folgende Mitteilungen:

Zinnlot hat verschiedene Zusammensetzungen, z. B.:

Blei	55	40	35 %,
Zinn	45	60	65 %,
Schmelzpunkt ungefähr	160°	135°	137° C.

Je mehr Zinn das Lot enthält, desto fester ist es, aber die Festigkeit nimmt nicht proportional dem Zinngehalt zu. Je größer die mit Zinn zusammengelöteten Flächen sind, um so geringer scheint die Festigkeit je cm² der Lötstellen gegen Abreißen zu sein. Man darf annehmen, daß 1 cm² gut ausgeführter Zinnlötung mit Sicherheit 25 kg Zug aushält. Die Bruchbelastung liegt zwischen 120 und 320 kg/cm². Die Zinnlötstelle zweier Kupferbleche ist etwa ebenso fest wie die Bleche selbst, wenn ihre Fläche 13 mal so groß ist wie der Querschnitt des Kupferbleches. Die Überlappungsbreite zusammen-

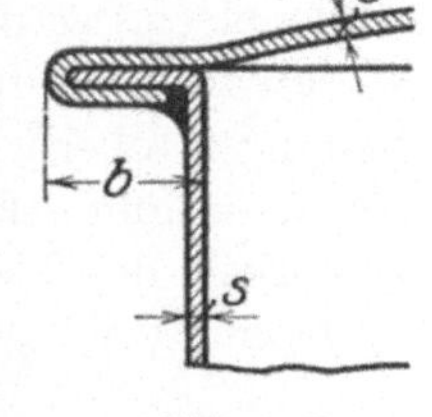

Abb. 128.

gelöteter Kupferbleche oder Rohre sei 20 mal so groß wie deren Dicke.

Aus diesen Angaben von Hausbrand läßt sich die Bindekraft des Weichlotes abschätzen. Die Bruchbelastung für reines Zinn ist 350 bis 400 kg/cm², die für Blei etwa 170 kg/cm². Ein Weichlot von 60% Zinn und 40% Blei wird eine Bruchfestigkeit von etwa 280 bis

---

[1]) Hilfsbuch für den Apparatebau. 3. Aufl. Berlin: Julius Springer.

300 kg/cm² besitzen. Ist K die Festigkeit des Kupfers, K' die des Lotes in kg/cm² und q der Querschnitt des Bleches, so ergibt sich (die Blechdicke $= 1$ gesetzt) aus: $q \cdot K = x \cdot q \cdot K'$ bei $K = 2200$ und $K' = 280$ kg/cm²: $x = 8$, d. h. die Festigkeit des in der Naht untergebrachten Weichlotes selbst ist etwa gleich der des Kupferbleches, wenn die Lötfläche 8 mal so groß wie der Blechquerschnitt ist. Hausbrand schreibt aber $x = 13$ vor und $q \cdot K = 13\, q \cdot \Re$ liefert: $\Re = 170$ kg/cm². Dieses $\Re$ stellt die Bindekraft des Weichlotes dar.

Das Güteverhältnis der Naht hängt von x ab; bei $x = 13$ wäre $\varphi = 1$. Trotzdem ist oben eine Überlappungsbreite mit $x = 20$ gefordert, und zwar weil $x = 13$ nur für ganz einwandfreie Lötung gilt, in Wirklichkeit aber die Güte der Nähte ungleich ausfällt. Dies und die Abnahme der Festigkeit je cm² Lötstelle mit der Flächenzunahme der letzteren erklärt sich daraus, daß nicht überallhin mit Sicherheit Lot fließt. Bei der oben genannten zulässigen Belastung: $\mathfrak{k} = 25$ kg/cm² ist der Sicherheitsgrad:

$$\mathfrak{S} = \frac{\Re}{\mathfrak{k}} = \frac{170}{25} = 6{,}8 .$$

Die Bindekraft (Bruchfestigkeit der Naht) $\Re = 170$ kg/cm² ist ungefähr $= 57$ bis 60% der Bruchfestigkeit $K' = 280$ bis 300 kg/cm² des Weichlotes selbst.

2. Kupfernietnähte mit Weichlotabdichtung.

Bei Kupfer beginnt die Verstemmbarkeit erst etwa mit 7 mm Blechstärke. Nietet man dünnere Bleche, etwa bis 1 mm abwärts, so müssen die Nähte durch Einbrennen dicht und fest gemacht werden. Man nietet einreihig, Abb. 129, und zweireihig, Abb. 130. Niete und Außenblech werden durchgesetzt, so daß die Innenfläche (in den Abbildungen oben) glatt wird. Zugleich erhöht sich dadurch die Festigkeit der Naht.

Ohne Weichlötung ist die ein-

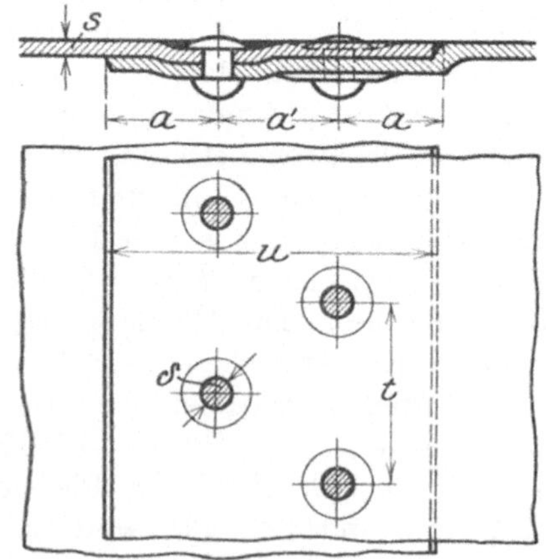

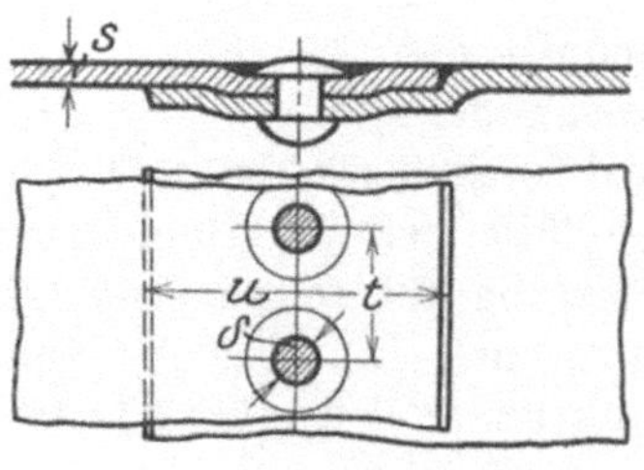

Abb. 129.   Abb. 130.

reihige Nietnaht praktisch überhaupt nicht dicht zu bekommen. Bei den stärkeren Blechen und zweireihiger Naht ermöglicht sehr zuverlässiges Stemmen die Abdichtung, wenn man genügend enge Nietteilung wählt. Gutes Einbrennen macht die Nähte nahezu so fest wie das Blech.

In Abb. 131 ist in einen Rand eine Versteifung aus Flacheisen eingenietet; Einbrennen

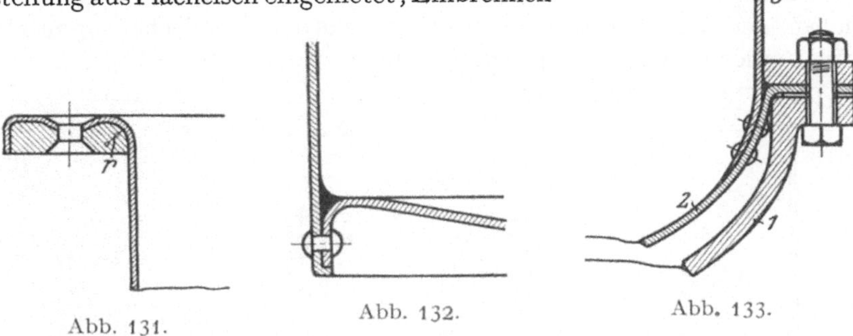

Abb. 131. Abb. 132. Abb. 133.

zur Erhöhung von Festigkeit und Dichtigkeit ist nicht erforderlich. Den Radius r mache man möglichst groß. Damit der Rand oben glatt wird, sind Niete mit versenktem Setzkopf benutzt. Das Blech ist zum Versenk zu schwach. Man versenkt in dem stärkeren Teil (Besatz oder Blech) und zieht das schwache Blech in dieses Versenk hinein. Bei dünnem weichen Eisenblech ist diese Ausführung ebenfalls möglich.

Gemäß Abb. 132 wird ein Boden einreihig in einen Mantel genietet und weich verlötet; der Mantelrand wird um den Bodenrand gebördelt.

Abb. 133 zeigt ein Stück eines offenen halbkugeligen Kochers mit gegossener Außenschale *1*. An die kupferne Innenschale *2* ist eine unten zugeschärfte Zarge *3* aus dünnerem Kupferblech zweireihig angenietet und eingebrannt.

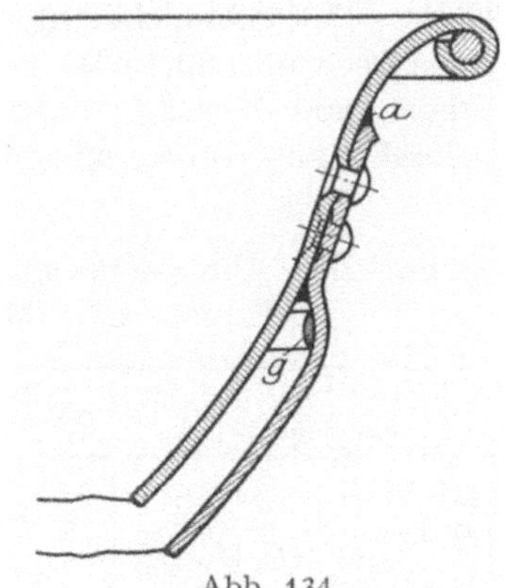

Abb. 134.

Abb. 134 bezieht sich auf einen Halbkugelkocher ganz aus Kupfer, bei dem Außen- und Innenschale durch doppelreihige Nietnaht miteinander verbunden sind. Vor dem Zusammenstecken und Nieten wird in das Gelenk bei g Zinn gelegt. Ist die Nietung ausgeführt, so stellt man den Kessel umgekehrt hin und schmilzt mit der Lötlampe das Zinn bei g ab; es fließt in die Nahtfuge. Außerdem verlötet man gegebenenfalls bei a.

Abb. 135 zeigt das Annieten eines Bodens (zweireihig, kann auch einreihig ausgeführt werden). Der Boden umfaßt den Mantel. Den Radius r macht man meistens 20 bis 50 mm. Soll die Naht durch Stemmen abgedichtet werden, so hat dies bei a besonders sorgfältig zu geschehen.

Da die Niete in der Hauptsache nur die Bleche zusammenzuhalten haben und fast immer eine möglichst glatte Innenfläche angestrebt wird, weichen die Setzkopfformen von denen der Eisenniete ab. Der Kopfdurchmesser ist etwa:

$$d = 1{,}7\,\delta\,.$$

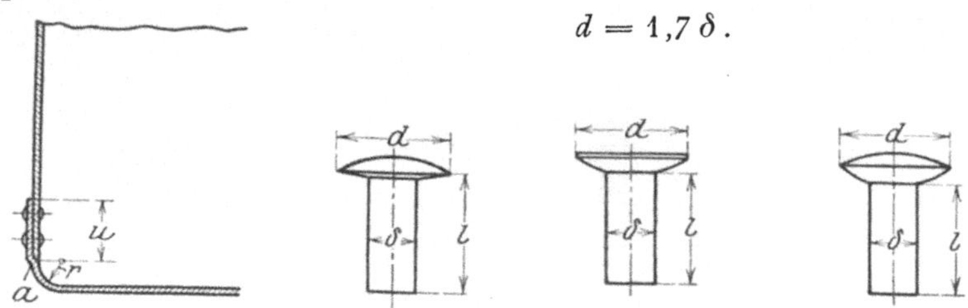

Der Setzkopf nach Abb. 136 ist oben mäßig gewölbt, unten nahezu eben, der versenkte Kopf nach Abb. 137 oben eben, unten leicht gewölbt. Das gebräuchlichste Niet ist das nach Abb. 138, bei dem der Kopf oben und unten leicht gewölbt ist. Tabelle 96 gibt[1]) die Abmessungen und Gewichte einiger Handelsgrößen dieser Art von Nieten (gepreßt) aus Kupfer und Messing an.

Tabelle 96. Abmessungen und Gewicht G (von je 1000 Stück) gepreßter Kupfer- oder Messingniete nach Abb. 138.

Nr.	δ mm	l mm	G kg	Nr.	δ mm	l mm	G kg	Nr.	δ mm	l mm	G kg
2/0	1,9	4	0,175	7	3,6	8	1,215	15	6,6	13	6,830
0	2,1	4,5	0,215	8	4,0	8,5	1,630	16	7	14	8,250
1	2,3	5	0,300	9	4,4	9	2,130	17	8	16	12,25
2	2,6	5,5	0,465	10	4,8	10	2,800	18	8,4	17	14,00
3	2,8	6	0,550	11	5,2	10,5	3,430	19	8,8	18	16,50
4	3,0	6,5	0,680	12	5,5	11	4,130	20	9,3	19,5	20,00
5	3,2	7	0,815	13	5,9	11,5	5,130	21	10,1	21	25,00
6	3,4	7,5	1,00	14	6,2	12	5,830	22	10,6	23	30,00

Teilung t, Überlappung u, Randbreite a und Reihenabstand a' (alles in mm) der Nietnähte kann man etwa nach Tabelle 97 wählen.

---

[1]) Nach Hausbrand: Hilfsbuch für den Apparatebau. 3. Aufl.

Tabelle 97. Teilung usw. für Kupfernietnähte mit Weichlot-
abdichtung.

| Blech- | Niet- | Einreihige | | Zweireihige | | | |
| stärke | | Nietnaht | | | | | |
s	δ	t	u	t	a	a'	u
1	4,4	30	32	33	14	12	40
2	4,8	34	36	37	16	14	46
3	5,9	38	40	41	18	16	52
4	7	42	44	45	20	18	58
5	8	46	48	49	22	20	64
6	8,8	50	52	53	24	22	70

3. Verstemmbare Kupfernietnähte.

Von etwa 7 mm Stärke ab kann man Kupferbleche dicht
stemmen. Andererseits kann man bis etwa 13 mm Blechstärke hartlöten oder schweißen. Kupferbleche von 7
bis 13 mm lassen also verschiedene Verbindungs-
arten zu.

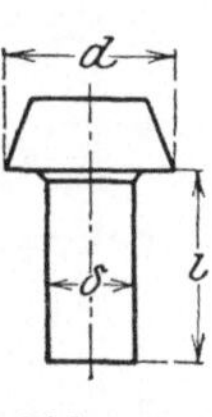

Abb. 139.

Tabelle 98[1]). Gewicht von je 100 Stück Kupfernieten nach Abb. 139.

| Niet-durch-messer δ | Schaftlänge l in mm | | | | | | | | |
	15	20	25	30	35	40	50	60	70
	Gewicht von 100 Stück in kg								
5	0,70	0,75	0,85	0,9	0,93	0,95	—	—	—
6	0,75	0,85	0,94	1,2	1,45	1,70	2,0	2,3	2,5
7	0,90	1,00	1,10	1,4	1,70	2,00	2,4	2,8	3,2
8	1,00	1,30	1,70	2,2	2,30	2,50	2,8	3,4	3,8
9	1,70	2,00	2,80	3,2	2,50	3,60	4,0	4,8	5,4
10	2,20	3,00	3,80	4,3	4,60	4,70	5,2	6,2	7,0
11	—	4,20	4,80	5,3	5,70	5,80	6,4	7,6	8,7
12	—	5,20	5,70	6,2	6,60	6,90	7,6	9,0	10,4
13	—	6,00	6,60	7,2	7,60	8,00	9,0	10,4	11,0
14	—	7,00	7,60	8,1	8,50	9,00	10,0	11,8	12,7
15	—	7,70	8,50	9,1	9,80	10,50	11,3	13,2	14,4
16	—	8,10	9,00	10,0	11,00	11,90	12,5	15,0	17,0
17	—	—	—	10,5	11,60	13,80	16,0	18,0	21,0
18	—	—	—	11,0	12,20	15,00	18,0	20,0	24,0
19	—	—	—	—	13,00	16,00	21,0	23,0	27,0
20	—	—	—	—	14,00	17,00	23,0	25,0	30,0
21	—	—	—	—	16,00	19,00	24,0	27,0	31,0
22	—	—	—	—	18,00	21,00	25,0	28,0	32,0
23	—	—	—	—	—	24,00	27,0	29,0	33,0
24	—	—	—	—	—	26,00	28,0	30,0	34,0
25	—	—	—	—	—	28,00	30,0	34,0	38,0
26	—	—	—	—	—	30,00	32,0	38,0	42,0
27	—	—	—	—	—	33,00	35,0	43,0	47,0

[1]) Nach Hausbrand: Hilfsbuch für den Apparatebau. 3. Aufl.

Für verstemmbare Kupfernietnähte erhalten die Niete entweder den gleichen Setzkopf wie Eisenniete oder einen abgestumpften Kegel nach Abb. 139 als Setzkopf. Der Kopfdurchmesser ist etwa $d = 1{,}7\,\delta$. In Tabelle 98 sind die Gewichte von je 100 Kupfernieten der Sonderform mit Kegelkopf angegeben.

Abb. 140 und 141 zeigen die verstemmbare einreihige und zweireihige Überlappungs-Kupferniet-

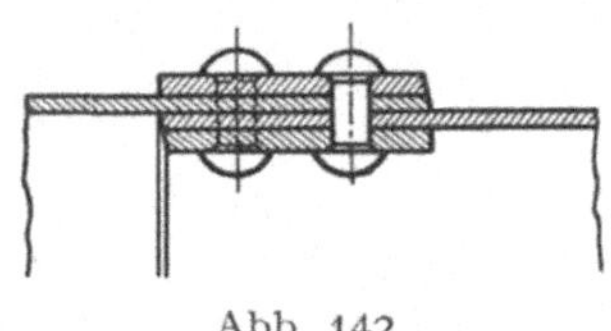

Abb. 140.   Abb. 141.   Abb. 142.

naht. Wegen des verhältnismäßig weichen Materials verwendet man bei höheren Drucken unter Umständen Laschen gemäß Abb. 142 auch bei überlappten Nähten. — Abb. 143 und 144 zeigen die Befestigung von Böden in Mänteln mittels verstemmbarer Naht.

Man bemißt die Nähte ähnlich wie bei Eisennietungen, strebt aber etwas engere Teilungen an. Es sei etwa

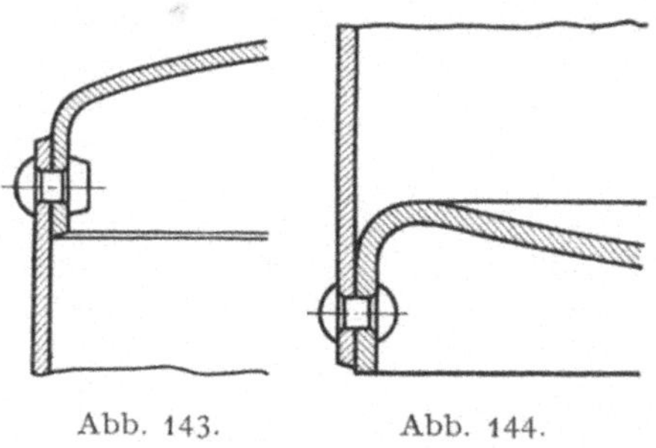

Abb. 143.   Abb. 144.

für verstemmbare einreihige Kupfernietung:
der Nietdurchmesser $\delta = s + 7$ mm,
die Teilung $t = 2\,\delta + 7$ mm,
die Überlappung $u = 3\,\delta$;
für verstemmbare zweireihige Kupfernietung:
der Nietdurchmesser $\delta = s + 6$ mm,
die Teilung $t = 2{,}2\,\delta + 20$ mm,
die Randentfernung $a = 1{,}5\,\delta$,
der Nietreihenabstand $a' = 0{,}5\,t$.

Die Nähte müssen ebenfalls ausreichenden Gleitwiderstand haben. Den spezifischen Gleitwiderstand k_G wähle man mindestens 150 kg niedriger als bei der gleichen Eisennietung, also höchstens:

für einreihige ⎫ Überlappungs- oder ⎰ $k_G = 550$ kg,
für zweireihige ⎭ einseitige Laschennietung ⎱ $k_G = 500$ kg.

Die Widerstandsfähigkeit der Niete gegen Abscheren soll nicht geringer sein als die Festigkeit des Bleches in der Nietnaht. Scherfestigkeit $= 0{,}8$ der Zugfestigkeit; demgemäß die zulässige Beanspruchung auf Abscheren $0{,}8 \cdot 4 = 3{,}2$ kg/cm² bis 200° C.

Tabelle 99. Abmessungen usw. für überlappte verstemmbare einreihige Kupfernietnähte.

| Blech-stärke | Niet- | | | Naht- | | Gleit-wider-stand je Teilung | Güte-verhält-nis der Naht | Niet-zahl je 1 m Naht | Gewicht zweier Niet-köpfe | Gesamt-gewichts-zuschlag je 1 m |
| | durch-messer | quer-schnitt | Schaft-länge | Teilung | Über-lappung | | | | | |
s mm	δ mm	q cm²	l mm	t mm	u mm	w_t	φ		kg	kg
7	14	1,54	42	35	42	844	0,60	28,6	0,030	3,3
8	15	1,76	46	37	45	1045	0,60	27,1	0,037	4,0
9	16	2,01	50	39	48	1105	0,59	25,7	0,045	4,7
10	17	2,27	54	41	51	1248	0,59	24,4	0,055	5,5
11	18	2,54	58	43	54	1397	0,58	23,0	0,064	6,3
12	19	2,83	62	45	57	1556	0,58	22,2	0,074	7,2
13	20	3,14	66	47	60	1727	0,58	21,3	0,086	8,1
14	21	3,46	70	49	63	1903	0,57	20,4	0,100	9,1
15	22	3,80	74	51	66	2090	0,57	19,6	0,120	10,3
16	23	4,15	78	53	69	2282	0,57	18,9	0,130	11,4
17	24	4,52	82	55	72	2486	0,56	18,2	0,145	12,5
18	25	4,91	86	57	75	2700	0,56	17,6	0,160	13,7
19	26	5,31	90	59	78	2920	0,56	17,0	0,175	15,0
20	27	5,72	94	61	81	3146	0,56	16,4	0,196	16,3

Tabelle 100. Abmessungen usw. für überlappte verstemmbare zweireihige Kupfernietnähte.

| Blech-stärke | Niet- | | | Naht- | | | | Gleit-wider-stand je Teilung | Güte-verhält-nis der Naht | Niet-zahl je 1 m Naht | Gesamt-gewichts-zuschlag je 1 m |
| | durch-messer | Quer-schnitt | Schaft-länge | Teilung | Rand-breite | Reihen-abstand | Über-lappung | | | | |
s mm	δ mm	q cm²	l mm	t mm	a mm	a' mm	u mm	w_t	φ		kg
7	13	1,33	40	49	20	24	64	1330	0,73	40,8	4,5
8	14	1,54	44	51	21	25	67	1540	0,73	39,2	5,5
9	15	1,76	48	53	23	26	72	1760	0,72	37,8	6,6
10	16	2,01	52	55	24	27	75	2010	0,71	36,4	7,7
11	17	2,27	56	57	26	28	80	2270	0,70	35,1	9,0
12	18	2,54	60	60	27	30	84	2540	0,70	33,3	10,2
13	19	2,83	64	62	29	31	89	2830	0,69	32,3	11,7
14	20	3,14	68	64	30	32	92	3140	0,69	31,3	13,0
15	21	3,46	72	66	32	33	97	3460	0,68	30,3	14,8
16	22	3,80	76	68	33	34	100	3800	0,68	29,5	16,4
17	23	4,15	80	71	35	35	105	4150	0,68	28,2	18,0
18	24	4,52	84	73	36	36	108	4520	0,67	27,4	19,6
19	25	4,91	88	75	38	37	113	4910	0,67	26,7	21,6
20	26	5,31	92	77	39	38	116	5310	0,66	26,0	23,2

Gemäß obigem sind in Tabelle 99 und 100 Abmessungen von Kupfernähten für Blechstärken $s = 7$ bis 20 mm zusammengestellt. In der letzten Spalte jeder Tabelle ist der Gesamtgewichtszuschlag: Überlappungs-Blechstreifen + Nietköpfe, angegeben.

Beispiel: Für ein kupfernes Dampffaß von 1300 mm l. Durchmesser sei der innere Sattdampf-Überdruck 6 kg/cm². Verlangt werde $\mathfrak{S} = 5$.

Bei zweireihiger Überlappungslängsnaht wird nach Tabelle 81: $s = 12,66$ mm bis 120° C. Sattdampf von 7 at abs. hat 164,2° C (4. Temperaturstufe), also wird: $s = 1,16 \cdot 12,66 = \infty 14,7$ mm.

Es kommt: $\delta = s + 6 = 14,7 + 6 = 20,7 = \infty\, 21$ mm.

Nach Tabelle 100 sind für $\delta = 21$: $t = 66$ mm und $\varphi = 0,68$ gegenüber $\varphi = 0,7$ in Tabelle 81.

Des Stemmens wegen wird keinesfalls t vergrößert. Mit $\varphi = 0,68$ wird:

$$s = \frac{D \cdot p \cdot \mathfrak{S}}{200 \cdot K \cdot \varphi} = \frac{1300 \cdot 6 \cdot 5}{200 \cdot 19 \cdot 0,68} = 15,1 \text{ mm bis } 180°\,\text{C}.$$

Gemäß Tabelle 100 können $\delta = 21$ mm und $t = 66$ mm bleiben. Erforderlicher Gleitwiderstand:

$$\mathfrak{P} = \frac{D \cdot t \cdot p}{2} = \frac{130 \cdot 6,6 \cdot 6}{2} = 2574 \text{ kg}.$$

Nach Tabelle 100 ist: $w_t = 3460$ kg, also ausreichend.

Es ist zu untersuchen, ob bei Hartlötung oder Schweißung mit Sicherheitslasche ($\varphi = 0,8$) sich $s \leqq 13$ ergibt:

$$s = \frac{1300 \cdot 6 \cdot 5}{200 \cdot 19 \cdot 0,8} = 12,82 = \infty\, 13 \text{ mm bis } 180°\,\text{C}.$$

Die Längsnaht läßt sich also noch hartlöten oder schweißen, und man wird gegebenenfalls diese Ausführung wählen, denn bei $L = 1$ m Länge wiegt der Mantel:

a) mit $s = \infty\, 15$ mm

$$G_1 = \alpha \cdot D + \beta = 421,12 \cdot 1,3 + 6,36 = \infty\, 554 \text{ kg},$$

b) mit $s = \infty\, 13$ mm

$$G_2 = 367,57 \cdot 1,3 + 4,78 = \infty\, 483 \text{ kg}.$$

Zu G_2 treten $\infty\, 14$ kg für die Sicherheitslasche, so daß durch Schweißung oder Hartlötung: $554 - 497 = 57$ kg je 1 m Mantellänge $= \infty\, 10\%$ des Mantelgewichtes an Kupfer erspart werden.

4. Hartlot= und Schweißnähte.

Bei den niedrig schmelzenden Weichloten beruht die Verbindung im wesentlichen auf der verhältnismäßig sehr großen Adhäsion zwischen dem chemisch reinen harten Metall und dem Lot. Wenn eine „Oberflächenlegierung" zwischen Lot und Werkstück erfolgt, so ist sie jedenfalls geringfügig. Bei der Hartlötung dagegen findet ein Zusammenschmelzen des Lotes mit den äußersten Schichten des Konstruktionsmetalles statt. Die Verbindung wird unverhältnismäßig fester als die Weichlötung.

Hartlote oder Schlaglote müssen strengflüssig und zäh sein. Sie bestehen für Kupfer-, Messing-, Neusilberlötung aus Kupfer, Zink und Zinn (Messingschlaglote), für Nickelhartlötung aus Kupfer, Zink,

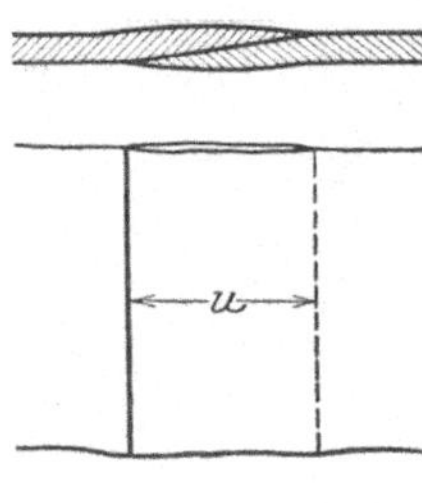

Abb. 145.

Zinn und Silber (Silberschlaglot). Unreinigkeiten (Schmutz, Fett, Oxyde) werden vorher sorgfältigst durch Feilen, Schaben, Beizen und Waschen beseitigt. Während des Lötens sind durch Borax oder dgl. neu entstandene Oxyde zu lösen oder zu reduzieren. Die zu verbindenden Flächen müssen so gut aneinanderliegen, daß das Lot nicht durchlaufen kann.

Die Blechränder werden stets zugeschärft (ausgezogen). Gemäß Abb. 145 kann man sie einfach aufeinanderlegen und löten, muß sie aber zuverlässig zusammendrücken, um das Verwerfen bei der Erhitzung zu verhindern. Soweit das nicht durch Klemmen und Belasten möglich ist, zieht man verzinnte Heftniete ein, die indessen leicht Veranlassung zu Fehlstellen geben können.

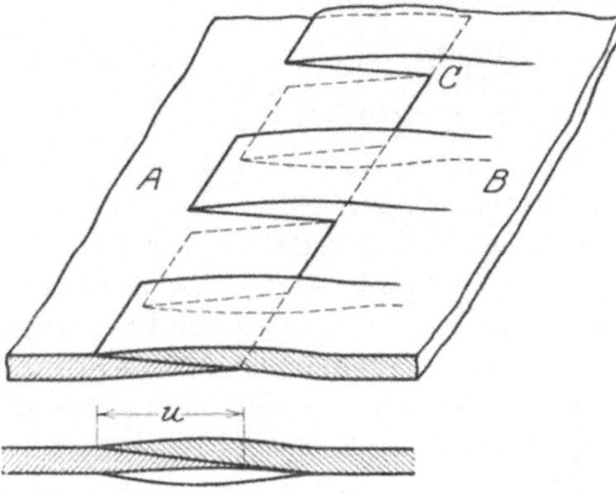

Besser als diese glatte Naht ist die geschränkte Naht, s. Abb. 146. Der Rand des einen Bleches (A) wird einfach ausgezogen, der des anderen (B) wird dagegen nach dem Zuschärfen quer eingehauen. Es entstehen

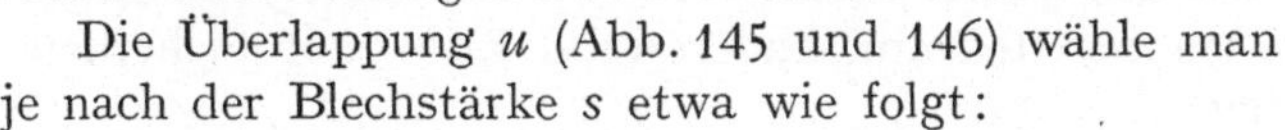

Abb. 146.

Lappen, die sägezahnähnlich geschränkt werden und den Rand des Bleches A zwischen sich aufnehmen. Nach dem Zusammenstecken werden die Schränken des Bleches B fest mit dem Rand von A zusammengehämmert. Die Ecken C müssen gut mit Lot vollfließen, damit keine Fehlstellen entstehen. Die fertige Naht wird glattgehämmert.

Tadellos ausgeführte Hartlotnähte haben nahezu die volle Festigkeit und fast die gleiche Bearbeitungsfähigkeit (Biegen, Treiben) wie das Blech. Gleichwohl sind für Dampffässer Hartlotnähte nur mit Sicherheitslasche zulässig. Die Hartlötung größerer Stücke ist immerhin schwierig und erfordert ein sehr hohes Maß von Sorgfalt, Erfahrung und Geschicklichkeit. Nicht jede Naht fällt von vornherein tadellos aus; sind aber einmal Fehlstellen vorhanden, so ist die Erzielung einer restlos höchstwertigen Naht erheblich erschwert.

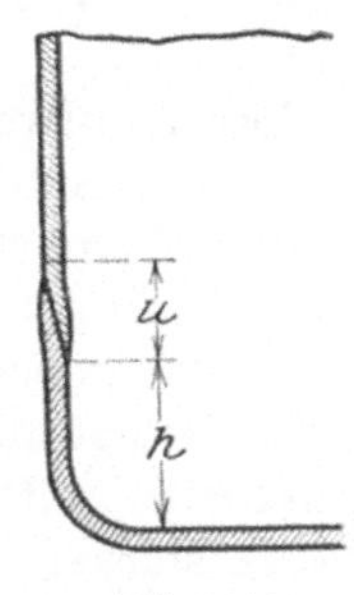

Abb. 147.

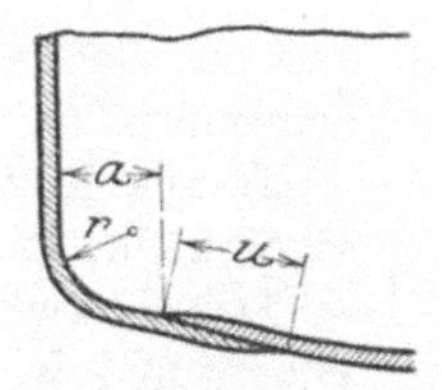

Abb. 148.

Die Überlappung u (Abb. 145 und 146) wähle man je nach der Blechstärke s etwa wie folgt:

bei $s =$	1—1,5	2—3	3,5—5	5—8	8,5—13	mm
sei $u =$	10	15	20—25	25—30	30—40	,, .

Mantellängsnähte werden, soweit angängig, immer hartgelötet, aber auch Böden setzt man gern mit Hartlotnaht an. In Abb. 147 ist der Boden mit zylindrischer Krempe versehen und diese an den Mantel hartgelötet. Höhe h sei etwa 60 bis 100 mm. In Abb. 148 sitzt die Naht im Boden; der Abstand vom Mantel sei ungefähr: $a = r + 10$ bis 20 mm (r = Radius des Gelenks).

Die Zusammensetzung der Hartlote ist verschieden. Hausbrand nennt für Schlaglot:

Kupfer	55	50	47	40 %,
Zink	45	50	53	60 %,
Schmelzpunkt etwa	880°	870°	835°	835° C.

Das Schweißen von Kupfer geschieht im allgemeinen mittels der Azetylen-Sauerstoffflamme. Es ist schwieriger als das Schweißen von Eisen, weil Kupfer die Wärme so gut leitet, daß die Schmelzung dadurch beeinflußt wird. Hocherhitztes Kupfer bildet mit Luftsauerstoff Kupferoxydul. Um seine Entstehung zu verhindern, werden sog. Schweißpasten verwendet, die das Oxyd lösen und die Nachbarstreifen der Naht mit einer Schutzhaut gegen die Einwirkung des Luftsauerstoffs bedecken sollen. Bei ungenügendem Schutz verliert das Kupfer durch die sich anscheinend einlagernden oder legierenden Oxyde an Festigkeit und Elastizität. Für die Schweißung von Kupfer verwende man reinstes Azetylen, da unreines ebenfalls Fehlergebnisse verursachen kann.

Der Kupferschweißdraht muß sehr rein und homogen sein; er enthält etwas Silber und Phosphor, um ihn leichtflüssig zu machen.

Von 3 mm Blechstärke an sind die zusammenzuschweißenden Ränder abzuschrägen, wie überhaupt die allgemeinen Grundsätze der Eisenschweißung ebenfalls zu beachten sind. Dient Eisen (Schiene oder dgl.) als Unterlage für die auszuführende Kupferschweißnaht, so beugt man am besten mittels einer zwischengelagerten Asbestmatte oder -platte der zu starken Wärmeableitung vor.

Bei Blechstärken über 13 mm ist der Erfolg der Schweißung unsicher. Die Spannungen werden zu stark und die Erhitzung ist schwierig, so daß die Gefahr des teilweisen Verbrennens des Kupferbleches an der Schweißnaht recht erheblich wird.

In alle Kupferschweißnähte lege man das eingeschmolzene Material so dick ein, daß die fertige Naht gründlich abgehämmert werden kann.

Das Schweißen von Aluminium verdient deswegen besondere Beachtung, weil das Aluminiumlöten einerseits in der Ausführung große Schwierigkeiten bereitet und andererseits keine mit Sicherheit haltbaren Nähte liefert.

Auch bei der Aluminiumschweißung ist die Oxydbildung hinderlich, zumal das Aluminium selbst bei 657° C, das Aluminiumoxyd dagegen erst bei etwa 3000° C schmilzt. Nach Schoop kann aber mittels Schweißpulvern aus Alkalichloriden oder -bromiden und Alkalifluoriden das Aluminiumoxyd schon bei etwa 700° C zur Lösung gebracht werden. Hierdurch ist das Gelingen guter Schweißnähte sichergestellt. Das

Schweißpulver wird mit Wasser zu einer Paste gemengt; diese wird sowohl auf die zu verbindenden, mechanisch gereinigten Werkstückflächen wie auch auf den Schweißdraht aufgebracht. Man schweißt Aluminium im allgemeinen stets stumpf.

Zur Beschleunigung der Schweißung und zur Sicherung ihrer Güte wird namentlich beim Beginn der Arbeit die Umgebung der Naht mittels der Schweißflamme vorgewärmt. Bei dickeren Stücken werden die Kanten abgeschrägt. Für dünne Aluminiumbleche oder dgl. eignet sich statt der Azetylen-Sauerstoffflamme oft die Leuchtgas-Sauerstoffflamme wegen ihrer geringeren Temperatur besser.

Wegen der Anordnung der Schweiß- oder Hartlotnähte an Gefäßen kann sowohl für Kupfer (Messing, Nickel usw.) wie auch für Aluminium auf Abb. 57 bis 60 und das dazu für Eisenblechschweißung Bemerkte hingewiesen werden. Bei Eisen kommt die Nahtanordnung nach Abb. 59 nur für geringe Drucke in Frage und ist übrigens in Eisen wegen des Umbördelns des Mantels m nach innen schwierig und nicht billig. Aus Kupferblech läßt sich dieser Bord dagegen ohne Schwierigkeiten herstellen. Wendet man dabei die geschränkte Hartlotnaht an, so sitzt das in die Schränken des Innenbordes eingesteckte und festgehämmerte Bodenstück b so zuverlässig an seinem Platze, daß die Hartlötung hier immer tadellos gelingen kann. Da außerdem die Schränknaht gut versteifend wirkt, so ist bei Kupfer die Anordnung der geschränkten Bodenanschlußnaht nach Abb. 59 bzw. 148 auch für größere Drucke anwendbar. Handelt es sich um Dampffässer, so ist wegen der bequemeren Anbringung der Sicherheitslasche die Mantelnaht nach Abb. 60 bzw. 147 vorzuziehen.

5. Schraubverbindungen für Kupfergefäße.

Das in Teil D, Abschnitt 5: „Schrauben und Flansche" Besprochene gilt im wesentlichen auch hier, jedoch nietet man bei Kupfer meistens keine Schraubflansche an. Wo das geschieht, bestehen die Flansche fast durchweg aus Rotguß oder Messing, höchst selten aus Eisen, welches dann aber immer (mindestens auf den anliegenden und einzubrennenden Flächen) verzinnt werden muß.

Für die meisten Fälle würden Rotguß- und Messingflansche zu teuer werden. Man bringt daher an den kupfernen Gefäßteilen Borde an, so daß die ganze Gefäßinnenfläche aus Kupfer besteht und die Flanschringe keinen Teil dieser Innenfläche bilden. Dabei werden die Ringe aus Eisen hergestellt.

Abb. 149 bis 151 zeigen Schraubverbindungen für Gefäßmäntel. Nach Abb. 149 sind an den Mänteln breite Borde angebracht, die von beiden Seiten durch je einen Flacheisenring zusammengepreßt werden. Auch die Dichtungszwischenlage (nicht gezeichnet) geht über die ganze Flanschbreite. Abb. 150 zeigt dieselbe Verbindung, jedoch reichen die Kupferborde — also auch die Dichtung — nur bis zu den Schrauben. Diese Verschraubung ist wegen der schmalen Borde, in die keine Löcher gebohrt zu werden brauchen, billiger, aber wegen der Biegungsbeanspruchung der Flanschringe durch den Abdichtungs-

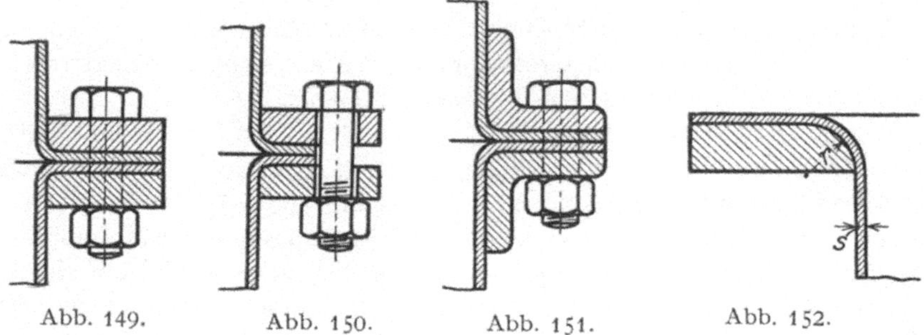

Abb. 149.　　　　　Abb. 150.　　　　　Abb. 151.　　　　　Abb. 152.

druck für höheren Überdruck weniger zu empfehlen. Statt Flacheisenringe sind in Abb. 151 Winkeleisenringe über die Mäntel gestreift; weniger gebräuchlich. Die Borde gehen über die ganze Flanschbreite.

Bei allen — auch den nachfolgenden — Verbindungen ist es wesentlich, die Borde an den betreffenden Gefäßteil mit möglichst großem Krümmungsradius r, Abb. 152, anzubiegen. Die Flanschringe werden

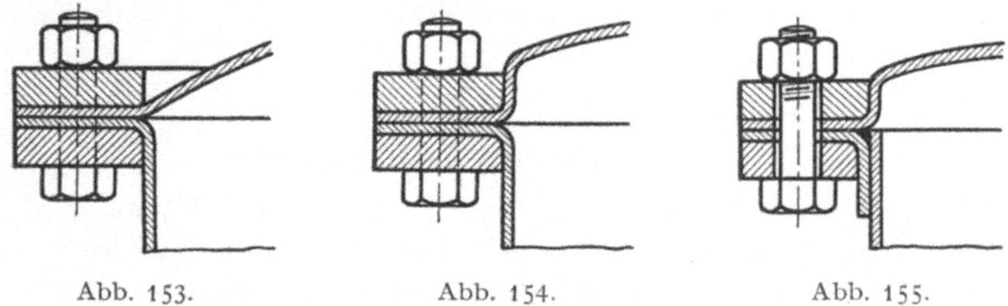

Abb. 153.　　　　　Abb. 154.　　　　　Abb. 155.

an der in die Bordkrümmung (Gelenk) kommenden Kante mit demselben Radius abgerundet und sollen so schließend passen, daß das Gelenk gut gestützt wird. Wenn s die Blechstärke bedeutet, sei der Bordkrümmungsradius etwa $r = 1,5$ bis $3\,s$.

Nach Abb. 153 bis 155 werden Deckel oder Böden angeschraubt. Abb. 153 und 154 entsprechen der Mantelverschraubung in Abb. 149, nur daß sie einen Tellerboden und einen gewölbten Boden mit dem Mantel verbinden. In Abb. 155 ist der Mantelbord nicht aus dem Mantelblech selbst gebogen, sondern als besondere Bordscheibe aufgesteckt und je nach Zweck und Konstruktion angenietet, mit Zinn eingebrannt oder hart aufgelötet. Hierbei läßt sich der Bord stärker ausführen, als er beim Anbiegen an das Mantelblech werden würde.

In Abb. 156 verbinden die beiden Flanschringe drei Gefäßteile: die beiden Schalen des Doppelbodens und die Zarge. Abb. 157 zeigt ein Ge-fäß mit schmiedeeisernem Außenboden statt kupferner Außenschale. Der Winkel-ring des Außenbodens dient als unterer Flanschring.

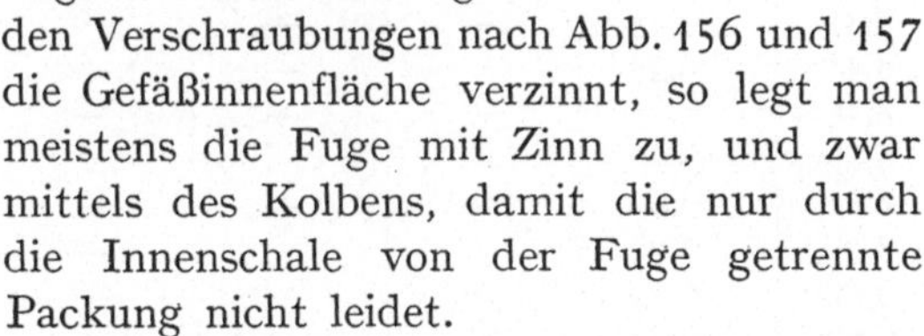

Bei den bisherigen Ver-bindungen entsteht am Ge-fäßumfang eine Fuge von dreispitzigem Querschnitt. Bei den Verschraubungen nach Abb. 149 bis 151 sowie Abb. 153 bis 155 läßt man die Fuge bestehen. Wird wegen der Beschickung bei den Verschraubungen nach Abb. 156 und 157 die Gefäßinnenfläche verzinnt, so legt man meistens die Fuge mit Zinn zu, und zwar mittels des Kolbens, damit die nur durch die Innenschale von der Fuge getrennte Packung nicht leidet.

Bei der durch Abb. 133 veranschaulichten Konstruktion entsteht eine solche Fuge nicht. Natürlich kann man auch bei schmiede-eiserner und kupferner Außenschale die Zarge besonders einnieten.

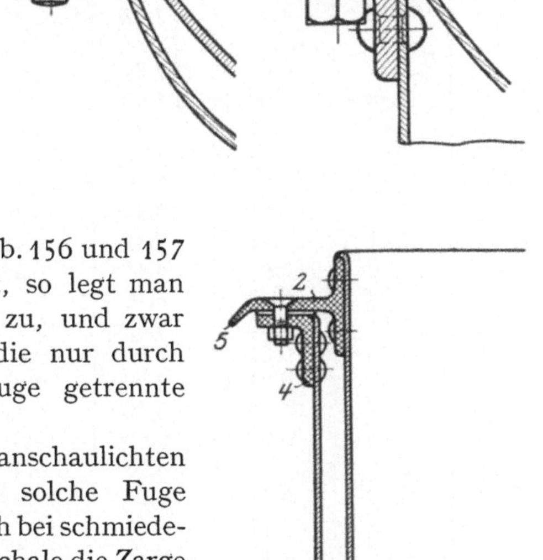

Abb. 158.

Abb. 158 zeigt eine Schraubverbindung, die sich für Niederdruckapparate eignet. Um den Innenmantel *1* ist ein Messing-ring *2* von T-förmigem Querschnitt genietet; der Außenmantel *3* trägt einen Winkelring *4*. Die Nietnähte der Ringe erhalten Weichlot-abdichtung; Längsnaht und Bodenrundnaht des Innen- und Außengefäßes werden hart gelötet. Der ringsum gehende Ansatz *5* (Tropfnase) verhindert das Beschmutzen der Außenwandung durch Flüssigkeit beim Beschicken, Überkochen usw.

Tabelle 101 nennt die Gewichte kreisförmiger, aus Flacheisen herge-stellter Flanschringe für Gefäße von 400 bis 3000 mm Durchmesser in kleinen Abstufungen (5, 10 und 25 mm). Gewichte eiserner Whitworth-Schrauben von $1/_2$ bis $3''$ s. Tabelle 55, S. 88.

Tabelle 101. Gewichte in kg von je 1 Stück aus Flacheisen hergestellter kreisförmiger Flanschringe für Kupfergefäße[1]).

Innerer Durchmesser	Gewicht des Flacheisens je 1 m in kg						
	3,6	4	5,2	5,72	6,24	6,76	7,80
	Breite und Dicke des Flacheisens						
mm	45×10	50×10	50×13	55×13	60×13	65×13	65×15
400	5,03	5,65	7,35	—	—	—	—
405	5,08	5,72	7,43	—	—	—	—
410	5,14	5,78	7,51	—	—	—	—
415	5,20	5,84	7,59	—	—	—	—
420	5,25	5,90	7,67	—	—	—	—
425	5,31	5,97	7,75	—	—	—	—
430	5,36	6,03	7,84	—	—	—	—
435	5,42	6,09	7,92	—	—	—	—
440	5,48	6,20	8,00	—	—	—	—
445	5,54	6,24	8,09	—	—	—	—
450	5,60	6,28	8,16	9,07	—	—	—
455	5,65	6,34	8,25	9,16	—	—	—
460	5,71	6,41	8,33	9,25	—	—	—
465	3,76	6,47	8,41	9,34	—	—	—
470	5,82	6,50	8,49	9,45	—	—	—
475	5,88	6,60	8,57	9,52	—	—	—
480	5,94	6,66	8,66	9,62	—	—	—
485	6,00	6,74	8,79	9,70	—	—	—
490	6,05	6,78	8,82	9,79	—	—	—
495	6,10	6,85	8,90	9,87	—	—	—
500	6,16	6,91	8,98	9,95	10,97	11,71	—
505	6,22	6,98	9,06	10,06	11,08	11,81	—
510	6,27	7,04	9,15	10,15	11,15	11,91	—
515	6,32	7,10	9,23	10,24	11,27	12,02	—
520	6,39	7,16	9,30	10,33	11,37	12,12	—
525	6,45	7,22	9,38	10,42	11,46	12,22	—
530	6,50	7,29	9,47	10,51	11,56	12,33	—
535	6,56	7,35	9,55	10,61	11,66	12,44	—
540	6,61	7,42	9,64	10,68	11,76	12,51	—
545	6,67	7,48	8,72	10,78	11,85	12,65	—
550	6,73	7,54	9,80	10,87	11,96	12,75	15,06
555	6,79	7,60	9,88	10,96	12,05	12,85	15,19
560	6,84	7,66	9,96	11,04	12,14	12,96	15,31
565	6,90	7,73	10,04	11,14	12,23	13,06	15,43
570	6,94	7,79	10,12	11,23	12,35	13,17	15,56
575	7,00	7,86	10,21	11,32	12,44	13,26	15,69
580	7,06	7,92	10,29	11,41	12,54	13,37	15,80
585	7,11	7,98	10,37	11,49	12,64	13,48	15,93
590	7,17	8,04	10,45	11,59	12,74	13,58	16,05
595	7,23	8,10	10,54	11,67	12,84	13,69	16,17

[1]) Aus Hausbrand: Hilfsbuch für den Apparatebau, 3. Aufl., entnommen.

Tabelle 101 (Fortsetzung). Flanschringe.

Innerer Durch-messer mm	Gewicht des Flacheisens je 1 m in kg					
	4,0	5,2	5,78	6,29	6,6	7,8
	Breite und Dicke des Flacheisens					
	50×10	50×13	55×13	60×13	63×13	65×15
600	8,17	10,62	11,76	12,94	13,79	16,29
605	8,23	10,69	11,86	13,04	13,89	16,41
610	8,29	10,78	11,95	13,13	14,02	16,54
615	8,36	10,86	12,03	13,23	14,09	16,66
620	8,42	10,94	12,12	13,33	14,20	16,79
625	8,48	11,02	12,22	13,43	14,31	16,90
630	8,53	11,10	12,31	13,52	14,41	17,00
635	8,61	11,19	12,39	13,62	14,51	17,16
640	8,67	11,27	12,48	13,72	14,62	17,27
645	8,73	11,35	12,58	13,82	14,72	17,39
650	8,80	11,44	12,66	13,92	14,82	17,52
655	8,86	11,52	12,76	14,01	14,90	17,64
660	8,90	11,59	12,85	14,11	15,04	17,77
665	8,98	11,68	12,94	14,21	15,13	17,88
670	9,05	11,76	13,03	14,31	15,24	18,02
675	9,11	11,86	13,13	14,42	15,35	18,12
680	9,17	11,92	13,21	14,51	15,45	18,22
685	9,24	12,00	13,30	14,60	15,55	18,31
690	9,30	12,08	13,38	14,70	15,66	18,40
695	9,36	12,16	13,47	14,80	15,76	18,63
700	9,42	12,25	13,57	14,89	15,86	18,74
705	9,48	12,33	13,65	14,99	15,97	18,87
710	9,54	12,41	13,75	15,09	16,07	18,99
715	9,60	12,49	13,84	15,19	16,17	19,11
720	9,68	12,58	13,92	15,29	16,27	19,24
725	9,73	12,65	14,01	15,38	16,33	19,35
730	9,80	12,74	14,10	15,47	16,49	19,48
735	9,86	12,82	14,19	15,58	16,58	19,60
740	9,95	12,87	14,23	15,68	16,69	19,73
745	10,01	12,92	14,32	15,78	16,79	19,85
750	10,08	12,96	14,40	15,87	16,89	19,97
755	10,14	13,04	14,49	15,97	17,00	20,09
760	10,20	13,12	14,58	16,07	17,11	20,22
765	10,26	13,20	14,67	16,17	17,21	20,34
770	10,33	13,28	14,76	16,27	17,31	20,46
775	10,39	13,36	14,85	16,37	17,42	20,58
780	10,45	13,44	14,94	16,46	17,52	20,70
785	10,52	13,52	15,03	16,56	17,62	20,82
790	10,58	13,60	15,12	16,65	17,69	20,95
795	10,64	13,68	15,21	16,75	17,81	21,07

Tabelle 101 (Fortsetzung). Flanschringe.

Innerer Durchmesser	Gewicht des Flacheisens je 1 m in kg					
	6,76	7,8	8,4	9,0	9,6	10,2
	Breite und Dicke des Flacheisens					
mm	65×13	65×15	70×15	75×15	80×15	86×15
800	17,93	21,20	22,95	24,05	25,99	—
805	18,04	21,42	23,09	24,19	26,03	—
810	18,14	21,44	23,22	24,33	26,28	—
815	18,25	21,56	23,35	24,46	26,42	—
820	18,34	21,68	23,49	24,60	26,57	—
825	18,43	21,71	23,62	24,74	26,72	—
830	18,56	21,93	23,75	24,88	26,87	—
835	18,66	22,03	23,88	25,01	27,03	—
840	18,76	22,18	24,01	25,16	27,17	—
845	18,87	22,30	24,14	25,30	27,32	—
850	18,97	22,42	24,27	25,43	27,47	—
855	19,07	22,54	24,40	25,57	27,61	—
860	19,18	22,67	24,54	25,71	27,76	—
865	19,28	22,79	24,67	25,84	27,89	—
870	19,38	22,91	24,81	25,98	28,05	—
875	19,49	22,93	24,94	26,13	28,10	—
880	19,59	23,05	25,04	26,27	28,34	—
885	19,70	23,18	25,20	26,40	28,50	—
890	19,80	23,40	25,34	26,53	28,64	—
895	19,91	23,52	25,49	26,68	28,79	—
900	20,01	23,64	25,61	26,79	28,92	—
905	20,11	23,77	25,81	26,95	29,09	—
910	20,24	23,90	25,86	27,09	29,23	31,26
915	20,32	24,02	25,99	27,24	29,39	31,40
920	20,43	24,13	26,12	27,37	29,51	31,56
925	20,53	24,25	26,26	27,51	29,67	31,73
930	20,63	24,38	26,37	27,62	29,82	31,88
935	20,72	24,56	26,52	27,92	29,97	32,04
940	20,83	24,65	26,69	28,05	30,12	32,20
945	20,94	24,74	26,78	28,19	30,27	32,36
950	21,05	24,88	26,92	28,34	30,42	32,51
955	21,25	24,99	27,05	28,48	30,56	32,67
960	21,15	25,11	27,18	28,61	30,71	32,83
965	21,36	25,23	27,31	28,75	30,85	32,99
970	21,41	25,35	27,45	28,88	31,01	33,15
975	21,56	25,47	27,58	29,00	31,15	33,30
980	21,67	25,58	27,71	29,16	31,30	33,46
985	21,77	25,71	27,84	29,31	31,45	33,62
990	21,88	25,81	27,97	29,44	31,65	33,78
995	21,98	25,90	28,11	29,58	31,74	33,93

Tabelle 101 (Fortsetzung). Flanschringe.

Innerer Durch-messer mm	Gewicht des Flacheisens je 1 m in kg						
	6,76	7,8	8,4	9,0	9,6	10,2	10,8
	Breite und Dicke des Flacheisens						
	65×13	65×15	70×15	75×15	80×15	85×15	90×15
1000	22,09	26,07	28,24	29,72	31,89	34,09	—
1005	22,19	26,21	28,37	29,86	32,03	34,34	37,15
1015	22,39	26,47	28,63	30,13	32,30	34,55	37,49
1025	22,60	26,71	28,89	30,41	32,67	34,87	37,83
1035	22,81	26,95	29,16	30,69	32,83	35,18	38,16
1045	23,01	27,20	29,41	30,95	32,93	35,50	38,61
1055	23,23	27,42	29,68	31,28	33,53	35,81	38,84
1065	23,43	27,69	29,95	31,51	33,81	36,13	39,18
1075	23,63	27,92	30,21	31,78	34,10	36,44	39,52
1085	23,85	28,24	30,46	32,07	34,40	36,76	39,87
1095	24,05	28,42	30,74	32,34	34,70	37,07	40,20
1105	24,15	28,67	30,99	32,62	34,99	37,38	40,54
1115	24,47	28,91	31,27	32,90	35,29	37,70	40,89
1125	24,68	29,15	31,53	33,18	35,53	38,04	41,22
1135	24,90	29,41	31,80	33,45	35,88	38,30	41,55
1145	25,09	29,64	32,11	33,73	36,17	38,64	41,90
1155	25,19	29,89	32,07	34,00	36,45	38,96	42,24
1165	25,50	30,14	32,59	34,28	36,76	39,27	42,58
1175	25,71	30,39	32,85	34,56	37,06	39,58	42,92
1185	25,93	30,61	33,12	34,83	37,34	39,90	43,26
1195	26,13	30,87	33,38	35,11	37,65	40,21	43,63
1205	26,33	31,12	33,58	35,38	37,95	40,53	43,93
1215	26,54	31,36	33,91	35,67	38,26	40,84	44,28
1225	26,75	31,61	34,19	35,94	38,54	41,16	44,61
1235	26,95	31,85	34,44	36,22	38,74	41,47	44,95
1245	27,16	32,16	34,70	36,49	39,12	41,78	45,27
1255	27,37	32,34	34,90	36,76	39,42	42,10	45,63
1265	27,58	32,79	35,22	37,05	39,72	42,41	45,97
1275	27,78	32,83	35,49	37,32	40,01	42,73	46,31
1285	27,99	33,06	35,76	37,62	40,31	43,04	46,65
1295	28,20	33,33	36,02	37,88	40,61	43,35	46,99
1305	28,40	33,51	36,29	38,15	40,90	43,67	47,33
1315	28,61	33,81	36,55	38,43	41,20	43,98	47,67
1325	28,83	34,06	36,88	38,80	41,49	44,29	48,00
1335	28,95	34,32	37,07	38,98	41,78	44,61	48,33
1345	29,17	34,55	37,34	39,26	42,08	44,93	48,68
1355	29,39	34,79	37,60	39,54	42,37	45,24	49,02
1365	29,61	35,04	37,87	39,81	42,67	45,53	49,36
1375	29,83	35,29	38,10	40,08	42,97	45,87	49,70
1385	30,05	35,53	38,39	40,36	43,26	46,18	49,94

Tabelle 101 (Fortsetzung). Flanschringe.

Innerer Durchmesser	Gewicht des Flacheisens je 1 m in kg													
	6,6	7,8	8,4	8,8	9,4	10,2	10,8	14,4	11,4	14,82	15,6	17,94		
	Breite und Dicke des Flacheisens													
mm	65×13	65×15	70×15	75×15	80×15	85×15	90×15	90×20	95×15	95×20	100×20	100×23		
1395	30,27	35,78	38,65	40,64	43,56	46,49	50,38	67,12	52,19	69,14	73,24	—	—	—
1405	30,48	36,03	38,84	40,91	43,86	46,81	50,73	67,56	52,59	69,60	73,75	—	—	—
1415	30,68	36,27	39,18	41,19	44,15	47,12	51,06	68,00	52,89	70,06	74,24	—	—	—
1425	30,89	36,52	39,45	41,46	44,44	47,44	51,39	68,47	53,24	70,53	74,72	—	—	—
1435	31,10	36,75	39,73	41,75	44,73	47,75	51,74	68,92	53,59	70,99	75,31	—	—	—
1445	31,30	37,00	39,99	42,02	45,04	48,07	52,07	69,37	53,94	71,40	75,70	—	—	—
1455	31,50	37,25	40,24	42,30	45,32	48,38	52,42	69,82	54,30	71,92	76,19	—	—	—
1465	31,70	37,50	40,51	42,57	45,62	48,70	52,75	70,22	54,64	72,38	76,68	—	—	—
1475	31,90	37,73	40,77	42,85	45,92	49,32	53,09	70,73	54,99	72,85	77,17	—	—	—
1485	32,20	37,98	41,03	43,13	46,21	49,64	53,43	71,18	55,37	73,31	77,66	—	—	—
1495	32,30	38,22	41,36	43,40	46,51	49,98	53,77	71,74	56,92	73,80	78,15	—	—	—
1505	32,50	38,47	41,62	43,77	46,80	50,65	54,11	72,27	57,28	74,26	78,64	—	—	—
1525	32,91	38,96	42,13	44,22	47,30	51,59	54,80	73,15	57,99	75,42	79,62	—	—	—
1550	33,43	39,56	42,77	44,99	48,14	52,39	55,64	74,29	58,98	76,58	80,85	—	—	—
1575	34,05	40,18	43,47	45,61	48,95	53,19	56,49	75,44	59,78	77,76	82,17	—	—	—
1600	34,48	40,54	44,09	46,68	49,62	53,99	57,33	76,56	60,68	78,72	83,30	95,71	—	—
1625	—	41,41	44,79	47,00	50,35	54,79	58,22	77,10	61,58	80,07	84,52	97,11	—	—
1650	—	42,01	45,41	47,68	51,09	55,60	59,13	78,82	62,47	81,24	85,75	98,53	—	—
1675	—	42,63	46,11	48,52	51,82	56,40	59,88	79,97	63,37	82,39	86,95	99,93	—	—
1700	—	43,24	46,73	49,15	52,56	57,31	60,72	81,09	64,26	83,57	88,20	101,3	—	—
1725	—	43,86	47,43	49,76	53,29	58,00	61,58	82,79	65,16	84,72	89,42	102,7	—	—
1750	—	44,46	48,05	50,35	54,04	58,80	62,43	83,35	66,05	85,88	90,60	104,1	—	—
1775	—	45,08	48,75	51,15	54,77	59,60	63,19	84,50	66,95	87,16	91,87	105,6	—	—
1800	—	45,69	49,37	51,83	55,52	60,40	64,12	85,62	67,24	88,22	93,10	107,0	115,5	—
1825	—	—	50,07	52,53	56,26	61,20	64,97	86,77	68,74	89,39	94,32	108,4	116,9	—
1850	—	—	50,69	53,21	56,99	62,00	65,80	87,88	69,63	90,54	95,55	109,8	118,5	—
1875	—	—	51,40	53,90	57,77	62,80	66,46	89,03	70,53	91,72	96,77	111,1	120,0	—
1900	—	—	52,01	54,53	58,56	63,61	67,52	90,15	71,42	92,86	98,00	112,6	122,6	—
1925	—	—	52,18	55,29	59,21	64,41	68,36	91,27	72,32	94,04	99,22	113,3	123,9	—
1950	—	—	53,33	55,98	59,94	65,20	69,22	92,41	73,21	95,19	100,5	115,4	125,5	—
1975	—	—	54,03	56,67	60,68	66,01	70,06	93,54	74,11	96,47	101,7	116,8	126,9	—
2000	—	—	54,65	57,44	61,41	66,81	70,81	94,85	74,99	97,40	102,9	118,4	128,6	142,2
2025	—	—	—	58,03	62,13	67,62	71,75	95,88	75,99	98,70	104,3	119,8	130,2	144,1
2050	—	—	—	58,75	62,88	68,41	72,60	96,73	76,79	99,87	105,4	121,2	131,7	145,6
2075	—	—	—	59,43	63,63	68,84	73,45	97,90	77,69	101,1	106,6	122,6	133,2	147,2
2100	—	—	—	60,12	64,37	70,01	74,30	99,31	78,58	102,2	107,8	124,0	134,8	148,9
2125	—	—	—	60,95	65,12	70,82	75,10	100,4	79,48	103,4	109,0	125,4	136,1	150,6
2150	—	—	—	61,51	65,80	71,61	75,99	101,5	80,37	104,5	110,3	126,8	137,9	152,3
2175	—	—	—	62,21	66,59	72,42	76,82	102,6	81,27	105,7	111,5	128,2	139,4	154,0
2200	—	—	—	62,89	67,33	73,22	77,69	103,7	82,26	106,9	112,7	130,1	141,2	156,6

Tabelle 101 (Fortsetzung). Flanschringe.

Innerer Durchmesser	Gewicht des Flacheisens je 1 m in kg										
	8,8	9,4	10,2	10,8	14,4	11,4	14,82	15,6	17,94	19,5	21,45
	Breite und Dicke des Flacheisens										
mm	75×15	80×15	85×15	90×15	90×20	95×15	95×20	100×20	100×23	100×25	110×25
2225	63,58	68,06	74,02	78,51	104,9	83,06	108,0	114,0	131,0	142,4	157,4
2250	64,27	68,80	74,82	79,39	106,0	83,95	109,6	115,2	132,5	144,0	159,4
2275	64,98	69,54	75,62	80,24	106,9	84,85	110,4	116,4	133,8	145,5	160,7
2300	65,66	70,26	76,41	81,06	108,0	85,74	111,5	117,6	135,3	147,0	162,4
2325	66,35	71,01	77,22	81,97	109,9	86,6	112,7	118,9	136,7	148,6	163,8
2350	67,03	71,76	78,00	82,78	110,9	87,5	113,8	120,1	138,0	150,1	165,8
2375	67,74	72,47	78,83	83,63	111,7	88,4	115,0	121,3	139,5	151,6	167,5
2400	68,42	73,23	79,64	84,48	112,6	89,3	116,0	122,5	140,9	153,2	169,1
2425	69,08	73,98	80,42	85,32	113,9	90,2	117,3	123,7	141,6	154,7	170,8
2450	69,80	74,70	81,23	86,17	114,8	91,1	118,5	125,0	142,9	156,2	172,5
2475	70,57	75,47	82,02	87,02	115,9	92,0	119,6	126,2	145,1	157,8	174,2
2500	71,00	76,18	82,83	87,88	117,1	92,9	120,8	127,4	146,5	159,2	176,4
2525	71,88	76,93	83,64	88,73	118,2	93,8	121,9	128,7	148,0	160,8	177,6
2550	72,57	77,67	84,43	89,57	119,3	94,7	123,0	129,9	149,0	162,6	179,3
2575	73,26	78,40	85,24	90,42	120,5	95,6	124,3	131,1	150,8	163,9	180,9
2600	73,96	79,13	86,04	91,27	121,6	96,5	125,4	132,3	152,2	165,2	182,6
2625	74,64	79,88	86,84	92,01	122,7	97,4	126,5	133,5	153,6	167,1	184,3
2650	75,32	80,61	87,64	92,96	123,8	98,3	127,7	134,7	155,0	168,4	186,0
2675	76,12	81,76	88,44	93,80	124,9	99,2	128,8	136,0	156,2	170,0	187,7
2700	76,72	82,10	89,24	94,66	126,1	100,3	130,0	137,2	157,8	171,5	189,4
2725	77,39	82,83	90,05	95,62	127,2	101,0	131,1	138,3	159,2	173,1	191,1
2750	78,10	83,57	90,69	96,46	128,4	101,9	132,4	139,7	160,6	174,6	192,7
2775	78,78	84,30	91,61	97,20	129,5	102,9	133,7	140,9	162,1	176,1	194,3
2800	79,47	85,05	92,44	98,05	130,6	103,7	134,7	142,1	163,4	177,7	196,1
2825	80,17	85,78	93,25	98,90	131,7	104,5	135,8	143,4	164,9	179,2	197,8
2850	80,86	86,66	94,04	99,75	132,7	105,4	137,0	144,7	166,3	180,7	199,2
2875	81,66	87,35	94,85	100,6	134,0	106,3	138,1	145,9	167,7	182,3	201,2
2900	82,23	88,14	95,97	101,4	135,1	107,2	139,2	147,0	169,0	183,8	202,7
2925	82,94	88,74	96,45	102,3	136,3	108,1	140,4	148,2	170,5	185,3	204,5
2950	83,62	89,47	97,26	103,1	137,4	109,0	141,7	149,5	171,9	186,3	206,2
2975	84,32	90,22	98,05	103,9	138,5	109,9	142,8	150,7	173,3	188,4	207,8
3000	85,01	90,95	98,91	104,8	139,7	110,8	144,0	151,9	174,7	190,2	209,6

Die sofortige Ermittlung der vorläufigen Schrauben-Bolzenstärke kann wieder mit Hilfe der Faustformel (27):

$$d'_v = \frac{D}{100} + s + p$$

erfolgen (D = lichter Gefäßdurchmesser in mm, s = Wandstärke in mm, p = höchster Betriebsdruck in kg/cm²).

Zur Bestimmung des vorläufigen Lochkreisdurchmessers $\mathfrak{D}_v$ kann für Schraubverbindungen nach Abb. 149 und 153 bis 155 die Formel: $\mathfrak{D}_v = D + 2 \cdot (s + x + y)$ dienen. Aber hier ist $x = 0$; dagegen muß y größer gewählt werden, um den Abrundungsradius r (Abb. 159) zu berücksichtigen. Mit: $y = 1,5\, d$ (bzw. d_v) kommt:

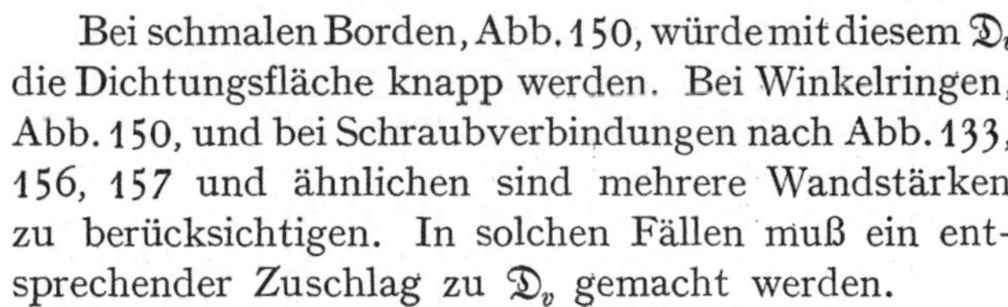

$$\mathfrak{D}_v = D + 2\, s + 3\, d_v. \tag{53}$$

Bei schmalen Borden, Abb. 150, würde mit diesem $\mathfrak{D}_v$ die Dichtungsfläche knapp werden. Bei Winkelringen, Abb. 150, und bei Schraubverbindungen nach Abb. 133, 156, 157 und ähnlichen sind mehrere Wandstärken zu berücksichtigen. In solchen Fällen muß ein entsprechender Zuschlag zu $\mathfrak{D}_v$ gemacht werden.

Man wähle die Flanschringstärke für Kupfergefäße ebenso wie Flansche eiserner Gefäße nach Formel (31):

$$h = \alpha \cdot \sqrt{\frac{P' \cdot (\mathfrak{R} - R) \cdot t}{k_b \cdot (t - d)} \cdot \frac{t}{d}} + 1{,}2;$$

$k_b = 600 \text{ kg/cm}^2$ für Schmiedeeisen, $\alpha = 0{,}43$ bzw. $0{,}60$. Die Flanschbreite sei ungefähr: $B = 3\, d$; dazu ist der erforderliche Zuschlag für Abdrehen der inneren und äußeren Umfläche zu machen.

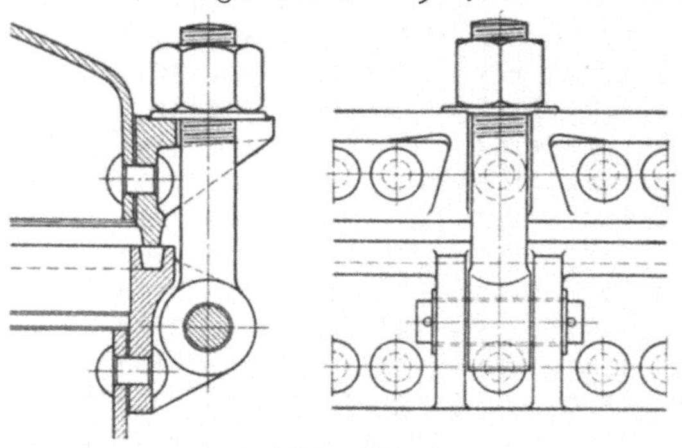

Abb. 160.

Beispiel: Ein kupfernes Dampffaß für 6 Atm. Sattdampf-Innendruck habe $D = 800$ mm lichten Durchmesser. Die Mantellängsnaht werde hart gelötet. Wie stark müssen die schmiedeeisernen Verschraubringe sein?

Die Wandstärke bis $120°$ C ist nach Tabelle 80: $s = 9{,}09$ mm. Wegen Hartlötung der Längsnaht und der Temperatur $164{,}2°$ C des Dampfes von 7 Atm. abs. wird gemäß S. 134:

$$s_4' = \tfrac{3}{4} \cdot 1{,}16 \cdot 9{,}09 = 7{,}908 = \infty\, 8 \text{ mm}.$$

Es kommt:

$$d_v' = \frac{D}{100} + s + p = 8 + 8 + 6 = 22, \quad \text{mithin:} \quad d_v = 25{,}4 \text{ mm} = 1''$$

und: $\qquad \mathfrak{D}_v = D + 2\, s + 3\, d_v = 800 + 16 + 76 = 892$ mm.

Bei $d = 1''$ ist die zulässige Belastung: $P_1 = 1318$ kg. Die Gesamtbelastung ist $P = 31\,500$ kg, so daß $z = 24$ Schrauben erforderlich sind, auf die je $P' = 1313$ kg entfallen. Behufs Berücksichtigung der Abdichtungsanspannung werden vier Schrauben mehr gewählt: $z = 28$. Vom Betriebsdruck entfallen jetzt auf jede Schraube $P' = 1125$ kg und es stehen $1318 - 1125 = 193$ kg je

Schraube für die Abdichtungsanspannung zur Verfügung, ehe unter Überdruck P_1 erreicht ist.

Die Teilung wird $t = 10{,}01$ cm, also: $\dfrac{t}{d} = \infty\,4$, d. i. günstig. Mit $\Re = 44{,}6$ cm und $R = 40$ cm kommt, wenn man mit P_1 rechnet, für breite Borde mit durchgehender Packung:

$$h = 0{,}43 \cdot \sqrt{\frac{1318 \cdot (44{,}6 - 40)}{600 \cdot (10{,}01 - 2{,}54)} \cdot 4} + 1{,}2 = 2{,}2\ \text{cm}$$

und für schmale Borde:

$$h = 0{,}60 \cdot \sqrt{\frac{1318 \cdot (44{,}6 - 40)}{600 \cdot (10{,}01 - 2{,}54)} \cdot 4} + 1{,}2 = 2{,}6\ \text{cm}\ .$$

In Abb. 160 ist eine für eiserne und kupferne Apparate verwendbare Ausführungsform eines Deckelverschlusses mit Klappschrauben dargestellt. An die Rahmen oder Ringe sind Gabeln oder Doppel-Augen zur Aufnahme der Schrauben angegossen.

H. Rohre aus Metall, Anschlüsse usw.

1. Metallrohre.

Dampfrohre von mehr als 30 mm innerem Durchmesser sollen nicht aus Kupfer hergestellt werden, wenn der Dampf eine höhere Temperatur als 250° C hat.

Für Schiffsanlagen[1]) dürfen die nach dem Elmore-Verfahren hergestellten nahtlosen Elektrolytkupferrohre zu Dampfleitungen nicht verwendet werden. Ferner ist für Schiffe vorgeschrieben: Kupferne Dampfrohre mit einem lichten Durchmesser von 10 cm und mehr sind durch Drahtumwicklung gegen Aufreißen im Betriebe zu schützen, wenn das Produkt aus Dampfdruck in kg/cm² und Durchmesser in cm $\geqq 125$ ist.

Zur Umwicklung wird Drahtseil in den folgenden Stärken ($U = $ Umfang des Drahtseiles) verwendet:

$$
\begin{array}{llll}
\text{bis 150 mm lichter Rohrdurchmesser:} & U = 0{,}75\ \text{cm,} \\
\text{,, 200 ,, \quad ,, \qquad\qquad ,,} & U = 1{,}0\ \text{,,} \\
\text{,, 250 ,, \quad ,, \qquad\qquad ,,} & U = 1{,}25\ \text{,,} \\
\text{,, 300 ,, \quad ,, \qquad\qquad ,,} & U = 1{,}5\ \text{,,} \\
\text{,, 350 ,, \quad ,, \qquad\qquad ,,} & U = 1{,}75\ \text{,,} \\
\text{,, 400 ,, \quad ,, \qquad\qquad ,,} & U = 2{,}0\ \text{,,} \\
\end{array}
$$

Die Wandstärke der Rohre ist nach der Formel:

$$s = \frac{p \cdot d}{400} + C \tag{54}$$

---

[1]) Germanischer Lloyd: Vorschriften für maschinelle Einrichtungen.

Tabelle 102. Wandstärke nahtloser kupferner Rohre für 2 bis 20 Atm. innerem Überdruck, berechnet nach Formel (56).

Lichter Durchmesser d mm	\multicolumn{12}{c}{Innerer Überdruck in kg/cm²}
	2	3	4	5	6	7	8	10	12	14	16	20
	\multicolumn{12}{c}{Wandstärke s in mm}
10	1,53	1,55	1,57	1,58	1,60	1,62	1,63	1,67	1,7	1,73	1,77	1,83
20	1,57	1,60	1,63	1,67	1,70	1,73	1,77	1,83	1,9	1,97	2,03	2,17
25	1,58	1,63	1,67	1,71	1,75	1,79	1,83	1,92	2,0	2,08	2,17	2,33
30	1,60	1,65	1,70	1,75	1,80	1,85	1,90	2,00	2,1	2,20	2,30	2,50
35	1,62	1,68	1,73	1,79	1,85	1,91	1,97	2,08	2,2	2,32	2,43	2,67
40	1,63	1,70	1,77	1,83	1,90	1,97	2,03	2,17	2,3	2,43	2,57	2,83
45	1,65	1,73	1,80	1,88	1,95	2,05	2,10	2,25	2,4	2,55	2,70	3,00
50	1,67	1,75	1,83	1,92	2,00	2,08	2,17	2,33	2,5	2,67	2,83	3,17
55	1,68	1,78	1,87	1,96	2,05	2,14	2,23	2,42	2,6	2,78	2,97	3,33
60	1,70	1,80	1,90	2,00	2,10	2,20	2,30	2,50	2,7	2,90	3,10	3,50
65	1,72	1,83	1,93	2,04	2,15	2,26	2,37	2,58	2,8	3,02	3,23	3,67
70	1,73	1,85	1,97	2,08	2,20	2,32	2,43	2,67	2,9	3,13	3,37	3,83
75	1,75	1,88	2,00	2,13	2,25	2,38	2,50	2,75	3,0	3,25	3,50	4,00
80	1,77	1,90	2,03	2,17	2,30	2,43	2,57	2,83	3,1	3,37	3,63	4,17
85	1,78	1,93	2,07	2,21	2,35	2,49	2,63	2,92	3,2	3,48	3,77	4,33
90	1,80	1,95	2,10	2,25	2,40	2,55	2,70	3,00	3,3	3,60	3,90	4,50
95	1,82	1,98	2,13	2,29	2,45	2,61	2,77	3,08	3,4	3,72	4,03	4,67
100	1,83	2,00	2,17	2,33	2,50	2,67	2,83	3,17	3,5	3,83	4,17	4,83
105	1,85	2,03	2,20	2,38	2,55	2,75	2,90	3,25	3,6	3,95	4,30	5,00
110	1,87	2,05	2,23	2,42	2,60	2,78	2,97	3,33	3,7	4,07	4,43	5,17
115	1,88	2,08	2,27	2,46	2,65	2,84	3,03	3,42	3,8	4,18	4,57	5,33
120	1,90	2,10	2,30	2,50	2,70	2,90	3,10	3,50	3,9	4,30	4,70	5,50
125	1,92	2,13	2,33	2,54	2,75	2,96	3,17	3,58	4,0	4,42	4,83	5,67
130	1,93	2,15	2,37	2,58	2,80	3,02	3,23	3,67	4,1	4,53	4,97	5,83
135	1,95	2,18	2,40	2,63	2,85	3,08	3,30	3,75	4,2	4,65	5,10	6,00
140	1,97	2,20	2,43	2,67	2,90	3,13	3,37	3,83	4,3	4,77	5,23	6,17
145	1,98	2,23	2,47	2,71	2,95	3,19	3,43	3,92	4,4	4,88	5,37	6,33
150	2,00	2,25	2,50	2,75	3,00	3,25	3,50	4,00	4,5	5,00	5,50	6,50
155	2,02	2,28	2,53	2,79	3,05	3,31	3,57	4,08	4,6	5,12	5,63	6,67
160	2,03	2,30	2,57	2,83	3,10	3,37	3,63	4,17	4,7	5,23	5,77	6,83
165	2,05	2,33	2,60	2,88	3,15	3,45	3,70	4,25	4,8	5,35	5,90	7,00
170	2,07	2,35	2,63	2,92	3,20	3,48	3,77	4,33	4,9	5,47	6,03	7,17
175	2,08	2,38	2,67	2,96	3,25	3,54	3,83	4,42	5,0	5,58	6,17	7,33
180	2,10	2,40	2,70	3,00	3,30	3,60	3,90	4,50	5,1	5,70	6,30	7,50
185	2,12	2,43	2,73	3,04	3,35	3,66	3,97	4,58	5,2	5,82	6,43	7,67
190	2,13	2,45	2,77	3,08	3,40	3,72	4,03	4,67	5,3	5,93	6,57	7,83
195	2,15	2,48	2,80	3,13	3,45	3,78	4,10	4,75	5,4	6,05	6,70	8,00
200	2,17	2,50	2,83	3,17	3,50	3,83	4,17	4,83	5,5	6,17	6,83	8,17
210	2,20	2,55	2,90	3,25	3,60	3,95	4,30	5,00	5,7	6,40	7,10	8,50
220	2,23	2,60	2,97	3,33	3,70	4,07	4,43	5,17	5,9	6,63	7,37	8,83
230	2,27	2,65	3,03	3,42	3,80	4,18	4,57	5,33	6,1	6,87	7,63	9,17
240	2,30	2,70	3,10	3,50	3,90	4,30	4,70	5,50	6,3	7,10	7,90	9,50
250	2,33	2,75	3,17	3,58	4,00	4,42	4,83	5,67	6,5	7,33	8,17	9,83
260	2,37	2,80	3,23	3,67	4,10	4,53	4,97	5,83	6,7	7,57	8,43	10,17
270	2,40	2,85	3,30	3,75	4,20	4,65	5,10	6,00	6,9	7,80	8,70	10,50
280	2,43	2,90	3,37	3,83	4,30	4,77	5,23	6,17	7,1	8,03	8,97	10,83
290	2,47	2,95	3,43	3,92	4,40	4,88	5,37	6,33	7,3	8,27	9,23	11,17
300	2,50	3,00	3,50	4,00	4,50	5,00	5,50	6,50	7,5	8,50	9,50	11,50
325	2,58	3,13	3,67	4,21	4,75	5,29	5,83	6,92	8,0	9,08	10,17	12,33
350	2,67	3,25	3,83	4,42	5,00	5,58	6,17	7,33	8,5	9,67	10,83	13,17
375	2,75	3,38	4,00	4,63	5,25	5,88	6,40	7,75	9,0	10,25	11,50	14,00
400	2,83	3,50	4,17	4,83	5,50	6,17	6,83	8,17	9,5	10,83	12,17	14,83
450	3,00	3,75	4,50	5,25	6,00	6,75	7,50	9,00	10,5	12,00	13,50	16,50
500	3,17	4,00	4,83	5,67	6,50	7,33	8,17	9,83	11,5	13,17	14,83	18,17

zu berechnen, worin:

$s = $ Blechdicke $\left.\right\}$ in mm,
$d = $ innerer Rohrdurchmesser

$p = $ Betriebsdruck in kg/cm^2,

$C = 0,5$ bei nahtlos gezogenen Rohren,

$\quad = 1,0$ bei hart gelöteten Rohren.

Wenn $d < 10$ cm oder das Produkt $p \cdot d$ (in cm) < 125, so ist keine Drahtumwicklung erforderlich. Dann erfolgt die Wandstärkenberechnung nach:

$$s = \frac{p \cdot d}{k} + C, \tag{55}$$

worin s, p, d wie vor und:

$k = 360$ bei $p \geqq 10$ kg/cm^2,

$\quad = 400$ bei $p < 10$ kg/cm^2,

$C = 1,0$ bei nahtlos gezogenen Rohren,

$\quad = 1,5$ bei hart gelöteten Rohren.

Nach dieser Formel sind auch die drahtumwickelten Rohre zu berechnen, wenn sie gebogen werden sollen.

Hausbrand bezeichnet für kupferne Dampfrohre industrieller Landanlagen:

$$s = \frac{p \cdot d}{600} + 1,5 \tag{56}$$

als für gewöhnlich ausreichend, wünscht aber Verstärkung um 0,5 bis 1 mm, wenn es auf besondere Sicherheit ankommt und wenn die Rohre gebogen werden sollen. — Setzt man in der Formel (44 b) (kupferne Hohlzylinder ohne Zuschlag): $s_0 = \dfrac{D \cdot p \cdot \mathfrak{S}}{200 \cdot K \cdot \varphi}$ für nahtlose Rohre $\varphi = 1$, für Rohre mit Naht $\varphi = 0,8$ und für K den bis zu 120° C zulässigen Wert: $K = 22$ ein, so ergibt sich schon ohne den festen Zuschlag von 1,5 mm bei nahtlosen Rohren $7^1/_3$ fache und bei Rohren mit Naht rund $5^1/_2$ fache Sicherheit. Wendet man also die auf S. 134 gegebenen Koeffizienten für die verschiedenen Temperaturstufen an, so erscheint sogar ein Sonderzuschlag für zu biegende Rohre nicht mehr erforderlich. — Die obigen Formeln für Schiffsbetriebe, (54) und (55), liefern größere Wandstärken und eignen sich für Rohre in Landanlagen bei besonderen Anforderungen. Im allgemeinen ist Formel (56) für nahtlose Rohre ausreichend; die Wandstärke der Rohre mit Naht wähle man 0,5 bis 1 mm stärker. Tabelle 102 ist nach Formel (56) berechnet.

Die Gewichte nahtloser Kupferrohre von 3 mm bis 350 mm innerem Durchmesser und mit 1 mm bis 10 mm Wandstärke sind in Tabelle 103 genannt. Im Bereich der in der Tabelle angegebenen Gewichte sind auch die Rohre von mehr als 30 mm Innendurchmesser (bis 200 mm) in allen ungeraden Durchmessern: 31, 32, 33 . . . lieferbar. Ihr Gewicht findet man genau genug durch geradliniges Interpolieren. — Rohre

    Rohre aus Metall, Anschlüsse usw.

Tabelle 103. Gewicht nahtloser Kupferrohre in kg für das m Länge.

Lichter Durchmesser	Wandstärke in mm									
mm	1	$1^1/_4$	$1^1/_2$	$1^3/_4$	2	$2^1/_2$	3	$3^1/_2$	4	5
	Gewicht in kg/m									
3	0,11	0,15	0,19	0,23	0,28	—	—	—	—	—
4	0,14	0,18	0,23	0,28	0,34	—	—	—	—	—
5	0,16	0,21	0,28	0,33	0,40	0,53	—	—	—	—
6	0,19	0,25	0,32	0,38	0,45	0,60	—	—	—	—
7	0,23	0,29	0,36	0,43	0,51	0,67	0,85	—	—	—
8	0,25	0,33	0,40	0,48	0,57	0,74	0,93	—	—	—
9	0,28	0,36	0,44	0,53	0,62	0,81	1,02	1,24	—	—
10	0,31	0,40	0,49	0,58	0,68	0,88	1,10	1,33	1,58	2,12
11	0,34	0,43	0,53	0,63	0,73	0,95	1,19	1,43	1,69	2,26
12	0,37	0,47	0,57	0,68	0,79	1,02	1,27	1,53	1,81	2,40
13	0,40	0,50	0,62	0,73	0,85	1,07	1,36	1,63	1,92	2,54
14	0,42	0,53	0,66	0,78	0,91	1,17	1,44	1,73	2,03	2,69
15	0,45	0,57	0,70	0,84	0,96	1,24	1,53	1,83	2,15	2,83
16	0,48	0,61	0,74	0,89	1,02	1,31	1,61	1,93	2,26	2,97
17	0,51	0,64	0,78	0,93	1,07	1,38	1,70	2,03	2,37	3,11
18	0,54	0,68	0,82	0,98	1,13	1,45	1,78	2,13	2,49	3,25
19	0,57	0,72	0,87	1,03	1,19	1,52	1,87	2,23	2,60	3,39
20	0,59	0,75	0,91	1,08	1,24	1,60	1,95	2,33	2,71	3,53
22	0,65	0,82	1,00	1,17	1,36	1,73	2,12	2,52	2,94	3,82
24	0,71	0,89	1,09	1,27	1,47	1,87	2,29	2,72	3,17	4,10
26	0,76	0,96	1,17	1,37	1,59	2,01	2,46	2,92	3,36	4,38
28	0,82	1,03	1,25	1,47	1,70	2,15	2,63	3,12	3,62	4,66
30	0,88	1,10	1,34	1,57	1,81	2,30	2,80	3,32	3,84	4,95
32	0,92	1,17	1,42	1,67	1,93	2,44	2,97	3,51	4,07	5,23
34	0,99	1,25	1,51	1,77	2,04	2,58	3,14	3,71	4,30	5,51
36	1,05	1,32	1,59	1,87	2,15	2,72	3,31	3,91	4,52	5,80
38	1,10	1,39	1,67	1,97	2,26	2,86	3,48	4,11	4,75	6,08
40	1,16	1,46	1,76	2,07	2,37	3,00	3,65	4,30	4,98	6,35
42	1,22	1,53	1,87	2,16	2,49	3,14	3,82	4,50	5,20	6,64
44	1,27	1,60	1,93	2,26	2,60	3,29	3,99	4,70	5,43	6,93
46	1,33	1,67	2,01	2,36	2,71	3,43	4,16	4,90	5,66	7,21
48	1,38	1,74	2,10	2,46	2,83	3,56	4,33	5,10	5,88	7,49
50	1,44	1,81	2,18	2,56	2,94	3,71	4,50	5,29	6,11	7,77
52	1,50	1,88	2,27	2,66	3,05	3,85	4,66	5,49	6,33	8,06
54	1,55	1,95	2,35	2,76	3,17	3,99	4,83	5,69	6,55	8,34
56	1,62	2,02	2,44	2,86	3,28	4,13	5,00	5,89	6,78	8,62
58	1,68	2,09	2,52	2,95	3,35	4,27	5,17	6,08	7,01	8,91
60	1,72	2,16	2,61	3,05	3,51	4,41	5,34	6,28	7,24	9,19
62	1,78	2,23	2,69	3,15	3,62	4,56	5,51	6,48	7,46	9,47
64	1,84	2,32	2,78	3,25	3,72	4,70	5,68	6,68	7,69	9,75
66	1,89	2,38	2,86	3,35	3,84	4,84	5,85	6,88	7,90	10,04
68	1,93	2,45	2,95	3,45	3,96	4,98	6,02	7,08	8,14	10,32
70	2,01	2,52	3,03	3,55	4,07	5,12	6,19	7,27	8,37	10,60

Tabelle 103 (Fortsetzung). Kupferrohrgewichte.

Lichter Durchmesser mm	Wandstärke in mm									
	1	1¼	1½	1¾	2	2½	3	3½	4	5
	Gewicht in kg/m									
72	2,06	2,59	3,12	3,65	4,18	5,27	6,36	7,47	8,59	10,89
74	2,12	2,66	3,21	3,75	4,30	5,41	6,53	7,67	8,82	11,17
76	2,18	2,73	3,29	3,85	4,41	5,55	6,70	7,87	9,05	11,45
78	2,23	2,80	3,37	3,95	4,52	5,69	6,87	8,07	9,27	11,73
80	2,29	2,87	3,46	4,04	4,64	5,83	7,04	8,26	9,50	12,02
82	—	2,94	3,54	4,14	4,75	5,97	7,21	8,46	9,73	12,30
84	—	3,01	3,63	4,23	4,86	6,11	7,38	8,66	9,96	12,58
86	—	3,08	3,71	4,33	4,98	6,25	7,55	8,86	10,18	12,86
88	—	3,15	3,80	4,44	5,09	6,40	7,72	9,06	10,40	13,15
90	—	3,22	3,88	4,54	5,20	6,54	7,89	9,25	10,63	13,43
92	—	—	3,96	4,64	5,31	6,68	8,06	9,45	10,86	13,71
94	—	—	4,05	4,74	5,43	6,82	8,23	9,65	11,08	14,00
96	—	—	4,13	4,84	5,54	6,96	8,40	9,85	11,31	14,28
98	—	—	4,22	4,93	5,65	7,10	8,57	10,05	11,54	14,56
100	—	—	4,30	5,03	5,77	7,24	8,74	10,24	11,76	14,84
102	—	—	—	—	5,88	7,38	8,91	10,44	11,99	15,13
104	—	—	—	—	5,99	7,53	9,08	10,64	12,22	15,41
106	—	—	—	—	6,11	7,67	9,25	10,84	12,44	15,69
108	—	—	—	—	6,22	7,81	9,42	10,04	12,67	15,98
110	—	—	—	—	6,33	7,95	9,59	11,23	12,89	16,26
112	—	—	—	—	6,45	8,09	9,76	11,43	13,12	16,54
114	—	—	—	—	6,56	8,23	9,93	11,63	13,34	16,82
116	—	—	—	—	6,67	8,37	10,10	11,83	13,57	17,10
118	—	—	—	—	6,79	8,52	10,27	12,03	13,79	17,38
120	—	—	—	—	6,90	8,66	10,44	12,22	14,02	17,67
122	—	—	—	—	—	8,80	10,61	12,42	14,25	17,95
124	—	—	—	—	—	8,94	10,78	12,62	14,48	18,24

Lichter Durchmesser mm	Wandstärke			1¾	2	2½	3	3½	4	5
	6	7	8							
126				—	—	—	10,95	12,82	14,70	18,52
128				—	—	—	11,11	13,02	14,93	18,80
130	23,10	27,12	31,22	—	—	—	11,28	13,21	15,15	19,08
132	23,41	27,50	31,66	—	—	—	11,45	13,41	15,38	19,38
134	23,76	27,92	32,12	—	—	—	11,62	13,61	15,61	19,70
136	24,08	28,30	32,57	—	—	—	11,79	13,81	15,83	19,94
138	24,38	28,70	33,02	—	—	—	11,96	14,00	16,04	20,20
140	24,77	29,10	33,47	—	—	—	12,13	14,20	16,28	20,53
142	25,09	29,48	33,93	—	—	—	12,30	14,40	16,51	20,81
144	25,45	29,88	34,38	—	—	—	12,47	14,60	16,74	21,06
146	25,78	30,28	34,83	—	—	—	12,64	14,80	16,97	21,35
148	26,13	30,68	35,30	—	—	—	12,81	15,00	17,19	21,64
150	26,46	31,08	35,73	—	—	—	12,98	15,19	17,41	21,91
152	26,80	31,47	36,18	—	—	—	13,14	15,38	17,64	22,19
154	27,14	31,86	36,64	—	—	—	13,31	15,58	17,87	22,47
156	27,48	32,26	37,09	—	—	—	13,48	15,78	18,10	22,76

Tabelle 103 (Fortsetzung). Kupferrohrgewichte.

Lichter Durchmesser	Wandstärke in mm									
	3	3½	4	5	6	7	8	9	10	11
mm	Gewicht in kg/m									
158	13,65	15,98	18,33	23,05	27,82	32,66	37,55	—	—	—
160	13,82	16,18	18,55	23,33	28,16	33,06	38,01	—	—	—
162	14,00	16,38	18,78	23,61	28,50	33,45	38,45	—	—	—
164	14,17	16,58	19,00	23,89	28,84	33,84	38,90	—	—	—
166	14,33	16,78	19,22	24,17	29,18	34,23	39,35	—	—	—
168	14,50	16,98	19,44	24,46	29,51	34,63	39,80	—	—	—
170	14,67	17,17	19,67	24,74	29,85	35,03	40,25	—	—	—
172	14,84	17,37	19,90	25,03	30,19	35,42	40,70	—	—	—
174	15,00	17,57	20,12	25,36	30,53	35,82	41,12	—	—	—
176	15,17	17,76	20,35	25,65	30,87	36,21	41,57	—	—	—
178	15,35	17,96	20,57	25,89	31,21	36,61	42,05	—	—	—
180	15,53	18,16	20,81	26,15	31,55	37,01	42,53	—	—	—
182	15,69	18,35	21,03	26,43	31,89	37,41	42,97	—	—	—
184	15,85	18,55	21,25	26,71	32,23	37,82	43,41	—	—	—
186	16,01	18,75	21,47	26,99	32,57	38,25	43,86	—	—	—
188	16,18	18,95	21,70	27,27	32,91	38,67	44,32	—	—	—
190	16,37	19,15	21,94	27,57	33,25	39,09	44,78	—	—	—
192	16,53	19,34	22,16	27,88	33,59	39,45	45,22	—	—	—
194	16,69	19,54	22,38	28,23	33,93	39,83	45,67	—	—	—
196	16,85	19,74	22,60	28,41	34,27	40,21	46,13	—	—	—
198	17,02	19,94	22,84	28,69	34,61	40,59	46,59	—	—	—
200	17,20	20,14	23,08	28,98	34,95	40,97	47,05	53,18	59,38	65,63
205	—	—	23,63	29,68	35,80	41,95	48,16	54,46	60,79	67,18
210	—	—	24,20	30,39	36,65	42,95	49,31	55,73	62,20	68,74
215	—	—	24,75	31,09	37,49	43,93	50,43	57,00	63,62	70,29
220	—	—	25,34	31,82	38,34	44,92	51,58	58,27	65,03	71,85
225	—	—	25,89	32,52	39,18	45,91	52,67	59,54	66,45	73,40
230	—	—	26,46	33,22	40,03	46,91	53,83	60,82	67,86	74,96
240	—	—	27,59	34,63	41,73	48,89	56,08	63,36	70,69	78,07
250	—	—	28,71	36,04	43,43	50,87	58,34	65,91	73,52	81,18
260	—	—	29,85	37,46	45,12	52,85	60,61	68,45	76,34	84,28
270	—	—	30,98	38,87	46,82	54,83	62,87	70,99	79,16	87,39
280	—	—	32,11	40,28	48,52	56,81	65,12	73,55	82,00	90,50
290	—	—	33,24	41,69	50,21	58,79	67,38	76,09	84,83	93,61
300	—	—	34,37	43,11	51,91	60,76	69,66	78,68	87,64	96,72
310	—	—	—	44,53	53,61	62,74	71,93	81,17	90,48	99,83
320	—	—	—	45,95	55,31	64,72	74,19	83,72	93,30	102,94
330	—	—	—	47,36	57,01	66,70	76,45	86,27	96,13	106,05
340	—	—	—	48,77	58,70	68,69	78,72	88,81	98,96	109,17
350	—	—	—	50,18	60,39	70,67	80,98	91,36	101,80	112,27

Gewichte nahtloser Kupferzylinder von 300 bis 2000 mm Durchmesser mit 2 bis 17 mm Wandstärke s. Tabelle 84 und 85, S. 138 und 139.

mit Naht haben ein etwas höheres Gewicht als die nahtlosen Rohre gleicher Abmessungen, im Mittel etwa 7 bis 3% mehr.

Für kupferne Rohrschlangen, die als Heizkörper verwendet werden sollen, eignen sich folgende Abstufungen:

bei 0,5 bis 1,0 m² Heizfläche etwa 28 mm Innendurchmesser,
  ,, 0,75 ,, 1,5 ,,   ,,   ,, 34 ,,   ,,   ,
  ,, 1,0 ,, 2,0 ,,   ,,   ,, 40 ,,   ,,   ,
  ,, 1,5 ,, 3,0 ,,   ,,   ,, 48 ,,   ,,   ,
  ,, 2,0 ,, 4,0 ,,   ,,   ,, 56 ,,   ,,   ,
  ,, 3,0 ,, 6,0 ,,   ,,   ,, 64 ,,   ,,   .

Die Gewichte nahtloser Messingrohre von 5 bis 160 mm innerem Durchmesser und mit $^1/_2$ bis 5 mm Wandstärke finden sich in den Tabellen 104 und 105. Im Bereich der Durchmesser, für die in Tabelle 104 die betreffenden Nachbargewichte angegeben sind, werden auch die Zwischenwandstärken: $2^1/_4$, $2^3/_4$, $3^1/_4$, $3^3/_4$ und $4^1/_2$ mm geliefert. Das Gewicht ist genügend genau gleich dem arithmetischen Mittel der beiden Nachbargewichte. Die Rohre von mehr als 40 mm Innendurchmesser in Tabelle 104 und 105 sind auch mit allen ungeraden Durchmessern: 41, 43, 45 ... erhältlich; ihr Gewicht ermittele man durch geradlinige Interpolation.

Tabelle 106 enthält die Gewichte nahtloser Aluminiumrohre für 1 m Länge und für 3 bis 100 mm lichten Durchmesser, berechnet mit $\gamma = 2,5$.

In Tabelle 107 — Blei- und Zinnrohre — bedeuten:

d den inneren Durchmesser,

s die Wandstärke,

G das Gewicht für 1 m Rohr,

p den höchsten kalten Innendruck.

Die in der Tabelle genannten Innendrucke p gelten nur für Temperaturen bis zu 30° C. Die Festigkeit von Blei und Zinn nimmt bei längerer Einwirkung des Druckes unter höherer Temperatur wesentlich ab. Für kalten Druck kann man die Wandstärke nach (d und s in cm):

$$s = \frac{d \cdot p}{2 \cdot k}$$

bestimmen, indem man setzt:

für Hartblei $k = 50$ kg/cm²,
  ,, Weichblei $k = 25$,, ,
  ,, Zinn $k = 60$,, .

Für Dampfdruck würden die Wandstärken mindestens um 50% zu vergrößern sein.

In Tabelle 107 sind zu jedem Durchmesser die schwächsten Wandstärken ausgewählt. Fast alle Rohre werden auch mit stärkerer Wandung geliefert. Auch wird eine Reihe von (in der Tabelle nicht enthaltenen) Zwischendurchmessern gefertigt.

Rohre aus Metall, Anschlüsse usw.

Tabelle 104. Gewicht in kg je 1 m von nahtlosen Messingrohren mit 5 bis 130 mm innerem Durchmesser.

Durch-messer in mm	Wandstärke in mm											
	$^1/_2$	$^3/_4$	1	$1^1/_4$	$1^1/_2$	$1^3/_4$	2	$2^1/_2$	3	$3^1/_2$	4	5
	Gewicht in kg/m											
5	0,06	0,08	0,11	—	—	—	—	—	—	—	—	—
6	0,07	0,10	0,13	0,16	—	—	—	—	—	—	—	—
7	0,09	0,13	0,16	0,19	0,22	0,24	—	—	—	—	—	—
8	0,10	0,15	0,19	0,22	0,26	0,29	0,32	—	—	—	—	—
9	0,11	0,16	0,21	0,26	0,30	0,34	0,37	0,43	—	—	—	—
10	0,13	0,19	0,24	0,29	0,34	0,39	0,43	0,50	—	—	—	—
11	0,14	0,21	0,27	0,32	0,38	0,43	0,48	0,57	—	—	—	—
12	0,15	0,22	0,29	0,36	0,42	0,48	0,53	0,63	0,72	—	—	—
13	0,17	0,24	0,32	0,39	0,46	0,53	0,59	0,70	0,80	0,89	—	—
14	0,18	0,26·	0,35	0,42	0,50	0,57	0,64	0,77	0,88	0,98	—	—
15	0,19	0,28	0,37	0,46	0,54	0,62	0,69	0,83	0,96	1,07	1,17	—
16	0,21	0,30	0,40	0,49	0,58	0,67	0,75	0,90	1,04	1,17	1,28	1,47
17	0,22	0,32	0,43	0,52	0,62	0,71	0,80	0,97	1,12	1,26	1,39	1,60
18	0,23	0,35	0,45	0,56	0,66	0,76	0,85	1,03	1,20	1,35	1,50	1,73
19	0,25	0,37	0,48	0,59	0,70	0,81	0 91	1,10	1,28	1,45	1,60	1,87
20	0,26	0,39	0,51	0,62	0,74	0,85	0,96	1,17	1,36	1,54	1,71	2,00
21	0,27	0,41	0,53	0,66	0,78	0,90	1,01	1,23	1,44	1,63	1,82	2,14
22	0,29	0,43	0,56	0,69	0,82	0,95	1,07	1,30	1,52	1,73	1,92	2,27
23	0,30	0,45	0,59	0,73	0,86	0,99	1,12	1,37	1,60	1,82	2,03	2,40
24	0,31	0,47	0,61	0,76	0,90	1,04	1,17	1,43	1,68	1,92	2,14	2,54
25	0,33	0,49	0,64	0,79	0,94	1,09	1,23	1,50	1,76	2,01	2,24	2,67
26	0,34	0,51	0,67	0,83	0,98	1,13	1,28	1,57	1,84	2,10	2,35	2,80
27	0,35	0,53	0,69	0,86	1,02	1,18	1,33	1,63	1,92	2,20	2,46	2,94
28	0,37	0,55	0,72	0,89	1,06	1,23	1,39	1,70	2,00	2,29	2,56	3,07
29	0,38	0,57	0,75	0,93	1,10	1,27	1,44	1,77	2,08	2,38	2,67	3,20
30	0,39	0,59	0,77	0,96	1,14	1,32	1,50	1,84	2,16	2,48	2,78	3,34
31	0,41	0,61	0,80	0,99	1,18	1,37	1,55	1,90	2,24	2,57	2,88	3,47
32	0,42	0,63	0,83	1,03	1,22	1,42	1,60	1,97	2,32	2,67	2,99	3,60
33	0,43	0,65	0,85	1,06	1,26	1,46	1,65	2,04	2,40	2,76	3,10	3,74
34	0,45	0,67	0,88	1,09	1,30	1,51	1,71	2,10	2,48	2,85	3,21	3,87
35	0,46	0,69	0,91	1,13	1,34	1,55	1,76	2,17	2,56	2,94	3,31	4,01
36	0,47	0,71	0,93	1,16	1,38	1,60	1,81	2,24	2,64	3,04	3,42	4,14
37	0,49	0,73	0,96	1,19	1,42	1,65	1,87	2,30	2,72	3,13	3,52	4,27
38	0,50	0,75	0,99	1,23	1,46	1,69	1,92	2,37	2,80	3,22	3,63	4,41
39	0,52	0,77	1,01	1,26	1,50	1,74	1,98	2,44	2,88	3,32	3,73	4,54
40	0,53	0,79	1,04	1,29	1,54	1,79	2,03	2,50	2,96	3,41	3,84	4,67
42	0,56	0,83	1,09	1,36	1,62	1,88	2,13	2,64	3,12	3,60	4,06	4,94
44	0,58	0,87	1,14	1,43	1,70	1,97	2,24	2,77	3,28	3,78	4,27	5,21
46	0,61	0,91	1,20	1,49	1,78	2,07	2,35	2,91	3,44	3,97	4,49	5,47
48	0,64	0,95	1,25	1,56	1,86	2,16	2,46	3,04	3,60	4,16	4,70	5,74

Tabelle 104 (Fortsetzung). Messingrohrgewichte von 5 bis 130 mm Durchmesser.

Durchmesser in mm	Wandstärke in mm										
	$^3/_4$	1	$1^1/_4$	$1^1/_2$	$1^3/_4$	2	$2^1/_2$	3	$3^1/_2$	4	5
	Gewicht in kg/m										
50	0,99	1,31	1,63	1,94	2,25	2,56	3,17	3,76	4,35	4,91	6,01
52	1,03	1,36	1,69	2,02	2,35	2,67	3,30	3,92	4,53	5,13	6,27
54	1,07	1,41	1,76	2,10	2,44	2,78	3,44	4,08	4,72	5,34	6,54
56	1,11	1,47	1,83	2,18	2,53	2,88	3,57	4,24	4,91	5,55	6,80
58	1,15	1,52	1,89	2,26	2,62	2,99	3,71	4,41	5,08	5,76	7,07
60	1,19	1,58	1,96	2,34	2,72	3,10	3,84	4,57	5,28	5,98	7,34
62	1,23	1,63	2,03	2,42	2,81	3,20	3,97	4,73	5,47	6,19	7,61
64	1,27	1,68	2,09	2,50	2,91	3,31	4,10	4,89	5,65	6,40	7,87
66	1,31	1,73	2,16	2,58	3,00	3,42	4,24	5,05	5,84	6,62	8,14
68	1,35	1,79	2,23	2,66	3,09	3,53	4,37	5,21	6,03	6,83	8,41
70	1,39	1,84	2,29	2,74	3,19	3,63	4,51	5,37	6,21	7,04	8,67
72	—	1,89	2,36	2,82	3,28	3,74	4,64	5,53	6,40	7,26	8,94
74	—	1,95	2,43	2,90	3,38	3,85	4,77	5,69	6,59	7,47	9,21
76	—	2,00	2,50	2,98	3,47	3,95	4,91	5,85	6,78	7,69	9,47
78	—	2,05	2,56	3,06	3,56	4,06	5,04	6,01	6,96	7,90	9,74
80	—	2,11	2,63	3,14	3,65	4,16	5,17	6,17	7,15	8,11	10,01
82	—	—	2,69	3,22	3,75	4,27	5,31	6,33	7,33	8,32	10,27
84	—	—	2,76	3,30	3,84	4,38	5,44	6,49	7,52	8,54	10,54
86	—	—	2,82	3,38	3,93	4,48	5,57	6,65	7,71	8,75	10,81
88	—	—	2,89	3,46	4,03	4,59	5,71	6,81	7,89	8,97	11,08
90	—	—	2,96	3,54	4,12	4,70	5,84	6,97	8,08	9,18	11,34
92	—	—	—	3,62	4,21	4,80	5,97	7,13	8,27	9,39	11,61
94	—	—	—	3,70	4,31	4,91	6,11	7,29	8,46	9,60	11,88
96	—	—	—	3,78	4,40	5,02	6,24	7,45	8,64	9,82	12,15
98	—	—	—	3,86	4,50	5,13	6,37	7,61	8,83	10,03	12,41
100	—	—	—	3,94	4,60	5,23	6,50	7,77	9,01	10,25	12,68
102	—	—	—	—	—	5,34	6,63	7,93	9,20	10,46	12,95
104	—	—	—	—	—	5,44	6,77	8,09	9,39	10,67	13,22
106	—	—	—	—	—	5,55	6,91	8,25	9,57	10,89	13,49
108	—	—	—	—	—	5,66	7,04	8,41	9,76	11,10	13,75
110	—	—	—	—	—	5,77	7,18	8,57	9,95	11,32	13,92
112	—	—	—	—	—	5,87	7,31	8,73	10,13	11,53	14,29
114	—	—	—	—	—	5,98	7,44	8,89	10,32	11,74	14,56
116	—	—	—	—	—	6,09	7,57	9,05	10,51	11,96	14,82
118	—	—	—	—	—	6,20	7,70	9,21	10,70	12,17	15,09
120	—	—	—	—	—	6,30	7,84	9,37	10,88	12,38	15,36
122	—	—	—	—	—	6,41	7,97	9,53	11,07	12,59	15,62
124	—	—	—	—	—	6,51	8,11	9,69	11,26	12,81	15,89
126	—	—	—	—	—	6,62	8,24	9,85	11,45	13,02	16,16
128	—	—	—	—	—	6,73	8,38	10,01	11,63	13,24	16,42
130	—	—	—	—	—	6,83	8,51	10,17	11,82	13,46	16,68

Tabelle 105. Gewichte in kg je 1 m von nahtlosen Messingrohren mit 130 bis 160 mm Durchmesser.

Durchmesser in mm	Wandstärke in						Durchmesser in mm	Wandstärke in mm					
	2	2½	3	3½	4	5		2	2½	3	3½	4	5
	Gewicht in kg/m							Gewicht in kg/m					
130	6,83	8,51	10,17	11,82	13,46	16,68	146	7,70	9,58	11,45	13,31	15,16	18,82
132	6,94	8,64	10,33	12,00	13,67	16,95	148	7,80	9,72	11,61	13,50	15,37	19,09
134	7,05	8,77	10,49	12,19	13,88	17,22	150	7,90	9,85	11,78	13,69	15,59	19,36
136	7,16	8,90	10,65	12,38	14,10	17,49	152	8,01	9,99	11,94	13,87	15,80	19,62
138	7,26	9,04	10,81	12,57	14,31	17,75	154	8,12	10,12	12,10	14,06	16,02	19,89
140	7,37	9,18	10,97	12,76	14,53	18,02	156	8,23	10,25	12,26	14,25	16,23	20,16
142	7,48	9,32	11,13	12,94	14,74	18,28	158	8,34	10,38	12,42	14,44	16,44	20,42
144	7,59	9,45	11,29	13,13	14,95	18,55	160	8,44	10,51	12,58	16,65	16,66	20,70

Tabelle 106. Gewichte in kg je 1 m von nahtlosen Aluminiumrohren: 3 bis 100 mm Innendurchmesser ($\gamma = 2,5$).

Durchmesser in mm	Wandstärke in mm									
	1	1½	2	2½	3	4	5	6	7	8
	Gewicht in kg/m									
3	0,033	0,055	0,082	0,112	0,147	—	—	—	—	—
4	0,041	0,067	0,098	0,133	0,172	0,261	—	—	—	—
5	0,049	0,080	0,114	0,153	0,196	0,294	—	—	—	—
6	0,057	0,092	0,131	0,174	0,221	0,327	—	—	—	—
7	0,065	0,104	0,147	0,194	0,245	0,359	0,490	—	—	—
8	0,074	0,116	0,163	0,215	0,270	0,392	0,531	—	—	—
9	0,082	0,129	0,180	0,235	0,294	0,425	0,572	—	—	—
10	0,090	0,141	0,196	0,255	0,319	0,457	0,612	0,784	—	—
12	0,106	0,165	0,229	0,296	0,368	0,523	0,694	0,882	—	—
14	0,123	0,190	0,262	0,337	0,417	0,588	0,776	0,980	—	—
16	0,139	0,214	0,294	0,378	0,466	0,653	0,858	1,078	—	—
18	0,155	0,239	0,327	0,419	0,515	0,719	0,939	1,176	—	—
20	0,172	0,263	0,360	0,460	0,564	0,784	1,021	1,274	1,544	1,838
22	0,188	0,288	0,392	0,500	0,613	0,849	1,103	1,372	1,658	1,969
24	0,204	0,312	0,425	0,541	0,662	0,915	1,184	1,470	1,773	2,100
26	0,221	0,337	0,458	0,582	0,711	0,980	1,266	1,568	1,887	2,230
28	0,237	0,361	0,490	0,623	0,760	1,046	1,348	1,666	2,002	2,361
30	0,253	0,386	0,523	0,664	0,809	1,111	1,429	1,764	2,116	2,492
32	0,270	0,410	0,556	0,705	0,858	1,176	1,511	1,862	2,231	2,623
34	0,286	0,435	0,588	0,745	0,907	1,242	1,593	1,960	2,345	2,754
36	0,302	0,459	0,621	0,786	0,956	1,307	1,674	2,058	2,459	2,884
38	0,319	0,484	0,654	0,827	1,005	1,372	1,756	2,156	2,574	3,015
40	0,335	0,508	0,686	0,868	1,054	1,438	1,838	2,254	2,688	3,146
42	0,351	0,533	0,719	0,909	1,103	1,503	1,919	2,352	2,803	3,277
44	0,368	0,557	0,752	0,950	1,152	1,568	2,001	2,451	2,917	3,408
46	0,384	0,582	0,784	0,990	1,201	1,634	2,083	2,549	3,031	3,538
48	0,400	0,606	0,817	1,031	1,250	1,700	2,164	2,647	3,146	3,669
50	0,417	0,631	0,850	1,072	1,299	1,764	2,246	2,745	3,260	3,800
60	0,498	0,754	1,013	1,276	1,544	2,091	2,654	3,235	3,832	4,454
70	—	0,876	1,177	1,481	1,789	2,418	3,063	3,725	4,404	5,108
80	—	0,999	1,340	1,685	2,034	2,744	3,471	4,215	4,976	5,762
90	—	—	1,503	1,889	2,279	3,071	3,880	4,705	5,548	6,416
100	—	—	1,667	2,093	2,534	3,398	4,288	5,195	6,120	7,070

Tabelle 107. Blei- und Zinnrohre.

Hartbleirohre				Weichbleirohre				Zinnrohre			
d mm	s mm	G kg	p kg/cm²	d mm	s mm	G kg	p kg/cm²	d mm	s mm	G kg	p kg/cm²
13	1,5	0,8	11,5	3	1,5	0,23	25	4	2	0,30	60
15	,,	0,9	10	4	2	0,40	25	5	1,5	0,25	36
18	,,	1,0	8	5	1,5	0,40	15	6	,,	0,28	30
20	,,	1,2	7,5	10	,,	0,60	7	7	,,	0,32	25
25	,,	1,4	6	15	2	1,20	6	8	,,	0,33	22
30	,,	1,7	5	20	2,5	2,00	6	9	,,	0,37	20
35	,,	2,0	4	25	2	1,90	4	10	,,	0,38	18
40	,,	2,2	3,5	30	2,5	2,90	4	11	,,	0,45	16
50	,,	2,8	3	35	3	4,10	4	12	,,	0,48	15
60	2,5	5,6	3	40	,,	4,60	3,5	13	,,	0,50	13
70	3,5	9,2	3,5	50	4	7,70	4	15	,,	0,55	12
80	2,5	7,3	3,5	60	4,5	10,3	3,5	20	2	1,00	12
100	3,5	12,7	4	70	,,	11,9	3	25	,,	1,25	9
120	4	16,1	2,5	80	5	15,1	3	30	,,	1,45	8
140	3	14,3	2	100	4	14,8	2	35	,,	1,70	6,5
160	,,	17,5	1,5	140	5	25,0	1,5	40	,,	1,95	6
180	,,	19,9	1,5	200	,,	35,9	1,2	46	,,	2,20	5
200	· 3,5	24,1	1,5	270	12,5	126	2,3	50	,,	2,40	4,5

2. Form=, Paßstücke und Zubehör für Kupferrohre.

In Kupferrohrleitungen für Schiffsbetriebe werden meistens Form-
und Paßstücke aus Bronzeguß verwendet. Für Anlagen industrieller

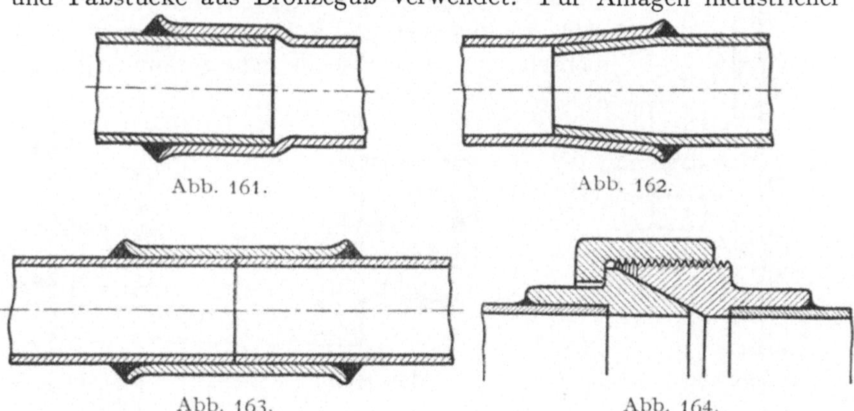

Abb. 161.   Abb. 162.

Abb. 163.   Abb. 164.

und sonstiger Landbetriebe werden die Verbindungen und Abzweige
vielfach unmittelbar aus Kupferrohr gefertigt.

Nicht lösbare Verbindungen von Rohrenden miteinander können
nach Abb. 161 durch Einstecken des glatten einen Rohrendes in das
aufgeweitete andere Rohrende, nach Abb. 162 durch konisches Auf-
weiten des einen und konisches Einziehen des anderen der ineinander-
zusteckenden Enden oder nach Abb. 163 durch Überstreifen einer Muffe

oder Hülse über den Stoß hergestellt werden. In allen Fällen werden die Verbindungsflächen hart verlötet. Um die Verbindungen durch einen starken Hartlotring sicher zu gestalten, sind die betreffenden Außenränder etwas aufzuborden.

Unter den lösbaren Verbindungen ist die Verschraubung für Kupferrohre kleineren Durchmessers sehr gebräuchlich, und zwar

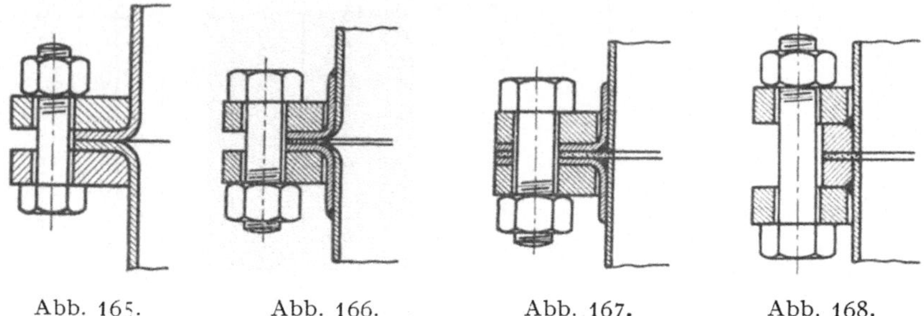

Abb. 165.   Abb. 166.   Abb. 167.   Abb. 168.

besteht sie aus Messing, besser Rotguß. Ihre beste Form ist die mit Konusabdichtung, Abb. 164. Sie wird hart aufgelötet. — Aus Eisen hergestellt und mit Gewinde zum Aufschrauben auf die Rohrenden versehen, finden Verschraubungen auch bei Eisenrohren Anwendung.

Flanschverbindungen für kleinere und mittlere Drucke und Rohrdurchmesser: Nach Abb. 165 werden die Rohrenden schmal umgebördelt und durch Eisenflansche zusammengefaßt.

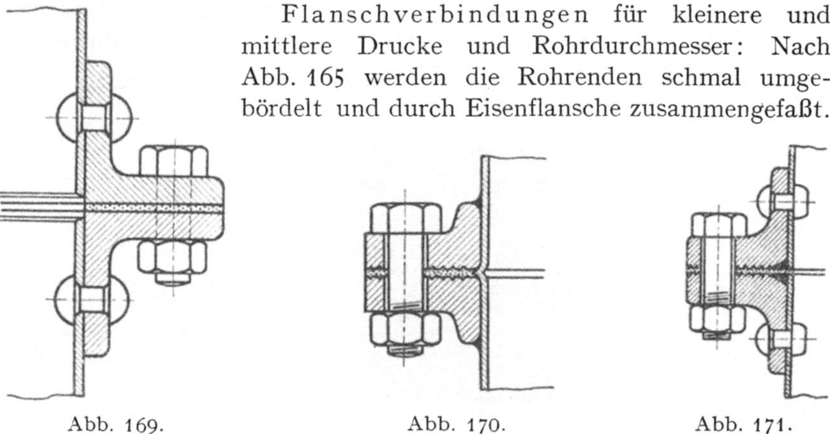

Abb. 169.   Abb. 170.   Abb. 171.

Nach Abb. 166 werden Bordscheiben mit schmalem Bord, nach Abb. 167 solche mit breitem Bord hart aufgelötet und durch Eisenflansche zusammengepreßt. Zweckmäßig bördelt man stets, wo es möglich ist, die Rohrenden in die Eckabrundung hinein, Abb. 166. Gemäß Abb. 168 werden Bronze- oder Eisenringe (in verschiedenen Formen) hart aufgelötet und mittels loser Eisenflansche verschraubt. Gemäß Abb. 169 bis 171 nietet oder lötet (hart) bzw. nietet und lötet man winkelförmige Flansche aus Eisen oder Rotguß an.

Flanschverbindungen für größere Drucke und Rohrdurchmesser:
Nach Abb. 172 und 173 werden die Rohrenden in Flansche mit Rillen

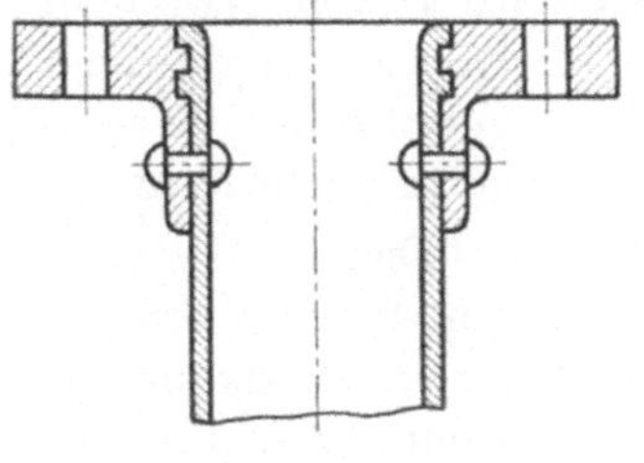

Abb. 172.

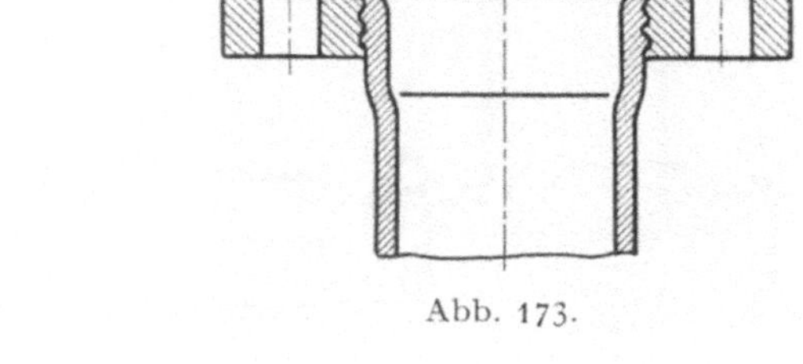

Abb. 173.

eingewalzt, umgebordet und
mit dem etwaigen Flansch-
ansatz, Abb. 172, durch Niete
verbunden. Nach Abb. 174
werden Rotgußflansche mit
hohem Kragenansatz oder
hohe Rotguß-Aufwalzbord-
ringe mit hintergesteckten
losen Eisenflanschen auf die
Rohrenden geschoben, durch
Niete befestigt und umge-
bördelt. Als Dichtung dient
eine Rotgußlinse. Abb. 175
zeigt eine in Schiffsanlagen
sowie für hohe Drucke und
große Rohrweiten gebräuchliche vorzügliche Flansch-
verbindung, bei der die Linse
als Widerlager für das aufgeweitete Kupferrohr dient,
welches die Abdichtung selbst
bewirkt. Die Verbindung ist
elastisch. — Bei den Flanschen
für Hochdruck vermeidet man
die Hartlötung gern, um einer
Schwächung oder Festigkeits-
verminderung des Baustoffes
durch Erhitzung zu begegnen.

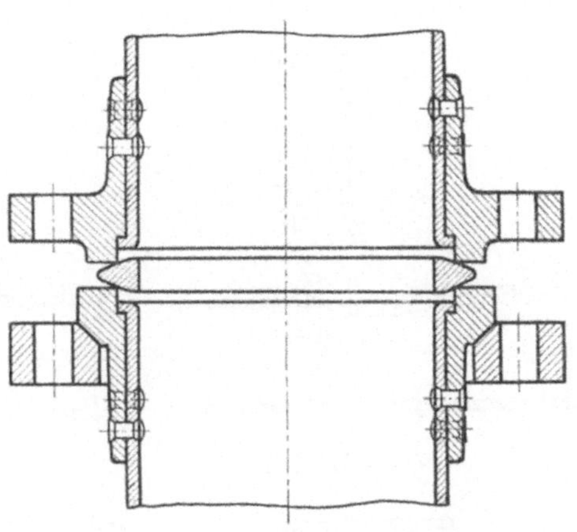

Abb. 174.

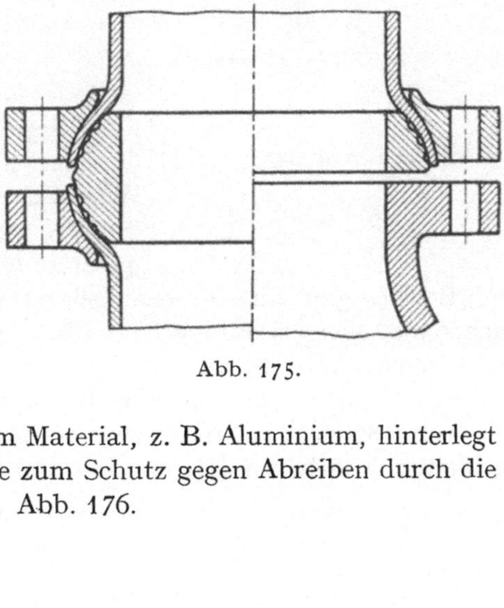

Abb. 175.

Flansche aus empfindlichem Material, z. B. Aluminium, hinterlegt
man mit einer Eisenblechscheibe zum Schutz gegen Abreiben durch die
Schraubenmuttern oder Köpfe, Abb. 176.

Stutzen oder Abzweige können gemäß den in Abb. 177 bis 179 gezeigten Beispielen mittels sog. Blattes oder Schuhes hart aufgelötet werden. Senkrechte Stutzen fertigt man auch nach Abb. 180; man lötet sie hart in einen aus dem Rohr herausgetriebenen Bord.

Das Anschweißen von Stutzen stumpf direkt in ein in das Rohr geschnittenes Loch oder stumpf auf den Rand eines her-

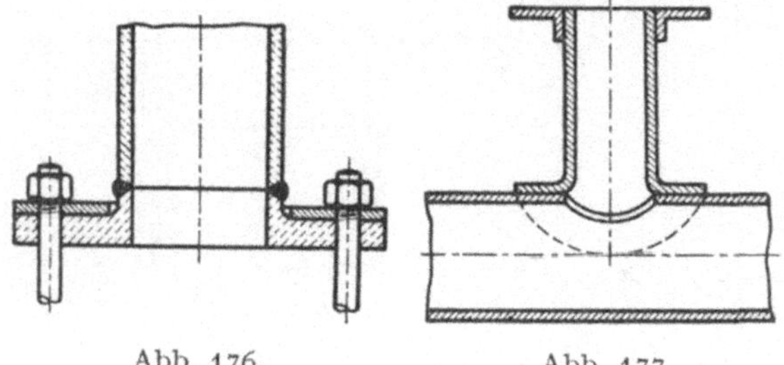

Abb. 176.   Abb. 177.

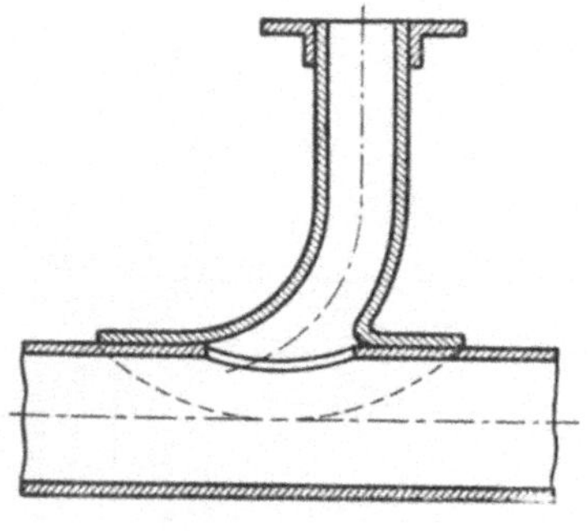

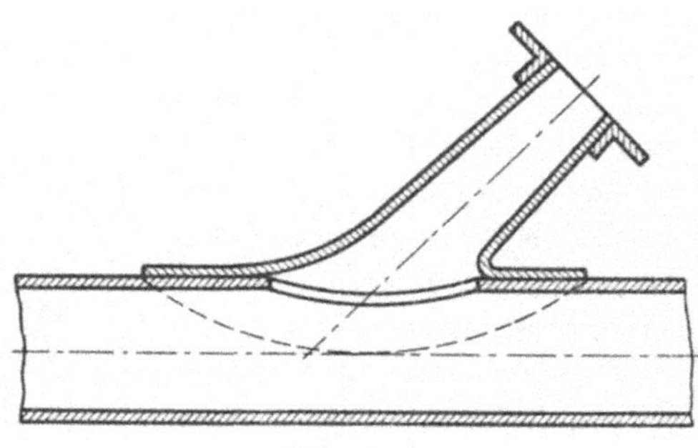

Abb. 178.   Abb. 179.

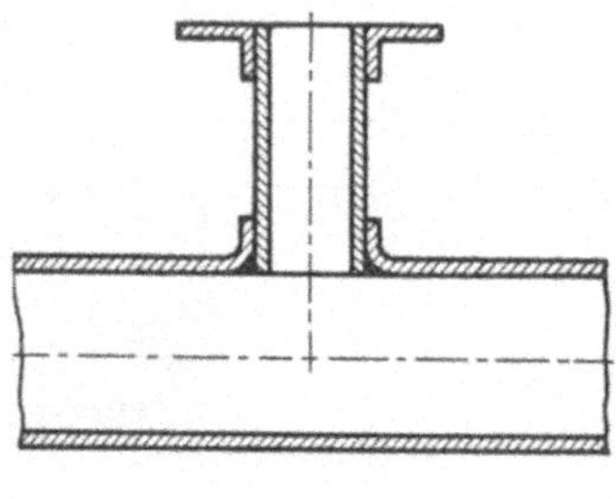

Abb. 180.

ausgetriebenen Bordes ist ebenfalls gebräuchlich. Eine solche Verbindung ist aus Abb. 181 zu ersehen, welche aber den Ablaufstutzen eines Gefäßes zeigt. Weitere Ausführungsformen für Pfannenabläufe sind in Abb. 182 und 183 gezeigt.

Bei großen Gefäßöffnungen treibt man niedrige Stutzen nach Abb. 184 aus der Wandung selbst heraus. Engere und höhere Stutzen werden nach Abb. 185 in die durchgesetzte (gepolterte) und gebördelte Wand mit Bord eingesteckt und weich gelötet oder wie Eisenstutzen (Abb. 107) angenietet oder wie Rohrstutzen (Abb. 180) eingesteckt und hart gelötet oder gemäß Abb. 181 an jeder beliebigen Wandungsstelle angeschweißt.

Formstücke werden zum Teil aus Kupferblech hergestellt.

Abb. 186 zeigt einen aus zwei getriebenen Blechstücken zusammengelöteten Rohrbogen (Knie). Der Radius sei mindestens:

$$r = 1{,}4\,d$$

und die Schenkellänge mindestens: $l = 1{,}4\,d + 100$ mm. Das innere Blech kürzt sich bei der Bearbeitung und wird dünner. Das gerade, unbearbeitete Blech sei deshalb wenigstens 0,5 mm dicker und 15 mm

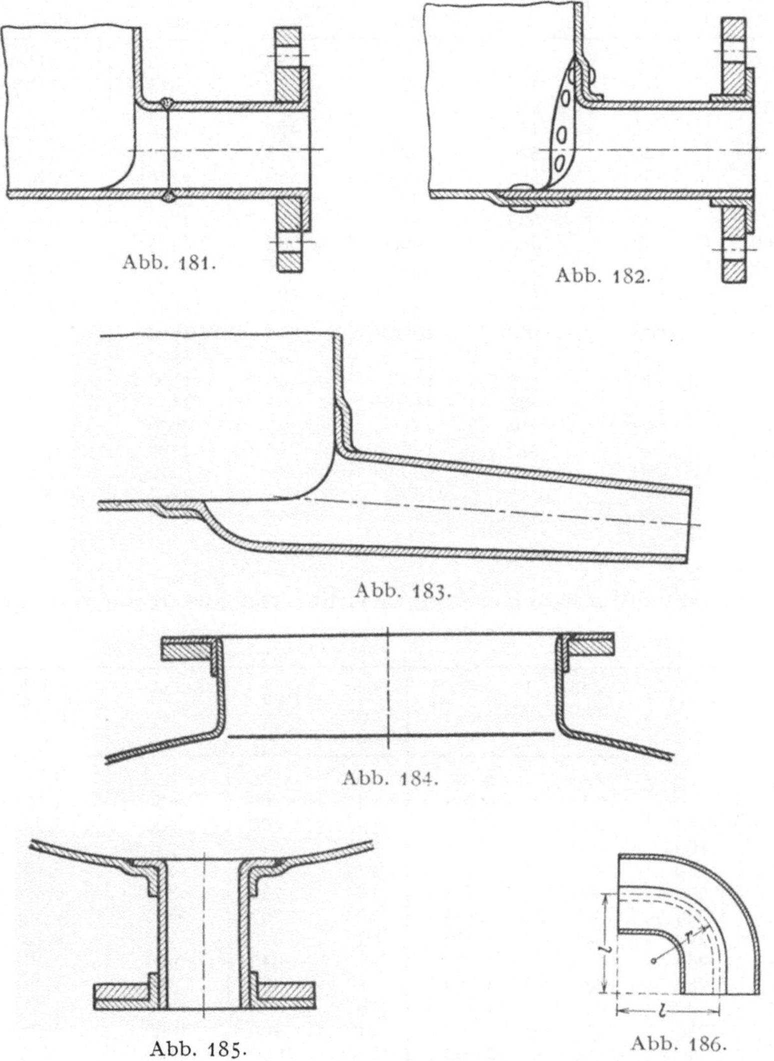

Abb. 181.

Abb. 182.

Abb. 183.

Abb. 184.

Abb. 185.

Abb. 186.

breiter, als die Maße des fertigen Stückes verlangen. Ferner sei es 30 bis 80 mm länger als das mit dem inneren Radius ermittelte Maß. Das äußere Blech wird nicht dünner; es sei so lang, wie es der äußere Radius verlangt, und habe eine Breite = $\tfrac{1}{2}$ Umfang + eine Nahtbreite. Für diese Verhältnisse gilt Tabelle 108.

Tabelle 108. Bleche für (aus 2 Stücken) getriebene kupferne Knie[1]).

Lichte Weite	Mittlerer Radius	Schenkellänge	Inneres Blech		Äußeres Blech	
d	r	l	Länge	Breite	Länge	Breite
200	280	380	565	350	830	340
225	315	415	595	390	915	380
250	350	450	645	435	990	425
275	385	485	675	475	1070	460
300	420	520	720	515	1150	500
325	455	555	760	550	1210	540
450	490	590	805	590	1285	580
375	525	625	840	630	1360	620
400	560	660	900	685	1425	655
425	595	695	935	725	1500	695
350	630	730	970	765	1580	735
475	665	765	1025	805	1665	775
500	700	800	1060	845	1740	815
525	735	835	1095	888	1815	860
550	770	870	1145	925	1900	895
575	805	905	1180	965	1975	935
600	840	940	1215	1005	2050	975
625	875	975	1265	1045	2120	1015
650	910	1010	1300	1080	2210	1050
675	945	1045	1335	1125	2290	1095
700	980	1080	1400	1155	2350	1135

Tabelle 109. Abmessungen und Gewichte von aus Kupferrohr gebogenen Knien[1]).

Rohrweite	Radius	Schenkellänge	Gewicht bei 1 mm Dicke	Rohrweite	Radius	Schenkellänge	Gewicht bei 1 mm Dicke
d	r	l	kg	d	r	l	kg
25	100	200	0,300	130	520	620	3,84
30	120	220	0,405	140	560	660	4,37
35	140	240	0,530	150	600	700	4,95
40	160	260	0,671	160	640	740	5,55
45	180	280	0,763	170	680	780	6,19
50	200	300	0,843	180	720	820	6,89
55	220	320	0,983	190	760	860	7,60
60	240	340	1,036	200	800	900	8,42
65	260	360	1,238	210	840	940	9,19
70	280	380	1,459	220	880	980	9,98
75	300	400	1,604	230	920	1020	10,89
80	320	420	1,825	240	960	1060	11,59
85	340	440	2,000	250	1000	1100	12,51
90	360	460	2,180	260	1040	1140	13,46
95	380	480	2,391	270	1080	1180	14,47
100	400	500	2,610	280	1120	1220	15,49
110	440	540	3,029	290	1160	1260	16,57
120	480	580	3,544	300	1200	1300	17,69

[1]) Entnommen aus Hausbrand: Hilfsbuch für den Apparatebau. 3. Aufl.

Kupferrohre geringerer Weite werden behufs Biegens mit Kolophonium gefüllt; dieses muß nachher sorgfältig wieder ausgeschmolzen werden, vgl. Teil A, Abschnitt 2: Probedruck. Bei der Herstellung einzelner Kupferbogen aus fertigem Rohr wähle man den mittleren Krümmungsradius mindestens:

$$r = 4\,d$$

und die Schenkellänge: $l = 4\,d + 100$ mm. Bei Bogen in Leitungsrohren aus Fabrikationslängen sei r möglichst noch größer. Für alle Bogen wähle man, wenn irgend angängig, ausschließlich nahtloses Rohr. Bei Rohr mit Naht darf diese weder innen noch außen, sondern muß im mittleren Krümmungsradius liegen. — Tabelle 109 nennt Abmes-

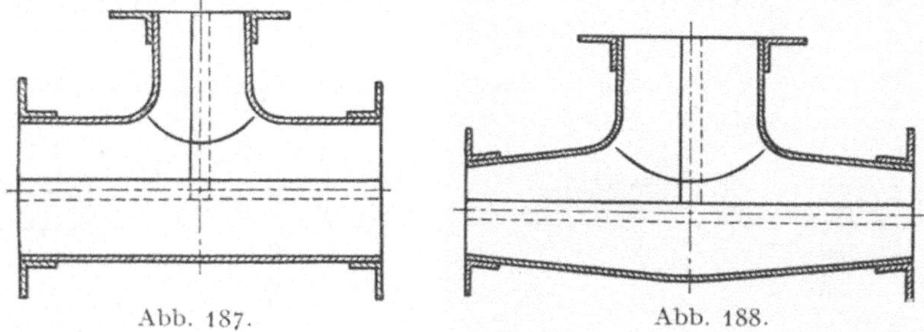

Abb. 187.　　　　　　　　Abb. 188.

sungen und Gewichte (je 1 mm Wandstärke) für einzelne Kupferrohrbogen von 25 bis 300 mm Durchmesser.

Einzelne ⊤-Stücke werden gemäß Abb. 187 und 188 aus je drei Kupferblechen getrieben, zusammengelötet und mit kupfernen Bordscheiben für lose Eisenflansche versehen, namentlich wenn es sich um größere Durchmesser handelt. Außerdem fertigt man die ⊤-Stücke auch aus glattem Rohr mit aufgeschuhtem Stutzen, besonders wenn der Abzweig kleineren Durchmesser besitzt als der Durchgang.

Die Schenkellänge wird üblicherweise: $l = d + 100$ mm ausgeführt; der Durchgang hat die Länge: $2\,l$. Tabelle 110 nennt Gewichte kupferner ⊤-Stücke von 40 bis 300 mm Durchmesser und 2,5 bis 6 mm Wandstärke.

Bordscheiben aus Kupfer fertigt man meistens selbst. Zum Auflöten auf Kupferrohr sind auch nahtlose eiserne Bordscheiben im Handel. Tabelle 111 enthält Abmessungen und Gewichte eiserner Bordscheiben, und zwar von sog. kleinen oder schmalen Bordscheiben, vergl. Abb. 189. Volle oder breite Bordscheiben sind in Abb. 190 gezeigt.

Kupferne Bordscheiben kann man ähnlich bemessen. Bei ihnen wird das (an dem Eisenflansch anliegende) Blatt etwa 1 bis 2 mm stärker als die Rohrwandung und die Kragenhöhe h etwas größer

Tabelle 110. Gewichte kupferner T-Stücke.

Lichter Rohrdurchmesser d mm	Wandstärke in mm					Lichter Rohrdurchmesser d mm	Wandstärke in mm				
	$2^1/_2$	3	$3^1/_2$	4	5		3	$3^1/_2$	4	5	6
	Gewicht des Stückes in kg						Gewicht des Stückes in kg				
40	1,5	1,8	2,2	2,5	3,2	140	10,6	12,3	14,1	17,8	21,4
50	2,0	2,4	2,8	3,3	4,2	150	11,7	13,7	15,7	19,8	23,9
60	2,5	3,1	3,6	4,2	5,3	160	12,9	15,2	17,4	21,8	25,4
70	3,3	3,9	4,5	5,2	6,7	170	14,2	16,7	19,2	23,9	28,0
80	3,8	4,6	5,3	6,2	7,9	175	14,9	17,4	20,1	25,0	29,8
90	4,4	5,4	6,4	7,3	9,2	180	15,6	18,2	20,8	26,2	31,6
100	5,2	6,3	7,4	8,5	10,7	190	17,1	19,9	22,9	28,8	34,7
110	6,0	7,3	8,5	9,7	12,3	200	18,6	21,7	24,9	31,3	37,6
120	6,8	8,3	9,6	11,0	14,0	225	22,6	26,5	30,3	38,1	45,7
125	7,3	8,8	10,3	11,8	14,9	250	—	—	36,2	45,0	54,0
130	—	9,4	10,9	12,6	15,8	300	—	—	49,5	62,0	74,0

als bei eisernen Bordscheiben, etwa wie in Tabelle 111 in Klammern angegeben, gemacht.

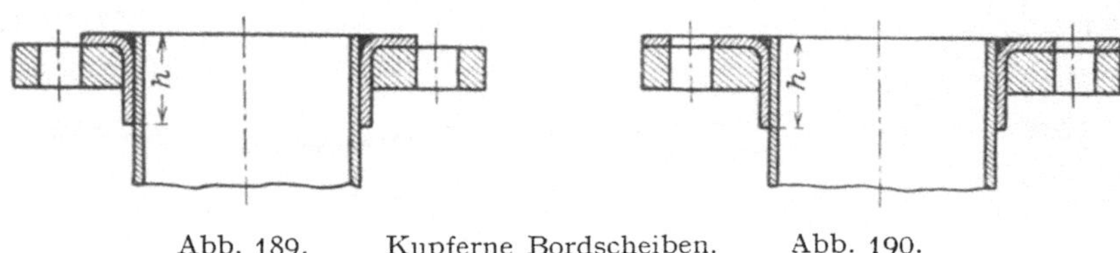

Abb. 189.   Kupferne Bordscheiben.   Abb. 190.

Lose glatte Flanschen (Eisen) für Kupferrohre mit Bordscheiben sind mit Lichtweiten von 10 bis 160 mm im Handel. Sie sind innen und außen abgedreht und eine Kante des Mittelloches ist für die Bordscheibenkrümmung abgerundet. Lose Flansche für Bördelrohr von 50 mm Nennweite aufwärts s. Tabelle 77, S. 122.

Tabelle 111. Abmessungen nahtloser eiserner Bordscheiben für Kupferrohre und Gewicht von je 100 Stück.

Äußerer Rohrdurchm. mm	Lichte Weite d. Bordsch. mm	Äußerer Blattdurchm. mm	Blattstärke mm	Kragenhöhe mm	Gewicht von 100 St. kg	Äußerer Rohrdurchm. mm	Lichte Weite d. Bordsch. mm	Äußerer Blattdurchm. mm	Blattstärke mm	Kragenhöhe mm	Gewicht von 100 St. kg
24	23	48	3	10 (16)	5,0	75	74	115	5	21 (28)	28,0
30	29	61	4	12 (18)	6,0	81	80	125	,,	,, (,,)	31,5
34	33	76	,,	18 (20)	7,5	85	84	132	,,	,, (30)	34,5
37	36	,,	,,	,, (,,)	9,0	87	86	140	,,	22 (,,)	35,5
43	42	88	,,	19 (22)	11,0	93	92	144	6	,, (,,)	41,0
49	48	95	,,	20 (,,)	12,5	100	99	148	,,	,, (32)	45,5
54	53	,,	,,	,, (24)	14,5	106	105	150	,,	,, (,,)	49,0
56	55	102	5	,, (,,)	16,0	123	122	170	,,	,, (,,)	65,0
62	61	108	,,	,, (26)	19,0	134	133	174	,,	,, (34)	74,5
69	68	115	,,	21 (,,)	22,5	137	136	,,	,,	,, (,,)	76,0

Bei langen Dampfleitungen muß Rücksicht auf die Ausdehnung infolge der Temperaturerhöhung genommen werden.
Wo es möglich ist, trage man durch die Linienführung und Lagerung
den Längenänderungen Rechnung. Ist hierdurch eine genügend un-
gehinderte Ausdehnung nicht erreichbar, so sind an geeigneten Stellen
Ausgleichstücke einzufügen.

Sog. Kompensations-Stopfbuchsen bedürfen sorgfältigster Wartung,
weil sie sich festsetzen können. Sie müssen ferner gegen zu weites Aus-
ziehen gesichert sein.

Federrohre (aus Kupfer oder Flußeisen) bilden eine sehr einfache
und zuverlässige Ausgleichvorrichtung. Die federnde Rohrschleife wird

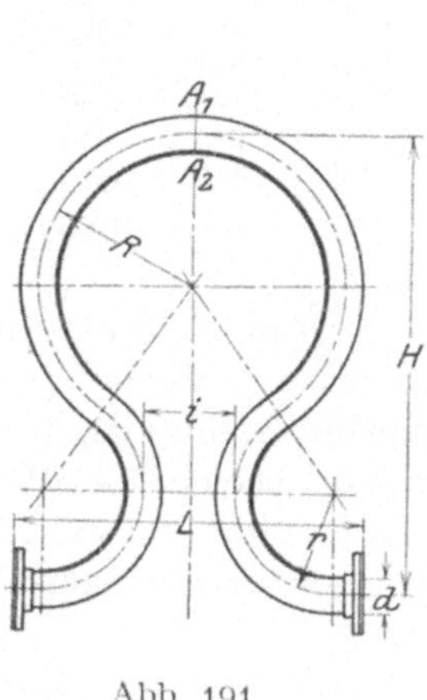

Abb. 191.

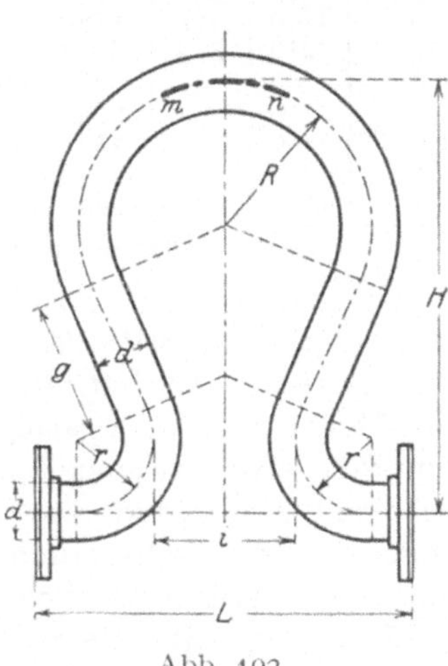

Abb. 192.

entweder nur aus Kreisbogen zusammengesetzt, Abb. 191, oder sie
erhält gerade Zwischenstücke (Länge g), Abb. 192.

Tabelle 112 nennt Abmessungen von Federrohren aus Kupfer mit
geraden Zwischenstücken oder Schenkeln. Bei den kursiv gedruckten
Ausladungen H berühren sich jedoch die Kreisbogen. Sie entsprechen
also Abb. 191, welche das Federrohr für $d = 100$ mm und $H = 1280$ mm
darstellt. Hausbrand bemerkt: „Die Formen, welche gerade Schenkel
haben, liefern größere Beweglichkeit als nur aus Kreisbogen bestehende."

Bantlin hat[1]) mit flußeisernen Federrohren verschiedenen Durch-
messers Versuche gemacht und nachgewiesen, daß die beim Biegen des
Rohres auf der Innenseite (die stark gezeichneten Bogenstücke in
Abb. 191) sich bildenden kleinen Falten so wesentlichen Anteil an der
Federung haben, daß die tatsächlichen Durchbiegungen die errechneten
erheblich übersteigen.

---

[1]) Z. V. d. I. Jg. 1910, S. 43ff.

Tabelle 112. Federrohre[1]).

Innerer Rohr-durchmesser d mm	Abmessungen der Schleife								
	L mm	r mm	R mm	i mm	Ausladung H in mm				
30	500	100	250	145	760	955	1180	1410	1655
40	550	120	275	160	810	1000	1215	1450	1690
50	600	150	300	175	890	1060	1280	1500	1745
60	700	175	325	190	965	1115	1330	1540	1775
70	750	200	350	205	1025	1150	1350	1550	1800
80	800	225	375	220	1115	1235	1405	1610	1845
90	900	250	400	235	*1225[2])*	1295	1460	1660	1885
100	950	275	425	250	*1280*	1365	1515	1710	1925
125	1050	300	450	300	*1355*	1435	1580	1770	1970
150	1150	335	475	325	*1450*	1520	1650	1850	2040
175	1250	375	525	350	—	1650	1765	1950	2115
200	1300	,,	600	400	—	1780	1865	2010	2195
225	1350	,,	675	457	—	1935	2010	2130	2300
250	1400	,,	750	475	—	2075	2145	2250	2400
275	1450	,,	825	512	—	2215	2265	2355	2490
300	1500	,,	900	550	—	*2370*	2410	2470	2620
Ganze Federung in mm					40	60	80	100	120

Ein Versuchsrohr hatte 200 mm, das andere 125 mm lichte Weite; die Krümmungsradien der Bogen unterschieden sich nur wenig. Bei dem 200-mm-Rohr war die tatsächliche Federung etwa fünfmal, bei dem 125-mm-Rohr etwa zweieinhalbmal so groß wie die berechnete. Parallelversuche mit zwei federrohrartig gebogenen Quadrateisenstäben und einem gußeisernen — also faltenfreien — Federrohr ergaben gute Übereinstimmung zwischen Versuch und Rechnung.

Die Falten sind also für vorliegenden Zweck erwünscht. Ihre hier günstige Wirkung tritt um so mehr in die Erscheinung, je kleiner der Krümmungsradius des Rohres — bis zu der Grenze, wo statt sehr kleiner Falten Einknickungen entstehen würden — ist. Am 200 mm-Rohr wurden die Falten untersucht und gemessen. Addiert man die Meßergebnisse und nimmt als Rohrwandlänge, die durch die Falte verbraucht ist, im Mittel etwa das Doppelte der Faltentiefe an, so machten die Falten bei Kopf- und Fußbogen annähernd gleichmäßig ungefähr 10% der Gesamtverkürzung gegenüber dem mittleren Krümmungsradius aus.

Die höchstbeanspruchte Stelle des Federrohres ist der Querschnitt A_1—A_2 in Abb. 191 oder etwa die Strecke m—n in Abb. 192. Die am meisten gefährdete Seite ist die Rohraußenseite (A_1) schon deshalb, weil sie durch das Biegen geschwächt ist. Um sie zu schützen, zieht man beim Einbau die Schleife etwa um die Hälfte der ganzen Federung

---

[1]) Entnommen aus Hausbrand: Hilfsbuch für den Apparatebau. 3. Aufl. Berlin: Julius Springer.

[2]) In der Quelle: 1200 mm; offenbar Druckfehler, denn bei 1200 mm überschneiden sich die beiden Kreisbogen.

auseinander, setzt also die Rohraußenseite auf der Strecke $m-n$ unter Druckspannung. Bei der Ausdehnung des Rohrstranges tritt dann zunächst eine Entlastung des Federrohres ein.

Um die günstige Wirkung der Falten auszunutzen, hat man Federrohre auf den Kreisbogenstrecken von vornherein gewellt. Diese Ausführung ist aber ziemlich teuer.

Ein anderer Weg zum Schutz der Strecke $m-n$ wird in Abb. 193 gezeigt. Die Kopfbogenstrecke $M-N$ ist mit großem Radius, z. B. hier: $R = i + 2\,r$, gekrümmt; die Anschlußstrecken $M-O$ und $N-P$ haben beispielsweise den Radius r der Fußbogen. Es ergeben sich verhältnismäßig lange gerade Zwischenstücke g: Abb. 193 ist mit denselben Hauptabmessungen — d, H, L, i und $B = R$ — wie Abb. 191 gezeichnet.

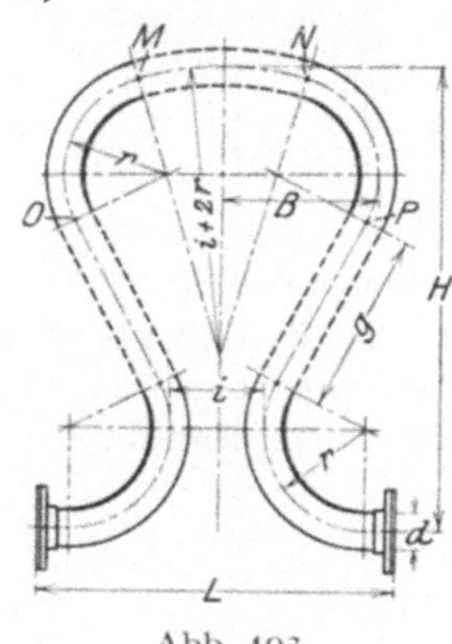

Abb. 193.

D. R. P. ang.

Auf der Strecke $M-N$ wird die Innenseite weniger Falten aufweisen und die Schwächung der Wandung auf der Außenseite ist wesentlich geringer. Die Anschlußstrecken $M-O$ und $N-P$ federn stärker, weil ihr Krümmungsradius kleiner ist. Die langen Schenkel g verbinden die Anschluß- und Fußbogen günstiger miteinander als bei der gebräuchlichen Form. Bei der Form nach Abb. 191 wird der einerseits außen geschwächte und andererseits in einer Zone kräftiger Federung liegende Querschnitt A_1-A_2 drehpunktähnlich wirken und sehr erheblich beansprucht werden.

Die Spannungen, die sich dabei in oder nahe diesem Querschnitt konzentrieren, werden bei der Form nach Abb. 193 möglichst auf die ganze steifere Strecke $M-N$ verteilt. Es wird sich eine günstigere Spannungsverteilung in der ganzen Schleife ergeben.

Die Strecke $M-N$ gerade auszuführen, um hier die Rohraußenseite überhaupt nicht zu schwächen, wird sich weniger empfehlen, weil dabei die Wahrscheinlichkeit annähernd gleichmäßiger Spannungsverteilung auf der Strecke $M-N$ geringer werden würde. Dagegen könnte diese Strecke auch vorteilhaft, statt konkav wie in Abb. 193, konvex (mit großem Radius) gebogen werden.

3. Anschlüsse, Durchführungen usw. für Gefäßwandungen.

Kupferrohranschlüsse und Durchführungen erfordern meistens die Zwischenschaltung eines Rotgußstutzens oder das Auflöten einer passenden Rotgußhülse auf das Rohrende. Bei eisernen Gefäßen sind dann die für Eisenrohr gebräuchlichen Konstruktionen ebenfalls verwendbar.

13*

In Abb. 194 ist ein Rotguß- oder Messing - Stutzen mit Gewinde-
zapfen und Bund durch die Kupferwandung gesteckt und mittels Mutter
festgeschraubt. Zwischenscheiben wie beim Eisengefäß (Abb. 109) sind

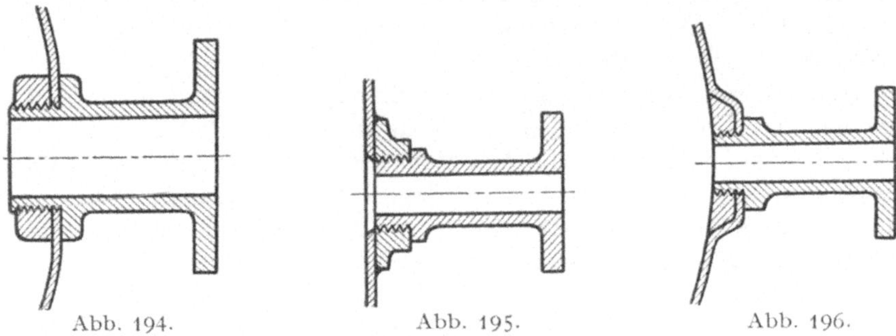

Abb. 194.   Abb. 195.   Abb. 196.

nicht nötig, da sich die gekrümmte Kupferwand an der Anschlußstelle
abplatten läßt.

Nach Abb. 195 wird auf die Kupferwand eine Rotguß- oder Messing-
warze hart gelötet und der Stutzen mit seinem Gewinde dicht in die
Warze geschraubt.

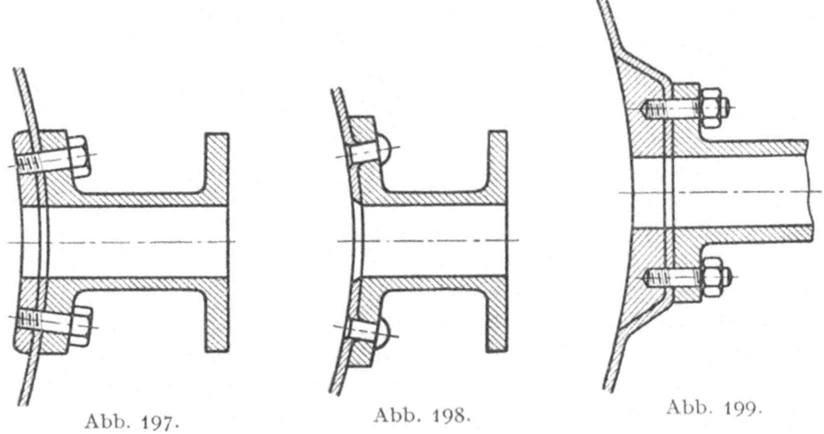

Abb. 197.   Abb. 198.   Abb. 199.

Abb. 196: Die Gefäßwand wird ausgepoltert, eine Scheibe wird
eingelegt und eingebrannt. In das Gewinde der Scheibenbohrung
schraubt man den Stutzen.

Abb. 197 zeigt einen Flanschanschluß für Notfälle (nachträgliche
Anbringung oder dgl.). Auf der Gefäßinnenseite ist ein Ring mittels
versenkter Niete befestigt, der zwischen den Nieten Löcher mit Muttergewinde besitzt. Der gekrümmte Stutzenflansch wird mittels Kopf-
schrauben gegen die Wand geschraubt. Gekrümmte Packungen sind

sehr viel weniger zuverlässig als ebene. Die Kopfschrauben müssen durch Hanfzopf und Mennige abgedichtet werden. Bei Neuausführungen ist diese Anschlußart zu vermeiden.

Gemäß Abb. 198 kann ein Stutzen mit gekrümmtem Flansch ebenso wie beim Eisengefäß an ein Kupfergefäß genietet werden. Die Löcher im Flansch werden versenkt; das Kupferblech wird in dieses Versenk hineingezogen.

In Abb. 199 ist die Gefäßwand für eine große Scheibe ausgepoltert. Die Scheibe wird mit Zinn verlötet und der gerade Stutzenflansch wird mittels nicht durchgehender Stiftschrauben angeschraubt.

Die Ausführungen nach Abb. 196 und 199 sind die besten.

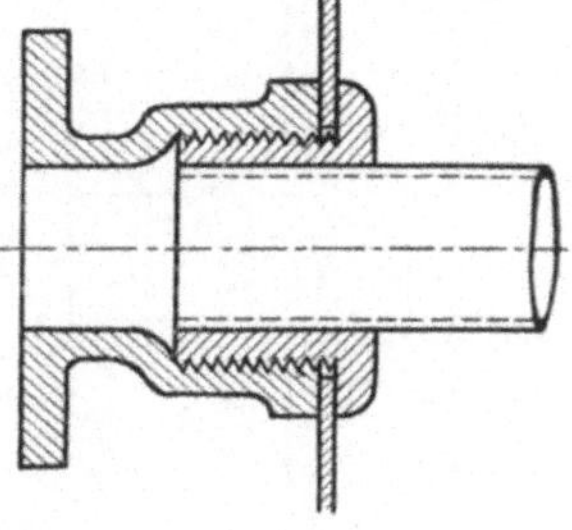

Abb. 200.

Abb. 200 zeigt eine Rohrdurchführung durch eine einfache Wand. Das im Gefäß befindliche Rohr trägt eine Gewindehülse mit Bund. Von außen wird eine Muffe mit Flansch gegengeschraubt.

In Abb. 201 besitzt die Gewindehülse mit Bund einen besonderen Fortsatz zum Einlöten des Rohres. Die Befestigung erfolgt durch eine besondere Mutter und der Flansch wird auf das äußere Gewindeende aufgeschraubt.

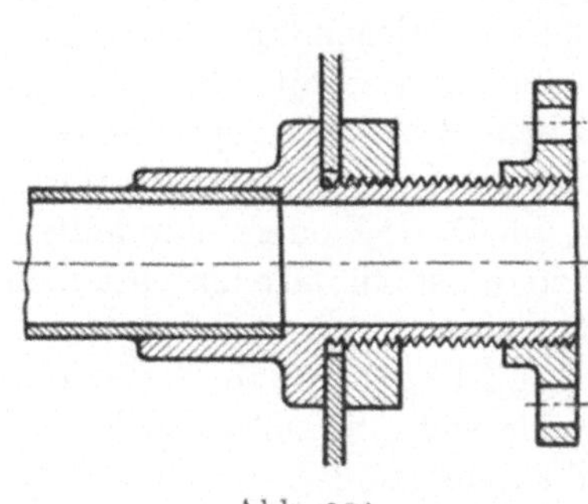

Abb. 201.

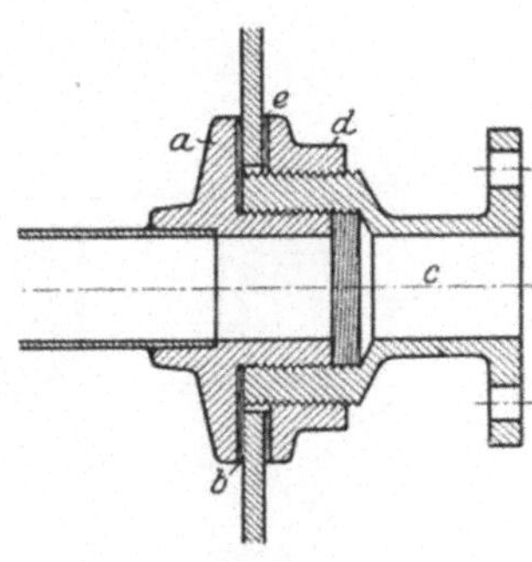

Abb. 202.

Abb. 202: Die Gewindehülse trägt einen Bund a von der Größe eines Flansches. Dieser liegt nur mit der äußeren Ringhälfte seiner Stirnfläche an der Gefäßwand. Die Öffnung in letzterer ist so groß, daß gegen die innere Hälfte des Flansches a und der Dichtungsscheibe b die Stirnfläche eines Stutzens c mit Gewindemuffe gepreßt werden kann. Eine Mutter d legt sich gegen die Dichtungsscheibe e. Diese kann jederzeit von außen her erneuert werden.

Einen Anschluß oder eine Durchführung durch zwei Wandungen zeigt Abb. 203. In der inneren Wand ist eine Muffe mit

Innen- und Außengewinde mittels Mutter befestigt. In das Innengewinde ist der äußere Stutzen geschraubt. Eine Gegenmutter bewirkt die Abdichtung in der äußeren Wand.

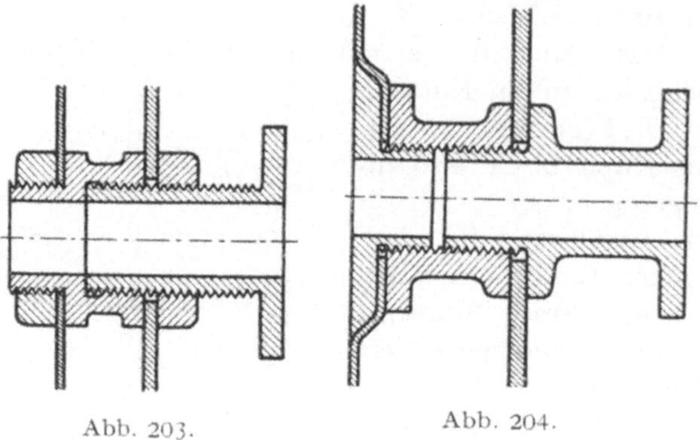

Abb. 203.　　　　Abb. 204.

Abb. 204: In der inneren Gefäßwand sitzt eine Polterscheibe mit Gewinderohrzapfen. Auf ihn ist ein Zwischenstutzen mit Innengewinde und in diesen der Außenstutzen mit Bund geschraubt.

Abläufe für kupferne Doppelböden können nach Abb. 205 mittels Polterscheibe mit Gewindestutzen und Gegenmutter, gegen die man den Flansch des Ablaßhahnes oder dgl. mittels Stiftschrauben setzt, hergestellt werden. Gemäß Abb. 206 besteht die Gegenmutter aus einer Gewindehülse mit Bund und Flansch. Abb. 207 zeigt eine Ausführungsform mit zwei Muttern: eine im Doppelboden, eine außen. Letztere ist für Hakenschrauben eingerichtet.

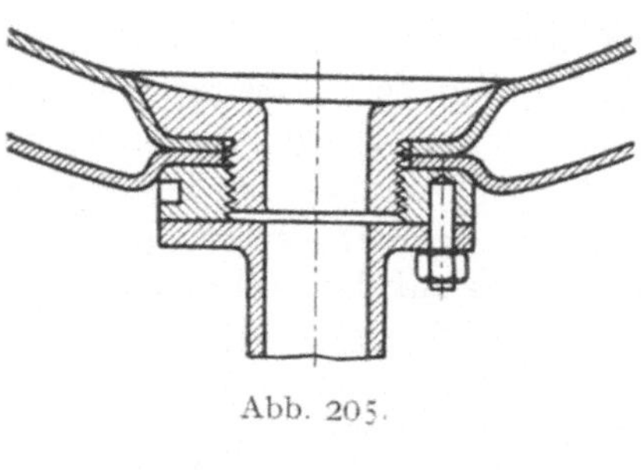

Abb. 205.

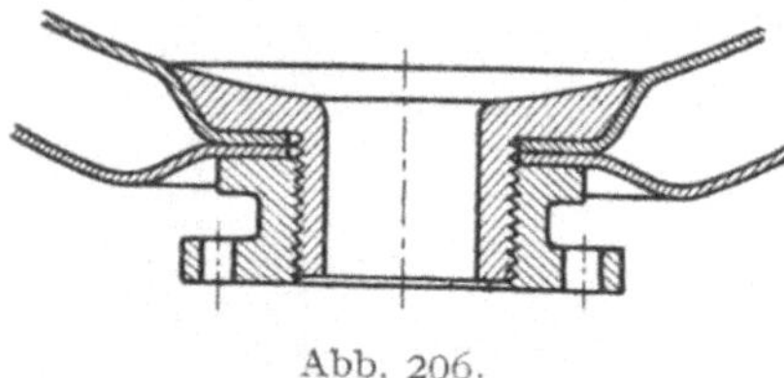

Abb. 206.

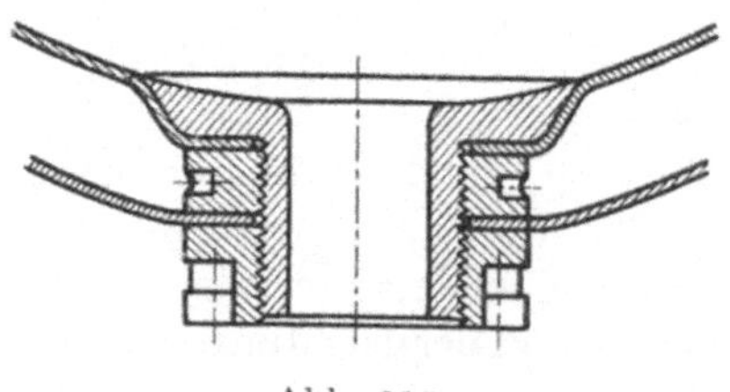

Abb. 207.

Die Stopfbuchse für Hochdruck nach Abb. 208 ist für Eisen- und Kupfergefäße verwendbar. Das Kupferrohr ist in eine lange Rotgußhülse a hart eingelötet. Schrauben b halten die Hülse an der Stopfbuchse c fest. Der Flansch d ist auf das äußere Hülsenende geschraubt.

Abb. 209 gibt ein Beispiel für die Durchführung einer Dampfzuleitung und einer Kondenswasserableitung durch den Drehzapfen umlaufender Trockenzylinder und dgl. Ein gegossener Rohrstutzen mit Scheidewand a endet außen in den Dampfeintrittsstutzen b und den

Kondenswasserablaßstutzen *c*.
Das Rohr *d* für das Kondenswasser ist im Innern des Zylinders zu dessen tiefstem Punkt
geführt. Der Rohrstutzen wird
durch einen Ring *e* axial fest-
gehalten und entweder durch
die Anschlußrohre bei *b* und *c*
oder durch besondere Halter
an der Drehung gehindert.
Mittels Stopfbuchse wird der
Stutzen im Drehzapfen abgedichtet.

Bei kippbaren Kochkesseln
benutzt man beide hohlen
Drehzapfen, weil hier keine

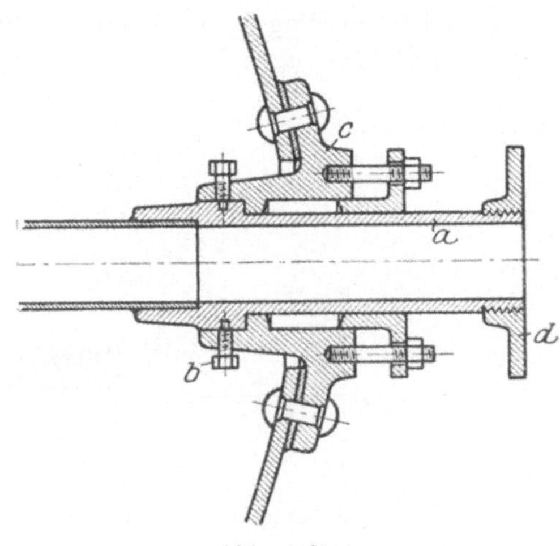

Abb. 208.

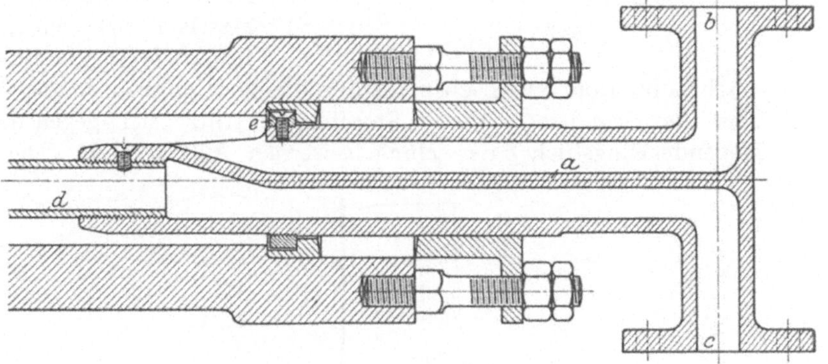

Abb. 209.

Rücksicht auf maschinellen An-
trieb zu nehmen ist. Man führt
durch den einen Zapfen den Dampf
ein und durch den anderen das
Kondenswasser ab. Das Steige-
rohr für das Kondenswasser ist
am Kessel und nicht am Stutzen
fest; es sitzt entweder an der
Außenschale oder im Doppelmantel.

Abb. 210: In eine Warze der
Innenwand ist ein Rohrstück geschraubt. Gegen die Warze *a* legt

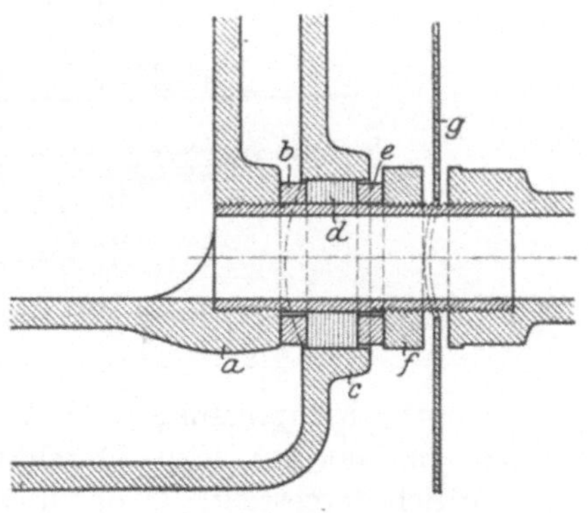

Abb. 210.

sich ein Ring b, der bis in die Bohrung der Außenwandwarze c reicht. Die Packung d in dieser Bohrung wird stopfbuchsenartig mittels eines zweiten Ringes e durch die Mutter f zusammengepreßt. Außerhalb des Bekleidungsmantels g wird ein Absperrorgan oder eine Rohrleitung angeschraubt.

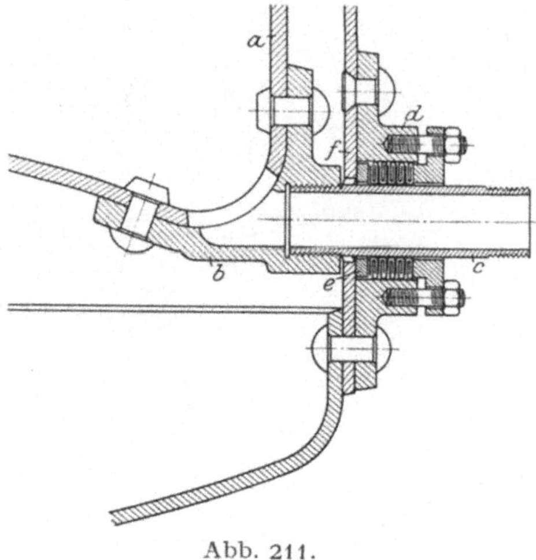

Abb. 211.

Vorstehend beschriebene Durchführung eignet sich nur für starre Gefäße und niedrige Drucke, die Abart nach Abb. 211 kann dagegen auch für Kupfergefäße sowie mittlere und höhere Drucke verwendet werden. Am Bodengelenk des kupfernen Innenkessels a sitzt ein Rotgußstutzen b. Das in diesen eingeschraubte Rohr c wird ebenfalls durch eine Stopfbuchse d abgedichtet, aber der Grundring e dieser Stopfbuchse stützt sich gegen das vorstehende Ringstück f des schmiedeeisernen Außenkessels. Die axiale

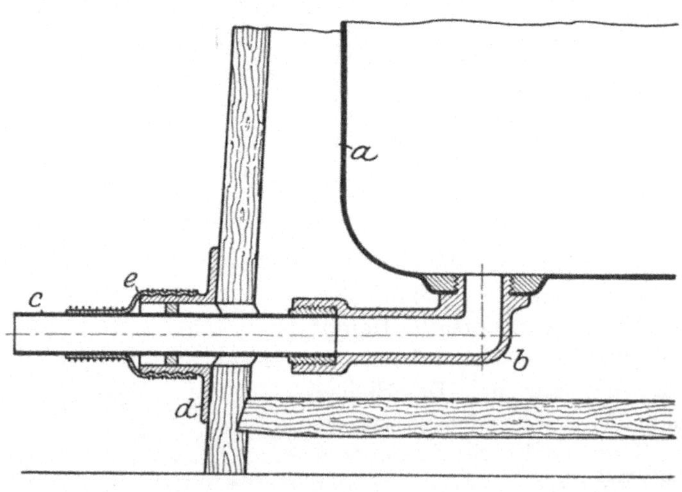

Abb. 212.

Stopfbuchsenpressung wird also nicht auf den Innenkessel übertragen.

In Abb. 212 ist die Durchführung eines Ablaufes durch einen Holzbottich dargestellt. In das innere Kupfergefäß a ist eine kleine Polterscheibe eingebrannt. Der Ablaufstutzen b ist am einen Ende mit Gewinde in die Scheibe geschraubt und nimmt am anderen Ende das Kupferrohr *c* mit aufgelöteter Gewindehülse auf. Am Holzbottich sitzt ein weiter Schlauchstutzen *d*; der Schlauch *e* besorgt die Abdichtung.

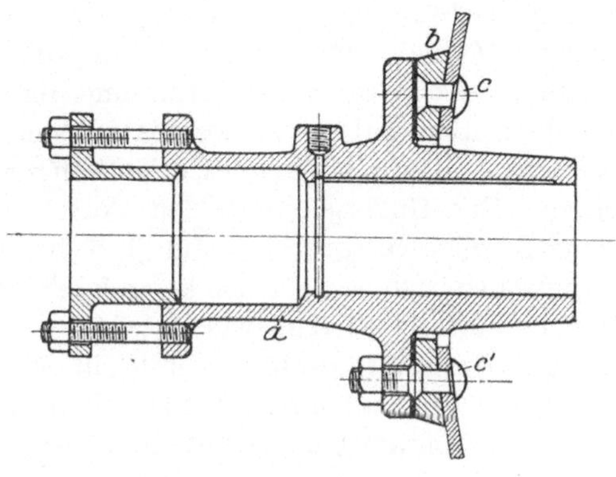

Abb. 213.

Abb. 213 veranschaulicht eine Stopfbuchse zur Durchführung einer Antriebswelle durch die Wandung eines Dampffasses. Zur Befestigung des Stopfbuchskörpers *a* dient ein starker Annietflansch *b*. Außer den versenkten Nieten *c* verbinden auch die eingenieteten Schrauben *c'* den Flansch mit der Gefäßwand.

J. Schlußbemerkungen.

Für genehmigungsfreie Dampffässer nach Seite 1 unten zu 4, deren Inhalt kleiner als 5o l ist oder bei denen das Produkt aus dem Inhalt des unter Überdruck gelangenden Raumes und der in ihm entstehenden Betriebsspannung kleiner als 3oo ist, sind die Wandstärken und sonstigen Abmessungen ebenfalls gemäß den Bauvorschriften für Dampffässer zu berechnen. Wenn auch die Möglichkeit von Betriebsunfällen und deren Tragweite bei diesen verhältnismäßig kleinen Gefäßen oder Räumen als geringer angesehen werden, so müssen selbstverständlich doch die Konstruktionen von gleicher Sicherheit sein.

Dasselbe gilt für die genehmigungsfreien Apparate nach Seite 1 unten zu 1. Für den Bau der zu dieser Gruppe gehörenden Trocken- und Schlichtzylinder treten — gegenüber den Dampffässern — im wesentlichen im Hinblick auf die meistens geringe Betriebsspannung (Höchstdruck etwa 4 kg/cm²) und aus zwingenden baulichen Gründen folgende Erleichterungen ein.

Für die Kupfermäntel wird als Sicherheitsgrad $\mathfrak{S} = 3,5$ zugelassen. Formel zur Berechnung der Wandstärke siehe Teil F, Abschn. 1, S. 131 unten. — Kupfermäntel unter 6 mm Dicke dürfen hart gelötet oder geschweißt sein, ohne eine Sicherheitslasche zu erhalten.

Bis zu einem Betriebsdruck von $2^1/_2$ Atm. wird Gußeisen als Baustoff für die ganzen Zylinder gestattet. Für doppelwandige Zylinder mit einem Innenmantel aus zähem Baustoff und für Stirnwände von Zylindern aus zähem Baustoff — beides bis zu einem Höchstdurchmesser von 1000 mm — darf Gußeisen auch bei höherem Betriebsdruck verwendet werden. Das Gußeisen muß den Vorschriften des Vereins deutscher Eisengießereien entsprechen und darf bei der Druckprobe keine höhere Zugbeanspruchung als 200 kg/cm² erfahren, wenn nicht besondere Güte des Materials nachgewiesen wird.

Zylinder, die gegen die Atmosphäre durch ein Standrohr oder dgl. abgeschlossen sind, welches keinen höheren Druck als 0,1 kg/cm² = 1 m Wassersäule oder = rd. 74 mm Quecksilbersäule gestattet, sind von der Druckprobe befreit.

Die sog. Niederdruckapparate nach Seite 1 unten zu 3 und 5, die durch ein Standrohr oder dgl. gegen Überschreitung des Höchstdruckes von 0,5 Atm gesichert sind, berechnet man am besten für einen Überdruck $\geqq$ der doppelten Betriebsspannung.

Wenn ein Apparat mit offenem oder genehmigungsfreiem Beschickungsraum einen Mantelraum (Dampfhemd, Doppelboden oder dgl.) mit Überdruck besitzt, so ist zu prüfen, ob der Mantelraum genehmigungsfrei ist oder nicht. Er wird genehmigungspflichtig, sobald das Produkt aus seinem Inhalt in Litern und seiner Betriebsspannung in kg/cm² die Zahl 300 übersteigt, sofern die Füllung des Beschickungsraumes flüssig (Lösungen usw.) ist, vgl. Seite 1 unten zu 2. Auch Beschickungen mit festen Stoffen sind als „flüssige" anzusehen, wenn ihr Flüssigkeitsgehalt ein entsprechend hoher ist, bzw. sie mit Flüssigkeit zusammen behandelt werden.

Steht ein Gefäß mit der Atmosphäre in offener Verbindung, ist aber der Querschnitt dieser Verbindung so klein, daß ein höherer Überdruck als 0,5 kg/cm² im Gefäß entstehen kann, so ist dieses ein Dampffaß.

Vakuumapparate und Vakuumleitungen können im allgemeinen wie Dampffässer und Dampfleitungen behandelt werden. Es ist jedoch, z. B. bei den Wandungen, Verankerungen, Schraubverbindungen und sonstigen Konstruktionseinzelheiten, zu beachten, daß der „Betriebsdruck" von außen wirkt. Besondere Sorgfalt erfordern hier die Packungen und deren Einlagerung wegen der unverhältnismäßig höheren Abhängigkeit der Leistung von der Dichtigkeit der Apparate. Wenn es sich um Höchstluftleere handelt oder wenn solche eintreten kann, legt man den Berechnungen zweckmäßig einen äußeren Überdruck $\geqq 1{,}5$ Atm oder einen inneren Überdruck $\geqq 2$ Atm zugrunde.

Vakuumkocher in Zuckerfabriken und ähnliche Verdampfer, ferner Trockentrommeln für feste Stoffe mit einem so geringen Feuchtigkeitsgehalt, daß im Beschickungsraum keine Drucksteigerung stattfindet (Braunkohlen, Superphosphat, Schnitzel, Torf usw.), sind keine Dampffässer. — Saftkocher in Zuckerfabriken und ähnliche mehrstufige Verdampfungsanlagen bedürfen der Genehmigung als Dampfkessel und werden im Betriebe als Dampffässer behandelt.

Bei allen Maßbestimmungen ist auf den Sonderzweck der Apparate und auf die Werkstattausführung Rücksicht zu nehmen. In vereinzelten Fällen wird man selbst errechnete „Ausführungs"-Abmessungen auf Grund der Erfahrung noch erhöhen. Besonders die üblichen Zuschläge unterliegen der erfahrungsmäßigen Beurteilung und können gelegentlich auch herabgesetzt werden. Beispielsweise gilt der auf S. 53 für offene Flüssigkeitsbehälter genannte Zuschlag von $0{,}4$ cm in erster Linie für die Abrostungsverhältnisse bei Wasserbehältern: Abrostung innen und außen. Bei Fett- und Ölbehältern braucht man eine innere Abrostung nicht zu berücksichtigen, wenn die Entstehung von Fettsäuren ausgeschlossen ist. Aber auch dann erscheint es nicht angängig, überhaupt keinen Zuschlag zu machen, denn die Behälter können je nach der Aufstellung mindestens an schlecht zugänglichen Stellen einer sogar starken äußeren Abrostung unterliegen. Man wird also wenigstens den halben Zuschlag beibehalten, d. h. vom Ergebnis der Formeln $(15\,\mathrm{a})$ bis $(15\,\mathrm{c})$ nicht mehr als $0{,}2$ cm $= 2$ mm kürzen, zumal das Güteverhältnis φ nicht berücksichtigt ist.

In erhöhtem Maße ist im Dampffaß- und Apparatebau auf Korrosionen Rücksicht zu nehmen, die bei den Innenflächen durch die Beschickungen, bei den Außenflächen infolge geringer Pflege eintreten können. Man beachte, daß die Konstruktionen nicht nur gerade den Festigkeitsanforderungen genügen, sondern auch eine angemessene Lebensdauer haben sollen.

K. Anhang.

Tabelle 113. Schülesche Dampftabelle.

Gesättigter Wasserdampf von 0,02 bis 25 kg/qcm abs.[1]

Druck p kg/qcm abs.	Tempe-ratur t ° C	Spezifi-sches Volu-men der Flüssig-keit $1000\,\sigma$ ltr/kg	Spezifi-sches Volu-men des Damp-fes v_s cbm/kg	Spezifi-sches Gewicht des Damp-fes γ_s kg/cbm	Flüssig keits-wärme q Cal/kg	Ver dampf-ungs-wärme r Cal/kg	Gesamt-wärme $q+r=\lambda$ Cal/kg	Äußere Ver-dampf-ungs-wärme $A\,p$ $(v_s-\sigma)$ Cal/kg	Innere Ver-dampf-ungs-wärme ϱ Cal/kg
0,02	17,2	1,0013	68,28	0,01465	17,2	586,0	603,2	32,0	554,0
0,04	28,6	1,0040	35,47	0,02819	28,6	580,0	608,6	33,2	546,8
0,06	35,8	1,0063	24,19	0,04134	35,7	576,2	611,9	34,0	542,2
0,08	41,1$_5$	1,0083	18,45	0,05420	41,1	573,4	614,5	34,7	538,7
0,10	45,4	1,0100	14,96	0,06631	45,3	571,4	616,7	35,3	536,1
0,15	53,6	1,0131	10,22	0,09785	53,5	566,6	620,1	36,1	530,5
0,20	59,7	1,0165	7,80	0,1282	59,6	563,1	622,7	36,6	526,5
0,25	64,6	1,0195	6,33	0,1580	64,5	560,1	624,6	37,0	523,1
0,30	68,7	1,0219	5,33	0,1876	68,6	557,9	626,5	37,5	520,4
0,35	72,3	1,0241	4,620	0,2164	72,2	555,7	627,9	37,8	517,9
0,40	75,4	1,0260	4,062	0,2462	75,3	553,9	629,2	38,1	515,8
0,45	78,2	1,0278	3,630	0,2755	78,1	552,2	630,3	38,3	513,9
0,50	80,9	1,0296	3,290	0,3039	80,8	550,4	631,2	38,5	511,9
0,60	85,4$_5$	1,0327	2,775	0,3603	85,4	547,2	632,6	39,0	508,2
0,70	89,4	1,0355	2,400	0,4167	89,4	544,6	634,0	39,3	505,3
0,80	93,0	1,0381	2,115	0,4728	93,0	542,5	635,4	39,6	502,9
0,90	96,2	1,0405	1,900	0,5263	96,2	540,6	636,8	40,0	500,6
1,00	99,1	1,0426	1,721	0,5811	99,1	538,8	637,9	40,3	498,5
1,20	104,2$_5$	1,0467	1,451	0,6892	104,3	535,7	640,0	40,7	495,0
1,40	108,7	1,0503	1,258	0,7949	108,8	532,9	641,7	41,2	491,7
1,60	112,7	1,0535	1,108	0,9025	112,8	530,4	643,2	41,6	488,8
1,80	116,3	1,0563	0,993	1,007	116,5	528,0	644,5	41,9	486,1
2,00	119,6	1,0589	0,902	1,109	119,9	525,7	645,6	42,2	483,5
2,50	126,8	1,0650	0,735	1,361	127,2	520,3	647,5	42,9	477,4
3,00	132,9	1,0705	0,619	1,615	133,4	516,1	649,5	43,4	472,7
3,50	138,2	1,0755	0,5335	1,874	138,7	512,3	651,0	43,7	468,6
4,00	142,9	1,0803	0,4710	2,123	143,8	508,7	652,5	44,1	464,6
4,50	147,2	1,0848	0,4220	2,370	148,1	505,8	653,9	44,4	461,6
5,00	151,1	1,0890	0,3823	2,616	152,0	503,2	655,2	44,7	458,5
5,50	154,7	1,0933	0,3494	2,862	155,7	500,6	656,3	44,9	455,7
6,00	158,1	1,0973	0,3218	3,107	159,3	498,0	657,3	45,1	452,9
6,50	161,2	1,1011	0,2983	3,352	162,4	495,9	658,3	45,3	450,6
7,00	164,2	1,1049	0,2778	3,600	165,5	493,8	659,3	45,5	448,3
7,50	167,0	1,1085	0,2608	3,834	168,5	491,6	660,1	45,7	445,9
8,00	169,6	1,1119	0,2450	4,082	171,2	489,7	660,9	45,8	443,9
8,50	172,2	1,1153	0,2318	4,314	173,9	487,8	661,7	45,9	441,9
9,00	174,6	1,1186	0,2194	4,557	176,4	486,1	662,5	46,0	440,1
9,50	176,9	1,1208	0,2080	4,808	178,6	484,5	663,2	46,1	438,4
10,00	179,1	1,1246	0,1980	5,050	181,2	482,6	663,8	46,2	436,4
10,50	181,2	1,1278	0,1896	5,274	183,3	481,2	664,5	46,4	434,8

[1] Nach Z. Ver. deutsch. Ing. 1911, S. 1506: W. Schüle, Die Eigenschaften des Wasserdampfes nach den neuesten Versuchen.

Tabelle 113 (Fortsetzung).

Druck p kg/qcm abs.	Temperatur t °C	Spezifisches Volumen der Flüssigkeit $1000\,\sigma$ ltr/kg	Spezifisches Volumen des Dampfes v_s cbm/kg	Spezifisches Gewicht des Dampfes γ_s kg/cbm	Flüssigkeitswärme q Cal/kg	Verdampfungswärme r Cal/kg	Gesamtwärme $q+r=\lambda$ Cal/kg	Äußere Verdampfungswärme $A\,p\,(v_s-\sigma)$ Cal/kg	Innere Verdampfungswärme ϱ Cal/kg
11,00	183,2	1,1308	0,1815	5,510	185,4	479,8	665,2	46,5	433,3
11,50	185,2	1,1337	0,1740	5,747	187,5	478,3	665,8	46,6	431,7
12,00	187,1	1,1364	0,1668	5,995	189,5	476,9	666,4	46,6	430,3
12,50	189,0	1,1382	0,1607	6,223	191,6	475,5	667,1	46,7	428,8
13,00	190,8	1,1419	0,1544	6,477	193,4	474,1	667,5	46,8	427,3
13,50	192,5	1,1447	0,1492	6,702	195,2	472,8	668,0	46,9	425,9
14,00	194,2	1,1474	0,1442	6,935	197,0	471,4	668,4	47,0	424,4
14,50	195,8	1,1500	0,1395	7,169	198,7	470,1	668,8	47,1	423 0
15	197,4	1,1525	0,1350	7,407	200,4	468,9	669,3	47,2	421,7
16	200,5	1,156	0,1272	7,862	203,7	466,6	670,3	47,3	419,3
17	203,4	1,163	0,1203	8,312	206,8	464,1	670,9	47,5	416,6
18	206,2	1,167	0,1140	8,772	209,8	461,8	671,6	47,6	414,2
19	208,9	1,171	0,1086	9,208	212,7	459,5	672,2	47,8	411,7
20	211,4$_5$	1,176	0,1035	9,662	215,4	457,4	672,8	47,8	409,6
21	213,9	1,180	0,0985	10,15	218,0	455,3	673,3	47,8	407,5
22	216,3	1,184	0,0942	10,62	220,6	453,3	673,9	47,9	405,4
23	218,6	1,189	0,0901	11,10	223,1	451,4	674,5	47,9	403,5
24	220,8	1,193	0,0864	11,57	225,5	449,5	675,0	47,9	401,6
25	223,0	1,197	0,0829	12,06	227,9	447,7	675,6	47,9	399,8

Tabelle 114. Maße und Gewichte von Gasrohrpaßstücken.

Benennung in engl. $''$	Muffe			Knie				T-Stück			Kreuzstück			Bogen			
						scharf	rund										
	a	d	$G/_{10}$	a	b	$G/_{10}\ s$	$G/_{10}\ r$	a	b	$G/_{10}$	a	b	$G/_{10}$	a	r	b	$G/_{10}$
$1/_8$	20	16	0,15	18	8	0,45	0,45	18	8	0,6	18	8	0,9	60	40	12	0,7
$1/_4$	25	19	0,25	24	8	0,7	0,60	24	8	0,8	24	8	0,9	60	40	15	0,9
$3/_8$	25	22	0,35	26	10	1,0	0,95	26	10	1,0	26	10	1,4	70	50	15	1,4
$1/_2$	30	27	0,50	28	12	1,5	1,4	28	12	1,5	28	12	1,8	70	50	18	2,1
$5/_8$	35	30	0,90	33	12	1,7	1,6	33	12	2,0	33	12	2,2	90	55	20	3,4
$3/_4$	40	33	1,0	35	15	2,1	1,9	35	15	2,6	35	15	3,6	100	60	23	4,0
1	45	41	2,0	38	15	2,8	2,8	38	15	3,8	38	15	4,5	120	70	25	7,1
$1^1/_4$	50	51	3,0	48	17	5,6	4,5	48	17	5,3	48	17	7,0	140	90	28	11,6
$1^1/_2$	55	58	3,9	53	18	7,6	7,0	53	18	7,8	53	18	9,7	150	100	30	15,4
$1^3/_4$	60	63	5,1	56	20	9,6	9,1	56	20	12,5	56	20	11,2	170	100	33	19,6
2	60	70	5,5	62	25	11,0	10,3	62	25	14,7	62	25	16,0	200	125	33	25,2
$2^1/_4$	65	82	8,4	74	30	16,0	16,0	74	30	19,6	74	30	24,8	240	145	35	35,6
$2^1/_2$	70	89	10,2	80	30	21,6	21,1	80	30	26,4	80	30	28,6	250	165	38	44,5
$2^3/_4$	75	97	12,9	87	30	26,4	26,2	87	30	29,4	87	30	31,2	270	185	40	62,3
3	85	105	16,6	90	35	37,8	33,8	90	35	38,3	90	35	41,0	280	185	45	66,6
$3^1/_2$	95	119	20,3	100	35	44,2	40,4	100	35	50,0	100	35	62,0	320	205	50	80,0
4	105	130	32,6	106	40	61,8	61,8	106	40	70,0	106	40	72,0	400	215	55	120,0

Tabelle 114 (Fortsetzung).

Benennung in engl. [2])	Nippel			Langgewinde				Kappe				Stopfen			Gegenmutter		
	a	d	$G/_{10}$	b_1	l	b_2	$G/_{10}$	a	d	b	$G/_{10}$	a	c	$G/_{10}$	a	b	$G/_{10}$
$^1/_8$	20	6,0	0,05	—	—	—	—	20	16	8	0,2	13	7	0,12	20	6	0,15
$^1/_4$	22	8,7	0,1	25	140	15	1,2	25	19	8	0,35	13	10	0,2	23	6	0,15
$^3/_8$	22	10,5	0,15	25	140	15	1,7	25	22	10	0,45	15	12	0,4	26	7	0,25
$^1/_2$	28	14,5	0,25	30	140	18	3,4	30	27	12	0,7	17	12	0,6	32	7	0,40
$^5/_8$	30	16,2	0,3	35	140	20	3,8	35	30	12	1,0	18	15	0,8	34	7	0,5
$^3/_4$	32	20,1	0,4	40	140	23	4,3	40	33	15	1,1	21	15	0,9	39	9	0,55
1	38	26,6	0,6	45	140	25	6,3	45	41	15	2,1	21	15	1,2	48	11	1,4
$1^1/_4$	45	33,5	1,0	50	140	28	10,6	50	51	17	3,4	23	17	2,2	58	13	2,2
$1^1/_2$	47	38,55	1,6	55	140	30	12,6	55	58	18	4,4	25	20	2,5	65	15	2,5
$1^3/_4$	54	43,05	1,7	60	150	33	18,8	60	63	20	5,9	28	20	3,1	73	17	3,3
2	55	50,0	2,6	60	150	33	25,2	60	70	25	6,7	32	26	4,3	77	19	3,6
$2^1/_4$	60	60,2	3,1	65	160	35	30,0	65	82	30	9,8	38	30	5,9	90	20	4,3
$2^1/_2$	65	66,0	4,0	70	175	38	34,6	70	89	30	13,4	38	30	8,4	100	22	4,9
$2^3/_4$	70	71,7	4,8	75	190	40	37,0	75	97	30	17,2	38	35	9,2	106	22	5,3
3	76	79,1	6,0	85	215	45	40,6	85	105	35	22,6	45	35	10,7	116	25	5,5
$3^1/_2$	80	92,5	7,6	95	240	50	49,0	95	119	35	28,5	45	40	16,6	130	25	8,6
4	100	104,0	10,0	105	265	55	70,0	105	130	40	39,0	50	40	21,4	140	25	13,0

$G/_{10}$ = Gewicht in Kilogramm für je 10 Stück.

Bei Bestellung reduzierter ⊤- und Kreuzstücke ist die Reihenfolge:

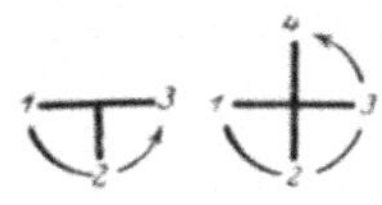

Sachverzeichnis.

Die Werkstoffe für den Dampfkesselbau. Eigenschaften und Verhalten bei der Herstellung, Weiterverarbeitung und im Betriebe. Von Oberingenieur Dr.-Ing. **K. Meerbach.** Mit 53 Textabbildungen. (206 Seiten.) 1922.
7.50 Goldmark; gebunden 9 Goldmark / 1.80 Dollar; gebunden 2.15 Dollar

Werkstoffprüfung für Maschinen- und Eisenbau. Von Dr. **G. Schulze,** Ständiges Mitglied am Staatlichen Materialprüfungsamt Berlin-Dahlem und Dipl.-Ing. **E. Vollhardt,** Studienrat an der Beuthschule Berlin. Mit 213 Textabbildungen. (193 Seiten.) 1923.
7 Goldmark; gebunden 7.80 Goldmark / 1.70 Dollar; gebunden 1.90 Dollar

F. Tetzner, Die Dampfkessel. Lehr- und Handbuch für Studierende Technischer Hochschulen, Schüler Höherer Maschinenbauschulen und Techniken, sowie für Ingenieure und Techniker. S i e b e n t e, erweiterte Auflage von **O. Heinrich,** Studienrat an der Beuthschule zu Berlin. Mit 467 Textabbildungen u. 14 Tafeln. (422 Seiten.) 1923. Gebunden 10 Goldmark / Gebunden 2.40 Dollar

Die Dampfkessel nebst ihren Zubehörteilen und Hilfseinrichtungen. Ein Hand- und Lehrbuch zum praktischen Gebrauch für Ingenieure, Kesselbesitzer und Studierende. Von **R. Spalckhaver,** Regierungsbaumeister, Professor in Altona a. E. und **Fr. Schneiders †,** Ingenieur in M.-Gladbach (Rhld.). Z w e i t e, verbesserte Auflage. Unter Mitarbeit von Dipl.-Ing. **A. Rüster,** Oberingenieur und stellvertr. Direktor des Bayerischen Revisions-Vereins. Mit 810 Abbildungen im Text. (489 Seiten.) 1924.
Gebunden 40.50 Goldmark / Gebunden 9.70 Dollar

Höchstdruckdampf. Eine Untersuchung über die wirtschaftlichen und technischen Aussichten der Erzeugung und Verwertung von Dampf sehr hoher Spannung in Großbetrieben. Von Dr.-Ing. **Friedrich Münzinger.** Mit 120 Textabbildungen. (150 Seiten.) 1924.
7.20 Goldmark; gebunden 7.80 Goldmark / 1.75 Dollar; gebunden 1.85 Dollar

Die Leistungssteigerung von Großdampfkesseln. Eine Untersuchung über die Verbesserung von Leistung und Wirtschaftlichkeit und über neuere Bestrebungen im Dampfkesselbau. Von Dr.-Ing. **Friedrich Münzinger.** Mit 173 Textabbildungen. (174 Seiten.) 1922.
4 Goldmark; gebunden 6 Goldmark / 0.95 Dollar; gebunden 1.45 Dollar

Amerikanische und deutsche Großdampfkessel. Eine Untersuchung über den Stand und die neueren Bestrebungen des amerikanischen und deutschen Großdampfkesselwesens und über die Speicherung von Arbeit mittels heißen Wassers. Von Dr.-Ing. **Friedrich Münzinger.** Mit 181 Textabbildungen. (184 Seiten.) 1923.
6 Goldmark; gebunden 7 Goldmark / 1.45 Dollar; gebunden 1.70 Dollar

Taschenbuch für den Maschinenbau. Bearbeitet von zahlreichen Fachleuten. Herausgegeben von Prof. **Heinrich Dubbel,** Ingenieur, Berlin. V i e r t e, erweiterte und verbesserte Auflage. Mit 2786 Textfiguren. In zwei Bänden. (1739 Seiten.) 1924. Gebunden 18 Goldmark / Gebunden 4.30 Dollar